AF349406

PHILOSOPHIE

DE L'HISTOIRE NATURELLE.

V. note p. 464.

IMPRIMÉ CHEZ PAUL RENOUARD, RUE GARANCIÈRE, N° 5.

PHILOSOPHIE

DE

L'HISTOIRE NATURELLE

OU

PHÉNOMÈNES

DE L'ORGANISATION DES ANIMAUX ET DES VÉGÉTAUX;

PAR J. J. VIREY,

Docteur en médecine de la Faculté de Paris, et membre titulaire de l'Académie royale de médecine, de l'Académie impériale des curieux de la nature, des Académies et Sociétés savantes de Lyon, Rouen, Bordeaux, Mâcon, des Sociétés linnéennes du Calvados, de Bordeaux, de celles des Sciences naturelles, et centrale d'agriculture de Paris, de pharmacie de l'Allemagne septentrionale, des États-Unis d'Amérique; membre du Conseil supérieur de Santé, etc. Ancien professeur d'histoire naturelle à l'Athénée de Paris, et à l'hôpital militaire du Val-de-Grâce, etc. Membre de la Chambre des députés et officier de la Légion-d'Honneur.

In nova fert animus...
OVID.

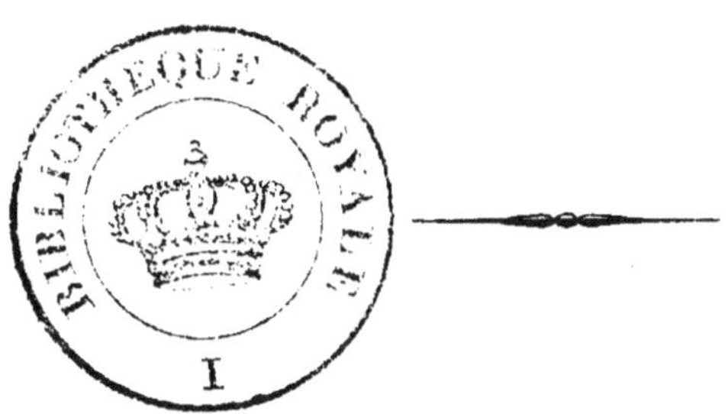

PARIS.

LIBRAIRIE DE J. B. BAILLIÈRE,

RUE DE L'ÉCOLE-DE-MÉDECINE, Nº 13 *bis.*

A LONDRES, MÊME MAISON, 219, *REGENT STREET.*

1835.

INTRODUCTION.

—

§ I. Le but qu'on s'est proposé d'atteindre, dans cet ouvrage, peut paraître tellement élevé, que nous sentons le besoin de réclamer l'indulgence du public en sa faveur. La tentative de fonder les bases philosophiques de l'histoire naturelle des êtres vivans semblera téméraire (1) et prématurée à plusieurs esprits. Cependant elle devient une nécessité de notre siècle, dût-elle ne présenter qu'une esquisse, ou les linéamens d'un germe qui se développera dans l'avenir.

En effet, on a étudié un nombre presque infini de plantes, d'insectes ou d'autres animaux, etc. Mais s'est-on aussi bien enquis de l'origine, des causes de la formation ou des rapports qui lient ces productions soit entre elles, soit avec la nature générale? Sans cette partie vraiment constitutive, l'étude demeure stérile comme celle d'un enfant amassant

(1) Quoique nous ayions, depuis long-temps préludé, soit dans le *Nouveau Dictionnaire d'histoire naturelle* (1re et 2e édit.), soit dans des articles généraux du grand *Dictionnaire des sciences médicales*, et en plusieurs écrits spéciaux, sur ces lois philosophiques, nous avons dû les soumettre ici à des méditations toutes nouvelles et approfondies.

des papillons, ou séchant des fleurs dans un herbier.

De plus, à considérer l'immensité des faits d'observations, des théories divergentes qui envahissent les livres, les journaux scientifiques, sans aucun lien commun pour les rattacher en faisceau (seul capable de multiplier leur force), qu'en résulte-t-il aujourd'hui, sinon un chaos dans les inextricables labyrinthes duquel on s'égare en aveugle? Bientôt, un mortel scepticisme répandra son doute léthargique sur toutes nos connaissances.

Le caractère de notre siècle est plutôt porté à multiplier les faits particuliers qu'à les formuler en lois qui manifestent l'ordonnance et l'économie de la nature. Il en résulte qu'on manque de principes certains, ou que la disposition critique de l'esprit est plus propre à les démolir qu'à les édifier, sous la protection de hautes vérités souvent méconnues.

Au milieu de telles incertitudes, extraire de cette masse effrayante et confuse les résultats essentiels, pour en exposer le tableau, serait d'une utilité incontestable. D'autres amis des sciences auraient pu l'essayer avant nous, et nous eussions applaudi à leurs efforts, lors même qu'une première ébauche, dans un sujet d'une importance aussi capitale, ne fût point parvenüe au faîte de perfection que les siècles à venir sont seuls en droit d'atteindre.

On ne saurait remonter à toute époque aux principes universels avec un remarquable avantage. Les anciens, à cause de la rareté, de la nouveauté des observations exactes, de la difficulté de les réunir et comparer; dans l'absence de tant de sciences expérimentales qui doivent s'éclairer mutuellement, par la discussion judicieuse des faits, ont dû propager, avec des idées de génie, beaucoup de fables et des opinions hypothétiques. Les modernes eux-mêmes, malgré leurs devanciers et des découvertes dues, soit à de nouveaux instrumens, soit au labeur persévérant, soit même au hasard, n'ont pas toujours su s'affranchir de systèmes. Souvent ravi par ce spectacle de merveilles, l'esprit humain s'abandonne à leurs charmes attrayans; il s'élance vers de brillantes théories; elles le séduisent sans satisfaire la raison, surtout lorsque des vues partielles et isolées ne peuvent, dans leur étroitesse, embrasser l'universalité des êtres. Chaque hypothèse cependant apporte, dans la vaste encyclopédie de la nature, sa contribution de connaissances réelles; il suffit de les dégager de leur gangue, comme des gemmes précieuses destinées à construire un jour son temple magnifique.

Il est donc évident qu'un tel travail, appelant le concours général des sciences, ne peut s'exécuter qu'au sein d'une civilisation très éclairée dans laquelle elles fleurissent. Nous avons dû profiter des circonstances qui amènent l'histoire naturelle au point culminant qu'elle semble atteindre de nos jours. L'établissement, unique dans le monde, du Muséum et du Jardin des plantes de Paris, dû à la munificence du gouvernement français, a contribué plus que tout autre à faire fructifier, dans les écrits de nos naturalistes, ces élémens philosophiques, ces vues larges qui leur ont conquis une supériorité incontestée.

§ II. Toute vraie science se construit sur des observations comparatives; elle s'élèvera d'autant mieux au faîte, qu'on sera plus profondément descendu dans ses causes; privé de ces racines fécondantes, l'esprit humain ne doit espérer ni de fleurs ni de fruits.

Sans cette recherche des sources mystérieuses de l'organisation, de la vie des animaux et des végétaux comparés, que pourrait-on établir d'incontestable pour la physiologie de l'homme lui-même? Les monographies, les expérimentations presque incalculables des spécialités dans les règnes de la nature, qui nous encombrent de jour en jour, resteraient une œuvre stérile de la mémoire et des sens, si nous n'en tirions point quelques conséquences générales, fondement des plus hautes lois. Ce n'est donc point la simple notion des structures organiques ou de leurs phénomènes qui constitue la vraie science. Ce sont les complications des êtres, leurs fins nécessaires, la coordination et le but harmonique de leurs actes (*nutrition*, *génération*, *conservation*) avec tous les rapports qui y concourent; c'est l'intelligence élaboratrice et l'instinct directeur de ces opérations si diversifiées, si surprenantes, qui forment le nœud difficile de leur explication. Toute la philosophie de l'histoire naturelle se renferme autour de ces questions vitales.

Pourquoi ne dirions-nous pas qu'en essayant ici d'entr'ouvrir le sanctuaire d'une si noble étude, nous aussi croyons avoir fait marcher la science ? Mais du sein de ce tourbillon social où tant de productions quotidiennes s'évanouissent comme des feuilles légères, où tant de renommées s'écroulent dans un goufre éternel, arrêtera-t-on ses regards sur ce travail concentré par beaucoup de méditations et d'années? N'accusera-t-on pas ses idées nouvelles d'être trop jeunes encore, ou les anciennes d'être vieilles et ridées ? C'est aux esprits supérieurs qu'il appartient de juger sa valeur ou sa portée dans l'avenir; nous les appelons à cet examen élevé et profitable à tous.

Quels que doivent être les perfectionnemens ultérieurs, le temps était arrivé où le concours des séries d'observation, rapprochées en un foyer scientifique, devenait possible. Par ces principes, on se pénétrera mieux des grandes causes qui meuvent le système du monde et les êtres qui en dépendent. On obtiendra sans doute des corollaires d'une vaste portée, assis sur des bases immuables, dans l'avenir.

La considération des masses minérales, les strates ou dépôts de l'écorce terrestre, les dispositions des roches et leurs successions ou coordinations sous les différens parallèles du globe, les formations géologiques constituent une science à part. C'est la *géologie* qui, bien qu'imparfaitement approfondie encore, compose, avec l'hydrologie, la météorologie, etc., l'ensemble des sciences cosmographiques. On a coutume de les séparer, ainsi que l'*uranographie*, ou la description des corps célestes, de l'histoire naturelle organologique.

Le *règne minéral* ou brut, en effet, étant tout *chimique*, il n'appartient point, sous ce rapport, à l'histoire naturelle proprement dite, à celle des corps soumis aux *lois vitales* de l'intelligence organisante et organisée. La *cristallographie* explique l'agrégation des molécules minérales, la *chimie* leur composition intime. Ainsi, tout en offrant des bases aux êtres organisés, la *minéralogie* n'a rien de commun intrinsèquement avec la *biologie*. C'est donc seulement dans leurs élémens susceptibles de recevoir la vie que nous avons dû considérer les substances fossiles, ou par leur aptitude à constituer la structure végétale et animale : notre travail se concentre principalement sur les merveilles de cette organisation.

§ III. Les sciences possèdent déjà, sur la *philo-*

sophie botanique et *zoologique*, comme sur la contemplation des œuvres de la nature, en général,
des écrits magnifiques d'hommes illustres avec lesquels nous sommes loin d'élever la moindre joûte de
comparaison; elle est toujours présomptueuse, de
quelque part qu'elle procède. Cependant ces travaux,
créés d'après des élémens fort divers et à des époques
auxquelles les sciences avaient obtenu moins de
progrès qu'aujourd'hui, présentent tantôt séparément chacun des règnes *végétal* et *animal*, tantôt
des idées systématiques, isolées, ou sans aucune
considération complète d'unité et d'ensemble.

Il est évident toutefois, pour quiconque a réfléchi sur l'ordre universel, que l'harmonie entre tous
les règnes est un fait de connexion nécessaire. Indépendamment des rapports entre les substances
inorganiques ou minérales, et les créatures animées
du sceau de la vie, il existe entre les plantes et les
animaux des correspondances tellement enchevê-
trées et multipliées que leurs embranchemens réciproques les rendent inséparables. Si l'on peut supposer le règne minéral isolé et à part, les végétaux
en extraient inévitablement leur subsistance. Si
ceux-ci pouvaient vivre d'eux seuls sur le globe,
indépendans des animaux, ce dernier règne, devenu
le premier, fonde presque toute sa nourriture primordiale sur le règne végétal, puisque les races
carnivores ont eu d'abord besoin des espèces her-

bivores pour leur proie journalière : et combien de races parasites qui ne possèdent qu'une existence empruntée ou secondaire!

De plus, les fonctions générales des créatures animées, la nutrition, l'assimilation, la génération présentent des traits communs chez les végétaux et les animaux. Ce sont, en quelque manière, des modifications plus ou moins agrandies des mêmes causes physiologiques qui ont ainsi constitué les deux règnes. Cette vérité fondamentale nous apparaît surtout évidente aux confins originels des animaux et des végétaux microscopiques qui pullulent dans les eaux croupissantes, et qui donnent naissance à ces myriades de races protogènes à peine sorties du chaos. Elles semblent essayer également la vie, l'organisation, dans leurs ébauches souvent associées chez les zoophytes et les lithophytes qui réunissent, avec la matière *terreuse*, la forme *végétale* et le *tissu animal*. De cette source, peut-être à jamais inexplicable, paraissent émaner les germes des deux vastes tiges de tous les êtres, soit *végétans*, soit *animés*, qui couvrent la surface de notre globe, depuis le fond ténébreux des abîmes de l'Océan jusque sur la cime orgueilleuse des monts et les hauteurs de l'atmosphère où plane avec audace l'aigle et le condor. Des milliards innombrables de formes et de structures merveilleuses de tout genre pullulent, se multiplient sans cesse sur cette terre féconde; elles périssent pour se renouveler tour-à-tour dans l'orbite infini des âges, en suivant les périodes diurnes et annuelles que parcourt notre planète autour de l'astre enflammé qui lui distribue la chaleur et peut-être la vie.

§ IV. L'étude approfondie de ces étonnans phénomènes n'est pas indigne des intelligences les plus sublimes. L'origine des êtres organisés, leurs rapports harmoniques (autant qu'il est permis à la faiblesse humaine de pénétrer dans ce sanctuaire mystérieux), leur déploiement, leur croissance, les causes qui modifient leur structure, enfin les prodiges de leur reproduction, doivent fixer ici nos regards. C'est par l'habitude de généraliser les faits, d'en coordonner les principes suivant des analogies exactes, qu'on peut atteindre à ces lois transcendantes, soit dans la philosophie des sciences, soit même dans la législation politique. Cette méthode offre d'ailleurs l'immense avantage de classer une multitude innombrable d'observations de détail, sous un petit nombre d'axiomes fondamentaux. Il est possible ainsi de s'élever, par cette voie, à quelques vérités premières sur la nature des êtres.

Si les cieux racontent à la terre la magnificence de leur auteur, combien de phénomènes extraordinaires se dévoilent chaque jour sur cette terre aux yeux du naturaliste observateur! On l'a dit : ce n'est point par la grandeur des objets, mais par la profondeur des conceptions, qu'il faut juger de la vraie portée des génies. Keppler et Newton s'élancent jusqu'à la divinité par l'étude des soleils et des mondes, comme Swammerdam et Réaumur par les vermisseaux et les insectes. L'infinie petitesse n'est pas moins inscrutable et merveilleuse que l'immense étendue.

Quelle délicieuse occupation des nobles âmes, qui les purifie des dégradantes passions de notre humanité, qui les transporte vers la patrie de tout génie et de toutes les beautés! Heureuses d'oublier, dans ces hautes contemplations, les plus bas intérêts, les étroites ambitions qui consument péniblement l'existence dans des sentiers épineux, apprenons à nous soulever quelquefois vers ces secrètes demeures où les plus généreuses et vastes pensées de science s'inspirent dans toute leur indépendance. C'est encore une partie du bonheur et de la liberté la plus sacrée, la plus inviolable, celle qui repose satisfaite dans la conscience intime de l'esprit humain.

Magni animi modò res est Naturæ rerum latebras dimovere.

SENEC. *Quæst. natural.*

Paris, mai 1835.

LIVRE PREMIER.

PHYSIOLOGIE GÉNÉRALE, OU DES PRINCIPES DE L'ORGANISATION (ANIMALE ET VÉGÉTALE.)

CHAPITRE PREMIER.

Des vraies bases de la physiologie naturelle moderne.

> In nova fert animus mutatas dicere formas
> Corpora.

Les conquêtes de l'esprit humain dans les sciences physiques ne permettent plus d'envisager désormais le système entier des êtres vivans du point de vue étroit de notre seule espèce, entre ces limites bornées où se confinaient les anciens avant les découvertes des âges modernes.

Nous allons montrer combien il est indispensable aujourd'hui de s'élever à des considérations universelles sur la constitution de notre sphère, pour

I

évaluer ce que peuvent et doivent être, dans la
nature des choses, les *organismes* , ces combinaisons d'élémens associés dans un système harmonique
et d'après un plan momentané d'existence. Suivant
quelles lois, dans quel cercle d'action jouent ces
productions parasites d'un globe sur lequel elles
s'abreuvent de la force qui les anime, mais qui,
transvasée bientôt en d'autres êtres, ne paraît nullement appartenir en propre aux matériaux qui les
constituent? Ainsi se multiplient et se détruisent
tour-à-tour ces formes permanentes dans leurs espèces, fugitives dans leurs individus, qui, roulant
autour des deux grands pôles de la génération et
de la destruction, renouvellent sans cesse la scène
mobile de notre monde.

Prendre toujours les êtres à l'état individuel ne
permet ni de remonter à leurs principes originels, ni
de se mettre en situation de les juger, de les comprendre, autant que l'esprit humain est capable de
les concevoir. Il était donc impossible de rien découvrir à cet égard tant qu'on n'essayait pas des
routes plus élevées. Lors même que cette époque
ne serait pas arrivée, les progrès des connaissances
et de la philosophie naturelle exigent aujourd'hui
de nouvelles tentatives.

§ 1. Le monde réel des êtres organisés et vivant
actuellement est-il permanent ou transitoire dans
ses formes?

Si toutes les observations géologiques, si les monumens de ses révolutions et de ses catastrophes
manifestent qu'il n'a pas toujours été dans l'état actuel, par cela seul qu'il a changé, il ne peut rester
à jamais immuable; les mêmes causes de perturba-
tion dans lui ou hors de lui subsistent ou renaissent pour l'avenir nécessairement. Qui les aurait
anéanties lorsque nous voyons tout changer?

S'il est *transitoire*, sa nature mobile doit être
aussi *périodique*, d'après la structure, les retours
sidéraux de notre système planétaire, et des productions de ses sphères.

Par une conséquence inévitable des nouveaux
équilibres à naître dans la marche progressive de
notre monde (car tout changement ne peut être que
l'établissement d'une autre pondération harmonique), les productions, les formes des espèces, qui
sont aussi des équilibres de systèmes partiels en
rapport avec de plus grands systèmes, doivent se
modifier également de concert; c'est une concordance forcée.

§ 2. L'existence d'un globe planétaire n'implique
pas nécessairement la naissance d'êtres organisés ou
vivans à sa surface; car on conçoit le globe sans
animaux et végétaux; ceux-ci n'étaient pas indispensables sur la terre, non plus que dans Mars ou
Vénus, etc. On ne voit donc point d'impossibilité à
la non-existence ou bien à l'anéantissement de créa-

tures sur des sphères qui n'en tiendraient pas moins leur place dans leurs orbites autour du soleil. Il ne peut y avoir nécessité de coexistence perpétuelle des êtres animés avec leur planète, puisqu'ils meurent, et lorsque rien ne prouve qu'ils aient toujours existé.

On ne saurait conclure de la diverse constitution des autres sphères, soit par l'absence d'une atmosphère, soit par un froid intense qui congélerait nos eaux, ou par une ardente chaleur qui les évaporerait, que ces planètes sont incapables de nourrir et de développer d'autres organismes vivans. Ceux-ci en effet peuvent, et s'ils existent, ils doivent être tout autrement conformés que les nôtres, avec des combinaisons d'élémens fort différens, dont nous ne saurions nous faire peut-être jamais la moindre idée. Mais, quelle que soit la nature de ces organisations, si elles subsistent, elles seront forcément correspondantes avec la constitution générale et la marche orbitaire de ces sphères autour du grand astre de la lumière et de la chaleur, car toutes les productions seront réglées, dans leur existence, d'après les périodes annuelles et les saisons de leur planète. On a même conclu de la grande hauteur à laquelle l'atmosphère embrasée du soleil est repoussée de son noyau obscur, que celui-ci pourrait nourrir, selon W. Herschell, des habitans sous cette vaste coupole de feu éblouissant.

§ 3. Si les corps vivans (terrestres et aquatiques) sont le produit des élémens organisables de
notre planète, quel que soit le mode de leur formation, l'on ne saurait en conclure que *tout ce qui
est possible a été produit.* D'autres formes d'animaux et de végétaux que les espèces actuelles, ou
que celles dont les seuls débris fossiles attestent
l'antique existence, peuvent ou ont dû vivre; il doit
y avoir aussi par la même puissance, dans les siècles à venir, d'autres combinaisons d'êtres animés.
Cependant il ne doit se développer sur notre sphère
que les seules organisations limitées au nombre de
nos élémens organisables (connus ou inconnus jusqu'à présent) : savoir le carbone, l'hydrogène et
l'oxigène pour le règne végétal; puis l'azote avec
ces substances dans les compositions du règne animal. Les autres matériaux, le phosphore, le soufre
et divers radicaux combustibles ne sont pour eux
qu'accessoires ou auxiliaires; et nous ne citerons
ni le calorique, ni l'électricité, ni peut-être d'autres
élémens impondérables qui paraissent contribuer
efficacement à l'élaboration des corps animés. Probablement chaque sphère, d'après le nombre et la
quantité de leurs radicaux organisables, doit parvenir à un *summum* de combinaison vitale.

§ 4. Les productions animées ne sauraient avoir
été toutes produites simultanément, puisque les végétaux (à cause de leur composition plus élémentaire

sans doute, et moins élaborée ou moins complexe) durent précéder les animaux auxquels ils fournissent un aliment nécessaire. De même les races carnivores n'ont pu naître qu'après les herbivores, et tous les parasites n'ont paru nécessairement qu'après la formation des espèces sur lesquelles ils subsistent. L'homme enfin, suprême arbitre de ces créatures, ne pouvait être que comme la clef de voûte du système organique général de notre planète.

§ 5. Dans l'universalité des mondes seulement, comme toutes les sortes d'élémens possibles doivent exister, pareillement toutes les combinaisons vivantes *imaginables*, ou même *hors de notre imagination*, sont susceptibles d'être créées dans l'immensité des espaces et l'infinité des temps, tandis qu'elles sont limitées sur chaque sphère, d'après le nombre de ses élémens organisables actuellement, quoique nous puissions ne les jamais connaître en entier.

§ 6. La nature présente sur notre globe une série d'êtres progressivement plus compliqués par leur structure et leur organisation intime depuis la pierre brute jusqu'au champignon d'un tissu celluleux simple, et de celui-ci jusqu'à l'arbre élevant vers le ciel des fruits délicieux, comme depuis l'éponge ou le polype jusqu'à l'homme, chef-d'œuvre d'intelligence et de perfection. C'est au moyen de la complication des élémens par la puissance magique de la *vie* que la nature atteint sans doute cette élévation progressive. Ainsi le minéral est la base des matériaux inertes ou bruts, tels que l'humus, l'eau et l'air, desquels les végétaux extraient leurs élémens préparateurs. Ensuite l'animal reprenant ces substances déjà élaborées par la végétation, les porte au dernier faîte de la composition vitale en les imprégnant de sensibilité et de toute l'énergie dont elles sont susceptibles.

Le végétal est donc l'intermédiaire indispensable par lequel il faut nécessairement remonter de la pierre à l'homme. Sans la végétation, nul animal terrestre ne saurait subsister, puisque les carnivores se nourrissent des herbivores; le ver de terre lui-même se substente de débris de matières végétales; les poissons qui s'entre-dévorent dans les abîmes des mers, y cherchent, pour alimentation première, soit des fucus et varechs, soit des vermisseaux, des mollusques qui tirent leur pâture de ce règne préparateur.

Ainsi la plante étant le milieu entre le minéral et l'animal, peut être considérée soit comme un minéral élaboré, soit comme un demi-animal, ébauché et imparfaitement créé. Elle est immobile; il faut donc que sa nourriture vienne la trouver et que ses bouches, ses orifices d'absorption soient situés à sa circonférence, par des racines, des feuilles, etc. Au contraire, l'animal étant mobile doit pouvoir chercher et transporter sa nourriture partout; il lui faut donc un viscère central pour la contenir, et celle-ci doit être substantielle sous un petit volume.

Par là, le végétal se nourrit à sa circonférence; car l'on voit même de vieux saules, des arbres à troncs pourris, subsister par leurs parties corticales; au contraire l'animal vit par son intérieur principalement; il porte sa bouche en haut, la plante a ses racines en bas; de sorte qu'elle est comme un animal renversé ou retourné. De plus, l'animal n'offre qu'un seul orifice (d'ordinaire) (1) pour absorber sa nourriture ; la plante en présente partout au moyen de ses pores, elle prend et excrète des matériaux liquides et gazeux, l'animal peut avaler et rejeter des substances plus ou moins solides. Elle s'accroît d'élémens simples, l'eau, la terre ou le carbone et l'acide carbonique, l'hydrogène, les détritus de matières brutes qu'elle combine en principes plus complexes en ses tissus organiques; mais l'animal ne peut s'alimenter que de substances déjà plus riches. Mixtionnant, par ses fonctions plus actives, des matériaux déjà travaillés par l'acte de la végétation, il en résulte des composés plus compli-

---

(1) On doit excepter les *zhizostomes* ou bouches en suçoirs comme des radicules, espèces de zoophytes, et les éponges, plusieurs polypiers multiformes, les pennatules, les pyrosomes, etc., composés de plusieurs corps associés.

qués, doués de hautes propriétés telles que la contractilité, la sensibilité, enfin de puissances vitales
perfectionnées. C'est ainsi que le bœuf combine
dans ses vastes estomacs ruminans, avec la seule
herbe des prairies, du sang, des chairs substantielles dotées de sensibilité nerveuse et d'une vie
robuste; l'homme, nourri de chairs délicates et de
tout ce qu'il y a de mieux élaboré dans les semences des végétaux comme dans les matières animales,
par cette accession des élémens organiques élevés
encore avec la puissance de ses facultés éminentes,
devient le plus sensible et le plus intelligent des
êtres de la création. Ainsi la composition organique résultant des forces vitales le met en harmonie
avec leur développement successif sur notre planète, et l'homme est de tous l'animal le plus nerveux, le plus cérébral.

Une pareille disposition progressive était conforme aux attributions de chacun des êtres: car si
les autres sphères sont habitées, leurs créatures
ne seront nécessairement constituées que dans leurs
rapports entre les élémens et les puissances de vie
qui les organisent. Ces correspondances harmoniques des êtres avec la planète d'où ils tirent leur
existence sont une nécessité dans tous les systèmes
d'organisation.

Nous allons examiner si une planète dans des
circonstances données et avec les mêmes élémens

que présente notre terre, peut ne renfermer que des matériaux brutes. Il s'agit, en effet, d'examiner par le raisonnement et à l'aide des connaissances acquises dans les sciences physiques si nos élémens ne peuvent pas, d'eux-mêmes, et par l'action réciproque de leurs diverses attractions, se combiner en *corps organisés, vivans*, déterminés pour telle ou telle fonction, d'après les appropriations de lieux et les besoins individuels, ou de position, par la suite des siècles.

De plus, il est évident que tous les matériaux composant notre globe sont loin d'être susceptibles également d'accepter ou de créer l'organisation, la vie. L'arsenic, par exemple, et beaucoup d'autres substances minérales sont ou incapables de s'organiser, ou même des poisons mortels, soit seuls, soit dans leurs combinaisons. Ce fait devient manifeste à tel point que les animaux et les végétaux (1) qui absorbent des matières nuisibles ou des sels inassimilables cherchent à les éliminer par leurs émonctoires naturels. Ce sont des causes de maladie ou de mort.

Toute matière n'est donc point vivante ni vivifiable par sa nature, comme le soutiennent à tort les philosophes hylozoïtes, attribuant la vitalité à la substance matérielle.

L'argument tiré de l'existence des races antédi-

____

(1) Voir les expériences de Schubler et Zeller, dans l'Annuaire de chimie et de physique de Schweigger, en allemand, 1827, cah. 5, p. 54.

luviennes ou fossiles, des animaux et des végétaux
n'implique nullement une spontanéité de leur formation, dans quelque profonde antiquité qu'on se
plaise à la reculer. Sans doute, plus on s'enfonce
dans le sein des couches terrestres, plus la *faune*
et la *flore* des végétaux et des animaux qui y dor-
ment ensevelis deviennent simples ou primitives dans
leurs espèces. Ces reliques précieuses démontrent
bien que chaque genre d'organisation correspond
avec la nature des minéraux qui les enveloppent et
sont contemporains dans les strates du globe (1).
Cependant il existe aussi, par l'effet des inondations, des courans, des transports de terrains et
des éboulemens, des débris de diverses époques
entremêlées; mais généralement ces productions
antiques sont d'autant moins variées qu'elles paraissent avoir pris naissance sous des températures
plus ardentes et dans les temps les plus éloignés du
nôtre. C'est ainsi qu'on a recueilli près du pôle (à
l'île Melville) des restes fossiles de palmiers et des
coraux dont les analogues vivent aujourd'hui sous
les zones brûlantes de l'équateur (2): ainsi la Sibérie,

(1) Voyez après les beaux travaux de G. Cuvier sur les ossemens
fossiles, les recherches de Buckland, Conybeare, Aug. Boué, Lyell,
Marcel de Serres, et pour les végétaux Schlottheim, Sternberg, M. Ad.
Brongniart, Ad. Decandolle, et une foule de savans géologues modernes de France et d'autres contrées.

(2) On peut conclure par des recherches que nos continens étaient

la nouvelle Zemble, recèlent dans leurs terrains, avec les fougères arborescentes et les végétaux à larges feuillages, des ossemens de mammouth, d'éléphans et de rhinocéros qui n'y pouvaient subsister qu'avec cette végétation et qu'à l'aide d'une chaleur analogue à celle des tropiques. Qu'il ait alors existé plusieurs volcans en ignition, que la chaleur centrale du globe ait été plus intense, que les axes polaires se fussent alors trouvés sous la ligne équatoriale, que des bouleversemens des mers et le changement d'équilibre soient dus à l'approche de quelque comète flamboyante : tous ces évènemens hypothétiques ou réels ne changent rien à la nature des choses, on n'en sait pas mieux découvrir l'origine des générations primordiales, et les causes de l'admirable coordination des créatures. On reconnaît seulement qu'à chaque état de notre globe, selon sa température et la combinaison de ses élémens, les êtres organisés se modifient pour subsister conformément à la constitution des milieux qu'ils habitent.

Par la même raison qu'on a conclu des changemens vraisemblables de la chaleur et de l'équilibre

---

alors couverts de grands lacs boueux, qu'il y avait aussi plusieurs volcans en ignition (ceux de l'Auvergne et autres maintenant éteints); qu'auparavant, des milliers de coquillages marins et lacustres avaient été déposés dans des lits profonds et avaient parcouru de longs siècles avant l'existence des races plus perfectionnées.

des élémens de notre globe, d'autres modes d'organisation chez les animaux et les végétaux *ante* et *post diluviens*, on doit en inférer de même que les modifications générales dans l'organisme animal et végétal indiqueraient celles de notre planète (1) : les unes et les autres se serviraient de contrôle mutuel. Mais puisque tous les changemens astronomiques ou les révolutions des corps célestes (de notre planète, comme des autres) sont des retours périodiques, nécessairement il y a possibilité dans la marche infinie des siècles, de voir reparaître les mêmes séries d'évènemens et d'organisations modifiées, dans la vie des espèces. Les astronomes ont observé, dans les révolutions synodiques des satellites

(1) C'est dans ce sens que l'on peut dire de la naissance de l'homme qu'elle fut de toute éternité dans les desseins de la providence, toutefois pour n'apparaître qu'à jour prévu, et aussitôt que le monde ambiant à intervenir à cet effet aurait acquis toute la consistance et aurait été mis en possession des élémens conditionnels, afin que l'homme fût produit, c'est-à-dire, pour que ces élémens devinssent, comme formant ses parties constituantes et appropriées, capables de l'association, de la coordination et des relations harmoniques indispensables pour leur coexistence. Et en effet, l'on demeure convaincu que cela est infailliblement dans la subséquence des faits nécessaires, par cette seule réflexion ; c'est qu'on est bien forcé d'admettre qu'il n'y a d'animaux possibles qu'en raison de l'essence et selon la nature des élémens ambians qui s'organisent en eux. « (Geoffroy S.-Hilaire, *Études progressives d'un naturaliste.* Paris, 1835, in-4°, p. 110 ; et Herder, *Idées sur la philos.*)

Mais la variété des espèces et leur coordination de familles naturelles, des poissons, par exemple, dans l'eau (même diversifiée des mers, des lacs, des rivières, etc.) cette variété ne peut pas être expli-

de Jupiter, par exemple, une représentation en petit des principaux mouvemens des planètes dans notre système solaire. Il doit probablement advenir dans l'orbe des destinées à venir du monde, que la terre, comme les autres planètes, retournera dans ses antiques vicissitudes ; elle en éprouvera de nouvelles en rétrogradant pour achever la même période, non de vingt-cinq mille ans seulement comme le disent ceux qui ne calculent que d'après la précession des équinoxes, mais d'une durée incalculable pour renouveler les mêmes évènemens. Il y aurait donc eu plusieurs phases dans les existences animales et végétales du globe antérieurement à notre espèce et peut-être avant toute espèce actuelle !

(Voir aux *éclaircissemens* la note A.)

quée, comme résultat d'un seul changement de l'élément ambiant ; il faut donc autre chose ; il faut une intelligence dirigeante, coordonnante, créatrice des organismes par leurs rapports d'espèces, de sexes, de genres, de familles plus ou moins analogues ou dissemblables, de tyrans et de victimes, etc., toutes choses indépendantes de la spontanéité supposée d'élémens qui s'organiseraient uniquement, d'eux-mêmes, comme les cristaux d'un sel dans un liquide. Il y a en effet, tels rapports qui font qu'une espèce ne saurait émaner d'une autre, ni le brochet destructeur, de la carpe sa proie ; enfin toutes les créations variées à l'infini du seul empire des ondes offrent une foule d'harmonies organiques, sympathiques ou antipathiques entre elles, comme le règne aérien ou terrestre, sans qu'on puisse supposer autant de variété dans la constitution de l'eau que dans celle de l'air atmosphérique.

La cause de l'*unité* dans le développement des organismes est nécessairement autre que celle de la *variété* de ces espèces ou antagonistes ou ennemies ; Leibnitz en admettant ces deux principes ou ce dualisme

CHAPITRE II.

Des principes élémentaires matériels capables d'organisation et
de vie.

Le nœud gordien le plus difficile à délier dans
la philosophie naturelle, ou la physiologie, est celui
de savoir si les particules matérielles possédent *en
essence*, des forces inhérentes à leur nature : telles
que la pesanteur et les attractions, la spontanéité
d'action, la vie, la sensibilité même, etc., comme
le soutiennent plusieurs philosophes; ou si les diverses substances que nous connaissons ne doivent
ces propriétés qu'aux lois émanées d'une cause première, de la divinité : en un mot s'il n'existe dans
l'univers que les principes matériels.

Il est deux moyens d'examiner cette grande question; l'expérience et le raisonnement.

D'abord, le monde, tel qu'il apparaît à nos sens,
présente différens ordres de matières, depuis les
minéraux dépourvus d'organes et que nous trouvons
inaptes à la vie, ou même capables de la détruire

dans la formation des êtres, n'a pu y voir qu'une lutte perpétuelle dans
la cause de l'animation *sous l'empire de laquelle la matière tourbillonne
et s'agitera sans cesse.*

(comme l'arsenic, la baryte et d'autres substances brutes), jusqu'aux êtres organisés, végétaux et animaux les plus perfectionnés; enfin il existe des agens impondérables doués de propriétés énergiques, tels que le calorique, l'électricité, la lumière, etc.

Ceux-ci surtout, susceptibles d'une énergie qui leur est propre, possèdent essentiellement, dit-on, une activité, une mobilité inhérentes à leur nature; quoique les moins matériels de tous, ils semblent en obtenir d'autant plus de force spontanée et la communiquer aux autres corps de l'univers, comme au système nerveux des animaux etc. De plus, on voit tout en mouvement dans la nature physique et chimique : les minéraux s'agitent dans le sein du globe; ils passent d'une combinaison à l'autre; tout circule et se renouvelle parmi les êtres vivans, comme dans les vastes champs des cieux. S'il est vrai que parmi les astres lointains de l'empyrée, des mondes naissent et périssent, comme on pourrait le conclure des observations astronomiques les plus récentes d'Herschell père et fils (1), le repos de quelques substances n'étant qu'un mouvement plus lent, rien ne demeure inerte dans la nature. On en a donc conclu que toute matière, loin d'être inactive intrinsèquement, manifeste, au contraire,

---

(1) Cependant la stabilité générale des étoiles fixes, est un fait qui constate l'inertie de la matière lorsque aucune force étrangère ne peut lui ôter cette indifférence.

une énergie primordiale dont rien ne peut la dépouiller, mais qu'elle la déploie suivant les occurrences ou sous des conditions spéciales, et relativement
à ses diverses combinaisons, soit chimiques, soit
organiques. C'est Protée, changeant incessamment
de formes dans son activité éternelle.

Une foule d'observateurs ont même tenté de vérifier par des recherches microscopiques l'existence
des mouvemens spontanés des particules de tous les
corps comme dans les molécules organiques selon
Buffon, Needham, Wrisberg, O. F. Muller etc., et
surtout dans le sperme des animaux, le pollen des
plantes, enfin jusque parmi les corpuscules élémentaires des minéraux selon Rob. Brown. Il s'ensuivrait donc que toute la nature est vivante par elle
seule, intrinsèquement, et capable de tout produire
par ses propres efforts.

Dès-lors, la vie n'est plus qu'une modification de
la matière arrangée selon certaine structure et d'a-
près les seules propriétés qui lui sont inhérentes.
Il s'ensuivra que par la disgrégation des molécules
de ces matériaux organisés, chacune des particules
d'un cadavre ressaisit nécessairement sa somme, et sa
portion fondamentale de propriétés vitales qui avaient
concouru à l'ensemble animé; chacune possède son
fragment de spontanéité d'action, de sensibilité, de
passion, de pensée, etc. qui sont des attributs in-
destructibles de vie, mais à l'état rudimentaire dans

ces molécules d'azote, de carbone, d'hydrogène, d'oxygène, etc. (1), qui d'ailleurs échappent à nos investigations. Il ne s'agit donc plus que de placer ces particules toujours vivantes dans des circonstances favorables pour que, *d'elles seules* (puisqu'il n'y a jamais, selon cette opinion, que de la matière en nous et dans l'univers), elles reconstruisent par leur association si bien ordonnée spontanément, un organisme parfaitement régulier, engendrant, etc.

Il faut alors, suivant les mêmes principes, que ces molécules disgrégées soient, d'elles-mêmes, assez savantes et habiles (puisqu'elles contiennent en essence la vie, la sensibilité, la volonté, la pensée) pour se concerter en un organisme végétal et animal sagement prédisposé afin de parer à tous les inconvéniens de l'existence, qu'elles se créent des sens, qu'elles combinent l'œil, l'oreille, des membres, des viscères, des armes, des défenses, des enveloppes

---

(1) Des observateurs ont contredit les recherches de Rob. Brown, pour les molécules élémentaires. En effet, C. Aug. Sigm. Schulze (*mikroskopische untersuchungen*, etc. Calrsruhe, 1828, in-4°) a remarqué que l'évaporation d'un liquide, l'imbibition, la dissolution des particules excitaient des mouvemens qui ont trompé les observateurs, car si l'on place ces molécules dans un fluide peu évaporable comme l'huile, les mouvemens cessent; ils s'accélèrent, au contraire dans l'alcool ou l'éther si vaporisables. Quant aux molécules des corps organisés, elles éprouvent aussi des mouvemens d'oscillation, de retournement par les diverses imbibitions et les déploiemens de leurs parties, etc. sans que cela prouve aucune spontanéité. En outre, il y a des illusions au microscope.

protectrices; qu'elles prévoient d'avance dans la série des évènemens, les moyens de garantir la progéniture, de disperser, diriger avec des instincts sûrs les individus, d'approprier leurs parties internes et externes à tel genre de nourriture, à telle sorte d'exercice soit aérien, soit aquatique, etc. jusque chez le moindre insecte, la plus humble mousse, suivant une merveilleuse économie dans le jeu de leurs fonctions, et d'après une industrie incompréhensible.

Car enfin le marronnier doit inventer la boîte épineuse qui protège son fruit, comme la balsamine a dû découvrir le moyen de disséminer ses semences par l'élasticité de ses capsules. La lente torpille, à force d'être harcelée par ses ennemis, imagina sans doute cet appareil électrique foudroyant, comme une détonation nerveuse de sa colère contre eux : ainsi chaque animal, chaque plante, par la nécessité de sa position dans ce monde, et la longue influence des habitudes, appropriera sa structure à ses besoins; l'autruche aura développé de fortes jambes aux dépens de ses ailes en courant dans les déserts sablonneux; l'oiseau frégate ses longues ailes à la surface des mers sans se reposer, aux dépens de ses jambes; le kanguroo sauteur une poche inguinale pour emporter ses petits, etc. Telles sont les explications qu'on a sérieusement essayées (Lamarck et d'autres savans) pour soutenir l'hypothèse de la vitalité spontanée de la matière.

En effet si celle-ci possède essentiellement toutes les précautions, tous les ressorts prévoyans de l'organisation, il s'ensuit que tout être, toute production doit éclore spontanément en tout lieu, par cette activité inépuisable de la matière, sauf à périr, si les circonstances ne sont point favorables à leur existence. Or, cette production universelle, nécessaire (rien ne pouvant enchaîner l'énergie naturelle des élémens), n'a pas lieu puisque tous les végétaux et animaux, par exemple, capables de subsister en chaque climat, ne s'y forment pourtant point d'eux seuls et qu'il faut d'abord les y transporter, comme le cheval en Amérique. Des milliers d'espèces éteintes ne se recréent pas de nouveau. Les germes de toutes choses ne naissent donc point spontanément; car la matière ne manifeste pas cette autocratie suprême comme nous le prouverons plus en détail en traitant des prétendues générations équivoques.

Il est facile de démontrer la fausseté du système qui confère la vie intrinsèquement à la matière. Par exemple, tous les êtres sortent d'un œuf ou d'une graine (*omnia ex ovo*, dit Harvey); voilà une association de matériaux admirablement prédisposés pour l'existence. Toutefois, l'œuf, la graine, loin de germer et de se développer d'eux seuls, dans les conjonctures les plus heureuses, se détruiront, se pourriront s'ils n'ont pas reçu par la fécondation, *le principe vivifiant* du mâle; preuve que la seule matière organisée n'a pu nullement se suffire pour vivre.

Et il ne servirait à rien d'objecter que l'afflux vital, l'*aura seminalis* du sperme caractérisent eux-mêmes cette matière subtile éminemment vivante (comme on l'a dit de la substance cérébrale ou nerveuse). Il s'ensuit toujours que la très grande partie de l'œuf si bien préordonné reste incapable de s'organiser sans une puissance motrice spéciale émanée de la *vie*; et nous allons exposer des preuves de l'impossibilité de la vie de la matière, spontanément ou par sa propre activité.

Nous établissons qu'aucune matière, si susceptible et mobile qu'elle soit, le calorique, l'électricité, ou tout autre impondérable, ne jouit par sa nature, de la vie, de la sensibilité, de la volonté, de la pensée, etc., qui en sont des attributs (1). Le mouvement même, sans lequel aucune vie n'a lieu, n'est point essentiel à la matière; elle n'en a pas la propriété inhérente, mais seulement par communication, puisqu'elle le perd. La preuve en est que le calorique, l'électricité tendent nécessairement à s'équilibrer; ils parviennent toujours par eux seuls

(1) Lors même que l'existence du fluide électrique dans l'appareil nerveux, serait démontrée, cet agent ne rendrait pas raison des phénomènes de la volonté, ni de l'intelligence, et des formes harmoniques ou rapports des organes, mais bien des actes physiques, ou des contractions musculaires, du choc électrique de la torpille, etc.

au repos, lorsque rien d'étranger à eux ne trouble leur équilibre, ainsi leurs perturbations ne peuvent jamais surgir spontanément tant que rien n'est changé dans eux ni autour d'eux : l'expérience le démontre en physique. En un mot, la matière qui paraît même la plus active de toutes, ne déploie pas de *spontanéité* volontaire.

Cela résulte évidemment de l'inertie essentielle à tout corps. Supposons, en effet, avec Épicure, chaque atome animé d'une force qui lui serait propre, comment chacun d'eux (destitué de toute influence extérieure ou étrangère, puisqu'on n'admet que de la matière dans la constitution du monde), comment serait-il déterminé, entraîné à se mouvoir spontanément dans l'espace libre, plutôt d'un côté que de l'autre, plutôt en bas qu'en haut ? C'est ainsi que Newton démontre qu'une particule attirée également en tous sens dans une sphère creuse, doit rester forcément en repos. Aussi, malgré leur énergie supposée, les atomes demeureraient par nécessité inactifs. Sollicités en même temps et avec une puissance pareille, de tout côté, il n'y a nulle raison pour qu'une chose se forme d'elle-même plutôt que toute autre chose. Donc il y a inertie. Ni les mondes, ni les animaux ne pourraient donc être constitués par la puissance spontanée de la matière, lors même que ses molécules seraient investies d'autant de petites intelligences que de volonté et de puissance. C'est parce que cet antagonisme parfait de forces entre des atomes nécessairement égaux maintiendrait entre eux cet équilibre de repos éternel, dans le chaos, tant qu'aucune puissance extérieure ne leur imprimerait pas le mouvement. De là vient que le principe de toutes les formations comme de toutes les énergies, ne peut pas être tiré de la matière inerte par sa nature. (1)

De plus, quand on accorderait que les divers atomes ou principes matériels doués de forces spéciales et libres dans leurs actes spontanés, ne consentiraient jamais à un repos absolu, ils n'opéreraient rien qu'au hasard, à cause de l'absence d'un moteur unique, régulier, central, doué d'ordre ou d'intelligence, tel que le principe vital individuel des animaux. Ces matières détruiraient en même

(1) Aussi les atomistes, ou les Epicuriens anciens et modernes se contredisent eux-mêmes sur ce point :

> Nam si de nihilo fierent, ex omnibus rebus
> Omne genus nasci posset ; *nil semine egeret.*

Et le même Lucrèce ajoute plus loin :

> Nil igitur fieri de nihilo posse fatendum est,
> *Semine quin opus est rebus :* quo quæque creatæ
> Aeris in teneras possint proferrier auras.

Mais s'il faut des germes (*semina*) qui donc les a créés? S'il n'y a que des atomes, d'où naît la diversité constante des espèces et leur régularité? Car les dieux d'Épicure ne se mêlent de rien. Son monde se forme tout seul comme il peut, ou s'il se peut.

temps qu'elles construiraient, dans le même être. De là suit que le hasard régnant alors sur l'univers, comme sont forcés d'en convenir ces philosophes (hylozoïtes) dans leur hypothèse, la régularité, l'harmonie permanente des formes organiques seraient impossibles. Ces vérités sont d'une importance capitale à établir.

Mais, répliquera-t-on, en refusant à la matière toute action spontanée, comment concevoir ses attractions chimiques, ses combinaisons si étonnantes, ses infinies productions dont l'univers est l'éternel théâtre?

Un mot suffit : cette activité lui fut, sans contredit, dévolue, avec poids et mesure, par un premier moteur, pour développer tel ordre de combinaison jusqu'à certaine limite. Si la matière possédait l'activité spontanée, elle opérerait sans règle et sans terme; car qui limiterait ses propriétés si elle seule pouvait se les attribuer? Tout pourrait donc se produire et tout marcherait nécessairement sans lois fixes. C'est ce que les atomistes ont compris en faisant le *hasard* et la *nécessité*, père et mère de ce monde; il n'y a pas de monstre et de chimère qui n'en puissent naître avec autant de motif que les êtres réguliers.

Réduits à cette extrémité, plusieurs ont recouru par nécessité à une première cause, afin de tirer de l'anarchie leur univers. Mais ici il faut choisir : ou le premier moteur est matériel aussi, et par là même contraint dans ses actes, ainsi qu'un grand ressort, comme en convient Spinosa (1), ou admettre une puissance autre que la matière, un principe hyperphysique, *mens agitans molem*, imprimant librement le branle à toutes les sphères et l'organisation, la vie, l'intelligence à des êtres animés.

Dans la première hypothèse, ou le panthéisme, il est incompatible, comme l'ont déjà démontré Bayle et d'autres philosophes, de supposer que la matière soit Dieu, c'est-à-dire à-la-fois agent et patient dans le même sujet, ou que la divinité souffre et meure dans les animaux, et autres absurdités semblables (2). De plus, s'il y avait unité de

(1) *Ethices*, part. 1, propos. xxxii. *Hinc sequitur Deum non operare ex libertate voluntatis*, etc., et propos. xvi, etc.

(2) Admirez comme on est forcé de rendre ensemble agent et patient le même corps, en sorte qu'il se fait malade, souffrant, de lui-même, s'engendre la goutte, la pierre, la folie, la rage, s'ôte la vie, se brûle, se guillotine, en un mot se crée toutes ces gentillesses que nous voyons sur la terre, toutes les passions, toutes les fureurs, par sa seule volonté. Car, puisque la matière de notre corps est tout, et sa propre autocratie, ou l'arbitre d'elle-même, ainsi que l'univers, pourquoi fait-elle ce qu'elle ne veut pas? Cette matière-dieu, ou spontanée dans ses actes, est donc une absurdité? Si elle est savante et toute-puissante, que ne se procure-t-elle uniquement des jouissances et du bien? qui la force à la douleur et à la mort puisqu'elle est sa liberté?

Certes, on conviendra que voilà une singulière divinité, qui se donne la colique ou la syphilis, ou qui s'empoisonne. Quand un individu

substance, dans l'univers, on ne verrait aucune opposition de sentimens et de volontés, ou guerre et combat entre les êtres. Or il existe guerre, combat, principes destructifs de toute divinité.

Ou la matière a été organisée de toute éternité, par sa propre essence, comme jouissant virtuellement de la vie, et dans ce cas l'état brut, inorganique, inanimé des minéraux serait impossible et contradictoire, ou la matière n'était pas essentiellement organisée dans son origine. L'existence des planètes et de la terre sans êtres organiques vivant à leur surface se conçoit parfaitement, de même que l'état de mort : donc on ne peut point soutenir que l'organisation soit inhérente à la matière. Nécessairement l'état inorganique précède l'état orga-

---

sabre un autre, c'est la divinité-matière qui veut bien tenter sur elle-même ces expéditions, comme dans deux armées ennemies, la divinité s'entre-tue à coups de baïonnettes et de canon. En un mot, il n'y a sorte de supplices, de maladies, d'abominations et de turpitudes, de crimes ou d'infamies qu'on ne puisse imputer à ce Dieu - monde, à cette spontanéité de la matière, selon cette monstrueuse et stupide hypothèse que tant de gens admettent sans en prévoir l'impossibilité.

Mais, au contraire, en reconnaissant une *force* distincte réagissant contre les matériaux de nos organes, selon le degré de son énergie, avec unité, régularité, ordre, harmonie, pendant un certain période de temps et se mettant en rapport avec les circonstances environnantes, on reste dans la voie de la vérité ; on étudie les directions, les mobiles de cette puissance vivificatrice, pour apprendre à la régulariser dans les secousses des maladies, les dérangemens qu'elle subit par les altérations des corps, suivant les âges ou les divers modificateurs qui opèrent sur l'organisme.

nisé. L'histoire naturelle, la géologie , comme la physiologie , déposent complètement en faveur de cette vérité.

Pour qu'une matière non organisée produisît la structure harmonique de l'organisation, il faudrait qu'elle donnât plus qu'elle ne possède et se modifiât savamment d'elle seule, qu'elle fût en même temps libre et indépendante, agente et patiente dans la même molécule : ce qui implique contradiction, impossibilité. Il faudrait encore que des parties se dépouillassent de leurs propriétés de vie, inhérentes et essentielles, pour augmenter celles d'autres parties. Or, la preuve que la sensibilité, la pensée, la volonté n'appartiennent point en propre à des molécules matérielles, c'est que des particules d'un os, par exemple, quelque agrégation qu'elles puissent recevoir, n'en possèdent pas autant que la substance nerveuse. Donc ce n'est point la matière elle même du cerveau qui est propriétaire de l'irritabilité, de la sensibilité, de la pensée, si fugaces et si variables dans le sommeil, la fatigue, ou avec les narcotiques, etc.

Comment une masse brute et toute chimique saurait-elle surtout développer des forces vivantes opposées à ses lois physiques en créant des êtres si admirablement agencés que leurs fonctions contrarient et annullent presque toutes les lois physiques? Comment demander aux élémens grossiers, à la putréfaction même, ces pièces merveilleuses des membres qui se correspondent, qui jouent avec une parfaite harmonie dans le plus chétif ciron muni de ses viscères, avec ses nerfs, ses yeux, son petit instinct, tout autant que dans l'immense baleine?

Croira-t-on compatible avec le bon sens d'admettre que, sans organes pour penser, la matière puisse infuser en elle l'intelligence avec l'organisation qui lui manquaient? L'instinct natif des animaux ne précède-t-il pas le développement de leurs parties? Dès l'œuf, le poulet s'agite pour crever sa coque, et porte pour cet effet sur le bec un petit éperon osseux qui tombe ensuite; ce poulet naissant va becqueter la graine qui le doit nourrir, comme Galien a vu un jeune chevreau, extrait du sein de sa mère par l'opération césarienne, choisir déjà le lait et le cytise, en rejetant les objets nuisibles; ainsi le canneton élevé par la poule, et la jeune tortue sortant de l'œuf vont nager, etc. De tous les êtres créés, le moins fait pour se tromper, dit Condillac, est celui qui a la plus petite portion d'intelligence. D'où surgissent dans les animaux malades, comme le chien mâchant du gramen, ces propensions spontanées d'une *nature médicatrice?* Il y a donc autre chose que le corps; il faut donc ici le concours d'une lumière profonde et cachée qui n'abandonne point à un mal irrémédiable de fragiles créatures livrées à toutes les chances, dans leur indépendance primordiale, au milieu des forêts et jusqu'au sein des ondes. Chacune d'elles possède, soit dans ses instincts pour découvrir les vertus des plantes, soit dans ces efforts vitaux spontanés qui dirigent ses fonctions, des secours pour se débarrasser sans médecin, mais non pas sans médecine, de la plupart des causes morbides, rejeter un poison, expulser un corps vulnérant, réparer le séquestre d'un os nécrosé, etc.

Les matérialistes anciens et modernes, tourmentés de l'impossibilité d'attribuer ces actes de causalité aux simples forces des atomes matériels, se sont réfugiés dans les chances infinies d'un hasard heureux. Mais si on les presse en demandant pourquoi la nature, aujourd'hui avare de créer de nouvelles merveilles, s'est réduite à une succession régulière de générations et à une permanence de formes spécifiques, ou par quelles causes finales les yeux des animaux, si bien construits pour recevoir les images, sont encore appropriés aux divers milieux (comme à l'eau, à l'air dense ou rare, chez les oiseaux, les poissons (1), pourquoi ne peuvent-ils échapper à l'évidence de ces causes finales? (2)

(1) La courbure du cristallin dans ses rapports avec la densité des substances est si parfaitement calculée par la nature, que David Brewster a pu former un microscope parfait, avec deux ou trois lentilles sphéroïdales des yeux de poisson. (*Edinburgh journal of science*, 1825, tom. II, p. 98.)

(2) Aussi Spinosa, *Ethices*, part. I. *append. ad propos.* XXXVI, est

L'on sent donc combien il faut ici autre chose que la matière, ou une cause ordonnatrice des membres des animaux, qui détermine leurs fonctions, les progrès des âges, gouverne les instincts, constitue un *moi* intérieur, une âme enfin. Qui a pu jeter tant d'êtres si étonnamment diversifiés , selon un plan harmonique, unis entre eux par des rapports fraternels d'espèces et de genres, même entre les insectes et les herbes, sur la croûte anorganique des terrains primordiaux de notre planète, sinon cette force autre que la matière, et qui, disparaissant à la mort de chaque individu, n'en gouverne pas moins pendant la vie chaque créature émanée d'une puissance suprême?

Ces faits suffisent pour ruiner plus que jamais aujourd'hui, dans le progrès admirable des sciences naturelles et anatomiques, cette monstrueuse hypothèse de la vie spontanée de la matière et de la formation prétendue des êtres organisés, par d'aveugles substances inorganiques.

forcé, comme Épicure, de soutenir que les yeux ne sont point destinés à voir, ni les dents pour mâcher, et qu'il n'est aucune cause finale dans l'organisme. Il y aurait trop de bonhomie à réfuter d'aussi ridicules assertions en anatomie et en histoire naturelle : *Vereor ne hujusmodi portenta et ridicula refutare, non minus ineptum esse videatur*, etc., dit aussi Lactance, *de Opificio Dei*, cap. vi , réfutant les mêmes raisonnemens des Épicuriens. Mais de ce que les yeux ne peuvent être bons à rien qu'à exercer la vision, il est donc clair qu'ils n'ont pas été formés pour toute autre chose, ni par hasard. Faut-il être réduit à défendre des vérités aussi manifestes !

CHAPITRE III.

Des élémens constituans de l'organisme animal et végétal, comparés avec les élémens des minéraux.

Toute matière de notre globe n'étant pas en effet susceptible d'organisation ou de s'élever à la vie on a dû établir deux principaux règne: l'*inorganique* ou celui des substances minérales brutes, et l'*organique*. On s'est arrêté là comme à des causes ignorées.

Sans disputer ici des limites entre ces règnes, ou même si l'on peut les fixer avec précision, attachons-nous à considérer les propriétés distinctes ou les forces spéciales qui gouvernent chacun d'eux. La question capitale consiste à décider si toute matière peut être appelée à la condition essentielle de la vitalité; ce problème doit se résoudre par les faits.

1° L'ensemble des êtres animés est généralement formé de *radicaux combustibles*, le carbone primitif combiné avec l'hydrogène, l'oxygène, l'azote, élémens de l'air et de l'eau, puis le soufre, le phosphore, qu'on rencontre souvent chez les animaux et les végétaux.

Les matériaux à l'état comburé qu'on observe dans les corps organisés, soit l'eau et l'air atmosphérique qui entrent aussi dans ces composés, s'y constituent le plus souvent à l'état d'association, ou de combinaison combustible également ou oxygénable; mais la chaux, la potasse, la soude, les phosphates, les carbonates, le fer et divers sels minéraux, etc., n'y sont pas, comme on sait, constitutifs de l'organisme proprement dit : ces adjuvans ou auxiliaires ne présentent point les propriétés essentielles à la vie (sensibilité, contractilité, etc.).

2° Au contraire, les matières inorganiques sont presque toujours à l'état *oxydé* ou *comburé.* Bien qu'il existe aussi, dans la nature morte, des métaux, du carbone, du soufre et d'autres matériaux à l'état combustible (1), la plus notable partie de ceux qui constituent notre globe existe sous forme ou d'oxides

---

(1) Ces minéraux combustibles, houille, soufre, phosphore, sont-ils déjà le résultat de la vie et de l'organisation d'êtres antiques? ou le fer même serait-il un produit de la vitalité comme l'ont pensé des chimistes? Cela nous paraît plus que douteux.

Il est manifeste, toutefois, que ces combustibles et les métaux à l'état de régule sont (même l'arsenic) alors dans l'innocuité, et appropriés aux besoins de la vie humaine. Ces substances se rapprochent donc alors des conditions de la vie, tandis que leur oxydation ou acidification les rappelle à l'état complètement inorganique et minéral; la plupart même deviennent hostiles aux organismes. La métallisation serait-elle une prédisposition à recevoir la vie? Sans les corps combustibles et le feu, il y aurait impossibilité d'existence pour tous les êtres animés, végétaux et animaux de notre globe.

ou d'acides en combinaison. Toute la masse terrestre, telle qu'on la connaît dans sa croûte la plus
épaisse, est composée de roches et autres substances
terreuses, soit alcalines, soit acides, de différentes
bases, associées ou isolées, presque toujours réduites
à l'état d'oxydes, de sels, etc., comme si c'était le
résidu d'un globe incinéré. Enfin l'eau, deutoxyde
d'hydrogène, est pareillement un corps brûlé.

Par une conséquence nécessaire, l'oxydation devient le phénomène dominant qui fixe l'état des minéraux, bases fondamentales de notre sphère. Les
volcans, les traces irrécusables de ces feux qui partout ont déployé leurs ravages, ainsi que ces vastes
submersions, ces déluges qui tour-à-tour durent
envahir les continens, si l'on en juge par l'observation géologique de tant de stratifications portant
l'empreinte de ces agens redoutables, tout manifeste
l'état général comburé des substances du monde
terrestre.

3° Toute *combinaison minérale* est chimique et
diffère essentiellement des *compositions organiques*.
Les matières comburées établissent des combinés
intimes, et en proportions définies, pour l'ordinaire,
ou d'atome à atome comme les sels; aussi la plupart
des corps qui en résultent sont constans, plus ou
moins solides, cristallins, ou de formes anguleuses,
polyédriques, dans leurs molécules intégrantes.
Celles-ci, possédant en elles la raison de leurs tabilité,

restent immuables dans une longue durée ; elles ne meurent point parce qu'elles ne vivent pas.

Au contraire, les *composés organiques*, formés d'élémens combustibles, peu nombreux, n'établissent que des associations de molécules sphériques plus ou moins variables ou peu stables, et se modifiant avec une facilité merveilleuse. D'ailleurs ils ne constituent jamais des agrégats d'une dureté ou d'une sécheresse considérable à l'état vivant : on peut toujours trouver dans leurs tissus, même les plus solides, ou de l'eau, ou les principes de l'eau et souvent ceux de l'air (1). Pénétrés ainsi d'une humidité nécessaire au jeu de leurs fonctions, et du calorique qui l'entretient, leurs parties sont écartées en mailles aréolaires, ou en lames, en cellules, en fibres, en parenchyme, avec des canaux conduisant des fluides, au moyen d'une activité intérieure qui dispense dans tout le système la nourriture et la vie. Tous les êtres animés, d'ailleurs, composant chacun une individualité, affectent une structure plus ou moins globuleuse ou cylindrique (engendrée de la sphère ou *globule* et *globuline*, forme primordiale de l'organisme), de même que leurs fluides composant le chyle, le sang, le sperme, la pulpe nerveuse et les

(1) Les lois de combinaison observées dans la nature inorganique sont insuffisantes pour expliquer les faits observés dans la nature organique, comme si quelque chose de vital restait toujours dans ces dernières, et leur imprimait le cachet originel qui donne souvent à ces corps un air de famille et le fait reconnaitre à l'instant. (DUMAS, *Analyse organique.*)

organes parenchymateux, le foie, le pancréas, etc., sont formés de globules agglomérés. En effet, les atomes organiques, simples, peuvent se combiner en toutes les proportions, comme on l'a dit, sans qu'aucun d'eux obtienne la suprématie de l'unité; celle-ci réside dans l'ensemble harmonique lui seul, durant un temps; de là vient sans doute que la trame des tissus, soit végétaux, soit animaux, ne renferme que des globules microscopiques associés.

Il en est toujours autrement pour les composés binaires ou tertiaires minéraux, oxydés surtout. Comme ils ont des proportions déterminées et que certains atomes jouent le rôle d'acides, ou dominent les autres, celui qui sert de base, modifiable par une véritable polarité électrique entre leurs molécules constituantes, il en résulte des solides géométriques à angles cristallins pour l'ordinaire.

Tous les élémens organiques sont d'ailleurs volatilisables ou réductibles en gaz, tandis que la plupart des matières minérales, appartenant essentiellement au globe terrestre, demeurent fixes et permanentes dans leur état.

Ainsi les molécules constituant les corps organiques subissent mille modifications sous l'influence des réactifs ou d'autres agens, par leur aptitude à tout. Elles se groupent, soit par des décompositions spontanées, des fermentations, des putréfactions, soit par d'autres influences internes ou externes, en

3.

des composés protéiformes comme les aspects sans cesse changeans du kaléidoscope. Avec le même morceau de bois, selon le degré de chaleur, ou les autres agens mis en œuvre, il se produira des corps huileux, ou acides, ou éthérés, ou du sucre, etc. Donc les atomes organiques sont en une sorte de disponibilité pour former toutes les humeurs et tous les sucs, etc.

4° Le phénomène qui préside à l'état minéral ou purement chimique est surtout la *combustion* ou l'*oxydation*.

Au contraire, le phénomène fondamental de la composition organique, qui transmet la vie, est la *génération*, ou plus complètement l'acte de la *reproduction* sous tous ses modes.

Chacune de ces grandes opérations met en opposition ces deux règnes, puisque le minéral est comburé, et l'organique est producteur de combustible. Les minéraux subsistent par eux seuls dans l'immobilité de leur condition naturelle, lorsque aucune force extérieure ne vient les solliciter d'en sortir. L'oxydation ajoute à la fixité de leurs élémens inorganiques.

Au contraire, la génération développant les êtres organisés, multiplie sous toutes leurs formes d'agrégations mobiles et transitoires durant une période limitée d'activité, les radicaux combustibles. C'est ainsi que la vie manifeste le pouvoir de désoxyder les corps, de décomposer, dans les végétaux surtout soumis à la lumière, l'eau et l'acide carbonique, de solidifier l'azote dans les tissus animaux, ou l'enlever à l'oxygène en plusieurs composés, etc. Mais les êtres organisés n'ayant pas en propriété les causes de leur existence, dépendent du concours des élémens environnans, de l'air, l'eau, la chaleur, les nourritures, etc.

5° Les combinaisons atomiques et cristallines des minéraux opèrent leur accroissement par juxtaposition, ou par simple attraction extérieure causant une accrétion de volume; la chimie peut décomposer et reformer ces combinés le plus souvent. Chez les êtres organisés, au contraire, l'accroissement a lieu dans l'intérieur ou par intussusception au moyen d'un travail assimilateur, et la chimie ne peut pas les reconstituer après leur décomposition. Ainsi l'état de mixtion ou d'association des radicaux combustibles entre eux est forcé et entretenu seulement par le nœud intérieur de la vie, tandis que les simples affinités chimiques se conservent dans les minéraux par les forces générales de la nature.

6° En effet, les substances organisées, par la cessation du lien de leur vie, se décomposent spontanément, avec une rapidité d'autant plus prompte qu'elles réunissent dans leur association des bases plus multipliées. Les matériaux organiques forment des groupes ou composés au moins ternaires , quaternaires , quinaires, etc. Ceux qui contiennent des radicaux facilement volatilisables, sont aussi les plus corruptibles; c'est pourquoi les *organismes animaux les plus azotés* se dissocient plutôt que les *organismes végétaux* ou *carbonés*; ceux-ci n'offrent d'ailleurs que des combinés ternaires la plupart moins putrescibles.

7° Nulle matière comburée ou minérale ne peut s'imprégner de l'essence vitale, ni obtenir l'organisation proprement dite, à moins de se désoxygéner pour rentrer dans cet état de combustibilité, le seul apte à l'existence. L'eau même, en pénétrant dans les végétaux et animaux, ou s'y décompose en partie et abandonne son hydrogène à l'organisme (1), ou elle n'entre que comme véhicule nécessaire des élémens organisables, leur prêtant sa fluidité pour faciliter leur transport, charrier dans toute l'économie les molécules nutritives, les distribuer à toutes les régions, ou pour assouplir leurs tissus. (2)

---

(1) C'est ainsi qu'elle concourt à la production des corps gras chez les individus d'une constitution humide et à la formation de l'huile si abondante chez les poissons, etc.

(2) Les substances minérales proprement dites , les sels calcaires, la silice, les oxydes métalliques, fer, manganèse qu'on trouve dans des animaux et des végétaux, étant des matériaux comburés, n'y exercent aucun rôle vital; ils ne fournissent aucun aliment réparateur. Ni le lombric terrestre ne se nourrit des couches terreuses qu'il perce, mais bien de l'humus, débris de végétaux, ni le dail (pholade) ne dévore

8° Tel est l'antagonisme de ces deux règnes, que les êtres vivans ou engendrés périssent lorsque leurs élémens constitutifs s'oxydent, ce qui les ramène à l'état minéral et salin. Les minéraux présentent en revanche des matériaux diversement aptes à s'organiser, lorsqu'ils passent à l'état combustible.

Il est donc facile de reconnaître que l'oxydation et la reproduction sont, pour la nature, deux opérations antagonistes, inverses dans leurs résultats opposés. L'opération oxygénante ou la combustion amène l'état minéral ou de mort, comme l'opération désoxygénante et la reproduction forment l'état organique ou susceptible de la vie. Tels sont les deux pôles d'une grande pile électrique, dont l'une préside à la création, l'autre à la destruction. Les corps oxydés minéraux présentent un état électrique négatif, les corps vivans et combustibles sont doués d'une électricité positive, mais chacun aspire à son contraire.

le rocher sous-marin qu'il perfore. La terre calcaire, les autres minéraux absorbés et pénétrant dans les canaux des plantes ou des animaux, servent comme soutiens solides pour composer les os, les têts et coquilles, ou pour fortifier des tissus végétaux, dans les *chara*, les conferves, les lichens qui contiennent abondamment du carbonate calcaire, etc.

On ne peut pas même conclure de nos connaissances actuelles que les corps organisés composent la potasse, la soude, le soufre, le phosphore, l'iode, le fer, le manganèse, la chaux, etc.; car toutes ces substances se rencontrent également dans le règne minéral.

Ainsi la *génération* rassemble les matériaux de l'organisme, elle le construit, elle le développe. La *combustion* ou l'*oxydation* divise, au contraire, ou dissout l'union des élémens organiques. Le concours des seules causes physiques et chimiques rend raison de l'état mort ou minéral; mais on n'a pas pu jusqu'à présent expliquer les fonctions de la vie des animaux et même des plantes, sans recourir à une ou plusieurs puissances autres que celles de la nature physique et chimique connue.

9° Tous les corps organisés, à l'état de vie, manifestent plus ou moins le besoin de l'oxygène (extrait de l'air ou des eaux) pour subsister. La *respiration* ou l'*oxydation* est donc une nécessité pour ces corps formés de combustibles (1). Il y a plus de déploiement d'activité vitale là où se remarque une oxydation respiratoire plus intense, comme chez les mammifères et les oiseaux évidemment. Cette sorte de combustion plus ou moins rapide, selon la disposition et le renouvellement des matériaux organiques, et qui soutient les fonctions

(1) Même la truffe, les lombrics terrestres, les vers intestinaux et jusqu'au fœtus, dans les eaux de l'amnios, comme les œufs des animaux et les graines des plantes ont nécessité d'absorber de l'oxygène ou de se mettre en contact avec des substances qui en dégagent. L'oxygène, en effet, est l'un des plus puissans excitateurs de l'organisme et la principale source de sa chaleur propre. La plupart des semences ont besoin de l'oxygène dans l'acte de la germination ; cet agent y paraît indispensable.

de la vie pendant un temps, finit par consumer l'organisme. La vieillesse est non-seulement un dessèchement graduel et un endurcissement des tissus, elle résulte encore de l'oxydation des matériaux du corps. Ainsi ces substances, après avoir beaucoup vécu, se rapprochent peu-à-peu du règne minéral ou de mort.

10° Le *procédé vital*, ou organisant, qui sépare l'hydrogène de l'eau, et qui engendre la vie, est alcalisant comme au pôle négatif de la pile électrique. Le *procédé désorganisant*, comme celui du pôle positif, produit l'oxygène, les acides, ou tend vers l'état comburé et minéral. Donc ce dernier procure la mort, tandis que le premier concourt avec les fonctions de la vie. C'est pour cela que les liquides recrémentiels servant à l'organisme, la salive, la bile, le sperme, etc., tendent vers l'alcalinité. Au contraire, les fluides excrémentiels expulsés des corps organisés sont tous acescens, l'urine, la sueur, etc. Ils nuiraient à la santé s'ils étaient ré‑ sorbés dans l'organisme. De même les animaux et les végétaux, dans la jeunesse et l'accroissement, manifestent des propriétés alcalines, tandis que les vieux végétaux et animaux tournent vers la décomposition acide et putride.

11. On peut reconnaître divers degrés progressifs d'animation dans les substances organiques. D'abord un liquide simple, gélatineux, présente la

première trame de toute organisation. Ensuite une substance albumineuse, susceptible de se concréter, passe successivement à la forme de tissus plus ou moins solides. La fibre constitue soit le bois plus ou moins dur des végétaux, soit la chair musculaire des animaux. Enfin la pulpe nerveuse contient, pendant la vie, les facultés excitatrices les plus éminentes de toute l'économie.

Ces quatre principaux élémens, *gélatine*, *albumine*, *fibrine* et *nervine* jouissent de propriétés de plus en plus actives, comme la contractilité qui est l'apanage de la fibre musculaire et la sensibilité dont est douée la médulle des cordons nerveux. La substance composant la fibre musculaire et le névrilème (membrane enveloppant l'élément nerveux) sont plus solubles dans les acides que dans les alcalis. La nervine ou pulpe des nerfs est soluble dans les alcalis et non pas dans les acides. Le contenu se trouve ainsi dans un état opposé à celui du contenant. Celui-ci est le cohibant du premier ; leur polarité réciproque est donc contraire ou inverse.

De plus, il existe une grande analogie de composition entre la nervine et la matière séminale chez les animaux. Toutes deux contiennent en combinaison du phosphore, agent de stimulation très énergique sur les autres parties vivantes (1), et

____

(1) Ainsi Vauquelin a trouvé une combinaison de phosphore et de matière animale grasse, dans le cerveau, dans la laite et les œufs des

principe éminemment combustible, ou le plus contraire à l'état comburé et minéral.

ARTICLE SPÉCIAL.

Où commence l'organisation protogène ?

Les physiologistes qui croient trouver dans un
liquide gélatineux simple, soit végétal, soit animal ;
la *matière vivante primordiale*, ou le sperme générateur de toute organisation, supposent nécessairement que les organismes s'y déploient par une force
spontanée laquelle agrège les molécules pour en
constituer des appareils de structure appropriée à diverses fonctions. C'est admettre une sorte de cristallisation plus ou moins compliquée, mais analogue
à celle des minéraux ; tel est le système de l'*épigenèse*, ou de l'*attraction*.

Cependant, à mesure que nos moyens d'investi-
gation deviennent plus puissans et plus exacts, cette

poissons, etc. Il en existe sans doute également dans les œufs des oiseaux, puisque le phosphate calcaire de leurs os y prend aussi naissance. Plusieurs matières animales èn putréfaction deviennent phosphorescentes, comme la moelle nerveuse, les poissons pourris, etc. Un
travail plus récent de M. Couerbe a démontré en effet que le phosphore
existe à l'état de phosphore dans la médulle cérébrale (et probablement
dans la médulle nerveuse de tout l'appareil sensitif).

opinion paraît erronée, inacceptable. En effet, telle est l'énergie de la puissance créatrice de la vie que déjà les premières molécules apercevables sont organisées et animées. Suivez Ehrenberg dans ses études microscopiques les plus profondes sur les infusoires. Ces monades, ces protées, que l'on croyait à peine être une gelée informe, montrent, sous des pouvoirs grossissans plus considérables, de nombreux estomacs, des gueules armées de dents capables de se reproduire en peu d'heures, des organes génitaux, des appareils respiratoires, des muscles, des ligamens, des vaisseaux, des mouvemens volontaires, et une foule d'actes et d'organes merveilleux qui avaient échappé aux Leuwenhoeck, aux Hook, aux Otto Muller et autres micrographes. Examinez le suc propre des plantes avec Schulze, ou le sang des animaux avec d'autres observateurs, vous trouverez ces fluides composés de molécules déjà organisées, déjà agitées d'une sorte d'esprit de vie. Plus vous approfondissez l'étude des liquides organiques, plus vous poursuivez dans ses particules ultimes l'animal microscopique, la mousse presque inapercevable, plus vous y découvrez de prodiges d'organisation. La ténuité extrême n'est point un obstacle pour la nature; elle semble au contraire y multiplier ses ressorts; car l'insecte anatomisé par Swammerdam, Lyonnet ou Strauss montre manifestement plus de muscles, plus de pièces que l'homme et que l'éléphant. Il n'y a si petit ovule de ciron, de si imperceptible atome pour nous qui ne recèle, comme la semence pulvérulente des fougères arborescentes, tous les rudimens d'une plante ou d'un animal complet. L'organisation commence dans l'invisibilité, et moins il y a de matière, plus l'esprit de vie opère ses merveilles. Nous ne pouvons donc pas assigner de point initial à la vie, dans les matériaux organisables. Quelque chose d'incompréhensible se passe entre l'union hypostatique de l'esprit et de la matière, comme dans le mystère de la génération ou de l'incarnation. Cependant le fait ne peut être révoqué en doute, comme nous allons le développer.

CHAPITRE IV.

Que la chaleur, la lumière, l'électricité n'engendrent pas la vie, eux-mêmes, ni séparément, ni par leur concours.

Personne ne doute que les corps organisés vivans n'entrent en correspondance nécessaire avec les agens de la nature qui les environnent, et sans le concours desquels l'harmonie et le jeu de leurs parties ne sauraient subsister. Ainsi, indépendamment de *l'air* et des *alimens*, les corps animaux et végétaux éprouvent un besoin manifeste, indispensable de l'*eau* (ou humidité), de la *chaleur modérée*, de la *lumière* (excepté peut-être certaines races souterraines d'animaux et de plantes), de l'*électricité*, s'il est avéré surtout que les nerfs en recèlent comme l'annoncent toutes les expériences du galvanisme et l'électricité de plusieurs poissons, etc. Le *magnétisme*, par la même raison (puisqu'il paraît être une modification de l'électricité, d'après MM. Oersted, Ampère, etc.), peut également concourir à l'action vitale en plusieurs circonstances. Certainement l'innervation ou le mouvement musculaire semble dû à la distribution d'un fluide qui présente l'analogie la plus grande, et même, si l'on en croit quelques expérimentateurs, une parfaite identité avec l'électrique.

Mais conférer à ces impondérables le principe même de la vie des animaux et des plantes; mais conclure que les êtres n'ont que ces agens pour créateur efficient d'une organisation si merveilleuse qui attribue chaque espèce à des fonctions et à sa destination propre sur le globe et dans les airs ou les eaux; enfin donner à l'électricité, au calorique, à la lumière, au galvanisme, etc., les facultés de l'intelligence qui resplendit dans tant de créatures, autres que l'homme, et ces surprenans instincts de conservation, de reproduction, d'attaque ou de défense qui transportent d'admiration les philoso-

phes et font le désespoir des systèmes de métaphysique : voilà ce qui ne peut être conçu, et tel est le
point capital de la difficulté.

Certes, on a beau enclore, si l'on veut, du calorique, de l'électricité et tous les agens physiques
impondérables ou impondérés connus dans un œuf
ou une graine, jamais on n'en pourra induire raisonnablement que l'excitation générale produite
dans l'embryon, ou germe d'un animal, d'une
plante. Ces appropriations spéciales, individuelles,
naissant avec leurs formes prédisposées de tous
leurs membres ou de tous leurs sens, l'œil, l'o-
reille, le cerveau, le cœur, les viscères nutritifs, etc.,
peuvent-ils être conçus comme étant coordonnés
par le simple calorique, par le seul résultat d'une
attraction physico-chimique, ou par la polarité développée dans les deux électricités résineuse et vitrée, etc., bien qu'on se soit aventuré de l'affirmer ?
Il faut bien compter sur la crédulité des lecteurs, il
faut débiter avec une rare impudence ces absurdités
pour oser fabriquer ainsi l'intelligence, la raison,
la sage et sublime ordonnance de l'organisme, les
miracles du développement et du jeu des instincts,
avec des fluides tout-à-fait dépourvus de cette sagesse et de ces facultés intellectuelles. Mais on s'y
trouve contraint dans l'hypothèse du matérialisme.

Car enfin quelle est l'action du calorique, de l'é-
lectrique et de tous les autres stimulans connus, sur

l'organisme animal ou végétal? uniquement celle d'excitant des fonctions; or, s'il n'y avait point, d'abord, un organisme coordonné, *doué d'une excitabilité* ou *incitabilité primordiale*, comme parlent les Browniens, en vain vous feriez agir ces excitans sur des cadavres; ils ne rallument point la vie, ils aident au contraire à la putréfaction; ce ne sont donc point, en eux-mêmes, des *élémens de vie*, ils opèrent indifféremment sur le vivant ou sur le mort comme sur toute autre substance de la nature.

Le calorique, par exemple, est l'un des plus puissans agens. Que fait-il cependant autre chose qu'agrandir ou accélérer le mouvement organique, chez les êtres animés, et hâter la décomposition chez ceux qui ont cessé d'exister? Ainsi, plus un animal est compliqué dans sa structure, comme ceux à sang chaud, plus sa sensibilité nerveuse est vaste, chez les mammifères et les oiseaux, plus leur respiration ardente allume en quelque sorte leur appareil vasculaire sanguin, plus ces êtres usent rapidement les ressorts constitutifs de leur corps; plus ils éprouvent de déperdition, plus ils sentent le besoin de nourriture et de restauration. Le tourbillon vital de l'absorption et de l'assimilation, comme des excrétions, se meut avec promptitude et renouvelle les matériaux du corps, comme un vêtement qui se détruit, qu'il faut changer sans cesse, tant que le *principe actif*, la *forme spécifique* de l'être vivant persiste. Si la chaleur organique soit interne, soit extérieure, avive ainsi le mouvement de la vie animale et végétale, en été, et sous les tropiques (1), si le froid la retarde et la resserre ou rétrécit près des régions polaires, ce n'est donc qu'un modificateur et non l'auteur même de l'organisme.

De même par rapport à l'absence de l'humidité, on voit une multitude de graines de plantes, d'œufs d'insectes (ou de poissons dans de la vase sèche, etc.) qui cependant placés ensuite en des lieux humides ou des terrains appropriés, à l'aide d'une douce chaleur, développeront après des mois, des années entières, des plantes, des animaux pareils à leurs pères. On sait que des haricots et d'autres semences, non susceptibles de rancidité, se gardent plus d'un siècle, se transportent au loin, capables de germination. Des mousses, des algues, des lichens, conservés secs dans des herbiers peuvent reprendre, après des mois, des années, leur germination en les humectant. On se

(1) Non-seulement la chaleur plus ou moins intense augmente les facultés vitales (pourvu qu'elle ne soit point excessive), mais elle multiplie les générations, avec l'aide de l'humidité; elle accroît à l'infini le nombre des individus; de plus elle développe une immense variété d'espèces. Ainsi les races d'insectes, de plantes, se diversifient prodigieusement sous les climats ardens et humides. Les reptiles, les oiseaux le sont plus encore à proportion que les mammifères. Les plantes deviennent arborescentes ou plus solides et plus vivaces; leurs sexes se séparent de plus en plus, deviennent monoïques et dioïques en beaucoup d'espèces, comme l'a vu Forster, *Flor. austral,* etc.

rappelle les célèbres expériences de Spallanzani et d'autres observateurs, par lesquelles, les volvoces, les rotifères (*vorticelles*), le tardigrade, et tant d'autres infusoires, comme les anguilles du blé niellé (*vibrions*) retiennent pendant un grand nombre d'années la propriété de ressusciter plusieurs fois, après avoir été desséchés, lorsqu'on leur restitue de l'*humide radical*, si leur organisme n'est pas détruit.

Relativement au froid : Ellis, Parry, Sabine et d'autres savans voyageurs à la baie d'Hudson, remarquent qu'il existe des végétaux, des insectes, des grenouilles dans ces régions rigoureuses où rien ne peut résister à la congélation par des froids de plus de 4o° Réaumur; cependant ces plantes, ces animaux qui paraissent congelés, comme on peut le croire, se réveillent gaîment au printemps et se multiplient sur ces terres désolées. Nos arbres, en hiver, ont leur végétation complètement suspendue, car même Thouin en a tenu quelques-uns dans une glacière pendant près de deux ans, qui ont très bien poussé et fleuri ensuite par une douce température. Il en est ainsi plus ou moins de la plupart des animaux hybernans et des races à sang froid dont l'hiver interrompt entièrement les fonctions organiques, qui cependant ressuscitent au printemps, même avec une plus vive énergie et disposés à la reproduction.

Qu'est-ce donc que la vie, dans ces organismes

inférieurs? est-elle, chez eux, la chaleur, l'humidité? L'oxygène qui rallume, pour ainsi dire, le flambeau de l'existence, chez les êtres asphyxiés, qui donne au sang artériel l'énergie si éminemment excitatrice du système nerveux et du cœur, l'oxygène si nécessaire à la respiration dans toutes les classes d'animaux et même de végétaux, est-il plutôt le principe de leur vitalité, comme on l'a pensé?

Enfin le stimulus puissant de l'électricité sous lequel semblent s'exalter, et le tissu nerveux qu'il vivifie, et la fibre musculaire qu'il contracte si violemment dans les expériences galvaniques (1), les tissus végétaux vivans qui en sont imprégnés et bons conducteurs, les semences qui se développent si bien sous l'influence de l'électricité atmosphérique dans les orages, tout ne semble-t-il pas dire que voilà les vrais élémens de la vie? *eau*, *calorique*, *oxygène*, *électricité*, et probablement aussi la *lumière*, bien qu'il y ait des végétaux et des animaux vivant sous terre et dans l'obscurité.

Quel besoin, dira-t-on, de chercher d'autres principes, si ceux-là parviennent à expliquer suffisamment le jeu des fonctions, chez les êtres inférieurs, surtout, qui semblent ne consister qu'en un simple tissu gélatineux ou celluleux, une glaire oscillante

____

(1) Il s'exerce même à distance chez les poissons électriques, les torpilles, gymnotes, silures, tetraodon, etc.

qu'anime un mécanisme physico-chimique un peu plus compliqué que celui des substances inorganiques? Pourquoi admettre un prétendu fluide ou agent vital indémontrable matériellement, s'il se produit, par *génération spontanée*, ou de toutes pièces, des animalcules, des végétaux, dans les eaux croupies, les matières fermentescibles qui se décomposent, puisqu'on y remarque en effet des infusoires et des corpuscules doués de mouvemens spontanés sous l'influence du soleil?

Qu'est-il nécessaire de supposer de prétendues forces tout autres pour expliquer la dynamique des corps organisés ? L'existence de ceux-ci devra résulter des lois émanées de cette puissance universelle qui meut les diverses substances de notre monde, avec des modifications particulières pour chaque structure organique des plantes, des animaux et de l'homme. Ne voit-on point partout surgir des cristallisations de minéraux et la formation perpétuelle de tant de substances anorganiques, suivant ce mécanisme général, comme les *ludus*, les arborisations, etc.? Un pas de plus sans doute fera développer cette multitude infinie de créations amorphes, de moisissures. de mousses, d'animalcules microscopiques, de menus insectes, de ces vers intestinaux enclos dans l'épaisseur même de nos tissus, probablement par les mêmes chances d'affinités ou d'attractions cosmiques que le grand

Être a départies plus ou moins diversement à toutes les particules de la matière dans la nature.

Plusieurs physiologistes établissent ainsi *une loi unique pour l'univers organique et l'inorganique*, ou plutôt, selon eux, les êtres vivans résultent de la seule complication des mêmes causes qui meuvent la nature universelle, sauf des modifications encore inexpliquées pour la structure des animaux et des plantes, etc.

De là devraient résulter des générations spontanées pour tous ces organismes, soit à l'origine des choses, soit encore aujourd'hui, comme on voit partout se former perpétuellement des cristallisations de minéraux et autres concrétions anorganiques.

Mais quand même on accorderait la spontanéité des animalcules infusoires (1), des vers intestinaux et de quelques insectes, des moisissures et autres agames amorphes, etc., il n'en resterait pas moins constaté que tous les êtres les plus complexes ne naissent point d'eux seuls sur ce globe et que leur race une fois éteinte, ne ressuscite pas. Ce fait est bien manifeste pour tant d'espèces fossiles enfouies dans les couches terrestres et dont les nombreux ossemens sont déterrés chaque jour. Certes, les productions minérales créées par le jeu des affinités chimiques

(1) Notez que la plupart ont des organes sexuels, observés par Ehrenberg et d'autres.

se composent continuellement dans le sein du globe, et fussent-elles détruites par l'homme ou la main du temps, elles se régénéreraient; mais une fois moissonnés par la mort, ces antiques habitans de la terre, ces gigantesques mastodontes, ces vastes sauriens, ces débris énormes d'éléphans et de rhinocéros qui jonchent les rivages des mers glaciales, se relèvent-ils pleins de vigueur comme au son de la trompette du jugement dernier? Non sans doute; dévorée par le vieux Saturne, leur forme brisée, ne ressuscitera plus, tandis que se reconstruit spontanément le cristal brisé d'un sel minéral.

Il y a donc grande disparité entre les forces brutes et les causes organiqnes; elles ne se reconstituent point d'après les mêmes lois formatrices, bien que tous leurs matériaux subsistent dans des lieux et des circonstances capables de nourrir des êtres vivans. Mais il préside dans les structures animales et végétales une énergie déterminante, des fonctions protectrices, réparatrices, qu'aucun corps anorganique ou minéral ne manifeste. Voilà intelligence, but nécessaire pour tout être animé et non pour celui qui ne vit pas : force particulière qui n'appartient nullement à celui-ci; or, d'effets si différens, il faut bien conclure que les causes ne sont pas identiques.

Puisque la nature universelle n'opère aucunement par les mêmes voies l'organisation des êtres animés, et la structure minérale, on ne peut soutenir, sous peine d'absurdité, que le calorique, l'électricité, etc., possèdent par eux-mêmes l'essence vitale. Qu'ils s'en montrent les excitateurs, les adjuvans instrumentaux, sans doute; mais où les voit-on organiser et empêcher la mort, quand même on les accumulerait par tous les procédés possibles, chez des êtres défaillans de caducité et sans lésion de parties? restitueront-ils, dans la maladie comme dans l'état sain, l'énergie sacrée de la vitalité?

Il y a plus, l'organisme produit, de lui-même au besoin, soit l'électricité, dans la torpille et autres poissons électriques, soit le calorique jusque chez ces arbres qui résistent aux hivers rigoureux des pôles, jusque chez le noisetier, le *galanthus nivalis*, les mousses et lichens qui percent la neige et fleurissent, comme après les froids horribles de 3o° R., on voit les sapins, les bouleaux, les framboisiers arctiques reverdir et pousser au retour de l'été avec une incroyable vigueur. Il faut bien que les végétaux, comme les animaux qui s'engourdissent, possèdent une chaleur latente (*calor nativus*); ils la régénèrent malgré la congélation de leurs liquides qui se dilatant d'environ un quart de leur volume (1), devraient faire éclater leurs fibres rigides et glacées.

(1) On a cité des grenouilles et autres batraciens, des lézards et des poissons gelés, rigides et cassans, soit sous la vase, soit en terre, trouvés à la Nouvelle-Zemble, en Islande et autres contrées polaires, pendant leurs rigoureux hivers, et renaissant au printemps par un lent

Comment aussi, au milieu des brûlans déserts de sables de l'Afrique, les plantes grèles, les moindres moucherons conservent-ils une humidité suffisante pour entretenir leurs fonctions, eux dont les cadavres sont si promptement desséchés qu'ils se momifient? Il faut donc que la force vitale attire l'humidité au besoin, comme elle expulse un excès de calorique et engendre celui qu'on lui enleve!

Les physiologistes qui ont constitué, en Allemagne, la doctrine de la polarité (1) conviennent bien que la vie n'est point un acte mécanique ou chimique, ni un procédé d'oxydation seulement, ni le résultat des actions électriques, galvaniques ou magnétiques; toutefois selon eux c'est une opération complexe dans laquelle coïncident toutes les modifications des forces connues jusqu'à présent; les puissances attractives et répulsives, les affinités chimiques, l'énergie de la cohésion, de la gravitation, les oxydations et désoxydations, les effets galvaniques et magnétiques, enfin, tous les principes impondérables y jouent ensemble ou successive-

dégel; car il y a de ces animaux qui survivent, qui se multiplient en ces régions, de même que plusieurs végétaux. On a vu pareillement des crapauds presque complètement congelés, et cassans, dans nos rudes hivers, reprendre le mouvement vital, non par un réchauffement précipité et périlleux, qui rompt les mailles des tissus organiques, mais par un lent dégel. Cependant l'état glacial était bien constaté.

(2) Voir le *Mémoire sur la doctrine de la polarité*, tom. 3 du Journal des progrès des sciences et institutions médicales, traduction du docteur Martinet.

ment. Aucune de ces puissances n'est par elle-même la vie , mais celle-ci résulte de leur conflit harmonique, en sorte que cet ensemble constitue cette puissance vitale. Mais quelle spontanéité d'action associa merveilleusement ces forces ?

Il est trop facile de renverser encore cette théorie, bien qu'elle ait appelé toutes les puissances de l'univers à son secours, excepté la seule véritable. En effet il faudra toujours expliquer dans la vie, *ces organes appropriés à un but, ces instincts et ces intelligences si bien déterminés, ce cours régulier des fonctions et des facultés dans un ordre admirable* et qu'il est de toute impossibilité d'attribuer à la matière inorganique (1); pesanteur, électricité, magnétisme, lumière, chaleur; osera-t-on dire que tout cela possède en soi-même, sagesse, intelligence créatrice?

(1) Par exemple , on soutient encore qu'il a pu y avoir des pluies de crapauds *en été,* et on en cite des témoignages nombreux. La terre, après une ondée, a été couverte de petits crapauds. Pourquoi pas, dit-on, puisqu'il tombe des pierres météoriques. Ces pierres, d'une composition différente de celle des autres pierres de notre globe , d'après leur analyse chimique, peuvent se former par combinaison de certains gaz tenant en dissolution des élémens pierreux. On n'admettra pas facilement que de petits crapauds tout vivans se cristallisent dans les airs, à la suite d'une détonnation météorique. En supposant qu'ils aient été enlevés par quelque tourbillon, comme des nuées de sauterelles ou d'autres insectes, la chose serait plus naturelle. Mais il est plus simple de croire, avec les vrais naturalistes, qu'à cette époque, les petits crapauds se transformant en quantité, ne sortent des petits trous en terre, qui les dérobent à l'ardeur desséchante du soleil, qu'après une pluie ; elle attire aussitôt ces reptiles demi aquatiques ; car personne n'a

Cependant, ces agens, poursuit-on, impriment le branle aux fonctions de l'organisme. Distinguons encore. Oui, ils soutiennent la vie, mais dans certaines limites. Ainsi malgré l'action de la lumière et d'autres stimulans physiques, ou dans leur absence, l'organisme a besoin de repos et d'activité; ainsi malgré les mêmes stimulans, il faut que l'être vivant dorme, qu'il parcoure des périodes déterminées, des stases, des pauses, des appropriations de certains actes, (suivant sa structure et les époques de rut ou d'inertie génitale, par exemple, chez la plupart des animaux et des végétaux); en un mot, il y a une marche préordonnée, et certes, ce n'est ni le calorique, ni l'électrique, ni la lumière, etc., qui ont pu constituer toutes ces choses variées selon les genres, les espèces de chaque organisme. Que le froid, le chaud ou les températures des saisons et des climats, que l'influence des nourritures fassent devancer ou retarder ces phénomènes fonctionnels, ces divers degrés de repos et d'activité, cela est bien connu, nous le répétons, mais il n'en existe pas moins évidemment un ordre harmonique régulier, dans le cours général de la nature; enfin il n'est pas possi-

prouvé démonstrativement que ces animaux soient tombés sur des toits, et autres sommités élevées. S'il y avait génération spontanée alors, on accorderait bien que la nature devrait former au même moment d'autres espèces d'animaux, et ne pas choisir exclusivement celle des crapauds tous aussi bien constitués qu'à l'ordinaire.

ble de nier le concert de tous les êtres en rapport avec l'état universel de notre système cosmique, prédisposé par une incomparable sagesse et la plus inexplicable intelligence; certes donnerez-vous ces étonnans rapports des organismes entre eux, et leurs merveilleuses propriétés à du calorique et à de l'électricité dispersés dans notre sphère ? Est-ce là votre divinité, votre *mens agitans molem ?* Discutons les faits.

CHAPITRE V.

Des résurrections.

On a dit: « la vie peut être plus ou moins intense, « continue, rémittente et intermittente, suivant les « conditions dans lesquelles les organismes se trou- « vent placés et suivant l'impression plus ou moins « vive des agens impondérables sur eux. Chez les orga- « nismes très développés, la vie peut être rémittente, « mais rarement intermittente. Plus il y a de compli- « cations dans les structures organiques, et moins le « retour à l'activité après une longue interruption est « facile, moins il y a de chances de résurrection; il

« devient impossible d'exciter à-la-fois, dans un
« système composé de tant de pièces et de rouages
« essentiels, cette suite d'actions et de réactions har-
« moniques dont la coordination constitue le mou-
« vement vital. Ainsi la vie et l'organisation peuvent
« donc être envisagées isolément dans les corps qui
« en sont doués : on peut concevoir le retour et
« même la reproduction des actes vitaux, ou plutôt
« des phénomènes physico-chimiques qui se succè-
« dent dans les organismes, lorsqu'ils ont cessé
« d'une manière incomplète, etc. »

Lamarck avait établi pareillement que *la vie,
dans les parties d'un corps qui la possède, est un ordre
et un état de choses qui y permettent les mouvemens
organiques ; ces mouvemens constituent la vie active résultant de l'action d'une cause stimulante
qui les excite.* Les physiologistes modernes ajoutent
que c'est une succession de phénomènes *physico-
chimiques* (encore inexpliqués, sans doute); mais
dont la variété, la durée, l'intensité, l'enchaînement
mutuel de causes et d'effets, se compliquent d'autant
plus qu'on remonte davantage vers le sommet de l'é-
chelle zoologique. Enfin ces résultats sont en rapport
avec l'activité des *causes physiques* ou *l'action des
fluides impondérables* qui y donnent lieu. Par exemple, dans les animacules infusoires, les polypes et
les végétaux, en général, la vie n'est, affirme-t-on,
que l'action évidente des liquides ambians, chargés

de calorique, de fluide électrique, sur un tissu gélatineux, ou sur une substance cellulaire animée par
les mêmes principes. (1)

ARTICLE PREMIER.

Que les résurrections n'ont pas lieu sans la persistance du principe de
l'excitabilité, conservant l'énergie vitale.

Nous répondrons à ceux qui soutiennent que les
seuls agens physiques suffisent pour constituer la
vie dans des tissus organiques non endommagés :
accumulez ces moyens excitateurs dans un œuf ou
une graine non fécondés; appliquez-les à un animal
asphyxié complètement, à une plante morte, à tout
germe, à tout être privé de la puissance qui l'animait, même sans lésion de ses appareils organiques :
ces stimulans s'exerceront en vain, l'être ne peut
plus rallumer sa flamme vivifiante.

Ainsi, l'action des organes, à l'aide des excitans
qui en facilitent le concert harmonique, n'est que
la *manifestation* de la vie, mais non pas son *essence*.
Ces fluides impondérables, loin d'être par eux-mêmes
le principe organisateur ou instinctif, intelligent

(1) Voyez MM. Dutrochet, Fourcault et d'autres physiologistes modernes, qui font de l'électricité l'*agent vital*.

qui dirige les fonctions, les facultés plus ou moins utilement dans la santé et les maladies, ne sont que des instrumens de cette vitalité intrinsèque.

Il faut donc que la source de l'*incitabilité* subsiste, (bien qu'inconnue dans son essence), dans ces êtres engourdis, ou desséchés, ou demi glacés ou profondément endormis ; il faut qu'elle recouvre ses mouvemens réparateurs et propagateurs de résistance organique contre les causes destructives, comme ceux de sécrétion, de dépuration de décomposition, d'excrétion qui renouvellent les matériaux de son corps. Elle se conserve en puissance avant d'être en acte.

L'organisme seul, et ses agens excitateurs ne composent donc pas dans la machine organique le principe de la vie opposé à la putréfaction ; celui-ci tend au contraire à la propagation, à la perpétuité des espèces, à l'immortalité.

On ne doit donc point qualifier du nom de *vie*, le jeu même des fonctions résultant de l'intervention des excitans externes, puisque cette vitalité, privée de ces fonctions, peut longuement se conserver latente dans des œufs, des semences, des germes non développés et inactifs. Mais le principe de vie est une *force organisatrice* composant l'appareil de toutes les pièces de l'animal ou de la plante, agencées avec tant d'harmonie dès l'état du germe même imperceptible dans sa ténuité. Ces appareils sont ensuite soumis à diverses conditions extérieures pour leur développement, selon les climats et les circonstances.

De plus, ce principe qui déploie des formes normales déterminées, souvent si belles et régulières, est doué d'une quantité spéciale d'énergie; car les animaux, et même les végétaux ont le pouvoir de produire de la chaleur contre le froid (1), et du froid, par évaporation, contre les trop grandes chaleurs. Certaines plantes des déserts arides, les cactus, des euphorbes, des cacalies, des orchidées, suspendues dans l'air, comme des ognons, des scilles, et certains insectes attirent l'humidité malgré les températures les plus chaudes pour se préserver d'une dessiccation rapide et de la mort ; comme les races d'insectes destinées à vivre dans les charognes les plus corrompues, résistent à la putréfaction, etc. Enfin, la

(1) Voyez les expér. de John Hunter à ce sujet. *Journal de physique* de Rozier, 1781, tom. xvii, p. 12 et p. 116. Celles du docteur Wilhelm Neuffer sur les changemens de température des végétaux (Thèse sous la présid. de Schübler, à Tubingen, en 1829, in-8°, en allemand), sont surtout très concluantes. Les peupliers ont montré en février, dans l'intérieur de leur tronc la même température que celle de l'air ; en janvier l'arbre avait 10° Fahrenheit de plus que l'air extérieur. En hiver le thermomètre descendit à 12 et même 14° Réaumur, au-dessous de la glace, sans que la végétation en souffrît ; les parties du bois qui ont le plus de sève, souffrent davantage de la gelée, que le bois dense ; celui-ci résiste très bien à de grands froids sous zéro. Les arbres conifères évaporent peu d'eau, et paraissent capables de supporter des froids rigoureux vers les régions polaires surtout. Les mousses et lichens, après avoir été congelés, revivent.

force vitale de chaque espèce l'a rendue apte à combattre jusqu'à certaine limite les causes de sa dissolution, comme à se procurer des moyens de subsistance et de perpétuité. Elle a des termes de grandeur et de durée dans ses périodes et ses proportions.

Les races nommées imparfaites manifestent encore plus merveilleusement que les animaux intelligens, et que l'homme, des forces toutes psychologiques, si occultes, si inexplicables. Il faut bien les reconnaître puisqu'elles font voir dans ces insectes, ces vers, autre chose que leurs matériaux, une cause instinctive agissant spontanément avec de profonds desseins avec la sagesse la plus infaillible, la plus consommée. Par la continuité des nourritures, les élémens organiques se renouvellent sans cesse, tandis que cette forme directrice des actes et des instincts persiste autant que la vie; elle est donc distincte de la matière transitoire ou destructible des corps eux-mêmes.

C'est par la persistance du principe de l'excitabilité dans les organismes vivans des animaux à sang froid et des végétaux, que ceux-ci savent se défendre contre les températures les plus rigoureuses (1); c'est par l'évaporation des fluides transpi-

______

(1) On voit dans les régions polaires, à la Nouvelle-Zemble, à l'île Melville, sous une température de près de 40° centigr. sous zéro, des

ratoires, sous l'influence du même agent que ces êtres parviennent sous un soleil brûlant, ou dans des milieux très chauffés (1), à éteindre en partie cette chaleur pour rétablir l'état normal. On voit en effet constamment les reptiles, les poissons, les mollusques et autres espèces inférieures, manifester un ou deux degrés de température supérieure à celle du milieu ambiant, air ou eau, dans lesquels ils vivent. L'association des insectes, comme des abeilles dans une ruche fait monter la chaleur à plus de 30°, même en hiver, selon Martine, Réaumur, Huber, etc.

Sans contredit, l'action respiratoire, le jeu des parties, soit par la circulation, soit par la nutrition (causes qui réchauffent évidemment l'économie), contribuent à entretenir la chaleur vitale. Chossat et

rennes, des bœufs musqués, des lièvres blancs, des renards et ours blancs, conserver leur chaleur vitale sans tomber dans l'engourdissement. D'autres espèces à robe colorée s'engourdissent.

Mais les animaux très jeunes, comme les oiseaux sortant du nid, perdent plus facilement leur chaleur vitale en hiver, et ils périraient s'ils n'étaient couvés ou réchauffés.

L'évaporation de la sueur et de la transpiration est une cause de rafraichissement dans les chaleurs de l'été, et dans les lieux trop chauffés, pour maintenir l'économie animale dans un état sain.

(1) Des poissons, des arbrisseaux, des conferves peuvent vivre dans l'eau très chaude de sources thermales, comme on en a trouvé à l'ile de Luçon et ailleurs; l'habitude y peut également concourir; mais c'est encore une modification de l'excitabilité.

d'autres physiologistes ont aussi montré que l'action de l'appareil nerveux contribuait puissamment à l'entretien de la chaleur animale, soit parce que les animaux doués d'un vaste système nerveux, sont plus chauds que ceux qui n'en possèdent qu'un faible, soit parce que la paralysie, la section d'un nerf appellent du froid et de l'insensibilité dans un membre, soit parce que l'inflammation, la chaleur anormale d'une partie, résultent d'un accroissement de l'irritation nerveuse. Cependant il faudra bien reconnaître que la chaleur vitale qui fait persister des plantes au milieu de froids très rigoureux, et même résister jusqu'à certain degré aux gelées, ne dépend ni de l'acte respiratoire, ni d'une source nerveuse, ni même de l'activité de la nutrition, ni enfin d'aucun mouvement organique.

Bien plus, certaines plantes jouissent de la faculté d'engendrer une chaleur rayonnante, supérieure à celle de l'atmosphère. Nous ne citerons pas celle qui se développe dans la germination de l'orge, observée par Thomson, chimiste, parce qu'il s'agit d'une sorte de mouvement fermentatif accompagné d'absorption d'oxygène atmosphérique ; mais personne n'ignore aujourd'hui que dans le moment de la fécondation, le spadix des fleurs de l'*arum italicum, cordifolium, maculatum, vulgare* et autres, de celles du *caladium pinnatifidum*, le *pandanus utilis*, et selon Saussure, les fleurs du melon, du pépon, de la tubéreuse, du *bignonia radicans*, exhalent une chaleur plus ou moins intense. Les aroïdées répandent alors des odeurs cadavéreuses ammoniacales, les autres paraissent absorber de l'oxygène, par une opération vitale tout instantanée et exhaler de l'acide carbonique. De plus, les fleurs, à mesure qu'elles offrent des couleurs plus foncées, paraissent sécréter plus de calorique, sous l'action des rayons solaires. (1)

Nous avons plusieurs observations qui prouvent également que les œufs des animaux (ceux des poissons, des sangsues, enfouis sous la vase), et les semences des végétaux résistent même davantage à la froidure que les êtres qu'ils développent. Sans doute plusieurs de ces œufs ou graines, sont protégés par des tuniques, ou des coques résistantes à la pénétration du froid; tels sont les œufs d'insectes, à tissu corné ou soyeux, les enveloppes résineuses de plusieurs graines; mais il faut évidemment tenir compte d'un principe d'excitabilité persistant. Pourquoi les œufs de poule *non fécondés* se gèlent-ils plutôt que les œufs *fécondés*, au même froid, si ce n'est à cause que ces derniers sont garantis par un principe de vie conservateur et *résurrecteur* (2)?

(1) John Murray, *Experimental research*. Glasgow, 1826, p. 9.

(2) T. Hunter, Sennebier, Schœpf, Salomé et autres ont attribué avec raison une sorte de chaleur vitale propre et résistante, aux végétaux; car Bjerkander a remarqué, au milieu de l'hiver, en Suède, le

Les œufs féconds se corrompent moins vite également, et à cause de l'élément excitateur. Les animaux et les végétaux écartés des fonctions génératives, par abstinence de chasteté, conservent longuement la vie, et la floraison, la vigueur, au physique chez eux, comme au moral chez l'homme.

•••

CHAPITRE VI.

De l'électricité dans les êtres vivans, rapports de cet agent avec les fonctions organiques.

Dans ces derniers temps on a tenté d'expliquer l'organisation et la vie à l'aide du fluide électrique (1); l'on doit reconnaître que si rien ne prouve qu'il en soit la cause, du moins, sa présence dans les corps animés, et son action dans diverses fonctions de l'organisme, sont incontestables.

cœur des arbres plus chaud que l'air. Voir *Swenska akad. Handlingar.* An. 1790, p. 136. sq.

(1) Nous pourrions citer au premier rang M. Dutrochet, *l'Agent immédiat du mouvement vital.* Paris, 1826, in-8. Plusieurs recherches de MM. Becquerel, Faraday, Davy, Bellingeri, Matteuci, Nobili, Fourcault, etc., d'après Galvani, Aldini, Volta, Humboldt, Ritter, etc., vont dans ce sens.

Il est d'expérience que différentes substances, soit purement anorganiques, soit organisées, jouissent de *différentes électricités*, ou *négatives* ou *positives*, qu'elles manifestent dans leur contact réciproque. Ainsi les couches terrestres, les formations minérales, superposées, possèdent des degrés variés d'électricité desquels il résulte, pour le globe et pour ses différentes régions, des états électriques particuliers. Les molécules mêmes d'une seule substance distribuées par couches, par lamelles, comme dans les cristaux (témoins, la topaze, la tourmaline), peuvent, à l'aide de la chaleur, ou peut-être de la lumière, acquérir par le contact de leurs surfaces, *des états opposés d'électricité* (1). Il en est ainsi de métaux divers superposés ou placés en contact, qui constituent des piles voltaïques, soit naturelles, soit fortuites.

De même nos divers tissus organiques, les lames membraneuses, des tuniques muqueuses ou séreuses, les gaînes des muscles, les capsules articulaires, les synoviales, la dure-mère, le névrilème, etc., acceptent, sans doute, divers degrés d'électricité, car dans le choc électrique, les articulations éprouvent surtout la commotion. Par les changemens de saisons et les révolutions atmosphériques, combien de personnes goutteuses, rhumatisantes,

---

(1) Selon Æpinus, Haüy, Brewster, etc.

n'éprouvent-elles pas de douleurs arthritiques ou autres qui dénotent évidemment un rapport avec l'état électrique de l'atmosphère, puisque ces douleurs peuvent cesser ou reprendre instantanément, et faire prédire des changemens de temps comme le savent tous ces baromètres, ou plutôt ces *électromètres vivans?*

Le névrilème qui enveloppe tout l'appareil nerveux est une membrane cohibante, ou anélectrique par rapport à la *neurine* ou médulle nerveuse; ces corps existent dans un état différent, positif ou négatif, puisque le nerf qui se durcit dans les acides, se dissout par les alcalis, et le névrilème éprouve des effets tout contraires.

Que si le système nerveux n'est pas conducteur du fluide électrique, tout au moins les phénomènes galvaniques, ceux de la contraction musculaire, sous l'électricité voltaïque et toute autre, manifestent que l'organisme n'est pas étranger au développement de ce fluide. Les phénomènes de la torpille et d'autres poissons électriques dépendant du jeu d'un appareil membraneux particulier, ou batterie, mis en action par des nerfs spéciaux, cérébro-rachidiens de ces animaux, démontrent que l'organisme peut produire de l'électricité, ou le choc avec des étincelles.

On ne saurait donc nier de ces prémisses, que nos corps ne soient à beaucoup d'égards, des instrumens électrico-vitaux et sensibles aux influences électriques des élémens qui nous entourent. Nous sommes plus ou moins modifiés par leur changement d'équilibre dans les orages, etc. L'application de l'électricité à notre organisme et celle du magnétisme minéral, autre sorte d'électricité, ne reste pas sans action sur plusieurs affections nerveuses.

Si l'appareil nerveux offre de tels rapports avec l'électricité et s'en montre principalement affecté, il est manifeste qu'une privation d'une partie de son électricité, peut naître par défaut de *respiration* suffisante ou de bonne *hématose* dans un air impur, donnant un sang noir, faiblement oxygéné, peu électrisé, peu capable de réparer les pertes du système nerveux. En effet, on sait combien le sang noir ou veineux est extincteur de l'appareil nerveux. (1)

La sidération ou la neutralisation de l'électricité par un choc foudroyant qui disgrège toute la trame des tissus organiques, amène subitement la dissolution de la vie. C'est ainsi que dans les maladies ataxiques, dites malignes, putrides, caractérisées par la profonde atonie du système nerveux, par la terreur, l'angoisse mortelle ou des pressentimens funestes, il survient des mortifications, des gangrènes, des lipothymies avec froid glacial, concentration de forces, cessation du pouls et de respiration ou as-

____

(1) Voir les belles expériences de Bichat sur *la vie et la mort*, part. 2; et de la plupart des physiologistes modernes, sur la respiration.

phyxie, comme si la vie était atterrée d'un coup de tonnerre.

Quelque dérivée qu'elle puisse être de différentes sources, l'*électricité animale* est identique avec toutes les autres (1); seulement elle réside dans des conducteurs imparfaits qui sont les tissus animaux, tandis que l'*électricité voltaïque* pénètre dans le métal, et que l'*électricité ordinaire* existe à la surface des corps (2). Toutes ces électricités, en effet, peuvent se convertir les unes dans les autres, de même que le magnétisme qui est encore une forme particulière de l'électricité.

Tous les appareils, à l'état de vie, par la diversité de leurs tissus, jouent les uns sur les autres, même chez les végétaux. Il y a des modifications dans l'état de composition chimique, ou d'aggrégation, soit par les résultats de l'assimilation des sucs nourriciers, et par les changemens que cause la respiration sur le sang ou d'autres liquides, soit par les sécrétions et excrétions, évaporations ou exhalations et absorptions; il y a élimination de certaines particules, accession de plusieurs autres pour se concréter en tissus solides, ou se décomposer; tous ces actes ne peuvent s'opérer, non plus que des actions chimiques, sans modifications ou saturations d'électricité

---

(1) Faraday, Mém. dans les *Trans. philos.* 1833, après les travaux de Cavendish, de Wollaston, Colladon, etc.

(2) Ritchie, *Philos. transact.* 1832, p. 279.

opposées. Déjà la germination des plantes en a présenté un dégagement sensible à l'électromètre, car cette germination est plus vive sous l'influence électrique qui sollicite un mouvement plus considérable dans les vaisseaux (1), ou une *endosmose*, une absorption active. La vieillesse ralentissant l'action organique, voit décroître l'intensité électrique du sang (2). Les courans de l'électricité ont été entrevus au moyen de l'*acupuncture* ou d'aiguilles conductrices implantées en diverses régions du système nerveux (3); mais ils n'ont pas pu être signalés dans les végétaux présentant une circulation comme la *chara*, avec un galvanomètre très mobile.

Puisqu'il est évident que les fluides se meuvent par l'influence de l'électricité plus promptement dans les vaisseaux, que les croissances des végétaux deviennent rapides sous les atmosphères qui en sont chargées; si les aménorrhées, les débilités cèdent aux traitemens électriques, c'est parce que l'irritabilité des tissus organiques est accrue et le système nerveux stimulé. Nous ne rappelons pas ici les détails

(1) Reuss, en 1817. *Comm. societ. phys. medic. Mosquensis*, t. 2, p. 327 ; avant M. Dutrochet, et avant eux, Gerhard, *Nouv. mém. acad. Berlin* 1772, p. 145, avait observé l'augmentation du pouls.

L'électricité négative, autant que la positive, accroît la vélocité de la circulation d'un sixième. Tib. Cavallo, *Essay on medic. electricy.* London, 1780, p. 13.

(2) Fr. Bellingeri. *Mem. acad. Taurin.* tom. XXXI , p. 316.

(3) Nobili, dans le *Giornale di fisica*, tom. VIII , p. 269.

de la belle découverte de Galvani (1), ramenée par Volta aux principes de l'électricité métallique (2); phénomène qui se manifeste aussi avec les seuls élémens animaux, nerf et muscle à l'état récent (3), sans excitateur métallique.

Cette électricité d'abord considérée par son auteur comme produite essentiellement dans l'appareil nerveux et le cerveau, pour la distribuer ensuite dans tout l'organisme, a présenté des rapports tellement identiques avec l'électricité des métaux, dite voltaïque, qu'elle ne peut plus être considérée comme un acte vital (4). Il y a toutefois chez diverses espèces de poissons de mer (5) ou des fleuves (6), une

(1) En 1792, *Comment. acad. Bononiens.* tom. VII. *De Virib. electr. in motu muscul.* in-4.

(2) *Memorie sull' elettricita animale.* Pavia, 1792; et ses autres écrits.

(3) Aldini, *Diss. duæ de animali electricitate.* Bononiæ, 1794. Et Pfaff, *Diss. de electric. sic dicta animali.* Stuttgard, 1793. Humboldt, *Versuche über die gereitze muskel-und nervenfaser.* Berlin, 1797, in-4. Voir aussi Ritter, Fowler, Kielmeyer, etc.

(4) Contre les opinions de Carminati et Carradori. *Lettere sopra l' elettricita anim.* Florence, 1793. Valli, *Experiments on animal electricity.* London, 1794.

(5) Les *torpedo vulgaris, unimaculata, marmorata, Galvani* et *oculata,* et autres du golfe Persique, du cap de Bonne-Espérance, etc. Patrick Russel cite aussi les *raia maculata* et *bicolor* de la côte de Coromandel; de même la raie *puraque* du Brésil, *rhinobatus electricus.* Parmi les poissons osseux, le *trichiurus electricus* et le *tetraodon electricus* des mers de l'Inde; peut-être encore quelques autres sous les tropiques.

(6) L'anguille tremblante, *gymnotus tremulus*, de Surinam et

production d'électricité animale, par des organes spéciaux, formant des batteries naturelles et capables de frapper d'une décharge foudroyante comme la pile de Volta. Ce pouvoir des torpilles a fait l'étonnement déjà de l'antiquité (1), qui n'en connaissait pas la cause.

Les organes électiques des torpilles se composent de deux batteries, une de chaque côté de la tête, formées d'un grand nombre de tubes ou de colonnes hexagones ou pentagones par leur pression mutuelle. Ces colonnes perpendiculaires, membraneuses, remplies d'un liquide gélatineux, sont divisées à l'intérieur par des diaphragmes. Dans les parois de ces tubes, se répartissent des vaisseaux sanguins, artérioles et vénules, en réseaux très déliés. Un tissu cellulaire réunit ces tubes sous une enveloppe commune à fibres tendineuses réticulées. Chacune des deux batteries électriques reçoit, outre les vaisseaux sanguins, de grosses branches de

d'autres fleuves d'Amérique ; le *malacopterus electricus* ou *silurus* des fleuves d'Afrique, le Nil, le Sénégal , etc.

On cite encore un poulpe électrique, *pulpo-sepia hexapus* , des mers du Chili, selon Molina et Vidaure; une squille, *mantis*, d'après Margrave et Frézier; divers zoophytes, des physalies, l'*alcyonium bursa* , etc. Mais cela est douteux.

(1) Platon, *Dial. Menon;* Aristot., *Hist. anim.* l. 2 , c. 15, et l. 9 , c. 37 ; et *de Partib. anim.*, l. 4, c. 13. Voir aussi Pline, l. 32, c. 1 ; Ælian, *Nat. anim.*, l. 1, c. 36 ; Oppiauu, *Halieutic.;* Galien, Plutarque, Athénée, *Deipnosophist,* etc.

nerfs émanant de la huitième paire (ou vague), laquelle part de renflemens particuliers de la moelle allongée chez ces torpilles et raies. Ces nerfs se distribuent en rameaux pénétrant dans chaque tube, et se perdant en filets dans ses cloisons. En outre, des rameaux de la cinquième paire, émanant de sa troisième branche, concourent également, par leur répartition le long du bord externe de l'organe électrique, à l'animer. (1)

Les batteries électriques de l'anguille de Surinam sont plus volumineuses, placées vers sa queue et doubles de chaque côté (2). Elles se composent de plaques tendineuses, superposées, formant un grand nombre de cellules remplies aussi d'un liquide albumineux. Des nerfs émanés de la moelle spinale (mais non du grand sympathique) s'y divisent en ramuscules extrêmement fins sur les parois de ces cellules. On voit donc que l'électricité de ces poissons naît de membranes tendineuses en plaques ou en tubes, avec un liquide gélatineux interposé, animées par des nerfs spinaux, ou volontaires, indépendamment des vaisseaux sanguins.

On doit ainsi considérer comme des piles voltaï-

(1) John Hunter, *Philos. trans.* 1773, tom. LXIII, p. 481, fig.

(2) Sam. Fahlberg, *Beskrifning öfver electriske alen..* dans les nouv. Mém. acad. de Stockh., an 1801, part. 2, p. 122 ; et Humboldt, *Rec. d'obs. zoolog.*, tom. 1. Paris, 1811, in-4, p. 49 ; et Rudolphi, *Acad. de Berlin*, 1824, p. 187, fig.

ques ces organes, puisqu'ils offrent des couches alternatives de conducteurs humides de nature différente (membrane tendineuse, liquide gélatineux). La décharge de leur électricité est un acte de leur volonté, d'après les observations de Réaumur, de Walsh, de Spallanzani, Williamson, MM. Gay-Lussac et Humboldt ; ce dernier assure même que l'anguille de Surinam peut diriger sa commotion vers un but, selon qu'il lui convient : cette anguille sait encore mesurer ses coups et les circonstances, et si les corps sont conducteurs ou isolateurs, d'après les observations de Walsh, de Fahlberg et Guisan (1). Les métaux placés dans un baquet où se trouve ce poisson, l'agitent, le provoquent à décharger sur eux son fluide. Les matières idio-électriques interposées empêchent la transmission.

Les poissons électriques n'ont pas besoin de mouvemens apparens pour lancer leur décharge ; d'autres fois ils paraissent éprouver des efforts. Ils peuvent successivement faire plusieurs décharges, qui vont toutefois en s'affaiblissant : ils entrent eux-mêmes en convulsion si on les frappe d'électricité (2); leur choc électrique peut se transmettre

(1) *De Gymnoto electrico.* Tubing., 1819, in-4 ; Walsh, *Phil. trans.*, 1773, t. 63, p. 461.

(2) Cavendish, *Phil. trans.* 1776, p. 196; Humphry Davy, *idem.* 1829 et 1832, p. 259; et aussi Todd, *Philos. trans.* 1816, part. 1, pag. 120.

à plusieurs personnes formant la chaîne, comme par la détonation de la bouteille de Leyde. Les femelles paraissent plus électriques que les mâles; dans une grande torpille, la surface des batteries peut s'étendre à trente pieds.

La condition indispensable de l'activité de ces organes ne réside pas dans l'intégrité du cœur et des vaisseaux sanguins qui s'y rendent, on les a tranchés sans empêcher leur action, mais elle dépend essentiellement des nerfs; en liant ou coupant ceux qui se rendent aux batteries de ces poissons, toute commotion cesse, d'après les expériences de Spallanzani, de Galvani, de Todd, de Humboldt; la destruction du cerveau entraîne la même cessation. Walsh a réussi à tirer des étincelles électriques du gymnote. l'aimant n'a point d'effet particulier sur tous ces poissons qui donnent des décharges d'autant plus vigoureuses qu'ils ont plus de vivacité.

Voilà donc des témoignages assez manifestes de la présence de l'électricité et de son développement dans l'organisme. Il serait facile d'y joindre les émanations électriques que la friction fait apparaître sur la robe des chats et d'autres animaux carnivores principalement (1). Le plumage de quelques oiseaux(2) a donné des signes d'électricité, et per-

---

(1) Les renards, les martres, etc. Cependant on en observe aussi sur des lapins gris plutôt que sur les blancs.

(2) Des perroquets, et aussi d'autres espèces, selon J. F. Hartmann,

sonne n'ignore qu'en diverses circonstances, les cheveux, la peau de l'homme échauffés présentent des étincelles très remarquables. Plusieurs médecins après Hales, tels que Bellingeri, Vassali-Eandi, Rossi, etc., ont reconnu l'état d'électricité diverse de nos humeurs.

Enfin s'il est avéré, d'après les conjectures de M. de Humboldt (1), fortifiées par des expériences de MM. Prévost et Dumas (2) et celles de W. Edwards (3), que toutes les contractions des muscles, par l'acte de la volonté ou de la spontanéité, s'accompagnent d'une sorte de décharge électrique des nerfs qui les animent, il en résultera que le système nerveux est le dépositaire et le distributeur d'un fluide électrique vital (4). Aldini, Wilson Philip, etc.

Nov. Act. naturæ curiosor., tom. IV, p. 76; J. Mayer, *Mém. d'une soc. des sc. de Bohéme* (en allemand), tom. V, p. 82.

(1) *Annal. de chimie et phys.* 1819, tom. II, p. 437. Août.

(2) *Mém. sur les phénom. qui accompagnent la contract. muscul.* Paris, 1824, in-8.

(3) *De l'influence des agens physiques sur la vie.* Paris, 1824, p. 551, in-8.

(4) Nous ne citerons pas tous les physiologistes qui ont admis l'existence des *esprits animaux* avec Boerhaave, Haller et Tissot. Avant eux cependant Stahl niait leur présence, comme l'ont fait aussi depuis Caldani, Azzoguidi, Metzger, Mayer, Michelitz, Mazzari, etc.

D'autres, tels que Prochaska, Jean Aug. Unzer, etc., ont appelé *force nerveuse*, la puissance mobile et divisible qui meut l'organisme. Aujourd'hui une foule de physiologistes reconnaît l'analogie des fonctions nerveuses avec celles de l'électricité. L'efficacité de l'électricité

ont constaté que le galvanisme peut remplacer en plusieurs circonstances l'action nerveuse, solliciter la digestion interrompue par la section des nerfs pneumo-gastriques, etc. Déjà G. Hunter, Abernethy, Prochaska (1), avaient annoncé que le fluide électrique pouvait être l'agent vital de l'appareil nerveux. Rolando regardait les feuillets du cervelet comme une pile galvanique. Reil (2), Autenrieth (3) ne doutent pas, non plus que M. de Humboldt (4) d'une atmosphère de sensibilité autour des nerfs et pouvant même s'étendre à distance: l'effet expansif des passions d'amour, de colère, etc. imprime une puissance énergique soit aux regards, soit à l'action réciproque des hommes et des animaux entre eux, principalement dans les rapports sexuels. (5)

dans plusieurs maladies nerveuses avaient fait supposer à Sauvages, à Lacaze et Bordeu, qu'un fluide éthéré (comme s'exprime Newton, *Optices*, quæst. 24) pénètre et circule dans nos nerfs. Toute la théorie des *esprits vitaux* de Robert Fludd, de Wirdig, de Maxwel, etc., de nos modernes magnétiseurs repose sur la même hypothèse, qu'on peut faire remonter jusqu'à Galien, Descartes, Willis, Hartley, Ch. Bonnet, etc.

(1) *Institut. physiol.* § 206.

(2) *Exercitat. anatomic.* fascic. 1. *de Structurâ nervor.* Halæ Saxon., 1796, in-fol., p. 28.

(3) *Physiologie*, § 1031.

(4) *Versuche ueber die muskel und nervenfaser.* Band. 1, p. 225.

(5) Qu'est-ce que des *attraits*, des *charmes* entre les animaux de différens sexes? N'est-il pas certain, visible que, comme les papilles nerveuses de la langue se redressent pour savourer des mets exquis, de

S'il est véritable que la volonté élance le fluide nerveux à l'extrémité de nos membres, serait-il impossible qu'elle poussât au-delà du corps son influence jusque dans un corps voisin, plus ou moins contigu, de même que le rayonnement de la chaleur animale peut se transmettre de la mère à l'enfant qu'elle couve et réchauffe sur son sein (1)? Combien la présence, le voisinage d'une personne chérie, (indépendamment de l'empire de l'imagination) ne peuvent-elles pas exciter l'organisme dans des actes qu'on attribue au magnétisme animal? n'est-il pas manifeste que la main d'un ami serrant la vôtre, fera sur elle une impression physique tout autre que l'impression d'un cadavre que vous toucheriez? On peut en attribuer les résultats aussi à l'imagination sans doute; mais la chaleur, mais cette flamme incompréhensible de la vie n'y sera-t-elle pour rien? Si des miasmes imperceptibles à nos sens viennent nous communiquer des mala-

---

même les rameaux nerveux innombrables qui s'épanouissent dans tout le système dermoïde, entrent en érection , comme par le tact et le chatouillement vénérien. Voir Hebenstreit, *de Turgore vitali.* Leipsick , 1795, in-4. Zollikofer, *de Sensu externo.* Halæ, 1794, p. 48 ; C. Behrends, *de Atmospherá nervorum sensibili, commentat.* Gedani , 1816 , in-4.

(1) C'est une idée ancienne que l'électricité est la cause de la vie. *An fluidum electricum principium sit vitæ, motús et sensationum ?* affirm. Præsid. Lecamus. Paris, 1761, in-4; et Sauvages, *Diss. sur la rage ;* Lacaze, *de l'Homme physique et moral,* etc.

dies contagieuses, pourquoi n'y aurait-il pas des contagions vitales?

Tout en reconnaissant donc la vraisemblance ou la réalité de ces faits, la seule preuve légitime qu'on soit en droit d'en tirer, est la présence ou l'emploi de l'élément électrique dans l'organisme des animaux vivans, et surtout pour les actes dépendant du système nerveux. Il n'est peut-être point permis d'en douter aujourd'hui.

Mais il devient également de toute évidence que c'est l'agent docile de la vie et qu'il ne possède nullement lui-même le *pouvoir intelligent, créateur de l'organisation*. Il est le produit, non pas la cause de la structure des batteries électriques des poissons; il est mis en œuvre par l'appareil nerveux, mais il ne le forme pas, puisque cette disposition des nerfs en précède le jeu. De même les développemens de la chaleur vitale, de la lumière et d'autres agens impondérables résultent des fonctions des organes prédisposés originairement dès l'état de germes par cette force créatrice intelligente et inexpliquée. Celle-ci emprunte à la nature du monde extérieur ses élémens et sait habilement les employer; mais elle a gardé le secret impénétrable de ses merveilles sous des voiles mystérieux et jaloux.

Qu'il soit permis d'essayer d'en révéler les curieuses *supercheries* dans la suite de ce travail.

CHAPITRE VII.

De l'établissement des formes spécifiques (végétales et animales) ;
sont-elles stables et définies ?

Les corps organisés n'étant pas le résultat du hasard, et ne pouvant pas en devenir le produit,
comme nous l'avons exposé, *il y a donc une coordination nécessaire entre les êtres animés et les lieux
qu'ils sont destinés à peupler.* Il faut bien, en effet,
que chaque organe corresponde à son but et exécute des fonctions déterminées. L'œil est manifestement en rapport avec la lumière pour la vue de loin
ou de près, soit dans l'air, soit au travers de l'eau;
de là les dispositions différentes de ses humeurs
dans le poisson, dans l'oiseau presbyte, chez l'insecte myope, etc. L'oreille est organisée relativement aux vibrations de l'air (aux sons modulés dans
les oiseaux), le nez, aux émanations odorantes (animales chez les carnassiers, végétales chez les herbivores); les organes de mastication, ceux de succion,
suivant le genre de nourriture de tel genre d'insectes
ou d'autres animaux, etc. Les armes, les défenses

6.

ont pareillement été prédisposées dès l'origine dans la prévision de la conservation de chaque espèce, et pour soutenir leur existence ou vaincre leur proie.

Ainsi nul animal, nul végétal n'étaient possibles sans un dessein prémédité, sans une appropriation quelconque; autrement ce serait un produit *amor-phe* ou sans forme, ou *polymorphe*, capable de toute conformation, ou *protéiforme.* Mais, en effet, si un certain équilibre de fonctions prédéterminées était indispensable, un plan quelconque de types animaux et végétaux constituant des *ensembles,* des *tous* devait être constitué, avec sagesse et habileté pour vivre, exécuter leurs actes pendant un temps plus ou moins limité, et se reproduire ou perpé-tuer. Cette durée d'existence devait être propor-tionnée soit à la solidité de la constitution des es-pèces, soit à l'exercice de leurs fonctions, car plus celles-ci sont rapides, intenses, plus tôt elles s'usent et se détruisent, en règle générale.

Un être formé sans destination, sans but (si un tel non-sens est admissible dans la nature des choses), ou n'aurait pas pu subsister, ou se serait vu contraint, pour sa propre conservation, de se modifier, de s'approprier à quelque objet, de choisir enfin *son état* dans ce monde. Mais maintenant, toutes les places, ou à-peu-près, sont prises; tous les genres d'occupation possibles, à ce qu'il nous paraît, ont été établis. Il existe des animaux et des plantes au fond des abîmes des mers, comme dans les hauteurs du globe; ils ont été inventés d'avance pour tous les lieux et toutes les circonstances prévues o ils pouvaient subsister. Il y a même des parasites, des lichens, des mousses, des insectes prédisposés pour ne rien perdre, en sorte qu'on doit croire que la nature a prévu sans doute tout ce qui était nécessaire.

Dire que toutes les formes imaginables d'animaux et de végétaux sur cette terre sont produites, serait téméraire; car indépendamment de ce que la nature, dans son immensité est capable de créer sur d'autres globes, parmi les astres infinis du firmament, nous savons que des espèces ont été éteintes au milieu des révolutions de notre planète; tels sont ces monstrueux ossemens antédiluviens, ces fossiles inconnus dont on exhume aujourd'hui les races colossales, ces énormes végétaux, ces palmiers de la torride enfouis près des pôles glacés, avec des mastodontes, des *megatherium* et des *megalosaurus*, etc. D'ailleurs combien d'espèces peuvent disparaître encore, outre l'oiseau dronte, *didus ineptus*, et bientôt les paresseux unau et aï (*bradypus*, etc.) Affirmer qu'il ne puisse se créer de nouvelles espèces serait également limiter la puissance de la nature, tandis que l'on voit se préparer par l'art et momentanément tant de races de chiens et d'autres déformations domestiques dans les basses-cours et les jardins. La vie civilisée, la domesticité, causent donc des variétés et des tempéramens végétaux et animaux.

Toutefois, dans l'état actuel de notre monde, ces variétés, quand la main industrieuse du jardinier ou de l'habile vétérinaire cesse de les entretenir ou fortifier, retournent frappées d'*atavisme* vers leurs aïeux; elles ne démentiront jamais le sang paternel; le végétal reprend la livrée rustique ou les sucs acerbes de l'état sauvage, le chien se rapproche du loup et du renard; tous se dépouillent de ces riches attributs que leur imposaient la culture, la civilisation, l'abondance des engrais et des nourritures, avec le joug de l'esclavage, et à l'aide de ces retranchemens de parties inutiles afin de faire refluer les sucs vers des organes plus importans pour nos besoins.

Si par la taille combinée on fait prédominer la sève en telle ou telle région d'un végétal de manière à se procurer ou des fleurs doubles, ou des fruits savoureux, ou des racines épaisses et tuberculeuses, en supprimant des branches gourmandes, en amoindrissant des tiges, en diminuant des fleurs; si l'on augmente telle fonction comme la lactation, la génération, parmi les ruminans, ou la sécrétion des poils fins et soyeux, sous certaines températures ou par l'alimentation, ou par l'affaiblissement d'autres actes de l'organisme, on peut bien modifier des individus, les propager en races sous la continuité des mêmes influences. Mais en abandonnant ces êtres ainsi *dénaturés*, à leur propension spontanée, l'équilibre primordial de leur constitution se rétablit de lui seul, soit par la rectification de leur forme dans l'individu, soit par une suite de régénérations successives de leurs descendans rentrant d'eux-mêmes dans leurs voies originelles.

Or, cette pente invincible à reprendre son équilibre primitif ne prouve-t-elle pas que les variations d'espèces ne constituent rien autre chose que des *oscillations*, en plus ou en moins, autour d'un *type* ou d'une forme *d'organisation spécifique et constante ?* Ce type ou cet équilibre primitif se reproduit perpétuellement le même par génération, selon chaque genre, tant que nulle cause modificatrice extérieure ou intérieure ne vient déranger cette harmonie des parties. L'espèce pure ne sort donc qu'à regret et par effort, de cette voie, soit au physique, soit au moral : *chassez le naturel il revient au galop* (*Naturam expellas furcâ tamen usque recurret*). La propension innée des instincts n'est, en effet, que cette expression de l'organisme, ou le besoin de la structure d'un être, le déploiement, le jeu de sa machine, telle que la nature l'a décrétée dans le principe. Nous verrons de plus que la nature empêche tout mélange permanent des espèces, même dans les unions hybrides ou adultérines, puisque les mulets qui naissent quelquefois des espèces les plus voisines, sont stériles d'ordinaire. Les conformations *mi-partie* sont incohérentes et en quelque manière monstrueuses. La nature y répugne ainsi que l'amour ou le desir de reproduction. Ce sont des êtres répudiés et déshérités; en effet, l'instinct des métis est dépravé par cela même.

Car toutes les organisations normales ont des instincts ou des qualités exactement définis, en rapport avec leur structure qui en est la cause ou le résultat. Si les ressemblances organiques du fils à son père lui donnent souvent les mêmes propensions intellectuelles, les mœurs, les maladies héréditaires ou transmissibles; pareillement, les ressemblances entre les animaux d'espèces les plus voisines offrent des attributs et des instincts semblables. On en voit des preuves dans le genre des chats, lions, tigres, comme dans les autres animaux; les insectes d'un genre bien déterminé présentent des instincts analogues. C'est par la même raison que des plantes d'une famille bien concordante, les labiées, les graminées, les ombellifères, les crucifères, etc., ne montrent dans leurs propriétés que peu d'exceptions à cette loi d'uniformité.

Il faut donc reconnaître l'existence de types originels bien déterminés par *la volonté de la nature*, c'est-à-dire, par une sorte de nécessité des choses (1). En effet, nous ne pouvons admettre les

(1) Les fleurs irrégulières, dans les familles des labiées, des scrofulaires, etc., ne sont telles que par l'inégale nourriture de certaines par-

bases sur lesquelles on se fondait pour soutenir avec Lamarck et d'autres savans naturalistes, la mobilité perpétuelle des espèces, ou leurs déviations, leurs modifications progressives, leurs transformations dans la course infinie des siècles. Certes, nous nous plairions autant que tout autre à contempler le panorama charmant d'une série transitoire de métamorphoses. Cet univers deviendrait alors comme un grand bal masqué, un opéra changeant de décorations toujours nouvelles, en plantes extraordi-

ties, et le déploiement des unes aux dépens des autres; c'est ainsi qu'on voit des étamines grandes correspondre à la partie la plus développée de la corolle, et les petites aux portions écourtées. Il en est de même des fleurs de plusieurs *geranium*, *pelargonium*, etc., et des légumineuses ou papilionacées. Mais l'art peut réduire ces végétaux à la forme régulière; telles sont ces fleurs péloriées (Roeper, *De florib. et affinitatib. balsaminæ*, p. 24). Linné et Adanson regardaient les *pélories* comme des hybrides ou des transformations d'une espèce en une autre. (*Amœnit. acad.* 1, p. 55; et *Famill. des plant.* 1, p. cx.)

On voit bien les causes de cette irrégularité chez des bignoniacées dans lesquelles les fleurs latérales des rameaux sont irrégulières, tandis que la fleur terminale, recevant une nourriture égale en tout sens, devient aussi la seule régulière. (Cassini, *Opuscul. phys.*, v. 2, p. 331.)

De même, l'aplatissement oblique des poissons pleuronectes, soles, limandes, etc., n'empêche point que leurs organes internes, et leur appareil nerveux ne soient parfaitement doubles et symétriques.

Les suppressions de pieds dans les serpens et autres animaux, laissent des vestiges en plusieurs races voisines de lézards bipèdes, et seps. Généralement, les modifications de formes sont préparées dans des espèces intermédiaires qui montrent la marche de la nature et ses directions admirables, comme nous le prouverons dans la suite de cet ouvrage.

naires, en animaux merveilleux. Nous jouirions de ce brillant spectacle d'illusions, dans lequel notre race serait également actrice elle-même, mais il faut nous résigner à ne contempler que des espèces permanentes, tant que les lois immuables de notre système planétaire et le nombre ou la proportion des élémens organisables resteront stationnaires.

En effet si le système astronomique de notre monde est assujéti constamment à la même régularité de ses mouvemens annuels et diurnes (au moins depuis l'époque de ses grandes catastrophes, ou vulcaniennes ou diluviennes), si l'observation des révolutions séculaires du globe, depuis quelques milliers d'années n'est nullement modifiée dans ses bases, si l'on calcule encore les retours des mêmes éclipses; si le nombre et les rapports réciproques de la chaleur, de la lumière, de l'électricité, des airs, des eaux, des élémens terrestres ont conservé leurs proportions harmoniques; si leurs actions et réactions correspondantes en chaque climat subsistent les mêmes, si rien ne fait présager des altérations dans l'équilibre stationnaire du système du monde d'après les recherches de Laplace et Fourrier; enfin si tout décidément se balance, se pondère, retourne au même point dans l'orbe des saisons et les périodes autour du soleil, en sorte que les années chaudes se compensent par des froides, et les climats restent identiques, on ne peut en conclure que la perpétuité de semblables effets, la persistance des mêmes types organiques par leur nécessité de se conformer aux choses extérieures pour subsister et se perpétuer.

Car la nature ne peut subir de changemens sans raison. Toutes les espèces existantes étant nécessairement coordonnées d'après les températures ou les élémens qui les entourent, et dont elles extraient leur vie, leur nourriture; quel autre motif les ferait dévier de cette harmonie accoutumée? Afin d'alonger ou raccourcir le cercle de l'existence, il faudrait agrandir ou diminuer la longueur de l'orbite des années, ou la rapidité des révolutions de notre globe qui mesurent le cours de la vie chez les végétaux, les animaux annuels et vivaces. Le réchauffement ou le refroidissement de la terre pourrait également influer sur les développemens et la croissance des animaux et des plantes, etc. Ainsi les modifications des espèces ne résulteraient que de ces modifications cosmiques. De même, les changemens de climats influent sur les destinées des races qui s'y trouvent exposées. L'homme a pu, par la civilisation, perfectionner jusqu'à certain point son espèce, déployer au moyen de l'exercice continu de sa pensée, l'organe encéphalique, mais aucune grande transformation ne s'est opérée, spontanément dans les races par leurs propres efforts; elles sont mues et dirigées machinalement par les puissances générales de la nature, plutôt qu'elles ne s'avancent vers un état supérieur par leurs vœux spontanés (1). Le bousier sacré de l'antique Egypte roule encore sa sphère de bouse du bœuf Apis, comme les modernes Fellahs et Coptes représentent aujourd'hui les dociles sujets de Sésostris ou des Pharaons, ensevelis dans les catacombes depuis quarante siècles.

Nos descendans ne changeront donc, dans l'immense carrière de l'avenir, qu'avec la nature dont nous sommes les produits et les représentans fidèles pendant toutes ses phases anté et post diluviennes. Nous devons juger de la suprême intelligence de l'ouvrier par les magnificences de ses chefs-d'œuvre.

(Voir aux *éclaircissemens* la note B.)

---

(1) C'est en quoi l'hypothèse des naturalistes qui suppose que l'oiseau, à force d'essayer de nager, a créé ses pieds palmés, que le zoophyte a poussé des tentacules en avant soit pour tâter le terrain soit pour enlacer sa proie, etc. , est insoutenable. Il faudrait aussi que l'arbre eût l'esprit d'entourer son fruit de la coque ligneuse, comme dans le cocotier , et que la torpille eût imaginé, dans sa colère, une détonation électrique , etc.

LIVRE II.

ORIGINE ET FORMATION DES ÊTRES PAR RAPPORT
A LEURS DESTINATIONS.

CHAPITRE PREMIER.

De l'organisation générale des êtres vivans sur le globe, ou de
leur origine.

NOUVELLES RECHERCHES SUR LES GÉNÉRATIONS SPONTANÉES.

Indépendamment des observations physiques qui
doivent seules confirmer ou faire rejeter l'existence
des générations spontanées, il se joint à cette importante question des opinions plus ou moins secrètes sur la *genèse* primitive de tous les êtres. Est-
elle possible par la seule énergie des puissances matérielles, selon l'hypothèse des hylozoïtes, des spi-
nosistes, ou panthéistes, sans l'intervention de la

divinité? ou si, tout au contraire, il y a nécessité d'une ou de plusieurs créations par la volonté et le concours d'une intelligence souveraine et libre?

Pour écarter les motifs autres que ceux de la science qui pourraient faire plier notre jugement en s'imprégnant de quelque opinion étrangère, il convient de déplacer le lieu de la scène, de se transporter, par la pensée sur toute autre planète supposée dans les mêmes conditions physiques que la terre.

Établissons que s'il existe en Mars ou Vénus des êtres organisés, comme il paraît vraisemblable, quelles que soient d'ailleurs les diversités de leurs formes ou structures, ils seront, comme ceux de notre globe, dans une corrélation nécessaire avec l'état et les conditions des élémens de cette planète.

Les substances minérales, ou purement chimiques dévolues aux lois universelles, subissent des combinaisons déterminées et même prévues, sous leur empire, en toutes les régions de leur sphère. Ainsi nous retrouvons les mêmes terrains, les mêmes roches, et souvent les mêmes natures de minéraux sous les climats les plus divers; l'or, le platine, les diamans, les pierres précieuses se représentent en Sibérie aussi bien que sous la zone torride, et dans le nouveau comme dans l'ancien hémisphère. Ne vivant pas, il n'y a point pour elles d'état obligatoire.

Il en est tout autrement des formes et des conditions d'existence des corps organisés. Leur vie exige un concours harmonique d'élémens appropriés, entre certaines limites, dans des circonstances indispensables, afin de remplir l'ordre de leurs fonctions , de déployer chaque genre de leurs facultés merveilleusement adaptées aux conjonctures pour lesquelles ces êtres sont constitués. Voilà les difficultés du problème.

ARTICLE Ier *Faits en faveur des générations spontanées.* Tout le monde peut voir, à l'aide du microscope, des animalcules infusoires frétillans dans les eaux croupies où les matières végétales et animales se décomposent. Auparavant, les eaux pures ne manifestaient aucune trace de ces êtres mobiles et à demi transparens. De même, Priestley, Sennebier contemplaient dans leurs patientes recherches, une matière verte se développant parmi ces eaux exposées à la lumière, comme on voit éclore spontanément cette infinité de moisissures, de lichens, de champignons et autres productions informes, privés de sexes ou agames, sans germes ni semences connues, sur une multitude de corps, qui éprouvent un commencement de putréfaction.

Cette formation primitive de conferves vertes, de moisissures et d'animalcules infusoires, tant observée par les Néedham, les Wrisberg, les Otho Frédér. Müller, les Ingenhouzs, etc. , a surtout été soutenue par les belles expériences de G. R. Treviranus (1) et d'autres modernes. C'est ainsi que chaque jour s'organisent plus ou moins imparfaitement, disent ces expérimentateurs, d'informes essais d'êtres protogènes, agames ou cryptogames, parmi ce combat fortuit des élémens, ce mélange fermentant de l'eau et de la fange, sous les influences vivifiantes du soleil, de la chaleur, de l'air, de l'électricité ou de l'action combinée des agens impondérables. Enfin, mille races inférieures se constituent d'elles-mêmes par les seuls efforts des matières toujours actives, toujours jeunes dans leur industrieuse fécondité; mais il ne survit que ce qui possède une combinaison d'organes suffisans pour entretenir l'harmonie vitale.

Ainsi se renouvelle l'hypothèse des anciens atomistes qui reconnaissent (avec Lucrèce et les Épicuriens), des forces inhérentes à toute matière capable, dans la révolution immense des siècles et dans cette série innombrable de combinaisons, ou de circonstances plus ou moins favorables, de déployer spontanément par ses mélanges, des organismes de toute espèce. Toutefois les seules combinaisons que des hasards heureux rendaient aptes à

_____

(1) *Biologie, ou Philosophie de la nature vivante pour la médecine et l'histoire naturelle* (en allemand), tom. 2. Gotting. 1803, p. 264 et suiv. Voir aussi les travaux de Rudolphi, Bremser, etc.

vivre ou susceptibles de résister à leur destruction immédiate, se sont maintenues et perpétuées; les structures irrégulières, hors d'état de se garantir, se dissolvent. Enfin, par la succession permanente des efforts spontanés de la matière, dans son inépuisable énergie, il dut originairement se constituer une ou plusieurs séries d'êtres, ceux-ci plus, ceux-là moins compliqués, ou perfectionnés, sur chaque planète, sans qu'il devienne nécessaire de recourir (ajoute-t-on) à des puissances invisibles d'une nature occulte, toute autre que les forces dont les atomes matériels sont pénétrés essentiellement. Ainsi ces merveilles d'organisation que nous admirons, faute de comprendre par combien d'ébauches infructueuses, d'imparfaites modifications ou de transformations, les êtres ont dû passer, ne seraient, selon ce système, que l'héritage nécessaire d'un mouvement spontané, libre mais fortuit des molécules de la matière. Si les produits plus compliqués, d'une élaboration lente et successive, paraissent si surprenans et inexplicables, c'est le fruit inévitable de toutes ces tentatives multipliées, sans qu'on les doive rapporter à une œuvre de prévoyance ou d'intelligence ordonnatrice et créatrice, puisque la nature seule des choses pouvait les combiner à l'aide du temps éternel et de ses régénérations infinies.

Voyez, poursuit-on encore, cette formation spontanée de vers dans les replis les plus cachés de nos viscères et jusque sous l'épaisseur des tissus les mieux enveloppés, l'œil, le cerveau, le foie; et cependant nulle part, sur la terre ou dans les eaux, on n'a découvert les mêmes espèces d'helminthes, surtout des échinorhynques, des cestoïdes et des cystoïdes, incapables d'exister hors du corps des animaux (1). Il y a plus, des fœtus naissans ont apporté déjà ces vers intestinaux, et de jeunes poulets, sortant de l'œuf, possédaient des entozoaires dans leurs entrailles. Comment ceux-ci auraient-ils pu se former ailleurs? et ne faut-il pas admettre leur création primitive en ces lieux mêmes? Or qu'y a-t-il d'impossible que des matériaux déjà travaillés constituent de simples organes, s'arrangent en êtres inférieurs, s'animent d'une portion de la vie de l'être supérieur aux dépens duquel subsistent ces parasites, comme les lichens et les mousses des arbres, etc.?....

D'ailleurs, considérons le globe : pense-t-on que ces milliards de plantes, d'insectes, de végétaux et d'animaux de toutes sortes, au fond des mers comme à la surface des continens, ne soient pas l'expansion originelle et spontanée d'une force cosmique, immense, dont les matériaux de chaque sphère sont diversement pénétrés? Un degré ascendant d'inten-

---

(1) Voyez surtout Bremser, *Traité zoolog. et physiol. des vers intestinaux.* Paris, trad. franç. 1824, in-8 avec notes de M. Blainville, etc.

sité et d'élaboration dans les combinaisons d'abord
minérales, constitue les formations végétales: celles-
ci encore plus compliquées et perfectionnées ont
produit l'organisme animal qui s'est successivement
élevé à son faîte dans la race humaine, cette fleur de
la sensibilité et de l'intelligence, à laquelle il fut
donné à nos élémens d'atteindre, comme à leur
perfection suprême. Et en effet tous ces êtres avaient
besoin pour exister de s'arranger en harmonie avec
les diverses localités dans lesquelles ils sont placés;
mais les seules organisations possédant ces avantages ont pu se perpétuer; toute autre combinaison
s'est anéantie dans le grand naufrage des siècles;
la seule régularité de l'ordre nous apparaît aujour-
d'hui, de même qu'on ne tient compte dans les na-
vigations périlleuses que des objets arrachés à la fureur des tempêtes.

ARTICLE. II. *Faits contraires à la spontanéité
des productions organisées.* Certes, vous investirez
tant qu'il vous plaira d'activité des atomes de matières brutes; attribuez-leur tel mouvement spontané fortuit et sans intelligence, qu'il vous conviendra, et d'après vos principes mêmes il s'ensuivra nécessairement une inconstance éternelle, de
perpétuelles formations toutes diverses, ruinées sans
cesse par de nouvelles constructions, les unes informes, les autres plus ou moins bien organisées.
Or ce changement deviendra la loi fatale, irrévoca-

ble pour toute production à cause de la mobilité inabolissable de toutes les molécules de la matière, et l'infinité sans règle et sans frein de ces chances variables et renouvelées. Quelle combinaison pourrait donc être établie sans se voir bientôt renversée par tout autre ordre, sans que cette nature aveugle, aventureuse par ses hasards (puisqu'on lui ôte tout principe d'intelligence ordonnatrice) pût se consolider dans quoi que ce fût? Sa condition forcée, par cette continuité illimitée de changemens ne laisse ni possibilité, ni raison de stabilité. En un mot, le chaos devient la nécessité de ces mouvemens sans fin ni terme, des molécules déréglées qu'aucun esprit d'harmonie n'associerait jamais; la corruption ne constitue pas plus l'organisation que le désordre n'est capable d'enfanter la sagesse, et la matière, un entendement : *nemo dat quod non habet.*

Poursuivons les conséquences de cette éternelle activité prétendue de toute matière. Qu'elle engendre tout ce qui sera possible, monstruosité et régularité, tout par hasard. Chaque atome devient donc un germe apte à une infinité de productions diverses selon les occurrences fortuites; or comment cette molécule renfermant tant de tendances opposées n'implique-t-elle pas contradiction, impossibilité? Car l'égale tendance à choses contraires équivaut à l'immobilité, par cette parité d'efforts tiraillant en sens inverse cette même molécule :

preuve que la matière est, de sa nature, essentiellement inerte, comme le confessent les physiciens.

Supposons d'ailleurs que cette énergie spontanée
de toutes les substances sur chaque planète a dû faire
surgir, dans la sphère de leur activité, tout ce qui
était physiquement possible, suivant un système
donné de circonstances et de climats, mais qu'il n'ait
survécu que les organismes capables d'y développer
leurs fonctions de vie. Voici les faits précis d'expérience qui renversent cette assertion.

En effet, dans les différentes contrées d'un même
parallèle terrestre, sous les égales températures de
chaque hémisphère, il vit, il se perpétue constamment des milliers de plantes et d'animaux de types
très divers. Or, je vous prie, pourquoi la même
activité de la matière, sous de pareilles conditions,
n'aurait-elle pas, avec des élémens tout semblables,
formé originairement des chevaux et des chameaux
dans l'Amérique, ou réciproquement des vigognes,
des lamas sur les montagnes de l'ancien monde;
enfin pourquoi toutes les espèces d'animaux et de
plantes ne sont-elles pas produites malgré des causes favorables pour leur formation et leur développement? Car enfin la matière n'est ni plus ni moins
féconde dans des conjonctures exactement égales, et
avec des matériaux identiques. Si tout se doit opérer par des lois universelles, comme cela est manifeste chez le règne minéral, les générations spon-

tanées prétendues ne peuvent éclore différentes dans toute condition de même nature. Or le contraire étant prouvé, il a fallu des *créations spéciales et appropriées à chaque localité*, comme nous le prouverons aisément.

Qui ne voit pas, en effet, une géographie des animaux et des plantes sur tout le globe? Ni le lilas et le marronnier d'Inde n'avaient *spontanément* germé dans les antiques forêts des Gaules, ni l'espèce de nos chênes druidiques n'ombrageait les solitudes canadiennes du même parallèle. Que dis-je, dans les mêmes eaux du vaste océan, mille peuples divers de poissons se groupent, sans se confondre, sous d'égales latitudes; chaque parage nourrit ses coquillages, ses crustacés; chaque région offre ses pâtures préparées à sa république d'êtres appropriées les uns par rapport aux autres, l'insecte pour tel genre de plantes, ou le parasite pour l'espèce sur laquelle il vit en déprédateur. Ainsi le *lepisma saccharina* suit le sucre partout où il est transporté sur le globe, comme le nègre a fait croître sur le sol des Antilles les graines des arbres-à-fruit d'Angola ou de Mozambique, sa patrie; lui-même fut un enfant exotique pour le Nouveau-Monde. L'activité de la matière n'engendre donc pas spontanément tout ce qu'elle pourrait, et par conséquent tout ce qu'elle devrait accomplir dans les circonstances les mieux préparées.

Ce système de hasard et de nécessité croulera bien plus encore sous le poids accablant de son absurdité en le surchargeant des preuves de l'intelligence, de l'harmonie qui préside aux générations normales, comme à l'organisation de toutes les créatures, dans les voies d'une sublime providence.

ARTICLE III. *Qu'il ne peut point s'élever de productions spontanées.* Dans notre sphère, dont tous les mouvemens étant réglés et même calculés d'après des lois uniformes et constantes, l'harmonie des fonctions vitales, jusque chez les êtres les plus infimes n'appartient aucunement au hasard.

Sans retracer ici les grandes révolutions sidérales qui ramènent, avec le cercle habituel des saisons et des mêmes températures, les périodes de naissances et de destructions annuelles, il est manifeste pour la généralité des animaux et des végétaux phanérogames qu'ils parcourent un ordre fixe, en se perpétuant par des générations normales, univoques, de parens semblables à leur espèce et au moyen de germes prédisposés.

L'effet du hasard étant de procurer sans cesse de nouvelles chances tout aussi contingentes et indéterminées, comment en conclure qu'une source de variation et d'inconstance enfantera précisément l'uniformité des générations sexuelles? établira des rapports correspondans entre les organes mâles et femelles, réunis sans confusion chez la plupart des végétaux, ou séparés chez les dioïques se fécondant à distance, comme les palmiers, enfin suscitera ces impérieux attraits qui sollicitent aux plus douces étreintes d'amour les animaux qui s'entredevinent malgré l'obscurité des nuits et au fond même des abîmes des mers, comme à la face du soleil? Comment ces mystérieuses coïncidences des sexes reproducteurs, diversifiées même pour séparer les espèces voisines, jusque chez les moindres insectes, afin d'empêcher les confusions des semences, et parmi les poissons surtout qui les épanchent dans les eaux sans accouplement, auraient-elles été inventées par le hasard? Ce hasard se serait-il suicidé?

Voilà donc la grande loi de l'existence *convaincue d'intelligence*, et c'est pourquoi on l'a qualifiée de *créatrice*, puisqu'elle sait ou opère avec un dessein prémédité dans ses productions.

Après ces preuves et bien d'autres qui réfutent pleinement toute intervention du hasard dans la reproduction des êtres, on a de tout temps insisté, avec raison, sur leurs moyens de conservation, sur les rapports évidens de l'œil avec la lumière, de l'oreille avec les ondulations sonores, enfin des divers appareils organiques avec les circonstances environnantes, pour exiler toute idée d'aveugle concours d'élémens dans leur formation. Les réponses des matérialistes ont été pitoyables, soit qu'ils répètent, après Lucrèce, que nous nous servons des

yeux, des dents, des jambes comme utiles, sans que
ces parties ainsi constituées prouvent des causes finales; soit qu'ils prétendent, avec des naturalistes, qu'un
être d'abord informe, sentant le besoin de se donner des ailes ou des nageoires, etc., a pu, avec le
secours du temps et des circonstances, déployer ces
organes par une élaboration successive, se transformer enfin, au moyen de longues habitudes, en
ces états nécessaires à son existence. C'est donc attribuer la volonté, l'intelligence la plus profonde
aux matériaux les plus bruts dans leur origine,
même parmi les plantes chez lesquelles on admire
les phénomènes de la floraison, et tant d'autres merveilles d'irritabilité, de sommeil, de directions instinctives non moins étonnantes, etc.

Comment le fruit de la macre (*trapa natans*),
par exemple, aurait-il imaginé de prendre la forme
d'une ancre à quatre crochets pour se cramponner
dans la vase, et résister ainsi au cours des ondes?

Comment le kangurou sauteur aurait-il su se
créer une poche inguinale, pour transporter dans sa
fuite précipitée, sa jeune famille appendue à ses
mamelles, et née avant terme, au milieu des solitudes de l'Australie?

D'où sont provenus les moyens de défense des
animaux, les cornes des ruminans, les carapaces
des tortues, et les cuirasses des crustacés, des insectes, les coquilles protectrices des mollusques, les

crocs venimeux des serpens, les aiguillons, les dents, les griffes, les becs, les dards de tant d'espèces contre leurs persécuteurs? N'y a-t-il pas dessein constaté dans la structure des trompes, des tarrières, des scies, des râpes, des pinces, des mâchoires dentées, des ergots, des doigts, des piquans, des écailles pour tant d'insectes ou d'autres races relativement à leur genre de vie? Tel a des yeux flamboyans pour voir dans les ténèbres, tels se reconnaissent par des odeurs, par des lueurs imperceptibles pour d'autres espèces, etc.

Comment supposer que toutes ces coïncidences dont la nature est remplie, et démontrées par toutes les pièces anatomiques de l'homme et des animaux, sont des mélanges fortuits de matières brutales, désordonnées? Ne faut-il pas terrasser, par ces harmonies perpétuelles qui resplendissent dans les alliances de tant de créatures, les unes à l'égard des autres, parmi la république du monde, ces absurdes systèmes d'un prétendu hasard créateur? Est-ce lorsque tout révèle un ordre constant avec une prévoyance également éclatante et incompréhensible que tout doit s'attribuer à des générations équivoques, faisant émaner du sein des pourritures et de l'infection ces prodiges incomparables de la plus haute sagesse? Que pourrait-on ajouter pour dessiller les yeux de quiconque refuse ici d'admettre une divinité créatrice, de crainte de tomber dans un

système religieux qu'il considère comme un esclavage mental?

Nous ne sommes donc point en proie au hasard ;
il y a quelque chose en tout être, un *moi* qui se sent,
qui s'avoue à sa propre conscience, qui se dit :
j'existe, et rien ne peut l'empêcher, même dans ces
fous qui se croient morts, car il faut être pour affirmer cette croyance.

Toutefois on objecte : ou les germes d'animaux,
de plantes sont organisés de toute éternité, ce que
l'état successif des terrains et les catastrophes irrécusables de notre planète ne permettent nullement
d'établir, ou ils auront pris naissance à certaine
époque et en quelque lieu. Dans cette hypothèse
plus admissible, il faut 1° que l'homme et les autres
êtres aient été créés par une intervention directe
et miraculeuse de la Divinité sur ce globe (et sans
doute sur les autres), fait inexplicable pour la philosophie naturelle; ou 2° il faudra recourir originairement à une série de générations spontanées,
et si l'on veut élaborées successivement depuis la
mousse jusqu'au cèdre, et depuis l'infusoire microscopique jusqu'à l'homme. Il n'y a en effet que ces
deux manières de résoudre ce problème le plus ab-
strus des sciences physiologiques.

Mais partout où se révèle *esprit, instinct, dessein
prédisposé, organisme correspondant à un but manifeste*, on voit à plein autre chose que la matière

elle-même. On sent la nécessité d'y introduire un *élément intellectuel*, une *force spirituelle*, sachant ce qu'elle fait et pourquoi elle le fait; il n'y a plus alors possibilité de la seule spontanéité fortuite de la matière.

Car la faculté observante, méditante, combinante qui se révèle en nous, apparaît, quoique obscure, à l'état d'*instinct* inné en chaque germe dès la naissance des individus; elle est transmise par la génération ou la filiation de ses ancêtres. Donc cette force, soit intelligente, soit instinctive, si éclatante jusque chez les insectes, ne peut être le résultat d'une mixtion fortuite des matériaux, dans des générations équivoques ou par corruption, puisqu'elle a un but. Dès-lors il y a création.

Art. iv. *De la production des races protogènes et agames.* L'hypothèse des générations spontanées pour les animalcules infusoires, les moisissures, etc., ou de toutes les races cryptogamiques d'animaux et de plantes, si elle a lieu en effet, impliquerait nécessairement la formation par la même voie (sauf des élaborations successives), de toutes les créatures actuellement subsistantes, sans excepter l'homme.

D'abord, outre l'improbabilité de ce système qui se passerait d'intelligence, et d'après l'exemple irrécusables des générations normales *chez tous les phané-rogames d'une taille observable*, nous voyons un plan, une subordination d'espèces construites les unes par correspondance avec d'autres, enfin une hiérarchie harmonique dans l'ample sein de la nature vivante.

Et pour preuve, considérons qu'il n'y a point cet arbitraire qui résulterait de générations équivoques, de productions fortuites. Des combinaisons infinies d'élémens organisables abandonnées à l'inconstance, et sans qu'aucune intelligence spéciale présidât à ces créations anormales, ne réglant rien, tout irait à l'aventure selon les aggrégations ou disgrégations de tant de substances en putréfaction et en fermentation. Les composés y seraient plutôt chimiques que vitaux, car il faut une coordination quelconque d'organes afin de s'entretenir pendant quelque temps dans une certaine harmonie de fonctions, pour exister.

Or ce qui démontre chez les êtres protogènes des *formes déterminées*, c'est la description qu'en font les zoologistes et les botanistes, en sorte que les mêmes structures apparaissent constantes dans leur espèce, comme pour les races de la plus grande stature, malgré les circonstances les plus opposées, ou dans les lieux les plus éloignés du globe. Olof Swartz rencontra sur les rochers des mornes de la Jamaïque, des mousses et lichens analogues à ceux du nord de l'Europe, et M. de Humboldt a constaté de pareils faits aux sommets glacés des Cordilières. Les observations microscopiques du gouverneur Brisbane, au port Jackson, dans l'Australasie, ont manifesté les mêmes races d'animalcules infusoires que les nôtres (1). Il paraît manifeste, par un grand nombre de recherches d'Ehrenberg, que sur tout le globe, les protozoaires, comme les protophytes microscopiques, sont les mêmes en général malgré la diversité des zones, comme on rencontre des plantes de Laponie et de Suède sur les sommets des Alpes, des Pyrénées et même de l'Atlas, selon Tournefort, Ramond et une foule d'autres botanistes.

Si la nature vivante procédait par des combinaisons chimiques, moléculaires, comme elle le fait pour le règne minéral, on dirait que les élémens organisables, dans leur simplicité la plus intime, donnent uniformément des structures du même ordre, par leur première ébauche de vitalité. Mais selon cette hypothèse, comment les mêmes matières organiques déploient - elles cependant aussi, sous des zones parallèles, et avec les mêmes circonstances d'autres

(1) Voyez aussi le bel ouvrage d'Ehrenberg, *Organisation systematik, und geographisches verhältniss der infusionsthierchen.* Berlin, 1830, fol. fig. L'auteur observa, soit au mont Sinaï, soit au Dongolah, soit en d'autres lieux d'Orient et dans des oasis de l'Afrique septentrionale, la plupart des espèces d'animalcules infusoires qu'on retrouve dans nos eaux d'Europe. Au moyen de teintures de cochenille ou d'indigo, il a réussi à faire apparaître les viscères souvent multiples de ces infusoires (et leurs ovules sans doute), à un microscope grossissant jusqu'à 800 fois les objets. Après en avoir étudié la structure, bien plus compliquée qu'on ne l'avait pensé, et *leur mode régulier de multiplication,* il n'admet nullement qu'ils soient le produit de générations spontanées.

créatures fort différentes, en Europe, en Amérique etc.? Il y a tant de diversité entre les espèces, même en des contrées et des températures pareilles qu'on est forcé d'admettre autant de créations spéciales.

Or, l'uniformité des races microscopiques, presque en tout lieu, résulte de la facile dispersion de leurs graines ou germes d'une inconcevable ténuité. Si par la simple distillation de plantes, il s'élève avec leurs atomes, une foule de légers matériaux, comment l'eau se vaporisant dans l'atmosphère, n'y pourrait-elle pas entraîner, ainsi que la poussière, ces germes subtils, invisibles des moisissures, des byssus, des infusoires, lorsqu'on voit les vents transporter au loin des nuées d'insectes, des tourbillons de poussière séminale de lycoperdon, de pollen fécondant, des végétaux dioïques ou autres? L'eau des pluies recueillie en pleine campagne, renfermée dans les vases de cristal le plus net, ne déploie-t-elle pas bientôt par le concours d'une douce incubation, sous les rayons du soleil, des myriades d'animalcules, de petites conferves verdâtres, tous les élemens des organismes protogènes? Dès-lors, on comprend que les vents enlèvent, les pluies précipitent sur toute la surface des continens et des mers, ces germes innombrables de tant de races microscopiques inaperçus, mêlés, multipliés, voyageant dans l'immense océan et dans les airs;

dès-lors toute la terre devient le perpétuel théâtre des générations, des disséminations de ces habitans primordiaux et universels, sans que nous puissions, ou même que nous ayons daigné dénombrer encore ces peuplades, perdues dans l'obscurité de leur infinie petitesse.

Que si les germes des plus grandes espèces ont été d'abord si délicats, que seront les ovules et les gemmules de plantes et d'infusoires microscopiques eux-mêmes? Evidemment leur ténuité excessive les soustrait à toutes nos investigations. Lorsqu'on voit éclore sur des matières en décomposition, surtout, et sans cause apparente, des moisissures, de petits byssus, comme dans mainte eau croupie, surgissent des animalcules, qui oserait conclure que c'est le fruit extemporané d'une génération par hasard? Ces êtres n'ont-ils pas toujours leurs conformations déterminées, et les ouvrages des naturalistes, qu'on peut confronter soi-même avec les faits, n'ont-ils pas décrit et figuré ces espèces?

Pour elles, il existe une sorte de *panspermie:* partout elles pullulent par milliards, en proportion de leur destruction. Ces germes, ces ovules, nous les respirons, nous les avalons; partout inapercevables, ils s'insinuent témérairement, et ceux qui ne périssent pas trouvent le lieu, l'occasion, les moyens de se développer. Alors apparaissant comme sortis du néant, on invoque contre eux le hasard;

les anciens naturalistes privés du microscope, l'invoquaient dans la génération des insectes, même de ceux qui possèdent des parties génitales distinctes et pondent des œufs. Quelques personnes peu instruites, ou de mauvais observateurs soutiendront encore que les poux s'engendrent spontanément, que les mites du fromage s'y forment par hasard, tout en admettant que ces insectes aptères peuvent aussi se multiplier par la voie ordinaire des sexes. (1)

Tandis que toute la nature vivante, perpétuée dans ses races les plus apparentes, ne permet plus le doute sur sa propagation normale, sans exception ; le soupçon des générations équivoques s'est successivement réfugié, à mesure qu'on pouvait moins voir, parmi des êtres de plus en plus exigus échappant soit par l'obscurité de leurs retraites, soit par le secret de leurs amours, à la curiosité des naturalistes.

C'est ainsi que, dans nos entrailles mêmes, les vers intestinaux passent, d'après plusieurs helmintologistes, pour le produit de formations spontanées,

---

(1) On cite un champ de blé ensemencé qui fut comme enterré pendant vingt-cinq ans sous une avalanche de neige; celle-ci ne s'étant fondue qu'après cet espace de temps, la végétation du froment qui avait été interrompue pendant toute cette durée, reprit son cours accoutumé, en sorte qu'on obtint enfin une moisson, après plus de vingt-cinq ans d'ensemencement, dans une vallée suisse. Des auteurs y auraient pu supposer une génération spontanée de blé.

bien que les nématoïdes ou cavitaires soient manifestement pourvus d'organes sexuels, et que les
cestoïdes, suivant Bremser (1), soient hermaphrodites; les articulations du même ver pouvant s'accoupler mutuellement. Alors quelle impossibilité
trouve-t-on que des ovules si ténus de ces vers soient
absorbés dans les tissus laches et perméables des
enfans, des constitutions molles, ou chariés dans
le torrent circulatoire, dans les vaisseaux lymphatiques, en sorte qu'ils pénètrent la profondeur des
tissus et se développent aux lieux où ils rencontrent
les élémens favorables à leur développement, comme
les échinocoques (hydatides) dans le foie, le cœnure
au cerveau, etc. Chaque animal n'offre pas, en effet,
toute espèce de ver, chaque âge développe même
les siens, comme chaque contrée du globe présente
différentes espèces de ces parasites (le dragonneau
sous les tropiques seulement, des tænia divers selon
les pays, etc.). Si les mêmes entozoaires n'apparaissent
point partout, en des corps semblables, il n'y a
donc pas spontanéité de formation, malgré des circonstances pareilles.

Ainsi les vers intestinaux ont sans doute besoin de
la nourriture et de la chaleur des animaux pour se

---

(1) Cet auteur admet pourtant leur génération équivoque, avec Rudolphi, Treviranus De Voss, Mulder, Meckel, etc.; opinion contestée
par Pallas, Bloch, Reinlein, Brera, Linné, Schæffer, etc.

développer, mais qui niera que leurs œufs ne puissent se trouver dans les eaux que boivent ces animaux? Personne n'ignore que les poissons et les autres races aquatiques, comme les habitans des pays humides et bas, sont les plus exposés de tous aux affections vermineuses. Par exemple, quelle impossibilité que des œufs de tænias rendus avec les excrémens, ne se répandent dans les eaux où ils flottent, sans trouver les lieux propices à leur développement, jusqu'à ce qu'il en arrive en certains animaux faisant usage de ces eaux. De même on a trouvé des tænias jusque dans des fœtus d'hommes ou d'animaux, dans des poulets sortant de la coque, dit-on; mais tout cela est possible, puisque leurs mères ont pu, avec leurs humeurs, transmettre également les ovules de ces entozoaires qui pénètrent si profondément l'économie. D'ailleurs les nourritures que nous prenons contiennent une foule d'élémens inaperçus de nos maladies, et tel carnivore qui suce le sang et déchire les chairs de sa proie, avale les ovules des vers qu'elle peut contenir. Pallas a inséré dans un chien des œufs de tænia qui se sont développés et pullulés chez cet animal.

Ainsi, le monde microscopique qui joue un si grand rôle dans la nature invisible (car combien de molécules sont organisées?) demeure caché, comme les rouages secrets de ces machines dont nous ne contemplons que les résultats généraux. Sans doute

8.

on ne rencontre nulle autre part les entozoaires que dans les animaux pour lesquels ils sont appropriés (1). Telle est leur condition de naissance et de vie; cependant la nature extérieure, mère féconde de tous les germes, est chargée de leur dispersion, comme de tant d'insectes, d'animacules, de moisissures, etc., qui pullulent et s'insinuent, soit par l'air, soit par l'eau dans presque tous les recoins du globe.

Et en effet la permanence de leurs espèces, la conservation perpétuelle de leurs structures manifeste une *loi régulière de formation* par des œufs ou germes préexistans dans des parens semblables. Nous avons montré que la matière constituant les corpuscules si exigus des germes, dans l'état brut, ne pouvait point, par elle-même communiquer l'impulsion générale de la vie, ni développer les attributs d'instinct et des diverses facultés que ces ger-

(1) Pour preuve que les vers intestinaux ne sont pas une œuvre fortuite de mucosités agglomérées, mais bien organisés par rapport à leur habitation; c'est la forme des crochets avec lesquels ils se cramponnent dans les intestins pour n'en pas être expulsés avec les excrémens. Aucun helmintologiste n'ignore que le spiroptère de la taupe, par exemple, perce la tunique veloutée de l'estomac, et s'y suspend au moyen d'un petit renflement à la tête, ainsi retenue par une anse (Nitsch, *Spiropteræ strumosæ descriptio.* Halæ, 1829, in-4, fig.). De même les *cœnurus*, les *echinococcus* adhèrent par de petits piquans; et comme ces vers vésiculaires vivent seuls, sans accouplement, ils se multiplient par des ovules dont quelques-uns se développent même dans leur intérieur à la manière des *volvox* et du *kolpoda cucullus*, etc. Les hydatides sont dans le même cas, comme le *cysticercus cellulosæ.* etc.

mes manifestent, pendant leur existence. Nous avons
prouvé la présence d'un agent excitateur de leurs
fonctions de nutrition , instigateur de leur propagation et des autres actes innés, inappris. Sans rien
préjuger sur la nature intrinsèque de cette *puissance
vitale* se dirigeant toujours, par un *égoïsme natal*
(sentiment qui n'abandonne l'animal qu'avec la vie),
 vers un but d'utilité pour l'individu, cette tendance
ne peut appartenir à des substances mortes, minérales, inorganiques. Les affinités ou attractions réciproques des molécules chimiques n'ont jamais ce caractère d'aspirer à la conservation, à la propagation, à la
garantie médicatrice que nous observons jusque dans
les plantes. Quand même, chez ces animacules, une
simple *réunion harmonique en l'unité* constituerait
ce qu'on nomme la vie, il y aurait toujours la grande
difficulté pour ce *nisus formativus* , de savoir coordonner des fonctions, des facultés instinctives dans le
plus chétif ciron, pour lui faire trouver sa femelle, ou
chercher ses nourritures. Car enfin cette *unicentra-
lisation*, ce concert de toutes les pièces et de toutes
les facultés à un point doué de spontanéité, de volonté, de sensibilité, chez le vermisseau, dans ses
organes d'appétit nutritif et reproductif, cette
unité gubernatrice de l'ensemble, qui peut l'avoir
tirée du néant? Elle ne peut pas s'être constituée
par hasard ; celui-ci n'a pas tant d'habileté que
toutes les parties, dans leurs connexions jouent

si admirablement, jusqu'à engendrer un encéphale pour remplir de si étonnantes fonctions coordonnées avec le reste de l'organisme. Ce ne sont pas des mouvemens fortuits, des mélanges sans but de mucosités intestinales, ou de débris pourris dans des eaux croupies qui sont capables d'un plan régulier, d'un intellect veillant à la conservation d'un tout, et redoutant sa destruction; notre raison ne peut admettre de pareilles absurdités.

On se trouve donc également contraint pour tout être organisé, pour ces races protogènes, les plus simples même, à reconnaître un concert harmonique des parties, au moyen d'une *force spéciale*, source de l'excitabilité (1) vitale, et de l'impulsion communiquée par la propagation soit gemmipare, soit

(1) On sait, par les expériences de Spallanzani, combien l'humidité est nécessaire à l'existence des vorticelles ou rotifères, et que le mouvement vital reste suspendu par la dessiccation, comme dans la plupart des mousses, des lichens (ainsi que dans les semences et œufs d'animaux et de plantes ou saisis par le froid, la sécheresse). Les vibrions du blé carié peuvent également se dessécher, puis se revivifier dans l'eau, d'après Néedham, Roffredi, Fontana, etc. La gelée ne fait pas périr celui du vinaigre, non plus qu'elle ne tue une foule de végétaux. La ténacité de la vie est donc très forte, surtout chez les germes ou ovules de tous ces êtres microscopiques.

(2) Voyez Agardh, *Metamorphosis algarum.* Lund., 1821; Diss. de Nees de Esenbeck, et les remarques de M. Bory Saint-Vincent sur les *chaodinées.* Ces auteurs ont repris d'une autre manière les opinions de Néedham, qui admettait une gradation successive dans le dévelop-

fissipare , et surtout ovipare. Les recherches sur de prétendues transformations réciproques des zoocarpées (2) en végétaux qui deviendraient des animaux, ne prouvent que la difficulté d'établir avec certitude la nature de ces productions si exiguës, même au microscope. Mais où l'observation finit la raison commence , et l'œuvre de l'intelligence éternelle s'accomplit dans la matrice de la divinité.

Tous ces germes de fleurs brillantes , d'animaux si surprenans , tous ces déploiemens de mœurs, d'amours, de combats entre tant de races; tant de curieuses dispositions instinctives, sympathiques ou antipathiques, innées, radicales, héréditaires, imperturbables comme leurs organismes, ne décèlent-ils pas manifestement un vaste système d'intelligence, de sagesse, autre que les impulsions mécaniques ou les affinités chimiques des substances minérales s'agitant au sein de notre planète?

---

pement organique des animalcules, en sorte qu'elle s'éleveraient de l'état végétal à l'état de l'animalité ; lisez aussi les observations sur la conferve verte des huîtres par M. Gaillon, qui la considère sous le nom de *nemazoon* , comme une végétation animale.

Tout au contraire, Schweigger soutient, avec Pallas, Spallanzani, Cavolini, Olivi, et Lamouroux , que plusieurs corallines doivent être reportées au règne végétal, parmi les conferves marines, etc.

CHAPITRE II.

Appropriations et localisations des êtres organisés. Des parasites.

La question si abstruse de l'origine de la vie est surtout bien éclaircie par l'examen des formes des animaux et des plantes par rapport aux climats qu'ils habitent ou qu'ils sont destinés à fréquenter. En effet, comment soutiendrait-on que l'eau seule est la cause des nageoires du poisson, ou que l'air seul a dû développer les ailes de l'oiseau? Il n'y a pas moyen de nier qu'il fallait une action organisatrice prédisposante pour toutes ses créations, relative à ces divers empires.

Cependant plusieurs auteurs persistent à dire que chaque genre d'êtres se trouvant uniquement confinés d'abord à leur contrée natale, comme cette foule inconnue de végétaux, d'insectes, d'animaux de toutes sortes, soit au fond des mers, soit dans les solitudes de l'Amérique, de l'Afrique de l'Australasie, ils n'ont pu y être évidemment transportés d'aucune autre région. Il faut donc que, véritables autochtones de ces patries spéciales, ils aient *d'eux-mêmes développé toutes les configurations et les mœurs nécessaires pour y subsister mieux que partout ailleurs.* Voici les singuliers paralogismes qui séduisent ces naturalistes.

OBJECTION 1re. Tous les animaux des déserts sablonneux et les montagnards présentent la plupart de longs et forts membres, quoique minces et secs comme le jarret vigoureux des Basques, des Barbets des Alpes et des Pyrénées; ainsi les sauvages coureurs de la terre de Diémen et de la Nouvelle-Hollande ont des jambes menues. Les Hollandais entre leurs canaux et leurs polders deviennent lourds et ventrus (*crescit in ventrem cucumis*) avec de courtes extrémités, tandis que sur le terrain sec et venteux du cap de Bonne-Espérance, leurs enfans agiles obtiennent les cuisses allongées des Hottentots Boschimans. Leurs bœufs de la Nord-Hollande déploient sur cette aride colonie, les grandes jambes maigres des Antilopes. De là vient également le jarret souple et nerveux des coursiers arabes et maures du Dongolah, la démarche rapide du cheval tartare, etc. Pourquoi, ajoute-t-on, les habitudes jointes aux localités n'auraient-elles pas suffi, avec l'immense influence des besoins et le concours des siècles, pour déployer les cuisses tendineuses des cerfs, des gazelles, des onagres du désert africain, prédisposé les pieds des dromadaires, étiré les jambes des girafes, celles des autruches aux dépens de leurs ailes désormais inutiles, attribué enfin des pattes sauteuses aux gerboises, aux kangurous, puis à ceux-ci une bourse inguinale pour y déposer leurs petits incapables d'atteindre leur mère dans sa fuite précipitée ?

Au contraire, voyez les mammifères des terrains profonds et humides, la pause volumineuse, les jambes courtes et charnues des bœufs, buffles et bisons, des cochons, des tapirs, rhinocéros et éléphans, ou celles des loutres, des phoques, comme parmi les oiseaux d'eau on voit boiter les oies, les canards, etc., tant l'humidité accumulée rend les corps trapus, affaisse les jambes, s'oppose à une marche vive et rapide ? Qui donc osera nier que ces résultats appartiennent évidemment aux conditions spécifiques d'habitudes locales, sans recourir à une prétendue intelligence présidant à ces conformations ?

Réponse. Nous nierons absolument qu'il suffise de la volonté d'un animal, ou d'un exercice longuement entretenu pour repétrir sa nature. D'abord les conformations spéciales des végétaux opposent une preuve péremptoire à cet égard. Si un terrain aride doit constituer des êtres arides, pourquoi voyons-nous toutefois tant de plantes succulentes, ces *cactus*, ces aloës, ces euphorbes grasses parmi le sable des déserts brûlans, qui périraient dans l'humidité, ainsi que les bulbes ou ognons des liliacées;

et en revanche des herbes grèles, à feuilles dissé-
quées, comme les *potamogeton,* les renoncules, se
diviser en filets sous les eaux? De même parmi les
animaux aquatiques il existe aussi des races à texture maigre et aride, les crustacés, les chevrettes
de mer, ou ces secs échassiers à longues jambes,
hérons, bécasses, cigognes, toujours dans la fange,
tandis que de grosses outardes, des moutons à
queue épaisse, des éléphans, des hippopotames
ventrus, d'énormes reptiles se remplissent de graisse
sous les cieux les plus desséchans, comme les cucurbitacées des terrains arides, ou les plantes ficoïdes grasses des sables africains.

Si l'on dit qu'afin de parcourir les plages immenses de l'Océan, les oiseaux marins avaient besoin de
déployer leurs vastes ailes, comme les hirondelles
de mer, les pétrels, les oiseaux frégates et de tem-
pête, le phaéton, les mouettes, etc., nous montrerons les humbles pingouins, les manchots, des grèbes, à courts ailerons, à plumage épais, gras,
soyeux et lustré; quittant à peine la grève sablon-
neuse où ils se traînent sans pouvoir voler.

Ainsi souvent les régions contraires nourrissent
des contraires comme les semblables voient aussi
produire des semblables. La volonté des individus,
leurs habitudes ne sont donc nullement des auxiliaires qu'on doive invoquer à l'appui d'un système. Il
y avait dessein primordial d'organiser des créatures

pour un but. Chacune a sa destinée ou plutôt sa carrière tracée, sans pouvoir changer volontairement son rôle. Il est probable que l'agneau ne peut ni ne veut se faire loup, ni le tigre persécuteur devenir victime. L'espèce impuissante dans ses moyens de défense, n'a pas même la prétention de se dérober à son sort depuis tant de milliers d'années qu'elle le subit. La nature forme chaque chose selon que cela convenait à ses vues (ignorées de la faible intelligence humaine, incapable d'en saisir l'ensemble); et le serpent qui rampe et l'oiseau qui s'envole, la lente et baveuse aplysie dans les mêmes eaux où bondissent le trigle et l'exocet volant. L'ouvrage, dira-t-il à l'ouvrier, pourquoi m'as-tu fait ainsi?

Objection ii. Chaque région présente certaines classes d'animaux et de végétaux, comme aussi la mer offre ses localités pour certaines tribus de poissons qui ne vivent qu'à des latitudes déterminées, les gades, les clupées, plusieurs salmones, cyprins, esturgeons, sous des températures froides; les coryphènes, zées, chœtodons, etc., entre les tropiques. Il en est ainsi pour mille races d'insectes. Dans le règne végétal, la géographie démontre qu'une foule de *protéacées*, d'*ixia*, de *stapelia*, de *mesembryanthemum* très analogues entre elles se multiplient à l'extrémité sud de l'Afrique, comme on rencontre dans les steppes sibériennes salées, ces colonies de *salsola*, d'atriplicées, de polygonées, de petites caryophyllées et légumineuses, crucifères, ombellifères, liliacées, rhodoracées, etc. Enfin la distribution de toutes les familles animales et végétales à la surface du globe, manifeste que chacune d'elles est l'enfant de sa contrée. Or, n'est-ce pas la preuve d'une vraie génération spontanée, par l'influence de tous les élémens combinés à l'aide des agens impondérables de la nature ?

De plus, sur les hautes montagnes de l'Atlas, des Alpes et des Pyrénées, les botanistes cueillent les mêmes espèces qui ne végètent que dans des régions polaires également froides, en Laponie, en Sibérie, sans qu'on découvre aucune trace de ces mêmes plantes parmi les longs espaces intermédiaires qui les séparent. Il faut donc que chaque localité engendre les races qui seules lui conviennent. Qui aurait été y semer tant de végétaux inconnus, inusités ? Il y a donc nécessité de productions spontanées, locales, et tout organisme approprié doit éclore par les forces cosmiques de la bienfaisante nature, ou de lui-même sur ce rocher isolé, dans cette île nouvelle, soulevée par les éruptions volcaniques, au sein de l'immense Océan, loin de toute communication avec les continens, comme l'île de l'Ascension, etc.

RÉPONSE. L'expérience exacte atteste la fausseté de cette conclusion : aucune espèce d'animal ou de plante n'est apparue spontanément, soit dans un lieu quelconque du globe, soit dans une île nouvelle, sans que son germe, sa graine ou son œuf aient été déposés de quelque manière connue ou inconnue que ce soit.

D'abord, ainsi qu'il a été montré ci-devant, les êtres agames, moisissures et byssus, la plupart des lichens et même des champignons, exhalant des semences d'une ténuité infinie (témoin, les *lycoperdon* on vesse-loup), deviennent aisément cosmopolites avec le secours des vents, comme les animalcules microscopiques (1) se transportent partout à l'aide des eaux marines ou pluviales. Les moyens de dissémination des graines, les unes munies de crochets, afin d'adhérer aux corps, telle autre natatrice pour les eaux (ainsi le *samolus valerandi*, mouron d'eau, se trouve jusqu'en l'Australie), telle autre ailée pour les vents, etc., ont été étudiées par Linné, comme les migrations des oiseaux, des poissons et d'autres productions marines, par divers naturalistes. C'est ainsi que les ramiers muscadivo-

(1) Toute la végétation *agame* ou inférieure, les petites espèces de *mucors* qui s'engendrent sur les corps en décomposition, sont presque identiques sous tous les climats, ou restent les mêmes dans les diverses zones du globe, selon les recherches du voyageur naturaliste Ehrenberg; mais il n'en est pas absolument de même de tous les animaux infusoires, bien qu'il en existe des espèces identiques dans des pays très éloignées, selon le même observateur. Ainsi la couleur de la mer Rouge est due à une petite oscillatoire d'espèce distincte.

res propageaient malgré les Hollandais, les arbres à épices sur les îles de la Sonde, et que le frai des poissons est transporté jusque dans les lacs les plus élevés des montagnes par des oiseaux palmipèdes.

Voyez toutes les îles, les plus voisines d'un continent, démembrées par l'irruption des mers, elles nourrissent les mêmes races de végétaux et d'animaux que ceux-ci. Leur séparation a dû être postérieure à leur population. Les îles très éloignées, possédant des espèces inconnues partout ailleurs, comme les archipels de l'océan Indien et Pacifique, firent partie de quelques vastes continens engloutis, et n'en montrent plus que les points culminans, ainsi que l'ont pensé de savans voyageurs et les marins les plus expérimentés. Ils ont été peuplés par la même puissance créatrice que celle dont la surface actuelle de nos continens multiplie les trésors d'organisation et de vie. Une pareille difficulté pour la population des Amériques ou de l'Australasie, se représentant pour des terrains de moindre étendue, comme les îles, trahit la même source de toutes les organisations terrestres et aquatiques. Les familles spéciales qui n'existent qu'en certaines régions, servent encore de preuve que ces productions durent être *formées par groupes et suivant un plan harmonique en ces mêmes contrées, les unes relativement aux autres,* comme il s'en déclare tant d'exemples manifestes parmi le règne végétal sur-

tout et dans la géographie entomologique de l'Afrique méridionale, de l'Australasie, des deux Amériques, etc.

Il faut donc recourir nécessairement à une émanation de germes appropriés aux localités, constitués d'après une prévision merveilleuse par l'auteur de toutes les existences, puisque nous avons
reconnu la complète insuffisance des élémens bruts,
livrés aux forces générales de la physique et de la
chimie, de la mécanique ordinaire pour organiser
des êtres doués de facultés adaptées à leur conservation et d'instincts de reproduction.

Personne, en effet, n'ignore que les îles volcaniques éloignées, n'ont reçu que quelques rares espèces
de graminées et d'arbustes, commes celles de Sainte-
Hélène, de l'Ascension, etc. Elles n'ont donc point
enfanté tout ce qu'elles peuvent nourrir ou tout ce
qui était possible (comme disent quelques philosophes), ou plutôt elles n'ont rien créé, parce que
la mort et l'état anorganique de la matière ne construit point la vie. Si toutes les races vivantes étaient
anéanties par quelque désastre universel, elles ne
sortiraient pas plus de leur tombeau, que les animaux fossiles et inconnus d'un ancien monde, ne
ressuscitent d'eux-mêmes aujourd'hui, par les seuls
efforts de la matière.

Cette loi de prévoyance si nécessaire pour présider à la formation des créatures, éclate surtout

parmi les races aquatiques. Qu'on se représente l'immense Océan dont les profondes entrailles recèlent des myriades d'espèces de poissons, de crustacés, de mollusques, vers, zoophytes, des fucus ou thalassiophytes, tous divers dans leurs multitudes inouïes; tous cependant se propagent sans se confondre, malgré le mélange perpétuel de tant de spermes et d'œufs répandus par les courans, les tempêtes, etc., au milieu de ses gouffres ténébreux. Comment, sous des conditions si constamment égales, depuis une infinité de siècles, parmi les mêmes localités, des élémens si analogues, délayés, battus, dispersés dans un fluide, soumis à des influences absolument identiques, ont-ils toutefois engendré tant de races distinctes, si opposées par leur structure, ou même aussi ennemies que le crabe bernard l'hermite et le buccin, dont il s'approprie la coquille, ou diverses comme un poulpe, un poisson volant, le corail, la physalie brûlante, ou le tétraodon électrique, etc.? Cependant ce sont mêmes parages, mêmes alimens, mêmes fluides ambians, pareille uniformité d'existence. Certes, il fallait de toute nécessité, dans l'origine de ces êtres, une étonnante disparité de germes primitifs pour constituer d'aussi énormes dissemblances malgré des circonstances si perpétuellement semblables.

Il est donc force d'admettre, malgré l'uniformité de ces matériaux et des fluides concourant à la vie, des créations spéciales, des prédispositions de structure conformes à telle destination qu'il a plu à la suprême puissance d'établir chez les différens êtres. Leurs germes qui se perpétuent, sans se confondre, malgré leurs entremêlemens, attestent la sagesse incomparable qui les a répartis, suivant les desseins de sa providence, avec leurs instincts, leurs directions conservatrices et propagatrices dans les vastes empires de la terre et des ondes.

Enfin, si, sous des circonstances identiques de climats et de températures le cheval, l'âne n'existait pas jadis dans les contrées américaines, et si la pomme de terre, ni une multitude d'autres végétaux du nouveau monde n'étaient nullement connus dans l'ancien hémisphère, il faut bien que des créations spéciales, pour chaque région du globe aient été produites. Mais ceci prouve encore qu'il n'y a point de générations spontanées; la tulipe n'a point fleuri dans nos parterres avant que Gessner l'eût apportée d'Orient, ni le lilas de Perse, avant l'ambassade de Busbèque. Nos terrains ne les avaient point inventés. Tout terrain ne produit donc pas ce qu'il est capable de nourrir. L'homme, les animaux, les vents, les courans des ondes ont été les disséminateurs, indépendamment des créations locales sur le globe des êtres *autochtones* de chaque région, et qui ne peuvent bien subsister que là. *Ubi patria, ibi benè.*

Et pour prouver ces créations locales partielles,
c'est qu'en chaque contrée, il y a des groupes d'êtres
correspondans les uns par rapport aux autres ,
ou des systèmes coordonnés qui s'enchaînent. En
effet, en apportant de la Chine le *bombyx ver-à-soie,*
il a fallu pareillement apporter le mûrier. Tous les
parasites, végétaux et animaux, ont leur organisation prédéterminée avec l'être pour lequel ils se trouvent constitués. La plupart des insectes, par exemple, vivant sur les végétaux , ont leurs pièces de mastication, de digestion, de locomotion appropriées à
l'espèce de plante sur laquelle ils sont prédestinés
à vivre. Le gallinsecte cochenille a un suçoir pour
pomper le suc purpurin de l'épais *cactus,* l'abeille
porte à ses fémurs des râpes pour enlever le pollen
dont elle fabrique la cire. Le cynips a sa tarière pour
déposer ses œufs dans le tissu du chêne et le faire
gonfler en noix de galle; d'autres ont des tenail-
les , des scies, des gouges pour creuser, couper les
matières végétales; les uns s'enveloppent dans les
feuilles, tel se vêtit d'une robe tissue avec des substances animales, tel pratique des galeries dans la résine
ou la graisse, telle larve choisit dans la racine du
jalap, la fécule nourrissante à côté du principe
purgatif qu'elle rejette. Le ver parasite dans les
entrailles des animaux, tantôt s'y accroche par des
hameçons, tantôt perfore les tissus pour s'y loger
jusque dans les humeurs de l'œil ou sous les tuni-

ques du cerveau; le petit crustacé se cramponne sur une énorme baleine et parcourt avec elle l'étendue des mers; tel *acarus* ou gamase aptère se creuse un nid dans la peau de l'aigle et voyage dans les cieux sans ailes. Que dis-je, il y a les parasites des parasites, car de minces cirons trouvent encore à vivre des humeurs d'un insecte coléoptère. Il faut bien que l'ichneumon qui insinue ses œufs dans une grasse chenille et y développe sa progéniture, soit préformé pour ce but; il faut bien que le sphex saisissant l'araignée et l'apportant dans le nid de ses œufs, préparée à servir de pâture à ses larves futures, ait été organisé pour combattre et vaincre ce tyran des autres insectes, comme cette araignée a été destinée à tendre ses toiles. Qui pourrait soutenir que tant de rapports manifestes de causes et d'effets liés entre eux sont un produit du hasard et des circonstances? Certes la détonation foudroyante de la lente torpille avait son but non moins que la dent creuse du serpent versant son venin dans la plaie (1); car ni l'une ni l'autre ne sont assez agiles pour atteindre leur proie fugitive.

---

(1) Si la matière minérale et brute possédait en elle les ressorts et les principes de l'organisation, il s'ensuivrait que *tout être devrait inventer spontanément ses instincts*, sauf à périr quand les circonstances ne seraient pas favorables à son existence. Or cette production universelle *nécessaire*, si la matière possédait cette énergie créatrice) n'a pas lieu, puisque des milliers d'espèces sont éteintes, et toutes celles capables de

Il y a donc eu nécessairement prévision, concours intelligent pour constituer des formes vivantes aussi multipliées, en harmonie entre elles selon les affinités de leurs sexes, de leurs genres; le tout est mis en jeu avec une incompréhensible providence, pour faire subsister avec ordre et une succession régulière ces innombrables peuples de créatures, dont les réseaux enchevêtrés et les relations réciproques se correspondent si exactement et décorent de leurs merveilles la surface de notre planète. (1)

vivre en chaque climat n'ont rien pu prévoir d'elles seules. Ces germes de toutes choses ne se créent point par des générations spontanées ; la matière ne possède donc nullement d'elle-même l'intelligence.

(1) Les bourgeons des végétaux des pays froids sont imprégnés d'un principe résineux comme les conifères, pour les garantir de l'impression trop vive de la gelée ; c'est pourquoi les feuilles même de ces arbres toujours verts résistent aux hivers. Ainsi la résine qui les enduit forme un embaumement naturel pendant la vie, et garantit leur bois d'une humidité capable de le faire pourrir. Aussi, malgré leur tissu spongieux , ces bois sont préférables pour la marine , par leur longue conservation , à des bois d'ailleurs plus compactes des pays chauds. Les racines des pins conservent long-temps, d'après la même cause, leur faculté germinative, et ne dissipent pas leur sève, quoique arrachés depuis des années.

CHAPITRE III.

Nécessité de la présence d'une nature intelligente dans les êtres vivans distincte des corps, ou de l'instinct inné.

Personne ne contestera dans l'espèce humaine l'existence d'une intelligence; il faut donc qu'elle émane de quelque part dans la nature. Quand on établirait que notre raison consiste dans certains mouvemens nerveux cérébraux, à l'état normal de l'encéphale, il s'agirait de déterminer ce qui procure cet *état normal* duquel résulte l'intellect, ou remonter toujours à cette force primordiale qui enfanta le concours harmonique de nos organes. Une *intelligence* est donc indispensable pour cette production d'êtres capables de connaître la vérité.

On ne peut pas raisonnablement la supposer un fait spontané du hasard, de l'énergie intelligente de matières brutes, anorganiques. L'ordre qui resplendit dans toute la structure anatomique et les attributions des animaux comme des plantes, y manifeste trop ouvertement cette intelligence incarnée.

Voyons les bêtes, les plus inapprises, suscitant d'elles seules, avant le jeu de leurs membres, des instincts innés tout en sortant du sein maternel ou de l'œuf, en l'absence même d'aucun de leurs parens. De quelque nom qu'on baptise cette cause de phénomènes coordonnés selon un certain plan, dans ses fonctions, qu'on l'appelle avec des modernes *impondérable biotique* ou *physiologique*, ou avec les anciens, nature, archée, ἔνορμον, *impetum faciens*, *nisus formativus*, principe vital, elle ne peut être méconnue que par les esprits qui repoussent l'évidence.

Si l'on recourt à l'activité des appareils nerveux, cérébraux ou ganglionnaires, outre qu'on ne fait que reculer la difficulté (car d'où naissent ces actes spontanés du système nerveux et sa structure coordonnée?) montrons la multitude des zoophytes, sans appareil nerveux, et surtout des végétaux, manifestant les actes les plus merveilleux d'impulsions instinctives. La direction des feuilles et des fleurs vers la lumière, la recherche des bonnes veines de terreau par les racines, la disposition et la mobilité des vrilles chez les plantes grimpantes, les modes de torsion et d'articulation flexible des tiges, la *sensibilité* vive de plusieurs étamines, celle du feuillage de plusieurs légumineuses (*mimosa*), l'irritabilité contractile de diverses capsules et autres enveloppes, le sommeil et les sortes de plicatures des feuilles, des fleurs, soit

diurnes, soit nocturnes, les phénomènes de la fécondation, la chaleur que développent les spadices
de quelques *arum*, la recherche des deux sexes dans
les *valisneria* et tant d'autres miracles de vie ne
permettent point d'attribuer à des forces aveugles
ces surprenans phénomènes tous préordonnés pour
un but, dans les graines de chaque plante.

Comment le législateur de ces organismes, s'il
n'était pas une intelligence, un *quid* inconnu, pour-
rait-il, au moyen d'une série de chances hasardeuses
de molécules, en être supposé la cause constante
et sage?

Voyez ce végétal foudroyé par une explosion
électrique; il ne fait pas plus circuler dans ses vaisseaux, sa sève, que l'animal ne laisse écouler son
sang après une décharge fulminante. L'irritabilité
végétale est détruite comme celle des animaux par
cette détonation. (1)

Mais dira le physiologiste, où est la contractilité,
cette *dryade* qui, selon vous, constitue la vie de
ce chêne? Elle était dans son embryon, transmise
par la fécondation à l'organisme entier de la plante
qui en est née, comme dans l'insecte, ou le quadrupède (*divinæ particulam auræ*) et dans l'idiot comme
chez l'homme de génie. Elle préside à la génération,

_____

(1) Voyez les expériences sur l'électricité par Van Marum et Van
Swinden, tentées sur des euphorbes charnues, etc.

à la nutrition, à la conservation par des instincts; elle excite les passions ou les calme, même l'amour dans les végétaux; elle résiste à leurs causes morbides, ou ramène l'équilibre de la santé. Par la puissance spontanée de ce mobile, chaque partie se dessine; les membres obtenant plus ou moins de prépondérance, ou d'énergie d'action, il établit des compléxions natives, des propensions innées, enfin cette *prédestination* traçant à chaque créature sa carrière en même temps que sa forme et son espèce.

Cependant, répliquera-t-on, quelle est la *substance* de cette force de contractilité? Est-elle séparable et divisible dans la génération, dans les reproductions par boutures, par surgeons, gemmes, caïeux, etc.?

Certes, toute *force*, non matérielle, celle de la gravitation universelle, peut bien suivre la division des corps sans cesser d'être une, ni apercevable autrement que par ses résultats. Pareillement la puissance de vie, dans le concours harmonique des matériaux qu'elle organise, manifeste sa reproduction par une nutrition continuée. Ainsi, une naïde, un polype ou zoophyte régénéré par division, par bouture, n'offre dans la portion séparée (devenue alors un individu, centre où la vie persévère), que ce phénomène de l'acte nutritif subsistant. Il en est de même d'une greffe, d'un bourgeon ou *gemme*, des plus simples animaux ou végétaux, comme de leur graine ou œuf, qui renferme un ensemble harmonique déjà prédisposé par la force organisante. D'ordinaire, il ne faut qu'y continuer ce mouvement nutritif, puisque la vie s'y trouve en essence pour développer ensuite complètement toutes les parties d'un individu nouveau.

Et, en effet, la même énergie vivifiante qui produit les semences d'un végétal, procure la faculté reproductive à ses surgeons, à ses caïeux; on le prouve par les plantes chez lesquelles la fréquente répétition de ce mode propagateur, a fait dévier la force générative vers les racines; ainsi, la canne à sucre, l'arbre à pain, le bananier, certaines vignes sans pépins, les lis, les renoncules et les roses, etc., constamment multipliés par ces boutures, n'ont plus que des graines avortées; leurs fleurs ou doubles ou stériles, donnent des produits inféconds à proportion de la fécondité transportée ailleurs. Mais par le même principe, une graine, un pépin ne doit donc être considéré que comme un bourgeon, un gemmule, un surgeon, un caïeu concentré à un moindre volume, déposé dans l'ovaire ou le fruit d'un végétal. Particulièrement la naïde, les sertulaires et divers polypiers, s'ils n'ont pas l'occasion de développer leurs boutures vivantes, émettent des ovules, des gemmules qui se détachent de l'animal-matrice ou mère, comme on sait, afin de reproduire d'autres individus semblables.

Ainsi, œufs, germes, bourgeons, boutures, graines sont l'expression réalisée d'une force invisible, toujours également savante ou industrieuse. La reproduction, soit génitale chez les végétaux et animaux vivipares ou ovipares, soit évolutive dans les races gemmipares des cryptogames et des zoophytes, etc., se confond avec l'accroissement. Qu'elle ait lieu par le concours de deux sexes séparés, chez les espèces dioïques (que les philosophes de la nature appellent polarisés ou opposés), qu'elle s'opère par hermaphrodisme ou androgynisme, apparent chez tant de végétaux et de mollusques, ou caché dans les agames, c'est toujours la continuité de la même énergie : transvasation manifeste d'une substance unique et inapercevable de vie jusque dans les atomes imperceptibles des races microscopiques. L'intensité de la reproduction s'effectue aux dépens de celle de la sensibilité parmi les animaux.

Car enfin, mille faits irrécusables attestent qu'il ne s'agit pas seulement de transmission des fonctions purement organiques matérielles, mais surtout des facultés les plus hautes de chaque créature. Cet œuf contient dans le mystère de son indivisibilité, l'âme inconnue fécondant l'embryon d'un Homère, d'un Newton, non moins que l'abeille renferme en son berceau alvéolaire ses instincts industrieux. Sans doute l'âme humaine plus grande, plus sacrée, devient développable et perfectible, tandis que la mesure de l'animal reste fixe ou circonscrite par l'immutabilité de son instinct. Sans doute, les puissances départies à chaque espèce, et même aux individus, ne sont pas entre elles plus égales que les constitutions ou les tempéramens natifs qui les manifestent. Puisque les dispositions morales se transmettent non moins que les physiques aux descendans, par cette corrélation nécessaire de causes et d'effets connexes, inséparables, elles revivront dans la postérité tant que les circonstances retourneront pareilles.

De là suit cette vérité que la même *intelligence* génératrice des instincts des animaux, des directions des plantes est la créatrice de leurs formes appropriées à leurs fonctions. Notre esprit émanant de cette force qui constitue nos organes, ne peut manifester autre chose que cette *entéléchie* dans son essence. Elle n'est point, comme l'affirment les matérialistes, le résultat de notre structure, attendu que le corps est incapable, par lui seul, de s'organiser avec sagesse et par conséquent, de constituer l'esprit. Tout au contraire, l'homme, les êtres organisés, vivantes images d'une toute puissante nature, en deviennent les instrumens, les sacrés interprètes; ce sont des systèmes nerveux prédisposés pour exécuter les œuvres du créateur; des cerveaux capables d'en sentir, d'en accomplir les sublimes desseins, d'en admirer les magnificences, enfin des voix harmonieuses destinées sur toute la terre au jour du printemps et de l'amour à en chanter les louanges.

Illusions poétiques! dira-t-on. Hé bien ! qu'on essaie donc d'expliquer différemment les mystérieux instincts innés dans le plus imperceptible puceron, comme chez le plus vaste quadrupède? Comment ne pas reconnaître une *âme prédisposée* chez ces oestres voltigeant dans les airs, dont telle espèce va nicher ses œufs épineux précisément dans les narines du mouton, telle autre accroche les siens à l'anus du cheval , telle autre ne préfère jamais que le dos du bœuf et du cerf, où la queue de ceux-ci ne l'atteint pas ? Comment la fausse guèpe apportant des araignées pour la subsistance de ses œufs (et comment sait-elle que des œufs en auront besoin), coupe les jambes de ces araignées pour les empêcher de s'enfuir? Comment tel ichneumon sait-il choisir l'espèce de chenille convenable par l'époque précise de transformation future de ses larves, afin d'y déposer sa progéniture, puis il meurt? (1)

Qui montre à la chauve-souris vampire, la veine jugulaire près de l'épaule des bestiaux, qu'elle peut ouvrir et sucer dans la nuit? Qui enseigne le loup à dompter sur-le-champ la férocité d'un taureau, en le saisissant par les testicules ? Aux animaux du genre des chats, à rompre l'épine dorsale d'une proie vivante? Chaque espèce n'est-elle pas investie

(1) Voir notre *Histoire des mœurs et de l'instinct des animaux*. 2 vol. in-8. Paris, 1822.

du *talent* le mieux approprié à son genre de vie, par une science infuse, par ce premier des maîtres qui n'est point une nécessité aveugle et inexpérimentée, mais bien par cette incompréhensible intelligence, dont la nature est pénétrée?

Tout paraît démontrer invinciblement que les créatures ne pouvaient pas s'organiser avec des élémens bruts, que l'industrie d'une abeille, du plus chétif fourmilion, dans les fonctions de sa vie interne et externe dénoncent hautement, crient avec la plus éclatante énergie qu'il y a dans ce monde bien autre chose que des matériaux bruts et terrestres. C'est ainsi qu'en cet âge de scepticisme on se trouve dompté par la contemplation attentive de la nature, à confesser, sous les voiles de la matière, des forces actives, *intelligentes, indépendantes, qui la maîtrisent.*Quelle que puisse être l'essence inconnue, inexplicable même de cette nature agissante, il existe un monde insaisissable et secret, sous ce spectacle d'apparence. La réalité qu'on ne saurait atteindre, mais dont les effets resplendissent de toutes parts, est ce qui soutient, gouverne l'immense machine dont nous ne sommes que des rouages diversifiés et transitoires. Nous ne vivons que de cette émanation impénétrable à notre faiblesse et à notre fragilité.

Toute autre physiologie, condamnée à l'impuissance, n'a jamais accéléré l'essor des sciences, puisqu'elle n'aboutit , sans le vouloir, qu'au néant d'une nature intelligente , pour lui substituer la grossièreté des élémens bruts et aveugles. Ce serait la confusion la plus outrageante de la raison , la plus indigne d'une haute philosophie. Le vrai génie ne peut avoir pour mission que la recherche de la vérité, avec sincérité et une conviction intime, fondée sur les faits d'observation.

CHAPITRE IV.

Que la seule harmonie des parties ne suffit pas pour expliquer les fonctions vitales ; indépendance des instincts , de l'organisme.

Les physiologistes les plus habiles à défendre l'hypothèse du matérialisme établissent que, dans la formation des corps organisés, toutes les parties sont successivement coordonnées autour d'un centre, soit l'axe cérébro-spinal, soit le cœur, chez les animaux, par *épigenèse*, et qu'il en naît un tout harmonique, duquel résultent l'unité, l'ensemble des fonctions de l'économie. Qu'est-il besoin, ajoutent-ils, d'aller quêter dans l'*ontologie* ou la *métaphysique*, l'explication de tous ces effets physiques

chez les brutes, puisque le seul développement régulier de leur système nerveux, suffit pour imprimer le branle à toutes les parties de l'animal dans
un ordre tel que l'exige le concert de la santé ?

D'abord, on oublie qu'il faut déjà une puissance
intelligente pour constituer aussi merveilleusement
tous les rapports des organes, les uns relativement
aux autres dans cet ensemble harmonique, dont le
seul enchaînement fait le désespoir des plus savans
anatomistes pour le plus mince hanneton.

Mais quand on accorderait que la *vie*, *l'âme des
brutes* n'est qu'une résultante du jeu harmonique de
toutes les pièces ou de leur structure industrieuse-
ment équilibrée dès leur formation, par un singulier concours de forces inhérentes aux molécules
matérielles de leur corps, voici la preuve que cela
est insuffisant pour entretenir l'existence même
d'un frêle vermisseau.

Car, je veux que les nerfs, les muscles, les vaisseaux de la machine animale fonctionnent parfaitement, selon toutes les lois de la mécanique, stati-
que, hydraulique, etc.; si l'individu ne possède rien
de plus, il périra de lui seul. En effet puisqu'il lui faut
savoir trouver sa nourriture, *se défendre* des obstacles, ou ruser contre ses ennemis, *reproduire son
espèce* avec un autre individu, pour que sa race
subsiste sur ce globe, j'affirme que la seule harmonie des parties est incapable de susciter en lui tous

ces instincts, de lui faire découvrir les voies pour en accomplir les besoins. Il y a plus ici que de la mécanique; il y a inspiration, desir même de ce qu'on ne connaît pas, comme chez l'adolescent qui soupire du besoin d'aimer sans savoir encore ce qu'est l'amour. De même, pourquoi la jeune tortue ou le canneton naissant vont-ils se plonger dans l'eau? Comment l'insecte, au sein des vastes campagnes, devine-t-il le genre de fleurs, l'espèce d'animal, d'où il doit tirer sa subsistance? Avant qu'un quadrupède ait essayé toutes les sortes d'herbes, il serait cent fois empoisonné, et avant qu'il ait cherché des moyens de s'échapper de la dent meurtrière ou de la serre crochue de ses persécuteurs naturels, l'espèce eût été détruite, si la nature n'eût point mis au sein de toutes ces créatures, cet *esprit inné* que l'on a qualifié d'instinct conservateur et directeur, ou plutôt cette lampe toujours rayonnante pour diriger chaque être parmi les sentiers ténébreux du monde.

Un instrument de musique, quelque bien accordé qu'il soit, n'exécute pas plus un concert de lui seul, qu'un animal bien organisé d'ailleurs, ne saurait se conduire par l'unique concours de ses sens et de tous ses membres. Il faut de plus ou une volonté éclairée, comme chez l'homme, ou une *spontanéité d'action prédéterminée* dans les conseils mystérieux d'une sage providence qui puisse faire jouer à chaque espèce son rôle dans la nature. Or, ce discernement, ce but, ces desseins, cette prévision manifeste enfin, dans son appropriation suivant les lieux, les saisons, les temps, ne sont-ils qu'un résultat fortuit de la combinaison des élémens du globe, élevés à leur plus haute puissance, par les efforts réunis du calorique, de la lumière, de l'électricité, etc., avec les molécules de divers matériaux? Tout cela serait inintelligible, sans l'intervention nécessaire, sans l'accession obligée d'une puissance vraiment intelligente, créatrice et directrice de ces êtres.

Car, si ces élémens bruts possédaient intrinsèquement des instincts, il n'y aurait aucune raison qui empêchât la production de nouvelles espèces par des générations spontanées, non-seulement de petits insectes, mais même de plus grands animaux; et pourquoi ne verrions-nous pas se ressusciter les races vivantes jadis dans le monde antédiluvien? Mais le moule est brisé, et la matière, dans sa *brutalité* essentielle, ne sait rien organiser, tant qu'elle n'a pas l'*esprit* de vie.

Les organiciens n'admettant point l'intervention d'une âme instinctive chez les animaux, établissent la cause des desirs amoureux uniquement dans le mécanisme des parties sexuelles, dans le sperme qui les titille par ses propriétés excitatrices, en réagissant ensuite sympathiquement sur tout l'appareil nerveux, soit encéphalique, soit viscéral. De là l'économie vivante se précipite avec fureur dans les voluptés.

D'après cette théorie, il en résulterait qu'une résec-
tion complète des organes sécréteurs du sperme, ou
la castration enleverait tout penchant, tout appétit
vénérien. Or, cela n'est pas, car bien que les castrats
soient refroidis à cet égard, personne n'ignore que
les eunuques et les animaux châtrés conservent encore
une propension instinctive, pour ainsi dire indestructible, inarrachable à la propagation, comme à la
conservation de l'espèce. On voit des bœufs essayer de
couvrir des genisses, comme des chapons qui ten-
tent de cocher des poules. Qui ne connaît, dans l'O-
rient, ce dépit furieux des eunuques : *sicut spado
complectens mulierem, et fremens et suspirans ?* dit
la Bible. De là cette haine concentrée contre le sexe,
dans les harems qu'ils gardent, résultat des dédains
qu'ils essuient, ce qui n'empêche pas plusieurs d'entre eux de se marier quand ils en ont la liberté.

D'ailleurs l'amour se révèle encore dans le soin
que prennent les animaux castrats d'élever une nouvelle lignée. Quoique dépourvus de parties sexuelles,
il persiste en eux un violent instinct de paternité;
ainsi les chapons couvent comme les poules; les
abeilles neutres ou mulets, veillent avec une ardeur
infatigable à la conservation, à la nutrition du jeune
couvain des reines, etc. Tous ces instincts parfaitement assortis à celui de la reproduction, n'en sont
que la dépendance. On en remarque des exemples
jusque parmi les races à sang froid, des crocodiles

(alligators), des tortues, des lézards, des poissons;
et même chez les insectes (des fourmis et termites,
espèces sociales, des forficules et plusieurs punaises
rustiques, etc., espèces isolées), veillent sur leurs
œufs après que leurs organes génitaux sont flétris.

Accoutumés à tout évaluer au prix d'un intérêt
matériel, ces organiciens attribuent l'amour des
mères pour leurs petits, au besoin qu'elles ressentent
de se débarrasser du lait qui engorge leurs mamelles. Que devient cependant cette explication mécanique, mensongère, chez les oiseaux dont les femelles, comme certains mâles en plusieurs espèces,
s'attachent sur leurs œufs jusqu'à s'exténuer de faim,
et soignent leur jeune couvée aux dépens même de
leur vie, sans qu'aucun organe spécial, aucun besoin
physique rende raison de ces généreux sacrifices ?

Nous voyons donc l'instinct, ou l'impulsion vitale, agir indépendamment des organes. Montrons
qu'elle opère dès avant le déploiement des membres.
Les faits en sont si connus, que des poètes les ont
chantés :

> Sentit enim vis quisque suam quâ possit abuti,
> Cornua nata priùs vitulo quam frontibus exstent.
>
> LUCRET. et MARTIAL, etc.

Nous voyons chacun des animaux, dit Galien, employant des parties destinées à sa défense, avant leur
formation, comme dans le poulain qui naît; ayant à

peine un sabot de corne tendre, il frappe déjà du pied, et le petit chien encore sans dents, s'essaie à mordre. D'où vient cela? dit Horace. C'est comme le génie, il jaillit du fond des âmes.

Il y a plus : cette cause productrice des actes instinctifs originels, pousse au dehors les organes mêmes qui doivent les exécuter. Elle favorise leur exsertion; elle les invente, pour ainsi dire, en sorte que les armes des brutes, comme leurs autres parties existent, non pas seulement en germe, mais primitivement, en essence invisible dans chaque embryon avant d'être produites et réalisées au grand jour. Ainsi l'arbre contient préordonnés, dans sa sève vivante, les futurs bourgeons, les fleurs et les fruits qui doivent en éclore, déjà appropriés au climat, à la saison, etc.

Et c'est par cette force prévisionnelle que certains animaux mutilés obtiennent le pouvoir de réparer leurs membres amputés : surtout chez les races dont l'organisation est la plus simple, comme les zoophytes, les vers, les mollusques qui reproduisent jusqu'à une nouvelle tête, et même pour des pinces d'écrevisses, des nageoires de poissons, des queues et pattes dans les salamandres, etc. On ne doit faire aucun doute que les ressouvenirs involontaires conservés par des hommes privés d'un membre, ne soient un résultat nécessaire de la *nature vivante*, qui entretient l'intégrité complète de l'individu, autant qu'il est en elle. Aussi nous pensons que chaque espèce possède sa *forme organique* déterminée, ou son moule en essence, avant qu'elle soit remplie par un corps (1). Dans les générations hybrides, les deux formes d'espèces voisines se confondent, mais aspirent toujours à rentrer dans leur nature normale en se séparant.

Il y a bien d'autres preuves évidentes de la disparité des âmes, ou instincts dans des organisations semblables chez des races congénères. L'anatomiste le plus exercé pourrait à peine distinguer les conformations entre diverses espèces de petits oiseaux du même genre, comme entre des mammifères rongeurs. Cependant combien d'instincts tout-à-fait différens parmi les rats et campagnols, lièvres et lapins, les pigeons, tourterelles, bisets; les fauvettes et bergeronnettes, les mésanges et remiz, etc.? Ces contrariétés d'instinct sont surprenantes chez des insectes de même genre, tels que les abeilles, frelons, guèpes et bourdons, les fourmis et chez une foule d'arachnides, de coléoptères, de larves de lépidoptères, etc.

La même organisation peut être mise en œuvre tout autrement d'après les diverses modifications que son système nerveux reçoit des forces instinctives de la nature. Des oiseaux émigrans élevés en cage

______

(1) *Principium rerum*, NATURA *est potiùs quam materia*, Aristote, *de Partib. animal.*, l. 1, c. 1. Ce qu'il appelle *nature* est pour lui le principe du mouvement, la forme animatrice. *Physicor.*, l. II, c. 1.

avec d'autres qui n'émigrent point, les premiers éprouvent spontanément une agitation violente, une nostalgie involontaire à l'époque naturelle d'un voyage qu'ils n'ont jamais fait, mais qu'ils devinent, tandis que les espèces non voyageuses n'éprouvent aucune émotion semblable. Ces modifications internes se manifestent surtout par les métamorphoses que les batraciens (grenouilles et salamandres) et tous les insectes hexapodes subissent. Plusieurs mouches déploient des mœurs bien opposées, malgré des organes tous semblables et de pareilles transformations, tandis que des névroptères et des diptères (libellules, cousins), dont les larves sont aquatiques, montrent dans leur jeune âge, des goûts tout différens de ceux de l'état adulte, en voltigeant dans les airs. Quelle que soit l'influence du physique et sa résistance, nos propensions morales et les habitudes qu'elles imposent, dans les vocations décidées, dominent beaucoup l'organisme. Ainsi la complexion de Turenne, dans son enfance, devint robuste malgré sa délicatesse sous l'influence de son génie guerrier.

L'organisation n'est donc pas tout, comme l'affirme l'ignorance, puisqu'on voit d'ailleurs l'instinct ou les accoutumances, avec une fréquente répétition des mêmes actes, déployer, fortifier, agrandir tel appareil primitivement inerte ou oblitéré, en sorte qu'il est vrai de dire que l'âme construit le corps, ou prédispose les instrumens, selon ses goûts, ses besoins, ses volontés propres. Ce n'est point la machine qui peut faire l'ouvrier; au contraire, c'est l'ouvrier qui fabrique l'ouvrage et prépare ses outils pour les conformer à l'opération qu'il veut accomplir, dit excellemment le plus illustre philosophe naturaliste de l'antiquité.

Des faits de pareil ordre éclatent dans le règne végétal. Quoique chaque famille de plantes présente généralement, par la ressemblance de sa structure, les mêmes fonctions organiques, les mêmes propriétés médicales, etc., il y a cependant des témoignages irrécusables que les *solanées*, par exemple, offrent en plusieurs espèces des alimens sains (1) et que les *cucurbitacées*, la plupart à fruits si doux et si sucrés, donnent la coloquinte, l'élatérium. On trouve donc, indépendamment des structures organiques, certaines *forces spéciales* qui en modifient le jeu et en altèrent particulièrement les produits.

Il est évident sans doute, que les organisations correspondent aux instincts et aux facultés des êtres à tel point qu'on a pu douter lequel des deux était la cause de l'autre. Les organiciens tiennent que le mécanisme de la structure des corps est la seule raison efficiente ou déterminante des actions qu'ils exécutent. Mais il est prouvé, que d'abord une puis-

---

(1) Cependant la pomme-de-terre germée contient toujours une petite quantité de solanine, principe vénéneux de sa famille, et le melon pourri devient amer, coloquinteux.

sance primordiale, la *nature*, le *nisus formativus*, qui préside originairement à chaque symétrie organique, la constitue dans un sens *prédestiné* à une fonction, à un état dans ce monde. Ensuite une multitude d'animaux et de végétaux, de même genre, ayant les formes les plus analogues, recèlent cependant les instincts les plus divers, déploient les mœurs les plus opposées dans toutes les scènes de leur existence, en sorte que ces instincts se déclarent indépendans des formes organiques, toutes les fois que la destination de ces créatures l'exige.

Ainsi cet agent directeur de l'économie vivante, cherche, découvre son harmonie avec le monde environnant. Il lui approprie cet organisme d'après les circonstances pour lesquelles chaque espèce d'animal ou de végétal se trouve combinée, afin de protéger son existence et de pourvoir à la perpétuité de sa race.

CHAPITRE V.

Action des êtres les uns par rapport aux autres, prouvée par la phosphorescence et la luminosité dans quelques animaux et des végétaux nocturnes.

Nous ne traitons point ici de la lumière qu'exhalent une foule de substances inorganiques ou minérales (1), soit par leur exposition au soleil (insolation), soit par l'effet de la chaleur, de l'électricité, du choc ou d'autres causes purement physiques. Nous laisserons également à part l'absorption de lumière des bois pourris, ou le dégagement des lueurs phosphoriques de substances animales en décomposition (2) qui sont des combustions lentes; pour ne nous occuper que des phénomènes lumineux dus à la vitalité chez les végétaux et les animaux.

§ 1. Ce dégagement de lumière tient évidemment

(1) On sait que le diamant, la strontiane, plusieurs marbres et spaths calcaires, l'arragonite et diverses bases phosphatées s'imprégnant de la lumière solaire ou autre, brillent dans l'obscurité; il en est de même du béryl, de la célestine, du sel ammoniac, du nitre, etc. D'autres corps luisent dans l'obscurité après avoir été chauffés, tels sont la chaux, la baryte, la magnésie, le cristal de roche, les quarz et topazes, les asbestes et micas. Le choc ou la percussion brusque tirent aussi de la lumière du sublimé corrosif, du sucre, du chlorate de potasse et autres sels. On voit une lueur dans les combinaisons d'acide sulfurique avec la chaux, la magnésie, ou quand on met de la chaux vive, de la baryte dans de l'eau. L'électricité rend lumineux beaucoup de minéraux, qui le deviennent aussi par l'insolation, etc.

(2) Plusieurs matières végétales non décomposées, comme des fécules, le sucre, des sels à bases organiques, le sulfate de quinine et de cinchonine, des gommes, des résines ou sous-résines deviennent phosphorescentes, soit par l'insolation, soit par la chaleur. Il en est de même des perles, des dents et os, des tendons, des colles-fortes, de l'os de seiche, des cornes et des coraux à l'état très sec, qui luisent par les mêmes procédés. Mais les bois pourris et humides cessent d'être lumineux s'ils sont privés du contact de l'air ou de l'oxigène. Les matières animales putréfiées perdent aussi cette phosphorescence dans les gaz non respirables : ce sont donc des combustions.

dans plusieurs végétaux, au plus haut degré de l'é-
laboration organique, à celui qui accompagne l'acte
reproducteur, soit qu'on y admette l'influence de
l'électricité , soit qu'elle ne se manifeste pas. La
chaleur des températures environnantes y concourt
pour l'ordinaire. C'est ainsi que dans les cavernes et
les mines de charbon des environs de Dresde, et
ailleurs, la chaleur jointe à l'humidité, favorisent le
développement de plusieurs cryptogames luisans, des
byssus phosphorescens (*dematium violaceum*), des
lichenacées, et rhizomorphes souterrains, le *schisto-
tega osmundacea* et autres. Suspendus en festons
aux voûtes des excavations, grimpant le long des
piliers, ou tapissant les parois de ces grottes profondes, ils leur donnent l'aspect d'un palais enchanté,
ou du séjour des gnomes et des fées. Une lueur bleuâtre comme celle d'un clair de lune y répand sa teinte
mystérieuse, à tel point que les regards en sont
éblouis et que les personnes en se rapprochant, peuvent très facilement se distinguer. Les jeunes pousses blanchâtres sont plus phosphorescentes que les
vieilles ; la sécheresse et le froid éteignent leur éclat
qui est plus vif à 40° c. Le vide et les gaz non respirables, éteignent cette phosphorescence, laquelle
disparaît avec la vie de ces plantes. On a vu luire
aussi des conferves et des *chara*. M. Delile a décrit
la phosphorescence de plusieurs champignons agarics (celui de l'olivier), sous le chapeau et dans leurs

parties lamelleuses, sans doute à l'époque de leur fécondation.

Doit-on également admettre l'éclair apparaissant, dit-on, sur certaines fleurs jaunes vers le coucher du soleil dans les soirées ardentes, sèches et électriques de l'été, comme sur la capucine (1), le souci, l'œillet d'Inde (2)? Ou ne serait-ce qu'un reflet dernier de la lumière qui cause cette illusion? Toutefois il se passe des phénomènes analogues, soit dans le lait phosphorescent d'une euphorbe du Brésil (3), soit dans les émanations inflammables de la fraxinelle en fleurs. N'est-ce point à quelque éclat, obscur pour nous, mais apercevable aux yeux des sphynx et autres insectes crépusculaires, qu'est dû leur immanquable don de reconnaître, dans l'obscurité, les corolles des plantes dont ils pompent le nectar? Telle serait la lumière faible et verdâtre observée de nuit sur le *phytolacca decandra*. (4)

L'existence des herbivores nocturnes et des fleurs

(1) Par la fille de Linné, *mém. acad. de Suède*, 1762. tom. xxiv, page 291.

(2) Selon Johnson, *Edimb. philos. journal*, tom. vi, p. 415, d'après le jardinier suédois Haggren, cité, *nouv. mém. acad. Suède*, 1777. tom. ix, p. 59.

(3) D'après Martius, *reise in Bresil*. tome ii, p. 726, et Murray dans les *ann. de physiq.* de Gilbert, tom. lvi, p. 367.

(4) Selon Sznets dans le *journ. de pharm.* de Trommsdorff, tome viii, p. 54. Déjà Conr. Gessner avait réuni des faits analogues, *de Lunariis* (Tiguri) 1555, in-12.

veillant de nuit, doit faire soupçonner qu'il existe des émanations lumineuses, trop faibles pour notre vue sans doute, mais suffisantes pour celle des yeux de ces espèces de lucifuges, dépourvus de choroïde, selon les recherches de M. Marcel de Serres (1). De même les yeux des mammifères, d'oiseaux, reptiles et poissons dépouillés d'une grande partie du pigment noir de leur uvée, redoutant le grand jour qui les blesse, trouvent dans les moindres lueurs de leur proie parmi les ténèbres, le moyen de la découvrir, indépendamment du secours de l'odorat. Serait-ce trop d'admettre avec certains philosophes (2), que chaque organisme vivant a été conformé de manière à remplir sa destination dans ce monde, selon l'inclination de ses desirs ou de ses besoins, en sorte que les phytophages nocturnes obtiennent la faculté d'apercevoir suffisamment leur nourriture végétale par le rayonnement de celle-ci, et par l'éclat naturel des yeux lucifères?

§ 2. Les animaux phosphorescens appartiennent également aux races nocturnes; les dégagemens de

---

(1) *Mémoire sur les yeux lisses et composés des insectes.* Montpellier, 1815, in-4°. Il observe que les espèces aimant la lumière, ou photophiles possèdent un pigment oculaire qui manque aux insectes photophobes ou fuyant l'éclat du jour.

(2) Robert Fludd, *de macrocosmo, hist.* tractat. 1 lib. 5 c. 2 disait; *res quælibet naturalis inclinationem habet ad perfectionem, in quâ appetitus ejus finis est et complementum.*

leur lumière éclatent davantage au besoin, dans l'obscurité, ou s'obscurcissent pendant la période diurne. D'ailleurs ils se dérobent à l'aspect du soleil. L'orgasme de l'amour ou d'autres passions vives sollicitent surtout cette sécrétion lumineuse; elle est : 1° *générale* dans le corps d'animaux aquatiques (de plusieurs poissons, mollusques, crustacés, vers et zoophytes); 2° *partielle* en certains lieux du corps de beaucoup d'insectes; 3° *oculaire* dans la coruscation ou la scintillation de la rétine chez un grand nombre de carnivores nocturnes, mammifères, oiseaux, reptiles et poissons, etc.

A ce dernier phénomène se rattachent les influences dites de fascination soit de terreur, soit d'amour des êtres forts sur les faibles, et le prétendu *magnétisme animal*, sans doute.

La phosphorescence des eaux de la mer, à certaines époques et sous des zones chaudes principalement, est aujourd'hui bien connue comme le résultat d'une multitude innombrable de vermisseaux du genre de la *nereis noctiluca* et de beaucoup d'autres espèces. Il y a des infusoires *vibrio, volvox, cercaria, trichoda, leucophœa*, des zoophytes et radiaires des genres *medusa, beroe* (1), *pyrosoma, phy-*

---

(1) Ceux-ci et les pyrosomes, les biphores (*salpa*) sont les plus phosphorescens, surtout dans les temps chauds, calmes, électriques et par le mouvement des ondes. On en voit des exemples jusque sous des latitudes froides au 60° parallèle et aussi dans les eaux douces. Gaymard, *annal. scienc. natur.* tome IV. — Janvier 1825.

salia, *stephanomia*, *physsophora* et diverses acalè-
phes (orties de mer). En effet, ces animaux laissent
suinter de leur superficie une liqueur visqueuse,
mais qui agit sur la peau de l'homme et des animaux, avec une âcreté brûlante comme la piqûre
des orties jusqu'à faire périr les plus faibles. Cette
humeur, soit qu'elle contienne du phosphore en
dissolution, scintille comme chez les pennatules et
d'autres polypes soit associés dans les coraux, dans
les *pyrosoma*, les *salpa*, soit isolés chez les lucernaires, diverses actinies, et des échinodermes (oursins, astéries). On a vu pareillement des planaires,
des siponcles, des vers de terre, au moment de leur
génération, devenir phosphorescens.

Les mollusques, tels que les dails *(pholas dac-
tylus)*, apparaissent surtout lumineux à cette époque
du frai ou de leur propagation ; quand on les mange,
ils rendent la salive, les doigts, la bouche comme
enflammés : la chaleur augmente cet éclat, cependant la coction et l'eau bouillante le détruisent. Il
ne cesse point à la mort de l'animal, mais bien par
sa putréfaction ou par la dessiccation.

Divers crustacés ont présenté des phénomènes de
lucidité, comme le *cancer fulgens*, des macroures
et salicoques (des genres palæmon, crangon, pénée)
des squilles, des branchiopodes (lyncées, daphnies)
des limules, etc. Cependant il se peut que leur éclat
momentané dépende des animaux phosphorescens

dont ils font leur pâture, puisque leur coque ou carapace osseuse ne permet guère ce développement de lumière. On attribue pareillement la trace lumineuse qui accompagne des troupes de thons, de dorades et d'autres poissons, soit aux animaux phosphoriques qu'ils dévorent, soit à l'exsudation muqueuse et oléagineuse luisante qui s'échappe de leur corps et que suivent leurs persécuteurs.

La phosphorescence chez les insectes a pu être mieux étudiée, surtout dans plusieurs coléoptères de nos climats (des *lampyris*, des *elater*, des *scarabæus*, *buprestis*, etc.) Ce sont d'ordinaire les organes abdominaux, qui luisent chez eux. Parmi les hémiptères, tels que les *fulgora* et même des cigales, l'organe lumineux est situé au devant de la tête comme une lanterne; chez le coléoptère *paussus sphæroceros*, ce sont ses antennes renflées en boule qui présentent deux petits quinquets. Parmi les lépidoptères, l'abdomen de la *pyralis minor* répand une faible lueur, mais il doit paraître certain d'après l'affluence de la plupart des papillons nocturnes vers les flambeaux, que les sexes s'attirent parmi ces espèces par des lueurs qui nous échappent. Nous avons vu une matière phosphorescente suinter aussi des anneaux des scolopendres, et on cite des iules, des aranéides du genre *phalangium* comme scintillant de nuit d'un feu bleuâtre.

Les femelles sont parfois les seules lumineuses ou

toujours plus brillantes que les mâles destinés à chercher et suivre ces flambeaux de leurs nocturnes hy-
ménées. Cette lumière paraît surtout émaner du voisinage des organes générateurs abdominaux, dans
les coléoptères, car on a même vu des œufs phosphorescens chez quelques espèces. L'acte de la copulation éteint, pour les mâles, la source de leur
lumière et leur vie; cet éclat, toujours d'autant
plus brillant que l'insecte est plus ardent d'amour,
et dans la saison de l'été, subsiste chez la femelle
fécondée, jusqu'après la ponte. Il dépend donc
principalement de la faculté reproductive.

La matière noctiluque présente, chez la plupart
des insectes, une autre nature que celle des animaux
marins, car on n'y a point découvert du phosphore
et elle ne suinte pas de leur peau; c'est une agglomération de grumeaux d'un mucus blanc-jaunâtre,
contenus dans des tuniques déliées, placées entre
des anneaux cornés de l'abdomen; l'animal peut, à
volonté, et par la contraction de la frayeur, couvrir
ces vessies resplendissantes sous ses tégumens solides, comme dans une lanterne sourde, puis éclairer
de nouveau instantanément. La substance lumineuse,
extraite du corps de l'insecte vivant, peut conserver
son éclat quelque temps en la tenant à l'humidité
et à la chaleur, car le froid et la dessiccation l'éteignent. Elle s'obscurcit sous le vide et dans des gaz
non respirables, cependant la présence de l'oxygène

n'est pas toujours indispensable à sa lucidité, d'après des expériences de Carradori et de John Murray : elle a continué sous de l'huile, mais la chaleur de l'eau bouillante, ou les agens chimiques, selon Macaire, coagulent cette substance comme une sorte d'albumine. Sous le gaz oxygène, elle resplendit.

Il n'est pas nécessaire que l'insecte ait été exposé à la lumière pendant le jour, pour qu'il brille de nuit, car même en retenant ces animaux en des lieux obscurs, ils peuvent faire scintiller leur éclat à l'ordinaire : il leur faut toutefois de la chaleur. Il est évident que le mouvement spontané et une sorte de volonté de l'individu accroît l'intensité de sa lumière, qu'elle s'affaiblit par la crainte et le froid. Le galvanisme augmente la lueur, mais l'électricité ordinaire n'opère aucun changement. Sans contredit, la sécrétion de la matière lucide appartient à un acte vital; elle s'accroît vers l'époque des amours, s'éteint après la reproduction, s'augmente sous l'influence de la chaleur, de la vigueur animale et de l'absorption de l'oxygène par la respiration, mais cette matière conserve sa lucidité après son extraction du corps de l'insecte vivant et long-temps encore après qu'il a succombé. Cette phosphorescence appartient donc aussi à la contexture ou à la composition chimique de cette substance. (1)

____

(1) Des naturalistes allemands et autres ont remarqué des traces de phosphorescence sur des œufs de lézards, sur la peau de certains crapauds

§ 3. La coruscation ou le scintillement des yeux des animaux dans les ténèbres est un phénomène de toute autre nature, puisqu'il paraît dépendre d'une émanation nerveuse de l'expansion de la rétine et sous l'influence des affections de colère, d'amour, de faim, etc., surtout chez les espèces carnivores les plus furibondes, comme nous l'allons montrer.

On en voit des exemples jusque chez les insectes; M. Léon Dufour cite les huit yeux brillans de l'araignée tarentule, espèce vorace et nocturne (1). Peut-être en doit-on dire autant des crabes terrestres, des *birgus latro* qui vont de nuit, en troupes, quêter leur proie sur les grèves sablonneuses de la mer et qui dévorèrent le célèbre amiral anglais, sir Walter Raleigh. Il est certain que les énormes yeux des céphalopodes (seiches et poulpes) apparaissent flamboyans au milieu des mers pendant la nuit et effraient les poissons. De même les races si voraces des requins et autres (squales et raies) ont des yeux luisans, car ces poissons sélaques sont tous nocturnes.

Chez plusieurs reptiles sauriens, tels que les ano-

---

en été. De l'urine chez l'homme et dans plusieurs animaux (des *viverra mephitis* et *putorius* selon d'Azzara et Langsdorf, en Amérique) offre par fois un éclat phosphorique, comme la sueur (feu follet des chevaux, etc.) l' électricité de la chevelure, des poils, etc.

(1) Bénéd. Prévost cite aussi le sphinx tête-de-mort, etc. *Bibl. britann.*, 1810, tom. XLV.

lis, les geckos, les yeux scintillent de nuit ; on en dit autant de ceux des crocodiles alligators qui terrifient ainsi leur proie. Les anciens ont raconté des fables du regard du serpent basilic ; des auteurs modernes ont ajouté foi au pouvoir fascinant du regard de plusieurs serpens, de ceux à sonnettes par exemple (1). Des magnétiseurs crédules ont supposé l'influence la plus terrifiante au regard des crapauds et ils en rapportent des exemples. Analysés de sang froid, ces exemples ne prouvent que l'ébranlement de l'imagination ou l'effroi qu'inspire l'approche d'animaux hideux ou malfaisans à des personnes sensibles, effroi qui peut naître également chez des animaux, les faire trembler ou tomber en défaillance par cette impression involontaire de l'instinct. L'arrêt que le chien fait de la perdrix par son seul regard en est une preuve frappante. En effet la plupart des carnivores étant nocturnes à l'état sauvage, comme le genre des chats, lions, lynx, onces, etc., des chiens, loups, renards, martes (sans doute également les yeux perçans des oiseaux de nuit, *strix bubo*, *aluco*, etc.) ont le regard très lumineux dans l'obscurité, soit pendant la nuit soit de jour en des lieux ténébreux. Ces animaux dilatent alors extrê-

---

(1) Voir Benjam. Smith Barton, *A Mem. concern. the fascinating faculty which has been ascribed to the rattle-snake*, etc. Philadelph. 1796 in 8°, et suppl. 1800.)

mement leur pupille, en sorte que le tapis de la rétine au fond de l'œil resplendît vivement, illumine la chambre oculaire ; la lumière est tellement *projetée au dehors* vers les objets sur lesquels se fixe la vue de l'animal qu'on les distingne très bien à plus d'un pied et demi de distance. Cette scintillation paraît s'élancer manifestement du nerf optique épanoui ; elle dure près d'une minute, à la volonté de l'animal, ou même contre son gré lorsqu'il est vivement affecté.

Ce n'est point une simple réflection de la lumière qui était tombée dans l'œil, comme le supposait Bén. Prévost (1), car il est évident que dans le chat irrité, ses pupilles très dilatées lancent des éclairs flamboyans ; ses yeux étincellent dans la rage, par intermittences (2) ; et le plaisir, lorsqu'on caresse l'animal, fait sécréter doucement une lueur verdâtre (3). Les chiens en fureur, irradient dans leurs regards une lumière tantôt jaune, tantôt bleuâtre ; ces coruscations varient suivant les individus, car ceux à poils noirs ou cendrés, paraissaient irradier une lumière plus éclatante.

(1) *Bibl. Brit.* ib. Tréviranus avait émis aussi cette opinion ; mais comment serait-ce une réflexion de la lumière quand l'animal se trouve dans un lieu complètement obscur ? L'explication est donc erronée.

(2) Esser, dans les *archives* de Karsten, Band. VIII, heft. IV, voir aussi Rengger *naturgesch. des saeugthiere von Paraguay.* Bâle 1830.

(3) Selon Gruithuisen, *Beytrag. zur physiognosie,* etc. Munich, 1812, p. 199.

Ce ne sont ni les élémens vitré et cristallin de l'œil qui lancent cet éclat, puisqu'on peut les enlever sans que celui-ci s'éteigne; il prend seulement une nuance plus verdâtre. Mais en blessant le nerf optique, ou en raclant la rétine, l'irradiation s'éteint. Celle-ci ne vient donc ni de la cornée, ni de l'iris, ni des élémens transparens de l'organe.

Des singes (le *nyctipithecus trivirgatus*) et des alouates ont des yeux noctiluques. L'inflammation, dans certaines ophthalmies, a donné momentanément la faculté de voir de nuit ou d'avoir des yeux lumineux (1) dans les ténèbres à plusieurs hommes. On sait que les albinos et d'autres personnes aux yeux délicats, sont nyctalopes ou ne voient bien que par une lumière faible et crépusculaire; leur rétine s'irrite aux rayons du soleil qui les éblouit lorsqu'ils pénètrent trop fort au travers de l'uvée presque dépouillée de son pigment chez tous ces animaux albinos ou blafards. L'œil frotté, ou un choc sur les yeux, ou les éblouissemens déterminés par l'abord du sang dans ces organes, font, non-seulement apparaître des étincelles, mais il y a surtout une éjaculation lumineuse chez les animaux en fureur, et comme par un mouvement électrique.

(1) Willis, *de sanguinis accessione,* etc. Berkeley, *vertus de l'eau de goudron* p. 176, en citent des exemples, déjà signalés aussi par Galien. Tibère, Cardan, Thom. Bartholin, Théod. de Beze ont pu lire ainsi dans l'obscurité, etc.

Certainement les influences résultant des regards d'amour entre deux sexes animés de semblables désirs, chez les animaux eux-mêmes; l'action foudroyante exercée par le regard d'un carnivore, qui paralyse, atterre sa victime; cette flamme incompréhensible de la vie qui se transmet et entraîne d'autres êtres également sensibles, annoncent une action réciproque sympathique des élémens les plus subtils d'un corps sur un autre corps. *Les rayons de l'âme*, disaient les philosophes spiritualistes anciens, *éjaculés au travers de nos organes grossiers, se dissipent continuellement et ils vont se combiner à ceux des individus avec lesquels nous entrons en communication. C'est ainsi que tantôt nous pouvons dominer les êtres faibles ou ressentir la domination des plus forts.*

La nature présente, entre les animaux, ces actions de *sympathies* ou des *antipathies* innées, involontaires, qui peuvent résulter de secrètes influences, ou irradiations corpusculaires. De même les maladies contagieuses se transportent à des distances considérables et par des miasmes inaperçus; elles viennent frapper tels êtres prédisposés, au milieu de beaucoup d'autres qui restent impénétrables à leur action.

Les rayons du soleil passant à travers du crible des élémens transparens, l'électricité, le magnétisme, le calorique et autres agens impondérables peuvent ainsi pénétrer les corps et se transmettre, avec des effluves de ceux dont ils émanent , pour agir sur ceux dans lesquels ils opèrent.

Tel est ce monde invisible ou secret qui , comme celui des intelligences, devient l'un des ressorts inaperçus des grands mouvemens de la vie (1), chez les races animales et végétales, et qui les gouvernant, comme une providence, à travers les siècles, en amène les révolutions et les métamorphoses.

(Voir aux *Eclaircissemens*, note C.)

CHAPITRE VI.

De l'antagonisme dans les mouvemens organisans sur les fonctions, ou de leurs modifications.

Des molécules ou atomes de *substance identique* ne pouvant agir l'une sur l'autre que par des lois mécaniques ou physiques, constituent seulement des agrégats minéraux, tels que les corps simples, silice, fer , soufre, etc.

(1) Les épidémies et épizooties (pestes, cholera, fièvre jaune, variole, etc.) qui se promènent sur le globe et déciment les êtres animés sont dues probablement à des causes analogues.

Les *molécules diverses*, *à combinaisons définies*, comme un acide, un alcali, forment des composés chimiques plus ou moins fixes, tels que des sels minéraux à divers degrés de saturation.

Les *élémens organiques*, en s'associant, n'exercent le mouvement vital, ou de composition et de décomposition, qu'au moyen de puissances antagonistes, d'équilibres généraux ou partiels dans le même individu.

En effet, le plus simple tissu aréolaire ou celluleux primordial a besoin, pour entrer en jeu, d'une *excitabilité* quelconque qui lui imprime une sorte d'*érection*, de contractilité et d'expansibilité alternatives, afin d'absorber des matériaux alimentaires, et d'en rejeter le superflu. L'essence de la vie organique consiste surtout dans l'absorption et l'excrétion.

Dès-lors, tout être vivant résulte primitivement de l'antagonisme de deux principes distincts, destinés à lutter sans cesse pour entretenir l'action de l'organisme, l'accroître et le pousser à son terme jusqu'à la dissolution naturelle des ressorts qui le composent. Ils finissent par s'user, en perdant progressivement leur excitabilité initiale.

On peut dire que l'embryon animal ou végétal, est produit par la réunion, la soudure de deux molécules opposées dans leurs forces, l'une *parenchymateuse* constituée du tissu celluleux et absorbant, provenant de l'œuf ou de la mère, l'autre *nerveuse et vivifiante*, émanée du père, soit du sperme, soit de l'anthère, imprimant l'énergie aux tissus organiques.

En effet, les physiologistes qui font dériver l'être d'un ou plusieurs globules associés, se dilatant par extension rayonnante en diverses formes pour constituer toutes les espèces d'animaux et de plantes, ne sauraient rendre aucune raison de ces mouvemens réguliers d'extension, de contraction, de direction, soit instinctive, soit volontaire des organismes. Il est nécessaire d'y reconnaître un mobile, source de toutes les réactions plus ou moins coordonnées qui s'y manifestent.

De là s'est établie la notion d'un centre d'attraction et de répulsion des molécules dans chaque individu doué de vie; de là cette observation de forces antagonistes oscillant entre des organes ou des tissus différens, pour constituer l'harmonie du tout dans l'état de santé, produisant les divers équilibres des âges, des tempéramens, selon les saisons, les climats, les nourritures, les habitudes, etc. (1)

Or, chaque organisme aspirant à son équilibre, ou se mettant en rapport avec le monde qui l'envi-

---

(1) Les *nourritures* ne peuvent transporter sur une partie de l'économie un surcroît de force organisante ou vitale, sans affaiblir d'une quantité correspondante la partie antagoniste. Dans les végétaux, par exemple, on n'obtiendra des racines riches en fécule, ou très aptes à reproduire d'autres individus qu'à condition de l'avortement des fleurs ou des fruits. De même, par la castration des animaux, on fait refluer

ronne, caractérise bien la cause directrice qui le gouverne.

§ 1er. Dans l'embryon animal, les deux élémens antagonistes de la machine, sont la *carène nerveuse* du cordon rachidien, et l'*appareil vasculaire* ou le cœur avec le lacis artériel, qui apparaissent les premiers. En effet, c'est du nerf que part l'impulsion vitale, et c'est du sang oxygéné, artériel, que l'appareil nerveux extrait son énergie, en sorte que le premier branle se passe entre la pulpe médullaire et le fluide sanguin, comme il se manifestera ultérieurement par un antagonisme entre le nerf et la fibre musculaire.

Il faut donc qu'il existe deux états opposés entre ces élémens organiques, comme entre ceux d'une pile électrique (zinc et cuivre) ou deux polarités contraires, qui se balancent ou se correspondent en s'équilibrant inversement. Ce qu'on observe en plus dans le pôle positif, se remarque en moins chez son antagoniste par un transvasement réciproque des forces (1). De là sont nées les hypothèses d'un *fluide*

vers les tissus graisseux, la surabondance d'alimentation qui ne doit plus servir à former de nouveaux êtres. L'activité que certains pays font développer à tels organes (comme la peau multipliant ses poils, ou ses plumes, etc., sous des cieux froids et venteux), ne peut se produire qu'au détriment d'autres fonctions, etc.

(1) Les *âges* déploient successivement l'activité vitale sur les diverses régions de l'économie; ainsi, dans l'enfance, le travail organique s'ac-

nerveux ou *vital*, et d'*esprits animaux*, de *puissance nerveuse*, etc., rapportés en ces derniers temps à l'électricité.

Le principal antagonisme, dans le corps des animaux vertébrés surtout, s'exerce entre le pôle positif ou supérieur, formé de l'*axe nerveux cérébro-spinal, avec ses dépendances* (qui sont les appareils des sens, du système musculaire et osseux soumis aux mouvemens de la volonté et de la vie extérieure ou de relation), et le pôle inférieur ou négatif composé de tout *l'appareil viscéral, interne, ou de nutrition* (sous la dépendance du système nerveux ganglionaire trisplanchnique, comme aussi paraissent l'être les organes reproducteurs). Personne n'ignore que, durant les mouvemens expansifs de la veille, l'activité vitale prédomine chez les organes de relation extérieure par le déploiement des actions musculaires, sensoriales et intellectuelles. Pendant le sommeil, au contraire, toutes les forces convergent vers le centre ou les viscères qui concourent à l'assimilation, à la nutrition chez les animaux et

cumule vers la tête, comme la partie la plus essentielle, et alors proportionnellement la plus développée chez tous les animaux naissans ; l'appareil respiratoire obtient ensuite une prépondérance d'activité vers l'époque de la puberté ; enfin les organes sexuels deviennent le centre des fonctions importantes pour le complément de l'être et la propagation de l'espèce ; mais en même temps, d'autres fonctions perdent de leur énergie (les nutritives par exemple), et l'individu entre dans la période de décroissance.

les plantes. C'est ainsi que la supériorité des fonctions élaboratrices affaiblit d'autant les facultés de
la vie extérieure, dans les espèces voraces, comme
pendant l'acte digestif. En revanche, l'excès des
travaux soit intellectuels, soit sensitifs, soit musculaires, énerve et débilite les actes internes de nutrition et de reproduction. Il y a donc antagonisme
entre l'encéphale et l'estomac, ou les parties génitales ; l'abus de l'un épuise l'autre ; le coït excessif
hébète non moins que la gloutonnerie. L'extérieur
lutte avec l'intérieur, comme les organes supérieurs
ou sus-diaphragmatiques contrebalancent les sous-
diaphragmatiques.

Il s'opère ainsi des mouvemens convergens et di-
vergens ; ils sont manifestes surtout entre nos passions
expansives, telles que la joie, la colère, et les concen-
tratives, comme la tristesse et la crainte. Pareillement, durant la jeunesse, toutes les affections dilatées par le mouvement de la croissance, s'épanouissent avec le système artériel, s'ouvrent avec
chaleur et franchise vers la circonférence pour faire
fleurir et développer les organes. Dans la froide
vieillesse, à l'opposite, la vie se resserre vers l'intérieur, avec chagrin, par l'effet de la décroissance,
de la lenteur pénible de la circulation véineuse,
noire, sous une peau marcescente et ridée, dans des
membres flétris, parmi tout le règne animal.

Ainsi, les absorptions nutritives dominent dans le

jeune âge, comme les excrétions fétides pendant la décomposition graduelle de la caducité; l'équilibre vasculaire artériel prédomine dans la fleur d'une ardente jeunesse, mais ensuite l'arbre veineux ou du sang noir augmente avec l'âge mûr.

Plusieurs agens extérieurs, tels que la chaleur et le froid, des alimens ou boissons stimulans et débilitans, font également osciller diversement les forces des animaux; il en est de même des impressions et de divers modificateurs hygiéniques qui impriment un branle spécial à chacun de nos appareils. Ainsi, l'abstinence des fonctions génitales peut reporter un surcroît d'énergie dans les appareils nerveux et musculaires, jusqu'à déterminer la folie et des convulsions, comme l'hystérie exstatique chez les femmes.

Les *habitudes* qui attirent continuellement un excès de vitalité dans des parties exercées, y développeront ainsi davantage l'organisme par la facilité et la routine d'une ornière bien frayée. Toutes les fonctions souvent répétées, le sont aux dépens des forces des autres parties du corps. Il peut en résulter, par la suite des générations toujours continuées dans les mêmes genres d'occupations, favorisées en outre par le climat et par les nourritures, une aptitude plus grande, ou même un changement dans l'équilibre corporel. C'est ainsi que naissent les variétés parmi l'espèce humaine, les animaux et les végétaux. Ce pouvoir de l'accoutumance a paru si efficace à la longue, qu'on l'a cru capable de transmuer la forme des êtres, et de métamorphoser les instincts de la nature, par de nouvelles pondérations. Les limites des espèces, à cet égard, si elles restent infranchissables, n'ont pu être déterminées. (1)

§ 2. Le règne végétal, dans ses individus, est également pondéré par sa structure. Les plantes cotylédonées surtout, sont constituées de deux moitiés plus ou moins équilibrées, dès leur naissance, par le collet, nœud intermédiaire entre la tigelle ascendante et la radicule descendante. Il en résulte un double mouvement divergent en sens opposé, ou une extension rayonnante du germe globuleux émanant de l'œuf végétal. (2)

(1) Lamarck et d'autres auteurs ont même pensé, avec Pascal, que la forme des animaux et des végétaux pourrait émaner originairement d'une *première habitude* laquelle serait devenue leur *nature* aujourd'hui.

(2) On connaît les savantes recherches de M. Dutrochet, faisant suite à celles de Hunter et de Knight, sur les végétaux. On remarque en ceux-ci deux pôles: *le pôle obéissant* de la radicule et de la page inférieure des feuilles tendant vers la terre, au nadir, et *le pôle réagissant* opposé au premier, dans la plumule et la page supérieure des feuilles, tendant vers le zénith. Les végétaux seraient-ils des sortes de tubes, de soupiraux, par lesquels des fluides s'élèvent, ou d'autres sont soutirés de l'atmosphère, comme on voit des arbres, attirer, à la manière des pointes, le fluide électrique? Il y a en eux action et réaction, sève ascendante de jour, descendante de nuit, sommeil et veille, ébe. Voir aussi les travaux de MM. Turpin et Poiteau, etc. Nous avons observé pareillement que le chapeau des agarics peut se retourner en dessus quand ces champignons naissent des voûtes, la tête en bas.

Il y a donc également deux pôles qui se contrebalancent, jusque dans les deux pages de chaque feuille; celle-ci tend toujours à placer sa face absorbante en dessous et l'exhalante plus colorée en haut, à l'aspect du jour; comme les animaux qui ne se renversent jamais sur le dos habituellement.

Chez les plantes, en effet, les fonctions génératives, ou les gemmes florifères se portent toujours vers les régions supérieures, comme les bourgeons radiculaires se déposent, au contraire, vers les parties inférieures; c'est ce qu'on remarque en multipliant souvent de boutures les plantes par leurs racines, puisqu'alors leurs fleurs avortent ou sont stériles. C'est encore ainsi qu'en coupant horizontalement par le milieu un *melocactus*, l'hémisphère supérieur pousse des fleurs, et l'inférieur donne seulement des boutures faciles à repiquer (1). Ainsi le pôle positif du végétal contient surtout ses parties mâles, les étamines fécondantes de la fleur, tandis que le pôle inférieur ou négatif reproduit surtout les parties femelles ou les mères-boutures.

Il s'ensuit que chez les corps organisés, l'élément mâle et le principe femelle se représentent dans leur polarisation contraire ou leur antagonisme. La puissance nerveuse, fécondante, masculine, émane du sperme animal ou du pollen végétal;

(1) M. Turpin, *Observations sur la famille des cactées*, Paris 1830. 8°. p. 61.

la matière féminine apte à concevoir et à se développer est le produit de l'œuf ou de la graine. Leur
rôle mutuel est analogue à celui de l'acide et d'une
base alcaline dans les combinaisons minérales. On
peut dire qu'il y a réciproquement de la femme dans
l'homme, de même qu'il existe du mâle dans la femelle,
et c'est par là que les sexes s'attirent pour la procréa-
tion de nouveaux êtres.

§ 3. Quiconque connaîtra bien ces antagonismes
de l'économie, tiendra le fil de ses sympathies ou de
ses correspondances. Ainsi le lien qui rattache l'u-
térus aux mamelles, fait qu'on peut guérir ces organes, l'un par les autres, la métrorrhagie en attirant la sécrétion du lait, comme la galactirrhée,
en excitant le flux menstruel. De même les parties
génitales sympathisent avec celles de la gorge ou du
larynx ; la prédominance des fonctions sexuelles
fait l'infériorité des cérébrales, ou réciproquement.
Il y a lutte entre les organes sus-diaphragmatiques et
les sous-diaphragmatiques, tandis qu'il y a *consensus*,
entraînement sympathique entre les deux moitiés
latérales du corps chez les animaux symétriques,
par suite de l'entrecroisement des nerfs à leur origine
cérébro-spinale. Ainsi se communique à l'autre
œil l'inflammation qui commence par un seul ;
ainsi les douleurs névralgiques sautent souvent d'un
bras ou d'une jambe à l'autre instantanément. Cependant, il y a des hémiplégies, des affections qui

peuvent n'atteindre que l'*homme droit* ou l'*homme gauche* (1). Il y a des maladies attaquant plutôt un côté que l'autre, car généralement le gauche est le plus faible chez les animaux comme dans l'homme. Le foie étant situé à droite, ce gros viscère détermine la plupart des animaux à se coucher de ce même côté. Cette incubation, aidée de la chaleur, attire un plus grand afflux d'humeurs nutritives vers cette région : aussi par toute la terre, les hommes ont la main droite plus forte et plus exercée; les bestiaux donnent plus de chair dans cette moitié de leur corps. C'est par l'inégale traction des parties qu'on voit aussi des coquillages bivalves à côtés inégaux, des univalves contournés les uns à gauche, les autres à droite, les poissons pleuronectes avoir les yeux en l'un ou en l'autre sens, mais toujours constamment dans les mêmes espèces. Ainsi la nature a primitivement déterminé ces pondérations ou équilibres des parties, pour les animaux et les végétaux (2), comme pour toutes les opérations de l'univers.

(1) Voyez *la dissert.* de Dupui, *de homine dextro et sinistro*, Lugd. 1.1780, in 8° et Heiland, *Darstellung der Verhaltnisses Zwischen der rechten und linken halfte*, etc. Nuremberg 1807 et Walther, *physiol.* Band. 2, seite 102.

(2) Une multitude d'antagonismes divers dans les fleurs régulières et irgulières, les feuilles obliques des *begonia*, ou égales des autres végétaux, les directions des tiges, leurs intorsions, etc., signalent pareillement ces divers équilibres et leurs modifications.

CHAPITRE VII.

Du développement des appareils nerveux et reproducteur des animaux, sous l'influence de leurs fonctions respiratoires.

ARTICLE PREMIER.

La respiration est un acte si puissant qu'il semble gouverner toute l'animalité. Suivant que ses fonctions se développent, plusieurs appareils organiques en sont les conséquences nécessaires.

Et d'abord, il n'existe aucun vestige apparent du système nerveux lui-même, ni de parties sexuelles partout où les êtres sont privés d'organes respiratoires visibles. Ainsi la classe des animalcules infusoires, puis celle des polypes, montre pareillement que l'absence des nerfs et des sexes coïncide avec l'absence d'instrumens de respiration. Aussitôt que ces moyens commencent à poindre chez les actinies, les zoanthes et d'autres rayonnés (les échinodermes, les astéries, les oursins, les holothuries, etc.), par des vésicules tubulaires ou réticulaires, des trachées aquifères plus ou moins rétractiles, on voit se dessiner, en même temps, les traces d'un système nerveux diffus, et des groupes d'ovaires remplis d'ovules pour se reproduire. Il en est de même de beaucoup d'entozoaires ou de vers intestinaux cavitaires. Plusieurs de ceux-ci manifestent déjà des sexes distincts et séparés, comme ils possèdent aussi des cordons nerveux (1). Probablement leur respiration s'opère par leur canal intestinal à la manière d'autres animaux de ces classes, et même de quelques poissons.

En effet, ce mode d'oxygénation peut s'exécuter par le moyen de la membrane interne du sac intestinal, comme dans les ascidies, les biphores et autres mollusques de l'ordre des tuniciers de Lamarck. Leur système nerveux, dépourvu néanmoins de partie céphalique, a été décrit par G. Cuvier et Savigny.

Ainsi l'on peut établir que l'absence de tout organe respiratoire distinct, coïncide avec l'absence plus ou moins complète du système nerveux (ce qui est manifeste d'ailleurs pour tout le règne végétal); cet état correspond avec la *forme rayonnante* des individus, et avec leur *acéphalie*, comme avec l'état *agame*, ou le défaut de membres génitaux parmi les animaux des dernières classes.

(1) Voyez à cet égard le mémoire de **M. Jules Cloquet**, couronné par l'Institut.

Tant que le mode de respiration consiste en de simples trachées distribuées par tout le corps, comme dans les insectes, le système nerveux reste formé de simples cordons avec des ganglions; ceux-ci tiennent même lieu de véritable cerveau chez ces êtres. Dans cet ordre d'organisation, l'appareil reproducteur, quel que soit d'ailleurs son développement, *n'opère qu'une seule fois ses fonctions* durant toute la vie de l'animal qui périt ensuite, à la manière des végétaux herbacés annuels. On en a la preuve parmi tous les insectes hexapodes et à métamorphose, qui sont sujets à cette condition d'existence. Ce fait se confirme également parmi les insectes myriapodes et par les genres d'aptères qui n'offrent que des trachées respiratoires à la manière des précédens; tous ne possèdent aussi que des organes sexuels uniques. Les aranéides trachéennes sans circulation ni respiration alternative, comme aussi les pycnogonides n'ont qu'une seule génération dans leur existence, tandis que les arachnides pulmonaires (dipneumones et tétrapneumones) et les pneumobranchiales, les scorpions, les tarentules, etc. peuvent engendrer plusieurs fois; leur vie est donc plus solide quoique moindre encore que chez les crustacés.

Cette connexion entre l'appareil respiratoire des insectes et le développement de leurs membres génitaux paraît tellement étroite que les espèces dont les larves sont aquatiques, deviennent presque toutes terrestres nécessairement, ou respiratrices d'air pour accomplir leurs fonctions reproductives et déployer leurs parties sexuelles. Telles sont les culicides, les libellules, les éphémères, les phryganes et plusieurs coléoptères. Toutefois les espèces capables d'engendrer dans les eaux, telles que les hydrocanthares, les hydrocorises parmi les hémiptères, conservent, outre les trachées aériennes, aussi des organes respiratoires aquatiques particuliers, comme l'ont observé MM. Léon Dufour et Marcel de Serres. Il y a donc constamment nécessité d'une respiration plus développée, pour que les organes sexuels (1) acquièrent leur parfaite évolution lorsque ces animaux atteignent leur dernière forme. Les larves des stratiomys et d'autres diptères qui s'enfoncent, soit dans des galles végétales, soit sous des matières putrides, etc. n'y peuvent, en effet, respirer que très difficilement ; toutefois elles sortent de ces lieux pour se dégager de leur état fœtal, et n'exercent leurs fonctions reproductives qu'autant qu'elles peuvent librement respirer. Nous pouvons ajouter, à ces faits, que les femelles demeurant à l'état neutre chez les abeilles, les fourmis, les guêpes, les andrènes, doivent sans doute l'avortement de leur sexe à la faible étendue que reçoit dans des cellu-

---

(1) De même beaucoup de plantes aquatiques, les *nymphæa*, les *potamogeton*, etc. élèvent leurs organes sexuels au dessus des eaux pour l'acte de la fécondation.

les étroites, comprimées, leur système respiratoire. Ces individus, d'ailleurs, faute de pâtée abondante, restent de plus petite taille que les individus à sexes apparens. On peut trouver dans l'affaiblissement des moyens respiratoires qui prolonge l'état fœtal de divers insectes, l'explication de l'avortement des ailes ou d'autres parties parmi les locustaires, les mutilles femelles, les ichneumons aptères, et plusieurs hémiptères, etc.

Au contraire, à mesure que la fonction respiratoire déploie, dans le règne animal, une plus large capacité, une action prépondérante d'inspiration et d'expiration alternatives, le fluide nutritif aborde alors par circulation à l'appareil qui l'imprègne d'oxygène vivifiant; alors il y a plus d'unité dans le système, comme on en reconnaît déjà des preuves chez les animaux à branchies; tout l'ensemble de l'organisme en acquiert un développement plus perfectionné.

Ce n'est en effet que parmi les espèces respirant soit à l'aide de branchies, soit par des poumons qu'on rencontre, à proprement parler, un ou plusieurs cœurs ventriculaires, un foie, un système nerveux compliqué avec un cerveau distinct, comme si la fonction respiratoire avait le don de déployer les facultés des êtres vivans par cette corrélation si merveilleuse.

Voyez, pour preuve, les mollusques bivalves ou

conchifères, tous acéphales qui ne respirent jamais que l'eau dans les profondeurs: ils ont moins de facultés ou de sens, des organes sexuels incomplets comme les agames, un système nerveux moins étendu, à proportion, que les mollusques univalves ou d'autres gastéropodes et céphalopodes dont plusieurs sortant des eaux peuvent déjà, jusqu'à un certain point, respirer l'air. Il y a même chez ces derniers des espèces pourvues, comme on sait, d'une sorte de cavité pulmonaire ou de pneumo-branchies. Parmi ces mollusques seulement, un grand nombre présente des sexes séparés, comme les pulmonés operculés, les hélicines, les cyclostomes, et des pectinibranches. Ainsi *à mesure que les moyens respiratoires sont plus déployés, les fonctions nerveuses et sexuelles s'accroissent.* Ceci devient concluant, particulièrement pour les grandes espèces de mollusques céphalopodes où l'on trouve déjà un cerveau volumineux, ainsi que le reste de l'appareil sensitif. Les organes reproducteurs exercent désormais leurs fonctions à plusieurs reprises pendant l'existence de l'animal, ce qui n'avait pas lieu chez les races respirant par de simples trachées.

Les crustacés confirment ces observations par le vaste développement de leur appareil branchial, et par ces poumons supplémentaires que M. Geoffroy Saint-Hilaire a reconnus chez des crabes demi terrestres ou qui sortent de l'eau. On sait combien ces animaux voraces et carnassiers manifestent de facultés et de vigueur musculaire, et combien leur système nerveux obtient de sensibilité et d'étendue dans leur structure si compliquée de pièces; ils possèdent comme on sait, des organes sexuels doubles et s'accouplent plusieurs fois durant leur vie.

Rien surtout ne constatera mieux les influences du mode de respiration sur les autres fonctions que ces résultats dans les vertébrés.

La plus frappante des modifications se tire des différences comparatives entre la *respiration pulmonaire et la branchiale.* D'abord, le genre de circulation, le degré de la chaleur animale, l'état de la sensibilité, ou du système nerveux et de l'appareil cérébral en sont totalement modifiés, et les fonctions génitales en éprouvent aussi les plus notables changemens. Un des effets les plus vulgaires se remarque dans la composition même des tissus organiques puisque les reptiles et poissons doués d'une respiration soit pulmonaire imparfaite, soit branchiale (ou ayant le sang froid), restent à cet égard dans l'état des races inférieures, fournissent une chair qualifiée de *maigre* parce qu'elle nourrit beaucoup moins. Elle contient moins d'azote que la chair des vertébrés à sang chaud, enrichie par une respiration pulmonaire intense et complète. Celle-ci constitue seule la nourriture animale la plus restaurante appelée *gras.*

Cette diversité essentielle tient principalement à

la condition de l'habitation terrestre et aérienne des animaux à poumons celluleux comparée à une demeure aquatique, de laquelle résulte la respiration branchiale (1). En effet, le brochet ou tout autre poisson exclusivement *carnivore*, devrait présenter une chair d'une nature beaucoup plus animalisée que le bœuf uniquement *herbivore*. Cependant le contraire a lieu, ce qui prouve combien ce mode de respiration pulmonaire exerce de puissance pour élaborer les matériaux des organes constitutifs des tissus animaux. Et ce n'est pas la moindre preuve en faveur de l'opinion qui admet aussi la fixation de l'azote dans les corps vivans, par le moyen de la respiration pulmonaire. Celle-ci ne serait pas simplement une combustion, ainsi qu'on l'a dit, mais de plus une véritable nutrition d'azote et réellement un *pabulum vitæ*, comme on le croyait jadis. (2)

(1) Moins un tissu animal est riche en azote, moins il possède aussi de sensibilité et d'élément nerveux. Mais dépensant peu sous ce rapport, sa propriété contractile devient plus considérable; en revanche elle s'accumule davantage. La preuve en existe dans la persistance, long-temps après la mort, de l'irritabilité musculaire chez les reptiles, les poissons, les mollusques et autres races inférieures peu sensibles, tandis qu'elle cesse très promptement chez les animaux à sang chaud morts. Ainsi la contractilité et la sensibilité sont en proportion inverse chez les animaux d'après leur mode de respiration. La chair la plus sensible ou la moins contractile est très sapide et très nourrissante (animaux pulmonés à sang chaud); la chair peu sensible et très irritable des animaux branchiaux (ou respirant l'eau), offre moins de sapidité et d'alimentation.

(2) Plusieurs expérimentateurs modernes, MM. Edwards, Despretz, etc.

Les animaux aquatiques n'ayant point autant de contact avec l'azote atmosphérique, lequel se dissout fort peu dans les eaux, leur chair n'acquiert jamais le degré d'animalisation observé parmi les espèces terrestres ou aériennes; jamais aussi leur substance nerveuse n'est aussi abondante, à cause de cette diminution d'un élément puissant d'animalité. Les reptiles terrestres sont déjà plus riches en chair nutritive que les poissons.

De plus, ceux des vertébrés qui respirent par des branchies, soit durant toute leur vie comme les poissons, soit pendant leur premier âge comme les reptiles batraciens, n'ont jamais un accouplement parfait; car les mâles manquant de verge, la fécondation a lieu, pour l'ordinaire, hors du corps.

Ce mode de reproduction extérieure n'existe point parmi les autres vertébrés respirant par des poumons; il y a toujours, même dans les sauriens constamment pulmonés, un développement de chaleur supérieur à celui des races à branchies.

Et parmi ces dernières, on remarque encore des modifications coïncidentes avec le plus ou le moins

---

ont constaté la fixation de l'azote dans l'acte de la respiration des animaux. De même, dans la vie végétale, la fixation du carbone a lieu par la décompositon de l'acide carbonique. Ainsi la séparation de l'azote atmosphérique est pour les animaux ce qu'est la séparation du carbone de l'oxygène pour les plantes. Mais cet azote atmosphérique ne suffit point, sans les alimens, à la production des chairs dans les animaux.

d'évolution de ce degré de respiration. Par exemple, les poissons chondroptérygiens (particulièrement les sélaciens, squales et raies) ont leurs branchies fixes dans des bourses pulmonaires, ou une respiration plus compliquée que les autres poissons, au point que des anciens naturalistes pensant y trouver de l'analogie avec des poumons, classaient ces animaux parmi les amphibies. Aussi cet ordre de poissons qui parviennent à une grande taille, exerce une sorte d'accouplement entre leurs sexes et présente des exemples d'œufs éclosant dans les ovaires de la mère. Il y a sans doute des résultats analogues chez d'autres poissons (pégase, solénostome, syngnathe, etc.); mais nous en trouvons encore la raison dans cette modification de leurs branchies en forme de houppes, qui les a fait nommer *lophobranches*. Ainsi, partout nous découvrons de singulières correspondances entre la respiration et ces fonctions reproductives auxquelles elle donne l'impulsion.

Tous les faits concourent donc à prouver combien l'étendue et l'énergie du système respiratoire des animaux à sang chaud déploient une activité en harmonie avec leur appareil nerveux (1) cérébro-

---

(1) Personne n'ignore les belles expériences dans lesquelles Bichat excitait ou éteignait à volonté l'action cérébrale et nerveuse, par l'abord du sang artériel et du sang veineux au cerveau (Voyez ses *recherches sur la vie et sur la mort*, part. 2e). Déjà Reil avait observé que les artères sont toujours voisines des nerfs, pour leur imprimer la vitalité, le *turgor*

spinal, puisque le défaut d'oxygénation, ou l'abord du sang noir en éteint les facultés. Pareillement si *l'on rencontre encore des exemples d'hermaphrodisme et d'androgynisme chez les êtres qui respirent par des trachées et même par des branchies*, aussitôt qu'il existe une respiration pulmonaire même imparfaite chez les reptiles, et surtout étendue parmi les oiseaux, les mammifères, il n'existe plus de véritables hermaphrodites ni d'androgynes.

En effet, toute la sensibilité exaltée suivant le degré de respiration est d'autant plus vive que les sexes sont plus séparés. Il en est de même pour l'état d'engourdissement du système nerveux des espèces chez lesquelles le froid amène l'hibernation. Cette torpeur commence toujours par la diminution graduelle de la fonction respiratoire, puisque M. Flourens l'a pu constater chez les reptiles et quelques mammifères. La vaste respiration des oiseaux les fait au contraire résister à ces causes de torpidité et avive leur ardeur en amour.

Si l'ordre des quadrupèdes monotrèmes (l'ornithorhynque et l'échidné) était véritablement ovipare,

vitalis, mais que les nerfs n'étaient pas la cause de l'existence des artères, puisque c'est le contraire selon lui. (*Exercitat. anatomic.* fascic. 1. Halæ ; 1796 fol. 19). On doit reconnaître toutefois que leurs rapports sont mutuels et que si le sang oxygéné attribue l'activité vitale au système nerveux, celui-ci rend à toute l'économie, la motilité, la sensibilité par un cercle et un enchaînement réciproques.

l'état des organes respiratoires en devrait fournir des indices, aussi bien que l'absence, dans leur encéphale, des parties qui manquent aux ovipares, telles que le pont de Varole, le corps calleux, etc.

Nous avons vu qu'au moyen de facultés respiratoires de plus en plus étendues surgit cette progression ascendante de chaleur animale et d'élaboration des composés organiqnes. En effet, les races les plus simples des zoophytes respirent à peine; les vers, les mollusques encore muqueux sont presque apathiques, tandis que des trachées innombrables, parcourant tous les tissus des insectes, rendent ces animaux plus légers et plus actifs; mais ce n'est que parmi les vertébrés doués de vastes poumons, principalement dans les espèces à sang chaud, que se déploie cette grande ardeur vitale avec la sensibilité et des degrés plus ou moins éminens d'intelligence, un amour plus vif entre les sexes et de tendres soins pour leur progéniture.

De même, l'état embryonnaire absorbe encore peu d'air (1); le déploiement successif de l'appareil respiratoire, soit chez les larves de plusieurs ani-

---

(1) La mère fournit au fœtus du sang oxygéné, et plusieurs auteurs, Ratké, etc., ont regardé le placenta, la tunique érythroïde, comme suppléant le poumon. Les œufs n'éclosent pas sans absorber de l'air, car ceux qu'on enduit de vernis ou de corps gras ne permettent pas au poulet de se développer. Toutes les enveloppes des œufs d'autres animaux sont aussi perméables à l'air, à l'eau aérée.

maux, soit chez les jeunes individus, n'acquiert son parfait complément qu'à l'époque de la puberté ou du perfectionnement des organes sexuels.

Il en résulte que, par une oxygénation plus forte, plus éminente, les tissus organiques obtiennent et la chaleur et la sensibilité, ou l'énergie; celles-ci languissent au contraire chez tant de races froides, lentes et stupides, à demi engourdies sous l'abondance des mucosités abreuvant et opprimant toute leur économie. (1)

Axiome i. — Le plus grand excitement du système sensitif et des fonctions sexuelles coïncide donc exactement avec la plus complète expansion de l'appareil respiratoire porté à son *maximum* d'activité dans toute la série zoologique. (2)

(1) C'est aussi pour une raison analogue que les amphibies et autres espèces de mammifères et cétacés plongeurs, d'oiseaux palmipèdes sont remplis, dans leur tissu cellulaire, de graisse et de lard. Le temps qu'ils passent sous les eaux, en plongeant, diminue leur respiration. Aussi la plupart présentent, dans des rameaux de la veine cave, de nombreuses dilatations qui permettent au sang noir d'y séjourner, et de s'y accumuler comme dans un *diverticulum*, pendant le moment du plongement sous l'eau, et lorsque le mouvement de l'inspiration de l'air est suspendu (Voir M. Breschet, *Mém. lu à l'Institut*, 1834). Pallas et d'autres auteurs ont fait des remarques analogues sur les phoques, les oiseaux d'eau, les crocodiles et alligators, et même chez des crustacés tourlouroux qui ont une poche à vaisseaux variqueux, outre leurs branchies et qui respirent l'air et l'eau alternativement (le *birgus latro*, Latreille.) Tous ont aussi un foie huileux.

(2) L'homme, chez lequel les appareils nerveux et reproductifs sont éminemment développés et actifs, respire l'air aussi par sa peau nue, ce qui

Au contraire, nous avons prouvé par les faits que la moindre respiration possible, dans le règne animal, procure aussi le plus grand appauvrissement du système nerveux et l'absence totale des organes de reproduction. Le froid, l'apathie en sont les caractères. (1)

AXIOME II. — Il y a donc concomitance manifeste entre les déploiemens successifs des fonctions respiratrices, dans l'échelle de l'organisation, avec l'évolution soit de l'appareil de la sensibilité nerveuse qui en reçoit sa stimulation, soit des parties

n'a pas lieu chez les animaux couverts de tégumens épais. Sur cette absorption de l'air par la peau, voyez les expériences de Jurine (*mém. sur l'eudiométrie*). celles de Kellie, sur les fonctions de la peau (*journal de médec. d'Edinburgh*, tom. 1, p. 170), celles d'Abernethy et l'ouvrage d'Heusinger, *über anomale pigment und kohle bildung*. Eisenach. 1825. 8e M. Edwards, sur les crapauds et les grenouilles, etc.

(1) Nous avions lu devant l'académie de médecine un mémoire sur cette même question en 1829 avant la publication de celui de Marshall Hall inséré dans les *Transactions philosophiques* de 1832. Cet auteur est arrivé à des conclusions semblables; mais il n'a considéré que les résultats inverses entre la quantité de respiration et l'irritabilité musculaire. Cette irritabilité est en effet plus considérable à mesure que l'animal possède moins de moyens respiratoires; elle persiste long-temps, surtout chez les races qui s'engourdissent par le froid, car alors la respiration est comme suspendue. D'ailleurs le sang reste d'autant plus chargé de carbone, que cette respiration est moindre, tandis qu'il est plus azoté, plus animalisé, ainsi que les muscles, dans les animaux supérieurs à complète respiration. La chaleur vitale et la proportion des nerfs ou organes de sensibilité s'accroit donc chez ceux-ci par le développement des fonctions respiratoires, tandis que la contractilité diminue.

sexuelles. Les cas pathologiques nous dévoilent de semblables résultats : Ainsi chez les phthisiques, l'activité cérébrale et sensitive est non moins excitée que l'ardeur génitale, par l'état fébrile qui dévore leur tissu pulmonaire.

Il est naturel d'en conclure que chez les animaux, l'acte respiratoire domine l'économie, qu'il perfectionne non-seulement les matériaux qui la constituent, mais que peut-être il produit la *substance nerveuse* et la *génératrice*.

AXIOME III. — Enfin, cet appareil devient le premier moteur des deux pôles correspondans et souvent antagonistes dans l'économie animale, savoir le *système nerveux encéphalo-rachidien* et *l'appareil reproducteur*. Leur action augmente ou diminue en proportion de l'oxygénation, ou des qualités stimulantes et de la chaleur animale imprimées aux fluides comme aux solides du corps vivant par ses organes respiratoires.

ARTICLE II.

Considérations sur la chaleur et la fécondité des animaux.

Les objections élevées sur ces points importans de physiologie, exigent que je soutienne l'assertion principalement attaquée : celle relative aux *fonctions génitales que nous avons montré se développant en proportion des fonctions respiratoires et nerveuses dans tout le règne animal.* On a surtout objecté que la *fécondité* des animaux suivait une loi fort différente; or, ceci est une toute autre question comme nous l'allons exposer.

N'est-il pas certain que les animaux les plus simples, les zoophytes et les radiaires, les échinodermes, presque totalement dépourvus d'organes respiratoires et de système nerveux, et par cette raison *aga·mes*, ou *sans sexes*, n'en offrent pas moins une prodigieuse fécondité, soit par des gemmes, des ovules, soit avec la faculté de se multiplier par division et par bouture? Ils sont pour ainsi dire tout germes ou féconds en tout sens. On comprend d'abord que la fécondité la plus grande se manifeste précisément au degré le plus inférieur du développement des appareils de reproduction et de respiration.

Chez les mollusques acéphalés, tels que les bivalves, les deux sexes sont encore si réunis, qu'ils paraissent confondus; et de même leurs appareils respiratoire et nerveux sont très imparfaits; toutefois, l'huître, la moule en se fécondant d'elles seules avec la même indifférence que mettent les végétaux également hermaphrodites, n'en multiplient pas moins avec abondance.

Les mollusques céphalés, la plupart androgynes,

sont pourvus des deux sexes, mais ceux-ci séparés
de telle sorte qu'ils ont besoin du concours mutuel
d'un autre individu, pour opérer une double fécondation. Leurs appareils de génération n'en restent
pas moins simples et faiblement actifs, ainsi que leur
copulation languissante sous les débiles influences
d'une lente respiration et d'un système nerveux peu
complet. Cependant leurs œufs sont nombreux ; autre preuve que la fécondité s'accommode fort bien
de la froideur et de l'apathie des organes.

Les animaux à sexes toujours séparés et qui
avaient besoin d'une plus vive ardeur génitale afin
d'être excités à se réunir, offrent généralement un
système respiratoire plus étendu (même chez les insectes dont les trachées innombrables enveloppent
toutes les parties) et un appareil nerveux bien coordonné. La fécondité diminue alors dans une progression décroissante, sauf les causes qui la modifient,
comme les abondantes nourritures.

Par exemple, de tous les animaux vertébrés, les
poissons présentent le plus de fécondité ; ce sont
aussi en général des races apathiques, respirant
faiblement l'eau aérée par leurs branchies, ayant la
texture molle, un appareil nerveux très mince, ob-
tus, environné de tissus muqueux ; la plupart sont
très voraces et font peu de déperdition. Leur génération a même lieu sans accouplement, sans amour.
Les seuls poissons qui s'accouplent ont aussi une

respiration plus étendue, et ils engendrent un très faible nombre d'œufs ou de petits vivans, nouvelle preuve dans la même classe d'êtres, que la fécondité est dans un rapport tout-à-fait inverse de la complication et du développement des fonctions génitales. (1)

Ces preuves se multiplient surtout chez les classes supérieures du règne animal, puisque jamais les oiseaux, les mammifères ne multiplient autant que ces races inférieures. Cependant les animaux à sang chaud, respirant par des poumons, possédant un système nerveux très actif et très développé, une sensibilité vive, se portent à l'union sexuelle avec ardeur et plus fréquemment que les espèces à sang froid; ils couvent leurs œufs ou allaitent leurs petits et en prennent soin plus ou moins long-temps. Voilà donc des témoignages que chez eux les fonctions

(1) D'après les recherches de John Davy, la chaleur de l'éléphant dans l'Inde est de 37° 5' centigrade ; celle des petits mammifères, surtout ceux qui ne s'engourdissent point en hiver, reste plus élevée, parce que la respiration et la circulation, source de chaleur, sont plus accélérées chez ces petites espèces que dans les grandes, telles que le cheval, le bœuf, etc. Ils sont multipares, les derniers sont unipares.

Les oiseaux, par la même activité de ces fonctions, sont tous plus chauds que les mammifères, et aussi plus amoureux.

Les animaux hibernans, chauve-souris, hérissons, loirs, marmottes, etc. éprouvent en hiver, par le froid, un ralentissement si grand dans leurs fonctions respiratoires et circulatoires, qu'ils perdent presque toute leur chaleur et tombent dans l'engourdissement hibernal.

génératives et leurs dépendances ont acquis un plus grand développement d'action, bien que le produit en soit infiniment moindre.

On aurait donc tort de calculer le degré d'énergie générative, d'après la multiplicité des germes qui naissent. Ceux-ci doivent leur abondance soit à une nutrition copieuse, soit à l'inertie relative d'autres fonctions de l'organisme, soit à la petitesse des individus qui les procréent. En général, les êtres froids, mollasses ou presque insensibles, les moins portés à l'amour, les plus simples dans leur structure, sont précisément les plus féconds. Au contraire, les animaux secs, ardens, sensibles, doués d'une respiration vaste, de centres nerveux très compliqués et d'une activité brûlante, se précipitent avec fureur dans les plaisirs, exercent les fonctions génitales avec une puissante énergie ; mais par l'abus même de ces fonctions, les produits en deviennent d'autant moins nombreux. Comme on l'a dit, *les voluptés nuisent à la fécondité.*

Il restera donc démontré, par toute la série zoologique et par l'exposé des faits ; 1° que le développement des appareils respiratoires concourt à déployer, par correspondance, l'activité et l'étendue des systèmes nerveux ; 2° à mesure que les fonctions respiratoires et sensitives s'agrandissent, dans le règne animal, elles sollicitent davantage les fonctions et les organes de la génération, qui acquièrent une plus haute complication dans toutes ses parties, une plus fréquente activité, un appétit plus impérieux entre les sexes. La fécondité est au contraire progressivement diminuée, depuis le zoophyte reproductible par toutes ses divisions ou l'*hydre sans cesse renaissante*, jusqu'à notre race, qui ne produit qu'un individu pour l'ordinaire à chaque génération.

En effet, l'homme, le plus amoureux ou le plus voluptueux des animaux, est capable d'engendrer en tout temps, au lieu que les bêtes inertes ou froides hors l'époque du rut, n'ont qu'une saison d'amour, mais qui par la multiplicité des productions, tient lieu de plusieurs actes génitaux.

Enfin, les espèces les moins fécondes, sont celles qui, par cette même cause, entourent de plus de soins et de garanties leur progéniture. L'immense quantité des insectes, des mollusques, de toutes les races pullulantes, à sang froid, comme les poissons, les reptiles, projettent leurs œufs au hasard, les confient aux soins de la seule Providence, de même que les graines des végétaux. Qu'il en périsse par milliers et il en subsistera bien assez, encore trop quelquefois ; ce sera la part de leurs déprédateurs.

Mais les animaux perfectionnés, sensibles ou doués d'un sang ardent, par une respiration pulmonaire développée, les oiseaux, les mammifères, l'homme surtout, produisant peu de petits, les nourrissent, les allaitent, les réchauffent sur leur sein, de toute leur tendresse, les défendent avec un héroïsme maternel, capable de s'immoler pour les sauver. Les sexes s'unissent, par ce mobile de l'amour, en une société, un mariage; les espèces nobles et intelligentes ne pouvaient être aussi prodiguées que ces races inférieures, multipliées hors de tout calcul et à la nourriture desquelles leurs parens n'auraient jamais suffi. L'homme enfin, chef-d'œuvre de la nature sur ce globe, devait être la production la plus soignée, dans un état de société nécessaire à sa longue enfance, à son éducation et son instruction, à défaut d'instinct, et par là s'étendent tous les liens de l'amour et des affections qui réunissent en un état politique, les familles du genre humain.

Si le règne végétal, dans toute la série botanique, n'offre pas une progression d'organisation aussi ascendante que le règne animal, la cause en est dans la simplicité de ses fonctions respiratoires. Elles sont bornées à l'absorption de l'acide carbonique et de l'oxygène dans un tissu parenchymateux vert pour l'ordinaire, chez les végétaux agames; et à une cuticule munie de stomates, à la surface des feuilles chez les phanérogames (1) mono et dicotylédones aériennes.

(1) Voir les *recherches* de Théod. de Saussure, et M. Adolph. Brongniart, *Mém. sur les fonctions des feuilles.* Dans les Annal. des scienc. natur. Décembre, 1830.

TABLEAU COMPARATIF des systèmes *respiratoire*, *nerveux* et *reproductif* des animaux.

Système nerveux et respiration au *minimum*.	Agames ou cryptogames.	Animalcules infusoires, zoophytes et radiaires.
Système nerveux et respiration ébauchés imparfaits.	Reproduction gemmipare.	Echinodermes, vers intestinaux.
Respiration aquatique ou branchiale ; système nerveux ganglionaire, irrégulier.	Hermaphrodites.	Annélides, cirrhipèdes.
	Androgynes monoïques.	Mollusques acéphales, céphalés,
	Sexes séparés.	Mollusques dioïques et céphalopodes.
ARTICULÉS. Système nerveux à ganglions réguliers ; respiration à trachées et à branchies.	Sexes toujours distincts.	Insectes hexapodes, ailés, aptères.
	Dioïques à générations répétées.	Crustacés.
VERTÉBRÉS. Système nerveux cécébro-spinal, et respiration arrivant au *maximum*.	Dioïques sans copulation.	Poissons, à branchies.
	Dioïques s'accouplant.	Reptiles à branchies, reptiles à poumons.
	Génération à sang chaud, soin de la progéniture.	Oiseaux, Mammifères.

LIVRE III.

DÉVELOPPEMENS DES FORMES ORGANIQUES, ET DE
LEURS FONCTIONS.

CHAPITRE PREMIER.

Des lois développant la structure végétale et animale.

Materiam superavit opus.

Quelque opinion qu'on adopte sur les causes pro-
ductives des organisations, l'observation directe
prouve que tous les animaux et végétaux tirent
leur naissance des liquides, en un état de ténuité
souvent imperceptible. Aucune fécondation n'a lieu
entre des matières sèches, et l'eau paraît être la
matrice universelle, ou le véhicule indispensable de
tous les principes constituans des corps animés;
nulle vie ne peut s'entretenir dans aucune structure organique sans la présence de fluides.

1° ÉTAT LIQUIDE. Toute organisation commence ainsi, dans les germes des végétaux et des animaux, par la liquidité. Toute énergie vitale n'est possible qu'au moyen d'élémens très mobiles : *corpora non agunt nisi soluta*. C'est la preuve qu'il faut y supposer la présence nécessaire d'un principe subtil d'activité, quelles que soient sa nature et le nom qu'on lui donne. Il préexiste donc à toute sorte de tissu, puisque l'animal, la plante, dans leurs germes initiaux, ne sont rien autre chose qu'un fluide; on ne saurait encore y admettre la *contractilité*, puisqu'aucune fibre n'est formée. Ainsi l'œuf ou l'embryon chez tous les animaux, la graine ou le germe du végétal ne renferment primitivement que des fluides, plus ou moins actifs ou subtils, animés par cette cause inappréciable, qualifiée d'*aura seminalis* par divers auteurs, laquelle imprime le mouvement à toutes les parties pour développer un germe et le pousser à l'existence.

On irait donc contre les faits et l'expérience en déniant la vie aux humeurs, puisque le sperme, le pollen sont manifestement pourvus des qualités qui excitent ce jeu organique parmi les matériaux fluides prédisposés dans l'œuf et la graine. Et ne voyons-nous pas des fluides du corps vivant posséder ou acquérir la propriété de développer certaines maladies, telles que la rage, la variole, et imprégner l'organisme dans lequel on les inocule, de qualités vénéneuses ou même de dispositions morales particulières ? Des fluides seuls peuvent transmettre les germes d'une foule d'affections chez l'homme et les animaux ; un sang vivant, cette *chair coulante* se comporte tout autrement dans nos vaisseaux, avec les agens chimiques (1) que hors du corps ou lorsqu'il est mort. En effet, le sang tiré des veines n'est plus soumis à ce même mode d'agrégation qui le prédisposait à s'organiser; il tend à se corrompre, ce qui est l'opposé de la vie. Toute matière putréfiée aspire à dissoudre l'organisation, et nous prouvons plus loin que rien de vivant ne peut résulter de la corruption.

Ne voyant que des organes plus ou moins solides, nous sommes portés à n'admettre des forces et des mouvemens que dans ces instrumens corporels; tout au contraire, l'énergie vivifiante réside non-seulement dans les humeurs qui les abreuvent, mais surtout dans des fluides impondérables (comme celui des nerfs, et sans doute l'électrique, le calorique, etc.) dont toutes nos liqueurs sont diversement imprégnées. Le monde invisible gouverne ainsi le monde visible, et le *solidisme* seul, en médecine, comme en physiologie, est une erreur.

(1) Les alcalis injectés dans les veines d'un animal vivant coagulent le sang, tandis que hors du corps, ils dissolvent au contraire le caillot du sang; les acides ont aussi une action tout opposée sur le sang vivant ou mort.

2° **Etat gélatineux.** De l'état liquide, les élémens organisables passent graduellement au gélatineux par l'accrétion de leurs principes constitutifs, d'après cette solidification universelle conduisant à l'aide de la nutrition vers l'endurcissement; puis à cette sorte de dessication obstruée et d'occlusion des vaisseaux qui enraie le mouvement vital et amène le repos final de l'extrême caducité.

L'on conçoit que tout fluide consistant en globules mobiles, à mesure qu'il se concrète en gélatine, reste formé d'élémens globuleux. Dans ses condensations ultérieures, il doit instituer le tissu aréolaire, puisque chaque molécule se distend en forme de cellule ou même de vésicule. En effet, tout tissu primitif des animaux et des végétaux est le cellu*laire* constitué de gélatine plus ou moins concrétée; c'est ce qu'on observe chez les *espèces celluleuses*, végétales et animales demeurées par leur imparfaite organisation, les plus voisines de l'état primordial, comme les radiaires, les zoophytes, et les algues (thalassiophytes et lichens), races agames, reproductibles de toutes leurs parties pour la plupart.

Les formes organiques qui sont généralement sphériques dès l'état de l'œuf et de la graine, dérivent, dans leur développement ovoïde, conoïde ou cylindrique du globule de liquide d'où elles tirent leur origine. Leurs aréoles sont moins des compositions chimiques expresses ou d'atomes définis, que des mixtes à trois ou quatre radicaux (carbone, azote, hydrogène, oxygène, etc.) *associés* plutôt que *combinés.* Le carbone domine dans les tissus végétaux, l'azote dans ceux des animaux. De là vient que, considérée aux plus forts microscopes, leur contexture a toujours paru une association de globules, se tenant en tous sens les uns aux autres pour composer soit la pulpe nerveuse, le parenchyme du foie et autres viscères, soit des lamelles membraneuses, soit des fibres musculaires ou ligneuses, etc.

Et cela était nécessaire afin de conserver, entre leurs mailles, le jeu et la mobilité, de faciliter la perméabilité des fluides, l'absorption et l'exhalation, les mouvemens de composition et de décomposition qui doivent réparer et renouveler tout l'organisme.

3° ÉTAT VASCULAIRE ET FIBREUX. Nous voici parvenus à l'état d'individualité complète de chaque espèce animale et végétale. En effet, outre que les races celluleuses, agames, reproductibles par division, existaient, pour ainsi dire, toutes en tout fragment, elles ne possèdent ni un centre indivisible, ni des formes inaltérables, ni des vaisseaux qui établissent une nutrition uniforme et un concours mutuel entre toutes leurs parties, ni enfin cette coordination vitale résultant d'un système nerveux et d'un appareil circulatoire en harmonie avec celui de la respiration.

Les animaux et végétaux vasculaires et fibreux

constituent, au contraire, des individus réguliers, pourvus d'organes de génération, et le plus souvent de sexes apparens. Chez les races immobiles ou peu contractiles dans leurs tissus, les fluides languissans, par cette inertie, comme chez les plantes, sont favorisés dans leur cours par des vaisseaux à valvules ou cloisons; celles-ci servent (de même que dans les veines des animaux) à s'opposer au retour et à la chute des fluides ascendans; mais ces valvules n'étant pas nécessaires pour les artères des animaux, puisque le sang est poussé par un ou plusieurs cœurs musculeux, elles n'y existent pas.

De plus, il fallait un surcroît d'énergie ou d'excitabilité de l'organisme pour établir cette unité d'action de leur vie. Nous avons vu comment elle résulte, chez les animaux surtout, du déploiement de l'appareil respiratoire qui imprime plus fortement le branle à toutes les autres fonctions. Il en naît principalement une activité prépondérante dans leur système nerveux et musculaire.

Alors la force de contractilité des fibres devient, par l'absorption de l'air, manifeste et fréquente, jusque chez les plantes, dont plusieurs jouissent de parties mobiles, comme les étamines, ou comme les folioles articulées de diverses légumineuses, d'oxalidées, de la dionée, etc. D'ailleurs les végétaux les plus complets, les arbres montrent aussi des tempéramens ou plus précoces, ou plus lents, ou plus ferliles, sous les mêmes circonstances; preuve que l'activité vitale, la contractilité latente de leurs fibres, chez les dicotylédones surtout, varie comme les constitutions des animaux, bien qu'il n'existe pas chez les premiers d'appareil nerveux connu.

Les végétaux absorbent l'acide carbonique et s'approprient le carbone, élément principal de leurs tissus, en rejetant l'oxygène. Les animaux respirant l'air, ou attirant l'oxygène qu'il contient, le rejettent en combinaison avec le carbone, à l'état d'acide carbonique; ils s'approprient peut-être aussi l'azote atmosphérique, l'un des élémens constitutifs de leur chair. Ainsi l'animal, par la respiration, dépouille son sang du *carbone* surabondant; le végétal, au contraire, exhale l'*oxygène;* aussi le premier *vicie* l'atmosphère et le second la *purifie.*

Le végétal par l'accession du carbone qu'il s'approprie avec le concours de la lumière, revêt une *livrée verte* (chromule ou chlorophylle) d'autant plus foncée et même noirâtre que ce carbone abonde davantage, surtout sous les climats chauds.

L'animal, par l'abord de l'oxygène à ses poumons ou branchies et trachées, développe dans son fluide sanguin, une *couleur rouge ou rutilante.*

L'accession de l'azote imprime à ses tissus un caractère éminemment animalisé. Aussi plus les animaux appartiennent aux classes supérieures de l'échelle zoologique, plus ils respirent d'air et ont le sang rouge, chaud, la chair sensible et irritable.

Plus le végétal s'enrichit de carbone, plus il développe son parenchyme vert, ses tissus ligneux, ses élémens combustibles, sa taille ou sa force de végétation, et de fructification. Ainsi, pour les corps animés, l'absorption du carbone, *végétalise*, l'absorption de l'azote *animalise*; le premier donne la couleur *verte* et le *bois*, le second, la *matière rouge* (1) et la *chair*. Les animaux à sang blanc sont aussi les moins azotés.

ART. 1ᵉʳ. MODE D'ORGANISATION VÉGÉTALE ET ANIMALE. Ainsi les principes constituans du végétal sont surtout le carbone avec l'hydrogène et de l'oxygène; ceux de l'animal ont pour base l'azote avec le carbone, l'hydrogène et l'oxygène. Les autres élémens qui s'y unissent sont moins essentiels.

Il y a donc gradation de l'état minéral, dont les radicaux restent d'ordinaire en combinaison binaire chimique, comme les sels formés d'une base et d'un acide. L'acte de la végétation élève les *substances*

---

(1) Non-seulement les animaux vertébrés ont du sang rouge, mais encore les annélides et quelques autres articulés; les crustacés deviennent rouges, et une foule de coraux, de lithophytes sont rouges ou violacés, ainsi que les matières colorantes pourpres de plusieurs testacés, etc. Quant aux sucs rouges fréquens chez plusieurs végétaux (des rubiacés, des rosacés, des légumineuses, *hœmatine*, etc.), ce sont des sucs particuliers (*latex* de Schultz) ou propres à certaines espèces, et non un caractère physiologique.

organiques les plus simples à l'état de composition ternaire ; enfin l'animalisation porte ces mixtes à leur plus haute puissance (sur ce globe du moins) ou à la complication quaternaire.

Ainsi, tout corps simple ou radical est la *monade* ou l'unité.

Le minéral en combinaison chimique est la *dyade ;* car les composés salins nombreux, à proportions définies et d'atomes à atomes tels que beaucoup de pierres et de roches, doivent toujours être considérés, par la polarisation de leurs élémens opposés, comme formés deux à deux ; les uns faisant fonction d'acides (pôle positif) les autres de bases (pôle négatif.) L'eau ainsi est une dyade. (1)

(1) Il y a la *dyade simple*, formée de deux élémens simples, comme l'oxyde d'hydrogène ou l'eau.

Il y a la *dyade composée*. Exemple, l'*acide sulfurique* (dyade primitive, formée de soufre et d'oxygène) et la *potasse* (autre dyade, oxyde de potassium) se combinant en un sel, le *sulfate de potasse*, toujours dyade, formé de deux élémens opposés, combinés, *acide et alcali*.

Cette dyade composée peut se trouver encore, soit avec excès d'acide, soit avec excès de base. Il peut même y avoir un sel à deux bases, comme le *sulfate d'alumine potassé*, ou deux sels (dyades) associés. Vauquelin a potassé ainsi de l'alun.

Toujours est-il que les dyades ne forment que des composés cristallins, même avec des matières organiques (le sulfate de quinine, le sulfate d'hydrogène carboné etc.).

Tel est le *règne cristallin*, minéral ou minéralisant. Les *règnes organisans*, au contraire, sont *sphériques*, constituent des corps arrondis, et les tissus animaux et végétaux sont composés de globules associés diversement en triades ou tétrades.

Le végétal est la *triade;* ses atomes n'étant plus opposés ou polarisés constituent des tissus, des aréoles avec des pores et stomates perméables aux fluides. Les formes ne sont plus essentiellement anguleuses.

L'animal est la *tétrade;* plus les radicaux différens sont nombreux, plus est faible le lien qui les associe, plus ces élémens sont mobiles les uns sur les autres; de là une dissolubilité, ou la corruptibilité plus prompte en est le résultat nécessaire.

La *loi d'attraction* suffit pour expliquer l'agrégation des monades, d'après la physique.

Il faut recourir à la *loi des affinités électives* ou à la chimie pour expliquer les combinaisons des dyades ou des minéraux, par la polarisation de leurs élémens.

C'est à des *lois physiologiques,* avec les précédentes qu'appartiennent les fonctions des triades.

Enfin, les tétrades, soumises à toutes les forces précédentes, reconnaissent encore, d'après la sensibilité dont elles sont dotées, les *lois psychologiques.*

Ainsi les *forces physiques et chimiques* dominent les monades et dyades; une *puissance vitale,* transitoire, règne dans les triades et tétrades; elle constitue le nœud qui rattache en un centre les mixtes organiques, durant un temps correspondant aux phases des révolutions terrestres et ne dépassant pas certaines bornes pour chaque espèce, dans leur taille et leur longévité.

Cette puissance établit toujours des formes définies, individuelles, en rapport avec les circonstances pour lesquelles chaque être fut destiné dans la nature, tandis que les lois de la *cristallisation* par *juxtà-position* des molécules suffisent aux monades (corps simples, métaux) et aux dyades (minéraux comburés, et à l'eau congelée aussi), mais sans limites, ni individualité, ni durée à termes fixes.

Les triades et tétrades sont donc organisées, c'est-à-dire produites par génération (ou boutures) de parens semblables; elles s'accroissent par *évolution*, ou du dedans au dehors, puisqu'elles se réparent intérieurement, par *intus-susception*, à l'aide des vaisseaux ou des pores. L'alimentation n'a lieu qu'au moyen de l'*assimilation*, transformant des matériaux de nature organisable, en la propre substance de ces êtres.

Ainsi, la plupart des monades et dyades (corps simples et minéraux) ne peuvent composer par l'assimilation un système organisé; les sels minéraux, les terres, les métaux quoique pénétrant dans les tissus d'un végétal et d'un animal, pour former des os, des coquilles, etc., ne constituent point essentiellement la partie vivante, excitable, sensible de ces êtres.

Le plus haut degré d'élaboration végétale, ou de la triade ayant pour principe dominant le carbone, est de monter à la *fructification*. Le degré le plus élevé de l'élaboration animale ou tétrade, chez laquelle prédomine l'azote, est la production du *système nerveux*. Ces élaborations s'opèrent principalement sous l'influence de la lumière ou de la chaleur.

14.

En effet, les plantes, arbres et herbes poussent, en général, au soleil leurs organes génitaux (fleurs et fruits) qui, étant placés à la région la plus haute du corps végétant, s'épanouissent à ses rayons.

De même, les animaux (à peu d'exception près), ont leur tête, leur dos, ou les centres nerveux situés vers leurs régions supérieures, qui sont les plus colorées communément par la lumière et les plus réchauffées par le soleil.

C'est par les *organes sexuels des végétaux* que se manifeste leur plus éminente puissance d'irritabilité, de chaleur vitale (dans le spadix de plusieurs *arum*), comme c'est dans les *appareils nerveux des animaux* que réside plus spécialement l'énergie animatrice, la sensibilité, l'impulsion motrice de tout l'organisme.

Les animaux portent au contraire, leurs organes sexuels vers les régions inférieures et dans l'obscurité ou hors de l'action solaire. On peut dire qu'ils sont leur *pôle inférieur* négatif, tandis que le système nerveux cérébro-spinal (chez les vertébrés surtout), constitue le *pôle supérieur*, ou positif.

La floraison est, pour le règne végétal, son état de splendeur, la plénitude de son activité vitale, le déploiement le plus magnifique et le plus complet de ses arômes et de ses saveurs, surtout dans ses fruits, ses produits balsamiques, médicamenteux, alimentaires ou même vénéneux, comme c'est la saison de ses noces et de sa gloire.

La sensibilité, le développement des facultés, soit intellectuelles, soit instinctives, ou des passions, des actes spontanés dans le règne animal dépend de l'étendue, de l'énergie des appareils nerveux, source admirable de ces étonnans phénomènes.

A mesure que les animaux exercent davantage les fonctions génitales, ou le pôle inférieur, leur pôle supérieur ou l'appareil sensitif perd sa suprématie. Il y a donc entre ces deux ordres de fonctions antagonisme inverse. Moins les animaux ont leur pôle supérieur, céphalé, dominant, plus ils déploient de fécondité; telles sont les classes invertébrées et parmi les vertébrés, les poissons. Le végétal n'existe même que pour la génération.

Les plantes portent presque toutes les deux sexes réunis, car la plupart des dioïques, ou des fleurs monoïques, ne sont telles que par l'avortement soit des étamines, soit du pistil (1), elles redeviennent hermaphrodites, ce qui est le caractère de tout être acéphale présentant des formes rayonnantes, comme les animaux inférieurs ou zoophytes, les plantes. Les vrais animaux céphalés et construits de deux moitiés accolées sur un axe longitudinal montrent, presque toujours, leurs sexes séparés en deux individus.

(1) Moëller et Kæstner ont vu en effet que ces végétaux peuvent reprendre le sexe qui leur manque : fait vérifié aussi par Reichen, dans les épinards, et par d'autres dans les *clutia, juniperus,* etc.

Il y a plus de mâles que de femelles chez les végétaux, parce que les êtres immobiles ne pouvant pas se chercher, il fallait un pollen assez abondant pour que l'atmosphère le disséminât sur les femelles éloignées (surtout chez les dioïques, palmiers, saules, etc.): il y a plus de femelles au contraire parmi beaucoup d'animaux, un seul mâle mobile pouvant imprégner plusieurs de celles-ci inertes dans une foule d'espèces.

Les organes sexuels des plantes se dessèchent et tombent chaque année. Ceux des animaux persistent ou exercent plusieurs fois leurs fonctions dans les espèces vivaces.

ARTICLE II.

Des formes soit symmétriques soit rayonnantes des végétaux et des animaux.

Les corps organisés les plus simples, *à texture cellulaire*, souvent gélatineux, sont ou *amorphes* (ulves, tremelles, hypoxylons, etc. parmi les végétaux, et chez les animaux divers infusoires agastriques, plusieurs zoophytes, etc.) ou de formes peu constantes. Tous sont *agames*, et reproductibles par bourgeonnement ou par division.

Les animaux et végétaux *vasculaires* (1) présen-

____

(1) Chez les végétaux, les vaisseaux se composent de tubes longitudinaux ayant de petites ouvertures (stomates) latérales. Chez les animaux, les vaisseaux sont sans stomates, mais ramifiés, et vont du centre à la circonférence.

lent aussi entre eux des correspondances. Les végétaux *nonocotylédones*, ou *endogènes* offrent des
tiges molles au dedans, solides à la circonférence,
souvent articulées, sorte d'analogie avec les animaux
invertébrés (testacés, crustacés, insectes) durs à
l'extérieur, mollasses à l'intérieur. Ainsi les graminées, diverses asparagées, etc. portent des nœuds
ou géniculations comme les animaux articulés.

Les *dicotylédones* ou *exogènes* ont, au contraire,
leurs parties les plus compactes et dures à l'intérieur
de leurs tiges, comme le cœur ligneux. Pareillement,
les animaux *vertébrés* recèlent dans leur intérieur
un squelette osseux, tandis que les chairs et autres
parties molles se distribuent à la circonférence.

Tous les êtres organisés dont un seul individu
contient les deux sexes et représente ainsi complètement son espèce, affectent pour l'ordinaire, la forme
rayonnante comme les fleurs chez les plantes et les
radiaires ou autres zoophytes, parmi les animaux.
Ces êtres ou n'ont guère de moyens de locomotion,
ou même sont immobiles; en se suffisant à eux seuls
pour se reproduire et par là se neutralisant avec
indifférence, ils n'avaient pas besoin d'une vive
sensibilité. Il leur manque donc un appareil nerveux
ou du moins, les seuls échinodermes (astéries, oursins) en offrent quelques apparences selon M. Tiedemann.

Généralement le nombre des parties de ces êtres

rayonnés et hermaphrodites, est *quinaire*. La plus grande masse des végétaux phanérogames, dicotylédonés, reconnaît le nombre *cinq* (ou ses multiples dix, vingt, etc.) dans ses étamines, et les divisions de la corolle, du calyce, ou même les nervures de beaucoup de feuilles. La plupart des zoophytes sont également soumis à cette numération, comme les polypes, les actinies, les échinodermes, etc.

Les végétaux monocotylédonés n'ont guère que trois étamines (ou leurs multiples six aux liliacées, ou neuf, douze); ceux qui n'en offrent qu'une (monandrie) ou deux (gynandrie les orchidées) le doivent à des avortemens habituels dans ces fleurs irrégulières.

La division quinaire s'étend même à tout ce qui se développe par une sorte de végétation jusque chez les animaux, comme le nombre des doigts dans la plupart des vertébrés, et divers rameaux nerveux (les dix paires) émanés de l'encéphale, le plexus brachial, etc. (1)

(1) Chez les plantes, le nombre des filets staminaux indique celui des fibres initiales de leur organisme, puisque les divisions des feuilles, des fleurs (sépales et calyce) y correspondent; de même l'on voit sept divisions à la feuille du marronnier d'Inde, qui est de l'heptandrie, et cinq aux pentandriques, etc.; une tige carrée aux tétrandriques, aux didynames, labiées, etc.

Par la même raison, les divisions des membres chez les animaux dérivent de la division primordiale des filets des nerfs. Ainsi l'*étamine* chez la plante, le *nerf* dans l'animal, constituent donc les élémens pri-

Il y a toutefois des exemples de division *quater-naire*, soit chez les plantes de la diandrie (jasminées, véroniques, verbénacées) soit de la tétrandrie et octandrie (rubiacées herbacées, dipsacées, épilo-biennes et santalacées, bruyères, lauréoles, etc.) soit dans les didynames (labiées, etc.) : toutes manifestent aussi des tiges quadrangulaires ou des feuilles opposées. De même parmi les zoophytes, un grand nombre de méduses, des cyanées, des rhizostomes, et les lucernaires, les tænia parmi les vers intestinaux, montrent ou quatre ou huit parties principales; cependant le caractère fondamental de tous ces êtres (à divisions binaire, ternaire, quinaire et leurs multiples) consiste en leur *disposition* centrale rayonnante, appropriée à l'hermaphrodisme avec ou sans sexes apparens, mais *privée de vraie tête.*

Le *type symmétrique* appartient uniquement au règne animal, et aux espèces toujours séparées, dans leur état normal, en mâles et femelles, sur deux individus, car nous voyons que les plantes dioïques ou monoïques doivent cet état à des avortemens puisque plusieurs reviennent par circonstance à l'hermaphrodisme, essence du végétal et de tout être à formes rayonnantes.

mordiaux de l'organisme, et possèdent principalement la force vitale.

Grew a dit, avec raison, que, dans les plantes, l'arithmétique de la nature est toujours d'accord avec sa géométrie.

La division sexuelle constitue ainsi un tout autre mode. Les individus polarisés, l'un puissant et actif, ou mâle excitateur et engendrant, l'autre faible et passif, femelle et concevant, sont formés chacun de deux moitiés parallèles, accolées dans leur longueur, selon une ligne médiane qui est l'axe du corps. Il s'ensuit une structure double, mais enchevêtrée par conjugaison ou par décussation surtout du système nerveux. C'est ainsi que les nerfs optiques s'entrecroisent (même sans se confondre chez les poissons), et que les fibres nerveuses dans le mésocéphale ou corps calleux, comme dans la moelle allongée et la moelle spinale , forment un chiasme ou croisement duquel résultent, comme on sait, les phénomènes de paralysie au côté opposé à celui des centres nerveux lésés.

Ainsi la conformation symmétrique ou double appropriée aux seuls animaux à sexes séparés, leur permet un libre développement latéral d'organes locomoteurs, pieds, ailes, nageoires, etc. Elle exige pour la direction des mouvemens, soit dans la recherche nécessaire d'un sexe correspondant, soit dans celles des nourritures, *une tête* placée antérieurement et pourvue de sens , afin de trouver ou reconnaître les objets, ou un appareil nerveux régulier dirigeant.

Cela est si certain que les mollusques androgynes, tels que les turbinés, ou les testacés univalves , bien qu'ils aient besoin d'un autre sexe pour se féconder mutuellement, ne sont pas symmétriques, mais roulés en spirale sur eux-mêmes comme tenant le milieu entre les animaux dioïques et les vrais hermaphrodites, par leurs formes circulaires, et par leur tête associée à des organes génitaux. Nous verrons plus loin comment s'opère leur dédoublement sexuel.

Il y a donc deux formes principales parmi les êtres organiques; la *rayonnante* appropriée aux végétaux et à l'hermaphrodisme immobile; la *symmétrique* attribuée aux animaux divisés (ou polarisés) en sexes, et doués d'une tête, de membres locomoteurs latéraux, parallèles.

Les végétaux portent à leur centre l'*ovaire* et l'organe femelle; à la circonférence les *étamines*, ou parties mâles, plus solides, afin de protéger la tendre progéniture. Il semble que le tissu ligneux donne naissance à ces organes masculins, comme au pollen, et que la moelle centrale, plus molle, fournisse la substance des graines ou germes.

Pareillement, chez les animaux, les femelles protégées par les mâles plus robustes, deviennent le foyer de la génération. Les deux sexes, dans cette union d'amour qui complète l'espèce, représentent alors l'hermaphrodisme auquel aspirent des individus correspondans afin de rétablir l'harmonie primordiale de toute la nature vivante.

C'est donc par cette cause que tendent à se réunir les êtres divisés; et cet amour, ce besoin de se rapprocher est d'autant plus ardent, que les sexes éprouvent plus d'obstacles à l'accouplement.

ARTICLE III.

Déploiement des formes par antagonisme ou opposition (polarisée).

1º *Dans le règne végétal*, le collet de la plante, ou la partie qui sépare la tige de la racine, constitue le nœud vital ; sur lui s'appuie une double force, celle qui soulève en haut la plumule ou la tige, et celle opposée qui pousse en bas la radicule correspondante.

Dès les premiers momens de la germination, cette double tendance se manifeste malgré les obstacles qu'on lui suscite à plaisir, comme l'ont expérimenté MM. Knight, Dutrochet, etc. De là suit que la plante peut être considérée comme une pile vivante à pôles inverses. En effet, personne n'ignore les curieuses expériences par lesquelles Duhamel a renversé un arbre, les racines en l'air et les branches en terre ; bientôt les premières ont poussé des feuilles et des fleurs, tandis que les branches se métamorphosaient en racines.

Et nous voyons également que les végétaux souvent propagés par leurs racines (caïeux , surgeons , etc.), y font dévier la force reproductive

tellement, que les semences avortent désormais,
comme il arrive aux plantes multipliées de longue
main par ces procédés (bananier, canne à sucre,
arbre à pain, vigne, rosier, renoncules, tulipes,
pommes de terre, etc.).

Il y a donc un antagonisme manifeste : ainsi les
végétaux à racines tuberculeuses, ont de moindres
fruits que les plantes à racines grêles. Quand la force
végétale domine à l'un des pôles, elle s'affaiblit dans
le pôle correspondant.

Cette polarisation se développe jusque dans le
parenchyme très mince des feuilles ; leur surface
supérieure exhalante, regarde toujours le ciel et la
lumière, tandis que leur page inférieure, absorbant
de l'humidité et des gaz, est constamment tournée
vers la terre ; en vain on renverserait le feuillage, il
reprend sa direction naturelle. (1)

2° *Dans le règne animal*, Vicq-d'Azyr, exposa,
le premier, une vue d'Aristote, en manifestant l'a-

(1) Le retournement des feuilles (pour que leur page supérieure
regarde toujours en haut) n'est pas seulement particulier aux arbres
et herbes ordinaires, il se manifeste également dans les champignons à
stipe, tels que les agarics ; ainsi j'ai cueilli un agaric qui, né à une
poutre de bois pourri, la tête en bas, s'est retourné en sorte que son
pileus, ou le chapeau, regardait vers le ciel, et cependant gêné par la
poutre, il s'est seulement rapproché de celle-ci en cette façon d'un U.

Le chapeau de ces champignons paraît donc être dans les mêmes
conditions de fonctions vitales que les feuilles, savoir que la partie
supérieure exhale, et l'inférieure absorbe dans l'atmosphère.

nalogie entre les membres supérieurs et les inférieurs parmi les vertébrés; ensuite Oken et Meckel, ont étendu cette théorie des parties homologues plus loin, mais ces savans ne l'ayant pas portée à sa généralité, nous allons poser ces principes.

Chez les protozoaires, possédant une cavité centrale digestive, caractère essentiel de l'animalité, il n'y a qu'une seule ouverture pour l'entrée des alimens et la sortie de leurs débris : ainsi la bouche des polypes et des zoophytes, est en même temps leur anus.

Peu-à-peu l'estomac unique s'allongeant en intestin, ou se dédoublant, il s'établit une seconde ouverture pour l'anus, comme chez des oursins, les ascidies, les bivalves, la plupart des mollusques acéphales. De même, les premiers organes sexuels, si voisins de la tête chez une foule de mollusques céphalés, s'en écartent; il semble que les plus simples animaux (zoophytes) tiennent réunies en un seul centre des parties qui doivent, en se dédoublant, constituer les deux extrémités des animaux plus perfectionnés.

Et en effet, on ne peut soutenir que les mollusques androgynes, comme la plupart des turbinés (univalves) aspirent à se rouler sur eux-mêmes, car ils tendent à se déployer plutôt sur un axe longitudinal. On a dit d'après MM. Geoffroy Saint-Hilaire, Laurencet et Meyranx, que les gastéropodes se repliant en avant sur la face ventrale, et les céphalopodes, en arrière sur leur face dorsale, leurs orifices de la tête et de l'anus, indiquaient ces reploiemens(1). Mais on n'a pas considéré que ces animaux étant pour ainsi dire à l'état fœtal, par rapport aux vertébrés, leurs deux extrémités se rapprochent comme dans l'unité primitive du sac intestinal et de l'hermaphrodisme des zoophytes. La progression de la nature tend à les redresser. A mesure que les sexes se prononcent et se séparent, les animaux se symétrisent en s'allongeant sur leur axe; alors ils présentent des pôles inverses. Cet antagonisme d'opposition est évident parmi les vertébrés, quoique déjà beaucoup d'insectes (les iules, les scolopendres et surtout les larves, les chenilles), d'annélides, de naïdes, semblent déployer dans leurs deux extrémités des analogies frappantes à cet égard. Chez ceux-ci, l'extrémité

(1) Sans nous permettre de juger la célèbre querelle suscitée à ce sujet entre G. Cuvier et M. Geoffroy Saint-Hilaire, ces savans illustres ne sont peut-être pas si éloignés, dans le fond, des grands principes de la connexion des êtres, qu'on pourrait le croire. Cuvier considérait davantage leurs différences, tout en établissant les caractères généraux de l'animalité; M. Geoffroy s'attache à des ressemblances, même légères et éloignées, pour en conclure l'unité du plan. Mais dans l'immensité de la nature, sur tout le globe, les modifications presque infinies des circonstances ont donné lieu à tant d'embranchemens variés, relativement aux fonctions et aux formes des animaux et des végétaux, que la solution de cette question toute philosophique nous paraît, au moins dans l'état actuel de l'histoire naturelle, encore bien éloignée.

postérieure jouit d'une activité spéciale, comme l'antérieure et commence même la locomotion ondulatoire; elle présente, outre l'anus antagoniste de l'œsophage, des organes sexuels, et par fois des crochets ou des dards vénéneux, correspondant aux mâchoires et aux glandes salivaires de la bouche. Les filets nerveux qui règnent dans la longueur du corps de ces articulés, larves et annélides, portent, à chaque extrémité, un ganglion terminal, et le long vaisseau artériel dorsal fait circuler de l'un à l'autre bout le fluide sanguin; il y a donc une parité d'analogies qui fait de ces êtres une sorte de pile vivante.

Chez les vertébrés, on a déjà signalé les singulières correspondances, en sens inverse, qui se répètent entre la partie supérieure et l'inférieure d'un animal, en sorte que la ceinture osseuse du bassin, l'ischion et le pubis, représentent la ceinture osseuse formée par les deux omoplates et les clavicules. Les cavités articulaires se rapportent également. L'os de la verge de plusieurs mammifères répond à l'hyoïde, comme la langue au pénis (ou au clitoris); les os marsupiaux des didelphes se retrouvent dans les os pairs du sternum ou les clavicules. L'appareil génital est comme un second animal renversé; les testicules (et les ovaires chez les femelles) correspondent au cerveau, le cervelet à l'épididyme; plus les fonctions génitales sont actives, plus elles affaiblissent le pôle cérébral, et l'inverse a lieu pareillement.

Personne n'ignore quelles sympathies unissent l'appareil guttural et les parties sexuelles, soit dans une foule de maladies (la syphilis, par exemple), soit dans les relations de la voix et des fonctions génitales. L'accouchement ressemble à un vomissement utérin ; les veines hémorrhoïdales ont des excrétions alternantes chez divers individus, avec le saignement du nez ou des veines ethmoïdales. Enfin, de tout temps les pathologistes ont reconnu le merveilleux balancement qu'exercent entre elles les régions sus et sous-diaphragmatiques; le foie étant l'antagoniste du poumon, l'un comme centre de l'appareil veineux abdominal à sang noir, l'autre comme foyer prédominant de l'appareil artériel pectoral à sang rouge ; celui-ci suscite des affections aiguës, chaleureuses avec la joie ou l'espérance dans la jeunesse; celui-là des maladies chroniques ou froides, avec la tristesse et la crainte dans le vieil âge. Il nous serait facile de multiplier les faits de cette opposition, d'après la prédominance d'action de chacune de ces moitiés supérieure ou inférieure, dont le diaphragme ou les plexus solaire et cardiaque paraissent le balancier et le moyen de séparation chez les mammifères surtout.

C'est, en effet, à l'aide de contrepoids ou de réactions correspondantes que se rétablit l'équilibre de la machine animale, comme les révulsions entre les mamelles et l'utérus, les métastases entre le scrotum et le larynx, ou lorsqu'on dégorge du sang accumulé à l'encéphale, par le flux hémorrhoïdal, etc. Bordeu et Lacaze, avaient observé ces faits sans en connaître les vraies raisons physiologiques.

Ainsi l'animal est non-seulement constitué de deux moitiés latérales accolées, comme l'a dit M. Serres; mais il se compose surtout de deux individus opposés, l'un supérieur, plus développé et plus parfait, ou le *pôle cérébral*, nerveux; l'autre inférieur, moins développé qui forme le *pôle génital*; le premier reçoit les alimens, les sensations, l'air; le second rejette les excrémens, les produits de la génération et de la plupart des sécrétions.

Tel est l'antagonisme de la pile animale dont nous avons exposé les bases ailleurs (1). Et de même, toute modification congéniale observée à l'un des pôles de cette pile organique vivante, doit se répéter par correspondance vers son pôle opposé. Par exemple, puisque l'ornithorhynque a un bec d'oiseau, il devait présenter le cloaque et des parties génitales analogues aux oiseaux; c'est aussi ce qui a lieu dans cette famille *de monotrèmes* qui paraissent pondre des œufs, des petits dans leur chorion, ou du moins ils présentent un os furculaire comme les oiseaux.

Déjà l'on a signalé les analogies entre la langue et

(1) Dès l'année 1816, dans le Journal universel des sciences médicales, tom. 2, p. 340, *sur l'épine dorsale et ses usages.*

la verge de plusieurs animaux, car Thom. Bartholin avait entrevu les correspondances entre l'os hyoïde et l'os du pénis de plusieurs mammifères. La nature se plaît à suivre les traces inverses de ses premières créations (1); ainsi la luette est comme le clitoris du larynx, etc.

ARTICLE IV.

Vies spéciales et germination des organes.

Rien de plus manifeste que ce phénomène dans tout le règne végétal. Dès les premiers jours du printemps, on voit les bourgeons à feuilles et à fruit s'épanouir peu-à-peu sous la chaude haleine des zéphirs, puis les fleurs éclore, déployer leurs brillans pétales, avec tout le cortège des parties de la fructification, ainsi que du feuillage. Chaque organe, en particulier, subit sa période vitale proportionnée; la feuille subsiste pendant trois saisons, dans l'enfance au printemps, dans sa vigueur en été, elle jaunit et se fane de vieillesse en automne. Les arbres toujours verts portant des feuil-

______

(1) Voir Meckel, *Manuel de l'anatomie de l'homme*, tome i; Autenrieth, dans les Archives de physiologie de Reil; et Oken, *Natur-philosophie*, tom. iii, p. 130; aussi Bartholin, *Hist. anatomic. cent.* 2, n. 25, etc.

les plus denses et souvent résineuses, celles-ci persistent plus long-temps contre les intempéries:
néanmoins elles meurent et sont remplacées successivement, en sorte que l'arbre n'en est jamais totalement dépouillé; cette même perpétuité de verdure
persévère chez les arbres des climats chauds, parce
que la sève, sans cesse en mouvement comme la végétation, y prodigue les sucs à toutes ses parties.

Il faut bien que les organes de fructification subissent les mêmes phases d'existence, puisqu'ils
succombent chaque année après avoir rempli leurs
fonctions. Il y a des arbres qui éprouvent aussi une
décortication annuelle. Tout démontre enfin que
chaque appareil résulte d'un germe spécial puisant
sa vie individuelle dans la vitalité générale de la
plante sur laquelle il se déploie. Telle est la marche
universelle de la grande loi d'évolution des organes
du dedans au dehors, qui régit tout le système des
êtres vivans.

En effet, chaque animal ou végétal, de structure
composée, n'est pas un individu absolument unique
dans sa nature, mais une association de plusieurs
individualités inférieures groupées de manière
à constituer un ensemble harmonique, un état de
communauté, une république dans laquelle les rôles
sont distribués à chacun pour le bien total. C'est
ainsi que les pousses de chaque année, ajoutent de
nouveaux arbres sur le même tronc, cela est si cer-

tain qu'une greffe d'espèce différente est un petit arbre qui prend vie et multiplie ses rameaux sur un autre individu. L'on voit de même les polypiers, coraux, madrépores, s'accroître dans les mers, par l'agglomération de nouvelles générations de leurs polypes les uns au-dessus des autres.

Si nous envisageons la structure des animaux l'on y retrouve aussi la même loi physiologique. Et non-seulement les poils, ou plumes, les écailles, les ongles, les dents et autres productions de la peau, ont leurs germes qui se développent, qui tombent par des mues et métamorphoses à certaines époques, comme diverses enveloppes, suivant la quantité de nutrition et de vitalité que ces appendices obtiennent d'après leur nature. Les pinces des crustacés se reproduisent même à plusieurs reprises, après avoir été cassées. On voit pareillement que les organes sexuels jouissent d'une vitalité spéciale qui éclate à l'époque de la puberté, et qui s'éteint avant la mort de l'individu. L'on doit rapporter aussi le déploiement des membres et de leurs digitations à une véritable germination, parfois exubérante (chez les sexdigitaires et dans le pædarthrocace) parfois oblitérée (chez les boiteux, les manchots naturels, etc.)

Observez de merveilleux exemples de ces germinations fortes ou faibles chez une foule d'animaux dont les uns ont des pattes ou des ailes longues, d'autres très courtes, etc. C'est encore ainsi qu'un germe de doigt, de pince, d'aileron, de nageoire, etc. peut se développer comme surnuméraire et donne l'explication de certaines monstruosités par excès. Chaque centre d'ossification germe pareillement, d'après l'ordre normal, par une nutrition bien équilibrée, chez les êtres réguliers ; il ne se déploie que la partie qui doit exister selon l'état naturel.

Les appareils généraux (le *système cellulaire*, le *vasculaire* et le *nerveux*) étant communs à toute l'économie procurent à chaque germe spécial, les élémens propres à le faire croître et fleurir. Ces germes sont surtout des dépendances de l'arbre nerveux, des rameaux duquel ils empruntent leur activité vitale, comme ils reçoivent, des ramuscules de l'arbre artériel, leur nourriture quotidienne.

Ces nourritures peuvent être irrégulièrement réparties dans cette république d'organes par le défaut d'action de certains appareils, soit comprimés, soit atrophiés, tandis que d'autres acquièrent un surcroît d'énergie ou d'alimentation. Mais l'équipage harmonique de toutes ces germinations ou vies spéciales constitue le genre d'équilibre qui appartient à chaque individu, ou son tempérament, d'après les balancemens que lui attribuent les âges, les sexes et les habitudes particulières de l'existence, suivant les climats ou les températures.

C'est ainsi que se forment les bourgeons charnus pour la cicatrisation des plaies, et que chez les animaux inférieurs se régénèrent tant de membres amputés ou mutilés, même chez des reptiles, des poissons, comme parmi les mollusques, les insectes, les vers, etc.

ARTICLE V.

Balancement des organes; prédominances rationnelles des formes.

La loi d'équipondération pour toutes les structures végétales et animales est un fait général, d'où il résulte que si une partie domine dans l'individu, quelque autre membre correspondant souffre ou se débilite par un antagonisme inévitable.

Il n'existe, en effet, qu'une somme quelconque de force vitale ou de moyens de nutrition départie à chaque espèce; proportion définie de saturation et d'effort, sauf de légères anomalies qui oscillent autour d'un point à-peu-près fixe pour la grandeur, la durée, la vigueur de tout individu.

De là suit cette nécessité de contrebalancement. Ainsi chez les végétaux, coupez les racines, vous blessez par contrecoup les tiges ou les sommités, et *vice versâ*. L'inertie de celles-ci suscite l'énergie de celles-là. De même, les fleurs irrégulières, les labiées, les personnées, les légumineuses, les géraniées, les violinées, dont les régions supérieures ont obtenu plus de développement, avec l'aide de

la chaleur et de la lumière, que les portions inférieures, montrent aussi dans l'amoindrissement
soit des étamines, soit de quelque partie de
l'ovaire, ou dans des avortemens normaux (chez
les amomées monandriques, les orchidées gynan-
driques, etc.) les résultats remarquables de ces balancemens réciproques.

Personne n'ignore que par le retranchement d'un
membre, les autres héritent d'un surcroît de nourriture, tout comme en appelant par l'exercice, un
excès de force et de vitalité dans un point de l'économie, les autres périclitent d'autant; cela est manifeste chez les individus qui abusent soit de la
puissance intellectuelle, soit des fonctions génitales;
et tel viscère n'est malade ou faible qu'à cause que
son heureux adversaire se porte trop bien.

Puisque chaque organe ou appareil des animaux
et des plantes jouit d'une existence particulière soumise à son genre spécial d'évolution d'âge, comme
il éprouve sa mort partielle avant celle de l'individu
total qui le nourrit, il y a donc divers équilibres
partiels, possibles dans l'équilibre total. Chaque région formant unité peut avoir sa santé ou sa maladie particulière, son tempérament ou son idio-syn-
crasie, comme il y a des médications spécifiques
pour tel viscère qui n'opèrent point ou qui agissent
tout diversement sur un autre. La syphilis peut être
concentrée aux organes sexuels; les reins peuvent

seuls ressentir l'action du nitre; l'apoplexie peut se borner soit au tissu pulmonaire, soit aux hémisphères cérébraux. Il y a des névroses partielles soit du nerf fémoro-poplité, soit de la portion dure de la septième paire, etc.

Les balancemens généraux s'opèrent d'abord entre les deux moitiés des animaux symmétriques. Le côté droit est généralement le plus fort, parmi tous les mammifères, sans doute à cause que le foie, viscère volumineux du côté droit, détermine les animaux à se coucher d'ordinaire sur ce flanc, et y fait affluer plus d'humeurs et de nourriture (1). De là résulte la prédominance d'action des membres droits et la plus grande fréquence à gauche des hernies, des ulcères des jambes, etc., comme l'ont remarqué M. S. Dupui, F.-E. Mehlis, etc. On voit, parmi les poissons, la famille des pleuronectes (limandes, soles, turbots) comprimée latéralement avec inégalité; ces espèces qui nagent de côté, manquent de vessie aérienne pour les soutenir dans la hauteur des ondes.

Parmi plusieurs insectes de la classe des lépidoptères, on a vu des exemples d'hermaphrodisme contre nature, l'un des côtés de l'animal était mâle, l'autre femelle. Un pareil fait s'est manifesté aussi chez des

______

(1) Nous avons développé surtout ces raisons dans plusieurs lieux des *Dictionnaires d'histoire naturelle* et *des sciences médicales*, et de notre *Hist. nat. du genre humain*, avant beaucoup d'autres auteurs.

poissons du genre des merlans (*gadus*) et des carpes (*cyprinus*). Un côté portait des œufs, et l'autre de la laitance. La prérogative de l'un sur l'autre n'offrait rien de constant; les individus gauchers ont aussi le côté gauche plus fort et il existe des inversions de viscères qui plaçaient le cœur à droite, comme le foie à gauche, sans inconvénient.

Comme les membres analogues, droit et gauche, sympathisent entre eux, les membres homologues, supérieurs et inférieurs correspondent par antagonisme. Beaucoup d'animaux coureurs ont naturellement les pieds de derrière plus robustes et plus longs que les pieds (ou ailes, ou nageoires) de devant. Par la même raison des oiseaux à long vol, ont de faibles pieds ou incapables de marcher. Les races qui sautent (les rongeurs, les gerboises, les kanguroos, les antilopes, les autruches, cigognes, et jusqu'aux sauterelles, altises, puces, etc.), portent des membres antérieurs courts, tandis que c'est l'opposé pour les singes et cheiroptères, girafe, oiseaux de proie, goelands et petrels, les poissons volans trigles, pirabèbes, les insectes du genre *mantis*, etc., dont toute la région antérieure du corps avec ses membres est plus vigoureuse. Les crustacés, pour la plupart, cachent même leurs viscères abdominaux sous leur thorax, et offrent d'énormes serres; leurs parties postérieures sont au contraire faibles ou amincies.

Règle générale : si parmi deux animaux de même

espèce , l'un montre dans quelque organe spécial, ou un plus grand développement de parties, vers la tête et aux membres supérieurs , c'est un caractère masculin. Si c'est l'opposé ou vers l'abdomen et les régions postérieures que sont situés ces organes spéciaux, soit de défense, soit d'attaque ou autres , c'est une disposition propre au sexe femelle.

D'ailleurs les animaux puissans par les membres antérieurs, la tête ou des bras robustes, en effet qualifient des espèces dominatrices, carnivores, aptes aux combats comme le lion ; les races chez lesquelles prévaut la région inférieure du corps avec des membres propres à fuir prestement, au contraire, sont timides, herbivores : tant la nature sait approprier les êtres à leurs besoins par ce simple transvasement des forces de l'organisme !

Ainsi petite tête et large bassin , est le caractère de la faiblesse , de la fuite ou de la ruse féminine , comme la disposition opposée, caractérise la vigueur, la domination et la magnanimité masculines.

Il suffisait donc de faire varier la quantité de nutrition, ou de verser sur tel ou tel système organique, plus de moyens de force pour disposer un être quelconque à remplir telle fonction sur ce globe, suivant l'appropriation de ses formes.

Par divers empêchemens dans la croissance relative de chaque partie , les embryons peuvent être difformes ou monstrueux ; leur équilibre normal est troublé. C'est ainsi que deux fœtus accolés par la pression dans un utérus étroit, peuvent constituer un monstre bicéphale, ou deux corps à une seule tête, etc. Les parties trop resserrées et froissées, ne pouvant pas se déployer à l'aise, se soudent plus ou moins profondément. C'est par défaut de croissance des os ethmoïdaux intermédiaires, qu'il y a confusion des deux yeux chez les monstres cyclopes, etc. Tous ces résultats dépendent donc d'une inégale nutrition par des causes mécaniques, d'ordinaire étrangères à l'individu. Ce sont des accroissemens arrêtés au dessous du type régulier de l'espèce à laquelle le fœtus a droit de prétendre dans l'ordre naturel.

On a demandé si c'était par l'influence des habitudes très longuement contractées pendant des siècles, que telle partie d'un animal avait acquis un énorme développement, tandis que telles autres comme les yeux des taupes, faute d'exercice, se sont amoindries, atrophiées, et enfin finissent par avorter ou disparaître. Il s'ensuivrait de cette puissance de l'habitude, que tout animal, par l'impérieuse nécessité où chaque station, sur ce globe, l'a placé, aurait déployé le genre d'organisation le mieux approprié à sa vie; le crabe l'hermite s'emparant de la coquille spirale d'un buccin, pour y cacher son corps mollasse, en s'y contournant inégalement (1): le ca-

(1) Les animaux craintifs ont été doués de longues et grosses cuisses pour se soustraire par le saut à leurs ennemis, telles sont les puces,

rabe bombardier, lâchant avec colère sur ses ennemis une fulminante fusée de vapeurs rongeantes; comme l'oiseau façonnerait des ailes emplumées pour fendre les airs, le poisson se formerait des branchies au lieu de poumons pour respirer l'eau, la tortue indolente se couvrirait d'une épaisse carapace, etc.

Les plantes auraient-elles également su faire éclore des organes évidemment nécessaires pour diverses localités : les conifères, un feuillage mince, résineux, des fruits en cônes pour braver la neige des hivers, les plantes ficoïdes se remplir de sucs pour résister aux sécheresses ardentes des sables de la zone torride, le nénuphar élever ses fleurs au dessus des ondes pour l'acte de la fécondation et tant d'autres phénomènes où éclate la prévoyance et une intelligence incompréhensibles. On comprend donc évidemment que c'est outre-passer toute raison que de soutenir ce système tel que l'ont présenté de savans physiologistes et naturalistes modernes , en excluant toute cause sage, préformatrice.

La nature, primitivement, a dû créer et coordonner telles espèces végétales et animales pour telle sorte de fonction, pour telle habitation sur ce

les sauterelles, les altises parmi les insectes ; et les lièvres, les gerboises, qui font pareillement de grands sauts avec leurs longues pattes postérieures, n'ont aucune poche inguinale pour leurs petits. Les serpens se seraient privés de membres pour mieux se giser dans des trous, etc.

globe, avec une merveilleuse habileté; puis elle accorde à chacune de ces races le pouvoir de modifier
et de varier selon l'exigence des circonstances, leur
structure, jusqu'à certaines limites. Jamais ces altérations plus ou moins superficielles ne vont jusqu'à
dénaturer l'espèce, ni à transformer son type primordial. Celui-ci revendique toujours son équilibre
natal, comme l'arbre courbé se redresse spontanément. (Voir aux *éclaircissemens*, note D.)

CHAPITRE II.

Comparaison entre l'organisme du végétal et celui de l'animal.

La plante subsiste d'élémens simples, tandis que
l'animal ne peut se nourrir que de composés organiques. Ainsi la plante aspire, soit le carbone du
sein de la terre par les racines, soit l'hydrogène et
l'oxygène de l'eau pour constituer ses tissus; elle
décompose également l'acide carbonique, elle sépare
des engrais, leurs élémens à l'état de simplicité pour
les composer. C'est ainsi qu'elle végétalise les matières animales; au contraire, l'animal porte les nourri-

lures purement végétales jusqu'au degré de l'animalisation, en les élaborant davantage et en y joignant
des principes azotés. La plante parasite elle même,
le champignon qui naît soit sur des substances animales corrompues (des *sphæria*. des *lichens*, etc.) en
simplifie et végétalise les matériaux, tandis que
l'herbivore qui se contente d'alimens purement végétaux, n'en élabore pas moins ces matériaux pour les
animaliser. La plante élève donc les principes minéraux les plus simples à sa composition organique, et
rabaisse à son niveau les combinaisons animales. Au
contraire, l'animal ne peut se nourrir de matériaux
simples ou inorganiques (et le ver de terre ne fait pas
exception ici, car il se substante de débris organiques de l'humus végétal); il élève jusqu'à l'organisme
sensitif et nerveux, la matière végétale la moins
composée. Cependant la plante se nourrit plus abondamment d'engrais animalisés, de même que les
alimens de chair substantent plus richement l'organisme des animaux.

Nous avons reconnu dans le végétal deux pôles,
1° le *radical* ou nutritif, terrestre ou inférieur; 2° le
génératif ou supérieur, aérien et respiratoire, même
chez les plantes aquatiques dont les fleurs sortent de
l'eau pour l'ordinaire, pour accomplir la fécondation.

Ainsi la génération terminale et l'absorption radiculaire sont les deux extrémités opposées ou inverses de la plante. La première s'élance vers le jour, la seconde s'enfonce dans l'obscurité. L'un exhale ses odeurs, ses gaz, ses vapeurs, et tout expansive, elle s'épanouit; l'autre concentrative, attire, pompe les sucs et l'humidité du sol. Les deux pages de chaque feuille offrent les mêmes analogies; l'inférieure absorbante, tient de la racine, la supérieure aimant le soleil, affecte des couleurs vives comme la fleur. Nous avons vu dans le collet de la plante, le lieu de partage de ces impulsions contraires, le point d'appui de ces forces qui se fuient.

Ainsi la plante pousse au dehors, à ses deux extrémités opposées, ses systèmes nutritif et reproductif. Les parenchymes verts des feuilles et des tiges, qui constituent *le siège de l'appareil respiratoire végétal*, forment l'intermédiaire. (1)

C'est-à-dire que les matériaux ou sucs nutritifs puisés par les *racines*, après s'être élaborés dans les *tiges* et le *feuillage*, parviennent à la faculté générative dans les *organes de la fructification*, qui sont le *summum* du perfectionnement végétal.

Chez les animaux, il règne des dispositions orga-

____

(1) Un végétal, dit de Candolle, *Organogr. végét.*, tom. i, p. 249, est composé de deux cônes dans les exogènes (dicotylédones), ou de deux cylindres dans les endogènes (monocotylédones), appliqués par leurs bases, disposés dans le sens vertical et s'allongeant indéfiniment par leurs extrémités.

niques inverses (1). L'appareil nutritif, ou les racines de l'animalité résident au milieu du corps, à l'estomac, aux entrailles et sont accompagnées de l'appareil respiratoire qui élabore ou vivifie leurs matériaux alimentaires. Quant aux deux pôles opposés de l'organisme, ce sont : 1° le supérieur (celui de *Psyché*, ou de l'âme, de l'instinct primordial) formé d'un cerveau et d'une moelle épinière ou de cordons nerveux avec des ganglions, suivant les classes ; 2° l'inférieur ou le génital (celui de *Cupidon* ou l'amour, selon l'emblème ingénieux des anciens).

Par là, l'on peut voir comment le système animal se comporte ; il recèle à son intérieur d'abord ses racines nutritives et son appareil respiratoire élaborateur analogue au feuillage des plantes, puis ses organes génitaux, tout ce qu'un végétal repousse vers l'extérieur et à ses extrémités ; il est donc à cet égard une plante retournée.

Sa position habituelle est horizontale, tandis que la plante en affecte une verticale.

Le centre médullaire du végétal correspond, chez l'animal, à sa médulle nerveuse cérébro-spinale, placée à la région supérieure et antérieure du corps.

____

(1) Les cotylédons servent déjà, non pas de *mamelles* pour la jeune plante, comme on l'a dit, mais plutôt de *branchies* respiratoires, ou sont les analogues de ces organes caduques des larves de batraciens et de plusieurs insectes; car il est évident que la plante se trouve encore à l'état de chrysalide ou de larve.

Le canal médullaire central, chez la plante, aboutit aux ovaires de ses fleurs, terminales ou supérieures; il s'étend toujours en haut (1). Chez l'animal, ce sont au contraire des ramifications inférieures, émanant du canal médullaire cérébro-spinal, qui
se rendent aux organes génitaux mâles ou femelles.
Les rapports restent identiques dans les deux règnes,
bien que les dispositions organiques soient renversées.

L'acte de la génération, dans les plantes, épuise
la matière médullaire centrale ou la dessèche. Ainsi
chez les palmiers, les graminées, etc., toute la
moelle ou féculente ou sucrée, qui remplit leur tige
ou tronc, est absorbée, vidée pour subvenir au déploiement des fleurs et des fruits, en sorte que la
fructification étant accomplie, ces végétaux meurent
ensuite desséchés.

(1) En effet, on observe que tous les végétaux à moelle centrale
volumineuse, tels que les ombellifères, les sureaux, les *hortensia*, les
allium, les palmiers, le *butomus umbellatus*, ou la plupart des monocotylédones, portent des fleurs abondamment groupées en tête, en
ombelles, en corymbes, ou dans des spathes, etc.; ce qui fait présumer
comme nous le montrerons plus loin, que la moelle préside aux organes
de la fructification.

De plus, la moelle centrale, bien que renfermée dans un canal à-peu-
près cylindrique, jette des ramifications, s'avance en haut de divers côtés
pour donner naissance à des pousses latérales et à des bourgeons; elle
leur communique la force éminemment végétative, et opère en eux des
fonctions analogues à celles du système nerveux des animaux, comme le
soupçonnèrent Hales et Linné.

De même, parmi les animaux des classes inférieures qui n'ayant que peu d'élément nerveux, n'engendrent qu'une seule fois en leur vie, l'acte reproductif épuise totalement leur appareil sensitif, ainsi
qu'on l'observe chez les insectes et la plupart des mollusques, des vers, etc. En quelques hyménoptères
même l'organe mâle se détache et reste fiché dans la
femelle.

Chez les animaux vertébrés, comme dans les arbres vivaces, la médulle nerveuse des premiers, celluleuse des seconds se régénère pour fournir une plus
longue carrière à l'existence et aux productions.

Du reste, animaux et végétaux subissent également, sous les mêmes influences, des interruptions
de fonctions vitales soit pour l'engourdissement
hibernal, soit pour le sommeil; ils ont aussi des
espèces nocturnes, ou veillant de nuit et dormant
de jour. Ils manifestent des époques régulières de
génération, comme une sorte d'amour sexuel plus
ou moins vif et parfois, chez les plantes, accompagné de chaleur et d'irritabilité, etc. L'animal qui
serait privé de nerfs, ne présenterait plus que l'image
d'une plante, comme l'addition de la sensibilité
nerveuse éleverait le végétal au rang de l'animalité,
en lui attribuant aussi le mouvement volontaire.

C'est donc l'addition d'un système nerveux qui
a nécessité tout le changement de l'économie animale. En effet, un être sensible ne devait pas rester

planté en terre et exposé à toutes les causes de douleur ou de destruction. Ayant des moyens de chercher sa pâture, il fallait qu'il pût la saisir, l'absorber. Étant mobile, il ne devait pas prendre une nourriture trop volumineuse; celle-ci devait donc être substantielle et reçue à l'intérieur du corps; enfin il fallait que les fonctions sensitives et locomotrices fussent placées à l'extérieur comme les nutritives au dedans. En un mot l'écorce est celle de l'*animalité*, les entrailles représentent le *système végétatif*; celui-ci prédomine donc dans le sommeil et l'engourdissement, tandis que l'état de veille, d'activité sensitive et musculaire font prédominer la vie animale à l'extérieur.

La nutrition et la génération étant des fonctions communes aux plantes ainsi qu'aux animaux, sont spontanées, involontaires, tandis que les fonctions de la sensibilité et du mouvement des membres extérieurs peuvent être soumises au libre arbitre de l'individu. Celles-ci augmentent aussi d'étendue et de relation à mesure qu'on s'élève dans l'échelle progressive de l'organisation des animaux, surtout parmi les vertébrés, plus ou moins doués de facultés intellectuelles, tandis que les races inférieures sont asservies à des instincts déterminés et sans liberté.

Tout animal a donc deux ordres d'existences, celle de la *veille* qui imprime le mouvement à ses fonctions extérieures ou de relation, et celle du *sommeil* ou de l'engourdissement qui ne laisse agir que les fonctions intérieures d'assimilation, communes à la plante et douées d'une activité permanente, mais insensible.

L'étendue des fonctions sensitives donne seule la mesure de l'animalité dans un être, elle indique combien l'un est plus animal que l'autre, ou le plus éloigné du végétal; c'est ainsi qu'on peut établir l'échelle véritable de la perfection des êtres animés. Le système nerveux étant l'organe essentiel du sentiment, les nerfs sont ainsi la racine de l'animalité. Plus le système nerveux est développé, plus il y a de sensibilité, plus on est élevé dans l'ordre zoologique. On n'est donc animal qu'en proportion des nerfs et de la sensibilité; les corps organisés *insensibles* sont des plantes; les corps organisés *sensibles*, sont les animaux.

La nature présente trois principales divisions dans le règne animal, comme parmi le règne végétal.

1° La première (analogue aux plantes acotylédones, cellulaires et agames) est celle des animaux *zoophytes*, la plupart de forme circulaire comme les végétaux. Ce sont de tous les plus simples; leur tissu organique est pulpeux, très mou, plus ou moins diaphane même, et quoique très contractile en tout sens, on n'y aperçoit presque aucune fibre musculaire. On peut dire que le principe nerveux est fondu dans leur substance, disséminé en molécules presque imperceptibles, cependant capables de leur imprimer quelque degré d'irritabilité ou de sensibilité, comme le feraient de petits ganglions microscopiques, centres de vie et d'action; déjà dans quelques échinodermes et radiaires, il apparaît plusieurs rayons nerveux diffus. Chaque portion du corps de ces zoophytes pourvue de ses molécules nerveuses, possède une vie propre, laquelle peut même subsister indépendamment du tout; c'est pourquoi ces animaux sont capables de se multiplier par division ou bouture, et se régénérer ou se compléter, comme ils peuvent émettre des ovules, des bourgeons à la manière des végétaux (1). De même les zoophytes, n'ayant aucun sexe, ressemblent aussi aux plantes agames; nul viscère, excepté un estomac, quelquefois des poches et cavités ou cœcums; point de cœur

(1) Selon la judicieuse définition de Kant, les animaux supérieurs sont des êtres dont les parties jouent, les unes par rapport aux autres, le rôle de cause et d'effet, de moyen et de but, surtout si l'organisation est très compliquée et par là même très centralisée. Au contraire, chez les animaux inférieurs, et chez les végétaux, la centralisation est d'autant plus faible, et leur divisibilité d'autant plus facile, qu'ils sont plus simples d'organisation. Ainsi l'on peut multiplier les plantes, les polypes, les radiaires et des annélides sans qu'ils perdent la vie. Divers champignons même sont des agrégations d'individus, comme l'observent Decandolle, Dupetit-Thouars, Turpin, etc. On a pu multiplier des végétaux (*cactus*, *fritillaria*, *verrea*, etc.) par leurs seules feuilles, etc.

D'ailleurs, il n'y a point d'organes centraux chez les plantes, comme le cerveau, le cœur, qui communiquent le branle de la vie animale. Voir Schultz, etc.

ni de vaisseaux circulatoires, ni d'organes distincts de respiration et de génération ; ces cryptogames du règne animal sont tous aquatiques.

Pareillement les plantes *acotylédones*, cellulaires, cryptogames peuvent être considérées comme voisines de ces zoophytes ; plusieurs offrent des analogies avec eux, de forme, de consistance et les mêmes élémens chimiques azotés (comme des champignons, des algues) ; toutes manifestent un tissu privé de fibres, une organisation très simple, et l'absence d'organes de reproduction, ou du moins ont des sexes cachés; il n'y a point de substance médullaire, ce sont de simples expansions dans lesquelles ne se développent aucunement des organes spéciaux de fonctions.

2° La seconde tribu des animaux présente des organes particuliers, résultant d'un *appareil nerveux, en cordons soit épars* dans un corps plus ou moins symétrique (non plus rayonnant), *soit étendus* de la tête à l'extrémité inférieure, sous la cavité intestinale. Chez toutes les espèces, les troncs nerveux passent sous le ventre et sont pourvus d'un certain nombre de ganglions ou nœuds, projetant des branches à différentes parties. Ce qu'on nomme cerveau, n'est qu'un double ganglion situé au dessus de l'œsophage ; deux branches nerveuses émanées de lui, entourent, comme un collier, cet œsophage et réunies en dessous, distribuent de là des nerfs au reste du corps. Quoique variant de formes, chez les mollusques surtout, le système nerveux conserve toujours ces caractères généraux. Les *animaux articulés* (crustacés, insectes, vers) participent, à chacun de leurs segmens, d'un ganglion nerveux qui leur distribue des rameaux; cette série ganglionaire correspondante à la longueur de leur corps, est entretenue par un double cordon nerveux abdominal, noueux, émané du collier œsophagien. La vie n'a point de centre toujours unique, chaque ganglion étant monarque dans sa sphère d'activité parmi les animaux de cette tribu; aussi peuvent-ils reproduire, en quelques cas, des parties importantes qu'on leur ampute. C'est donc un appareil nerveux ganglionique (analogue au grand sympathique des vertébrés) qui imprime la vie aux fonctions des *mollusques* et des *articulés*. Ces deux embranchemens n'offrent jamais de vrai squelette articulé intérieurement; leurs muscles sont attachés à leur peau plus ou moins solide et durcie. On ne rencontre un cœur véritable et des vaisseaux circulatoires, que parmi les mollusques et les crustacés qui présentent aussi des branchies respiratoires aquatiques ou des bourses pulmonaires, pour l'air; les insectes et les vers ne possèdent, avec un long vaisseau dorsal, que des trachées dispersées dans presque tout leur corps. Ces mêmes animaux portent des mâchoires placées latéralement, ou une trompe; déjà la vue et même l'odorat, l'ouïe existent en plusieurs espèces, outre le tact et le goût qui appartiennent plus ou moins à toute l'animalité. Les organes génitaux, souvent réunis encore dans plusieurs familles de mollusques (surtout parmi les acéphales), sont séparés ou dioïques chez les céphalopodes, les crustacés et les insectes.

On assimile, par analogie, les *plantes monocotylédones* à ces classes d'*animaux*.La moelle de celles-ci est entremêlée à leurs fibres végétales, comme le système nerveux est disséminé à l'aide des ganglions dans le corps de ces *invertébrés*. Il n'y a point de squelette osseux chez les uns, ni de vrai bois dans les autres; mais chez tous la circonférence est plus solide que le centre. On le voit parmi les graminées, les joncs, les palmiers, etc.; de même que parmi les insectes, les coquillages, dont l'intérieur est mou, et l'extérieur dur. Les tiges noueuses des graminées représentent les articulations des vers et autres entomozoaires, etc. Pareillement ces végétaux n'engendrent qu'une seule fois en leur vie, à la manière de beaucoup d'insectes et de vers. Leurs feuilles sont simples comme leur texture, et leurs fleurs n'ont qu'une à trois étamines (ou les multiples 6, 9) elles sont incomplètes dans leurs parties le plus souvent. Aucun de ces végétaux *endogènes* ne s'accroît par couches, mais par un renflement intérieur, de même que les insectes, les crustacés sont obligés de subir des mues, par la rupture de leurs enveloppes solides à mesure qu'ils s'accroissent. Dans l'un et l'autre règne ou trouve des espèces aquatiques parmi leurs classes.

3° Enfin la troisième division est connue sous le nom de *vertébrés* ; elle comprend tous les animaux qui sont pourvus de deux sortes de systèmes nerveux, celui à ganglions, appelé sympathique pour les fonctions de la vie interne ou de nutrition, et celui de la vie extérieure ou de relation, dont les principaux foyers sont renfermés dans la boîte osseuse du crâne et dans le canal de la colonne vertébrale. Ces animaux possèdent un squelette articulé dans leur intérieur; les plus parfaits de tous, ils jouissent de cinq sens. Leur tête n'en a jamais moins de quatre et ils ne présentent pas plus de quatre membres symétriques comme leur corps. On leur trouve un cœur, du sang rouge, un foie, des poumons ou des branchies, et des organes sexuels toujours séparés sur deux individus. Leurs mâchoires jouent de haut en bas, au contraire des races invertébrées. On peut partager en deux grands ordres les vertébrés à sang froid, ou respirant faiblement comme les poissons, les reptiles, des vertébrés à sang chaud et à respiration complète, tels que les oiseaux, les mammifères et l'homme. Ainsi, à mesure que l'appareil nerveux s'étend et se complique dans les êtres, les animaux obtiennent de plus hautes facultés, ou sont mieux centralisés.

De même, les végétaux les plus perfectionnés,

sont les *dicotylédones* (ou dont la semence contient
deux lobes analogues à des mamelles nourricières
pour le jeune embryon); leurs formes organiques,
dans les parties de la reproduction, sont les plus
complètes, avec le nombre cinq et ses multiples
surtout. Leurs troncs ou tiges s'accroissant par couches extérieures de bois, étant ainsi *exogènes*, montrent plus de solidité à l'intérieur (comme un squelette osseux) ou dans le *cœur*, qu'à l'aubier externe;
leur moelle centrale renfermée dans un étui (comme
le canal rachidien des vertébrés), parcourt la longueur de la plante du collet de la racine à la fleur
terminale de la tige ou de ses rameaux. Tels sont
les végétaux les plus vivaces, les arbres les plus
robustes, ainsi que la plupart des espèces monoïques et dioïques ligneuses, et les plantes douées
d'irritabilité la plus manifeste, chez les légumineuses, etc.

On doit remarquer que ces deux règnes sont très
ressemblans dans leurs races les plus inférieures
ou protogènes, par leur tissu pulpeux ou celluleux,
leurs formes soit rayonnantes, soit amorphes, et
par leur commune habitation en des lieux humides
ou aquatiques. Ces végétaux et ces animaux se rapprochent tellement, dans cette fraternité intime, que
plusieurs naturalistes sont embarrassés de poser la
limite qui les sépare dans ce règne *chaotique*, si
toutefois même elle existe, et s'il n'y a pas dans plu-

sieurs conferves et infusoires, comme dans les *zoo-phytes*, mélange de la végétation et de l'animalisation.

Néanmoins à mesure que chacun de ces règnes déploie davantage les caractères de ses familles et de ses classes, on voit les plantes et les animaux s'éloigner par des distinctions tellement frappantes qu'il n'est plus possible de confondre un mammifère ou un oiseau avec un arbre ou une fleur. Chaque règne a grandi dans sa propre nature.

Le principal séjour des agames et des cryptogames, est le voisinage des pôles ou les lieux froids, tels que le sommet des montagnes; les monocotylédones prédominent ensuite sous les cieux tempérés; puis les dicotylédones se multiplient dans leurs espèces à mesure que le climat devient plus chaud; en sorte aussi que les arbres y sont plus nombreux et les dioïques plus fréquens. On observera surtout que les organes sexuels, si peu apparens ou si mal développés chez les végétaux voisins des pôles, s'épanouissent d'autant mieux, ainsi que les corolles et les fruits qui deviennent plus variés, plus mûris et plus sapides, à mesure que l'atmosphère est plus ardente. La même progression de la chaleur influe sur le développement général des productions animales, toujours plus vives, plus énergiques, plus fortement colorées, enfin plus exaltées et plus impétueuses, comme leurs affections, leurs parfums, leurs venins, leurs saveurs, etc., à proportion que le climat se rapproche davantage des températures torridiennes.

La longévité des espèces et des races suit à-peu-près la même proportion, en sorte que les plus solides et les plus complexes, sont généralement les plus durables, et leur croissance est moins rapide.

TABLEAU *comparatif du végétal et de l'animal.*

VÉGÉTAL.

1° Il a ses racines en terre, et ses organes génitaux à son extrémité supérieure, déployés au soleil, colorés et d'ordinaire odorans.

2° Sa situation est verticale.

3° Sans locomobilité, ni sensibilité.

4° La nourriture entoure la plante, et est absorbée par ses organes extérieurs (racines, feuilles).

5° La plante n'a que des armes défensives ou protectrices; plusieurs ont des poisons.

6° Le végétal absorbe l'acide carbonique et exhale au soleil du gaz oxygène.

7° Ses feuilles sont comme des poumons extérieurs de couleur verte, dite chlorophylle ou chromule, variable.

8° La sève ascendante et descendante se meut surtout par l'effet des absorptions et de l'exhalation de jour et de nuit, à l'aide de la chaleur.

ANIMAL.

1° Il a ses racines dans ses entrailles, ses organes génitaux en bas ou sous le ventre, cachés, honteux, décolorés, par fois odorans.

2° Situation horizontale le plus souvent.

3° Est locomobile et doué de sensibilité.

4° L'animal a besoin de chercher la pâture ou sa proie; il absorbe par ses viscères intérieurs.

5° L'animal possède aussi des armes offensives pour vaincre sa proie; plusieurs ont des venins.

6° L'animal absorbe l'oxygène de de l'air, ou celui que dissout l'eau; il exhale de l'acide carbonique.

7° Ses poumons ou branchies, etc., sont intérieurs, et d'ordinaire rouges du sang qui y circule.

8° Le sang rouge ou la lymphe qui en tient lieu chez les animaux à sang blanc, circule au moyen d'un ou plusieurs cœurs, ou par la contractilité des vaisseaux.

9ᵒ Le végétal est un composé de plusieurs végétaux ou germes, divisibles ; multipliables par boutures ou drageons, etc.

10° La plante a des formes circulaires ou rayonnées qui rassemblent les deux sexes, la femelle au centre, le mâle à la circonférence; d'où l'*hermaphrodisme* (les monoïques, les dioïques résultent d'avortemens d'organes ou de modifications.)

11° Les organes sexuels ou de fructification tombent chaque année.

12° La fructification est le summum de l'existence végétale, par *sa fleur* ou *son fruit*.

13° Des nourritures simples ou élémentaires forment le *bois ;* tissu végétal dans lequel prédomine le *carbone* (ensuite l'hydrogène et l'oxygène), *trois radicaux,* plus ou moins persistans après la mort.

14° La plante vit par sa circonférence et périt par son centre, ou son intérieur, d'abord.

15° Les parasites du végétal s'attachent à son extérieur seulement.

9° L'animal parfait forme un seul individu régi par un organe central (cœur, ou cerveau et rachis) indivisible (les animaux divisibles sont des zoophytes).

10° Les animaux parfaits sont de forme binaire, ou symétrique de deux moitiés latérales ; les sexes sont séparés ou *dioïques* (les animaux radiaires sont hermaphrodites, ou déjà zoophytes).

11° Les organes sexuels persistent durant toute la vie.

12° La sensibilité et la connaissance est le plus haut degré de là vie animale, en *son cerveau* et *ses nerfs*.

13° Des alimens déjà composés et organiques constituent la *chair,* tissu animal dans lequel prédomine l'*azote* (puis l'hydrogène, le carbone et l'oxygène), *quatre radicaux* au moins. Ils sont facilement putrescibles ou désorganisables.

14° L'animal vit par l'intérieur (cœur et rachis), il périt d'abord par la circonférence.

15° L'animal porte aussi des parasites dans son intérieur.

CHAPITRE III.

Loi d'ascension chez les animaux et les végétaux , ou élaboration progressive.

ARTICLE PREMIER.

L'on a pu voir qu'à mesure qu'un animal ou une plante obtient son accroissement, de l'état embryonnaire, puis fœtal, jusqu'à sa naissance et à son entier accomplissement à l'âge pubère, les organes s'élèvent graduellement vers une perfection plus grande, une complication plus merveilleuse.

De même, si l'on considère la série naturelle des végétaux, depuis les moisissures, les lichens et autres agames, jusqu'aux mousses cryptogamiques, et de celles-ci aux végétaux monocotylédones, pour atteindre enfin les plus belles productions de ce règne dans la grande division des dicotylédones (et polycotylédones), on reconnaîtra une ascension manifeste et une complication organique de plus en plus considérables dans les espèces.

Personne ne met également en doute une échelle zoologique ascendante, depuis l'animalcule microscopique le plus simple (et cependant la monade est déjà un infusoire assez compliqué, comme l'a fait voir Ehrenberg), jusqu'à l'homme. Sans doute, cette ascension de l'animalité n'offre pas une seule tige continue, un tronc unique sans interruption, et l'on a justement signalé les lacunes entre le dernier des vertébrés (poissons) et les premiers des invertébrés, céphalopodes (seiches et poulpes), ainsi qu'entre les divers embranchemens qui constituent les articulés, les zoophytes, etc. Mais quoique l'arbre de l'organisation générale présente plusieurs rameaux et branches, il n'en résulte pas moins, au total, une tendance ascensionnelle incontestable.

Ces faits se prouvent par les passages entre les classes, au moyen d'intermédiaires. Par exemple, les cirrhopodes (dans les *balanus* et anatifes) ont des caractères qui les lient avec les mollusques et les crustacés. On pourrait dire pareillement que les cirrhopodes sont des annélides devenant des crustacés ; ainsi les sangsues, par leur peau coriace, annelée, leurs trois dents, avoisinent certains crustacés *(pœcilopes)* à trois pieds-mâchoires. Rien n'est plus analogue aux vers intestinaux (entozoaires) que des vers extérieurs comme le dragonneau. Il est naturel que la continuité du mouvement organique complique l'organisation et la perfectionne.

On observe cette même tendance jusque dans les individus. Ainsi la force ascendante de perfectionnement donne à plusieurs animaux onguiculés cinq doigts aux pattes antérieures, tandis que les postérieures n'en portent que quatre, comme on en voit des exemples parmi les chiens, etc.

Par une hypothèse dans un sens opposé, Linné regardait l'homme, comme la source et le type primordial de l'animalité. D'après cette supposition, il faudrait que sa noble structure, par de successives dégradations et *décurtations*, comme il s'exprime, servît à redescendre vers les singes, les makis, les chauve-souris et toute la série reculante des animaux de plus en plus inférieurs, comme on voit la face d'Apollon rabaissée progressivement par l'aplatissement du cerveau et du front, avec l'allongement correspondant des os maxillaires, se rapprocher de l'ignoble museau d'un crapaud.

Mais cette détérioration n'est point la marche progressive de la nature; elle tend sans cesse, au contraire à son ennoblissement. Tout doit aspirer à se perfectionner, comme il est dans les plus sublimes propensions de l'humanité de s'agrandir par la pensée et le génie. Tel est le but de l'éducation des individus, comme de la civilisation de l'espèce. Il est tellement inspiré dans les intelligences, qu'on éprouve un mépris involontaire pour tout ce qui dégrade et avilit au physique comme au moral, et que notre admiration

est uniquement réservée à tout ce qui porte le caractère de la perfection chez tous les êtres ou ce qui
constitue leur beauté, leur vigueur et leur courage.

La marche ascendante, ou celle de composition
est donc la plus conforme à la nature; elle doit être
préférée dans son étude; l'on n'arrivera surtout à
bien comprendre ses merveilles et sa perfection dans
l'homme, créature suprême et hors de pair, qu'en
suivant la route synthétique qui fait gravir jusqu'au
sommet d'où l'on découvre toute la série progressive
des organisations.

Il est facile de signaler en effet les échelons ascendans de l'élaboration des élémens organiques qui
résultent de leur composition. Nous avons vu les
simples matières minérales terrestres, le carbone,
l'eau, les détritus de l'*humus* former des engrais
abondans pour le développement des germes végétaux. Nous voyons les plantes servir de pâture aux
animaux herbivores. La chair de ceux-ci devient
ensuite la proie des races carnivores et de l'homme
enfin premier anneau de cette chaîne de progression.
De même la physiologie considère tous les degrés
successifs de cette ascension organique, depuis le
fungus jusqu'à l'homme.

1° Le *tissu cellulaire* fongueux des champignons,
algues, lichens et autres végétaux agames, est la
trame primitive la plus simple, la plus insensible et

qui se déploie le plus facilement ou presque spontanément sur le globe, jusque sur des rochers humides.

2° Le *tissu celluleux végétal*, accompagné de
vaisseaux séveux, constitue un degré déjà supérieur, puisqu'il se montre excitable sous l'influence
des stimulans. Ainsi, l'action de la lumière et de la
chaleur, la piqûre de plusieurs insectes sur le parenchyme vert des feuilles, sur les pétales des fleurs,
les écorces, etc., dénotent un plus haut point d'organisation.

3° Le *tissu fibreux irritable* végétal est manifeste,
non-seulement par la contractilité spontanée des
capsules de balsamine, d'élaterium et d'autres plantes, mais surtout dans les pétioles des feuilles des
sensitives, de quelques oxalides, de l'attrape-mouche, *dionæa*, des étamines d'une foule de fleurs. C'est
le suprême degré d'élaboration végétale puisqu'il se
rapproche de la sensibilité des animaux. (1)

(1) L'irritabilité des végétaux, d'abord l'objet d'une foule d'obser-
vations et d'expériences, parmi lesquelles on peut citer celles de J. Fréd.
Gmelin (*Irritabilitas vegetabilium*, Tubing., 1768); celles de Desfontaines (*Mém. de l'Institut*, tom. i, sur les étamines et les pistils); celles de
M. Dutrochet, sur la sensitive, a été connue anciennement par Jean de
Gorter, et peut-être par Cæsalpin, *de Plantis*. Il en est résulté que plusieurs physiologistes ont cru y reconnaître une vraie sensibilité, car
M. Dutrochet admet un tissu *nervimoteur* dans la sensitive, ou une
sorte d'appareil nerveux; Déjà Lamarck avait essayé de rendre raison
des mouvemens spontanés de certains organes par une turgescence et

4° Le *tissu cellulaire animal*, quoique doué seulement d'une contractilité insensible ou d'une tonicité plus ou moins vive, est susceptible d'inflammation ; il jouit d'une capacité d'organisation qui peut, sous divers stimulans, engendrer des tissus morbides ou anormaux, et manifester ainsi divers modes de vivre ou de souffrir. Sa composition est, d'ailleurs, plus complexe que celle des élémens organiques du végétal, sous le rapport des principes constituans ou chimiques par l'accession de l'azote.

5° Le *tissu musculo-fibreux* des animaux, qui constitue essentiellement leur *myotilité* ou leur propriété locomotive, est le siège de cette irritabilité hallérienne

une déperdition instantanée de fluides subtils, sous des stimulans, Ce sont les fibres molles, jeunes, qui se montrent les plus excitables.

On remarquera que la plupart des plantes irritables sont acides ou développent de l'acidité, comme l'épine-vinette, les oxalides, les *opuntia*, *drosera*, le *biophytum* ou *averrhoa*, etc. Les sensitives ou mimoses, les *hedysarum* ont des sucs disposés à l'acidité, et des fleurs roses. Les acides sont des stimulans piquans, tandis que les alcalis agissent en sens opposé sur la fibre végétale.

Plus il fait chaud, plus l'irritabilité végétale se développe, de même que la sensibilité chez les animaux. Les plantes peuvent être tuées par des poisons ; l'opium éteint leur irritabilité, etc. L'irritabilité des étamines d'épine-vinette d'abord observée par un jardinier de Montpellier, puis publiée par Linné, ensuite par Duhamel, Cavolo, Kœlreuter (*Mém. acad. Petersbourg*, 1780), Smith, Schkuhr, Humboldt, Rafn, J. W. Ritter, Nasse ; enfin Goeppert (*Linnæa*, juillet 1828, p. 234) ; cette irritabilité est détruite par les poisons, l'acide prussique, les eaux aromatiques, l'alcool, l'éther, les acides concentrés, non pas par la décoction de *strychnos*, de *cocculus*, etc.

mise en jeu par la sensibilité. Cependant elle prédomine chez les animaux inférieurs et d'autant plus que la sensibilité et la respiration sont moins intenses.

6° Le *tissu nerveux* ou sa médulle appelée *neurine* est le siège essentiel de la sensibilité, propriété distinctive et fondement même de l'animalité. C'est effectivement le suprême degré d'élaboration des élémens organiques; leur composition chimique ou constituante est la plus complexe, par la présence du phosphore et peut-être d'autres principes inconnus, à l'état de vie (comme l'électricité, le calorique, le *fluide* dit *nerveux.)*

7° Pourrait-on considérer, de plus, réunis dans l'encéphale humain, ce trône de la pensée, ce foyer radieux où toute la sensibilité vient se réfléchir, les élémens les plus subtils et les plus énergiques de la nature organisée? Sans doute, nous ne pouvons pas pénétrer les mystères psychologiques de ce sanctuaire à l'état de vie, mais on ne saurait douter que tout l'effort de l'organisation, portée à sa plus haute puissance, n'y soit concentré par une merveille de l'auteur suprême de toute intelligence.

Il en résulte une progression irrécusable des élémens minéraux bruts, d'abord à la vie obscure et insensible du végétal, de celui-ci aux animaux dans toute la série ascendante de l'échelle zoologique, jusqu'au faîte de l'humanité. La nature peut-elle s'élancer encore au-delà dans la série des siècles, avec nos élémens actuels, ou créer des génies angéliques, tels que l'imagination peut les supposer? C'est ce qu'on ne saurait affirmer; mais elle aspire vers ce haut degré d'inspiration intellectuelle qui devient parfois une cause de mort : *est etiam morbus per sapientiam mori*. La nature a dérobé jusqu'à ce jour, sous ses voiles la statue d'Isis; elle punit, dans Prométhée, le larcin du feu céleste.

En offrant le tableau ci-joint d'organisation progressive des animaux et des végétaux, nous devons faire remarquer dans la marche ascendante de la nature, que le plus simple des animaux ne correspond nullement au plus complet des végétaux, mais que chaque règne suit un développement parallèle, en sorte que la plante la moins élaborée (telle qu'une conferve) tient le même rang dans l'*échelle phytologique*, que l'animalcule infusoire, dans la *série zoologique*. Ces deux règnes prennent leur naissance presque simultanément dans les eaux croupissantes. A mesure que se déploient les organismes végétaux et animaux en espèces plus perfectionnées, ils se distinguent davantage, par des caractères différenciels très éloignés. Ainsi un grand arbre ne peut jamais se confondre avec un animal élevé dans l'échelle zoologique, tandis qu'à la base des deux règnes, on voit se rapprocher les races végétales des animales, à tel point qu'on a cru à l'existence de véritables *zoophytes* (1), transformables les uns dans les autres, comme les zoocarpées, les psychodinées, etc., de quelques naturalistes.

La forme des tableaux ne permet pas de placer en haut la série ascendante de ces êtres correspondans, mais les derniers sont toujours les plus perfectionnés, comme étant le résultat d'une élaboration plus longue. (2)

Les insectes, quoique d'une structure interne plus simple que celle des mollusques (mais plus compliquée à l'extérieur) mériteraient par leurs instincts et leurs merveilleuses industries, d'être placés avant ceux-ci. Les facultés ne sont donc pas toujours concordantes avec la complication organique.

(1) Principalement dans les sertulaires, les cératophytes et autres productions coralligènes qui se confondent avec des fucus ou thalassiophytes. De même, des *uredo*, des puccinies paraissent venir d'animalcules infusoires, ou se transformer en ceux-ci, si l'on en croit plusieurs observateurs.

(2) Dès l'année 1803, j'ai exposé ces vues dans le *Nouv. Dictionn. d'hist. naturelle,* art. ANIMAL, édit. première. Elles ont été accueillies et développées par beaucoup d'auteurs. Voir Dumortier, *Comparais. des végétaux et des animaux,* dans les *Acta naturæ curiosior.* Bonn., tom. XVI, etc. Carus, *Anatomie philos. transcendante,* tom. III, trad. franç. 1835, in 8. fig., etc.

Tableau des êtres organisés ascendans.

PREMIÈRE TRIBU.

SENSIBLES OU ANIMAUX.	INSENSIBLES OU VÉGÉTAUX.
Animaux-plantes, ou zoophytes sans organes sexuels distincts. *Sans squelette.*	Plantes acotylédones, agames et cryptogames. *Sans bois.*
Animaux pulpeux. Infusoires, Eponges et madrépores, Cératophytes et coraux. *Gélatineux.* Radiaires (polypes et hydres), Echinodermes, Ascidies sociales.	*Plantes cellulaires.* Moisissures, byssus, conferves, Champignons, Algues et lichens. *Plantes vasculaires.* Mousses, Hépatiques, Fougères et rhizospermes.

DEUXIÈME TRIBU.

ANIMAUX	VÉGÉTAUX
à système nerveux ganglionique ou sympathique. *Squelette à l'extérieur.*	monocotylédonés (ou à une seule feuille séminale), *endogènes.* *Tubulo-ligneux à l'extérieur.*
Vers intestinaux, Vers annélides extérieurs. *Insectes* : diptères, lépidoptères, hyménoptères, névroptères, orthoptères, hémiptères, coléoptères, aptères. Les arachnides, Les crustacés, Les cirrhopodes. *Mollusques :* helminthides, acéphales, bivalves, univalves, céphalopodes.	Joncacées, Cypéroïdes, Graminées, Aroïdées, Palmiers, Liliacées, Iridées, Asphodélées, etc., Scitaminées, Orchidées, Hydrocharidées, etc.

TROISIÈME TRIBU.

ANIMAUX à double système nerveux (ganglionique et cérébro-spinal) *vertébrés.* *Squelette interne.*	VÉGÉTAUX polycotylédonés ou dicotylédonés *exogènes.* *Axe ligneux interne.*
Poissons. Acanthoptérygiens, Malacoptérygiens, Branchiostèges, Chondroptérygiens. *Reptiles.* Batraciens, Ophidiens, Sauriens, Chéloniens. *Oiseaux.* Palmipèdes, Scolopaces, Gallinacés, Oisillons (passereaux), Picoïdes, Rapaces, Grimpeurs. *Mammifères.* Cétacés et am- phibies, Pachydermes, Ruminans, Rongeurs, Marsupiaux, Carnivores, Grimpeurs, ou primates, Homme.	Aristolochiées, Amaranthacées, Chicoracées, Corymbifères, Dipsacées, Crucifères, Ombellifères, etc. Malvacées, Renonculacées, Solanées, Apocynées, Rubiacées, etc. Myrtoïdes, Hypéricées, Vignes, Rosacées, Térébinthacées, Légumineuses, Amentacées, Conifères, etc.

ARTICLE II.

Résumé sur les lois de formation des êtres organisés.

Deux principales opinions règnent en physiologie sur les lois primitives de la coordination de l'organisme végétal et animal, 1° celle qui admet l'évolution du centre à la circonférence, et 2° celle qui soutient que le développement s'opère au contraire de la circonférence au centre. Celle-ci étant la plus récente, doit être d'abord discutée ; elle suppose l'*épigénèse,* ou la formation successive et additionnelle des parties de l'individu, se réunissant sur un point ou un axe donné. Elle a surtout été défendue par Ch. Fr. Wolff et par des anatomistes modernes d'un grand mérite.

M. Serres établit ainsi : que toute la zoogénésie repose sur le développement excentrique des animaux, en sorte que tous leurs organes étant primitivement doubles, leurs parties marchent à la rencontre l'une de l'autre pour se réunir vers l'axe de l'animal et aux organes impairs ou uniques du milieu, formés sur la ligne médiane avec *symétrie,* par ce principe du double développement des membres. Selon cet habile anatomiste, la *loi de conjugaison* devient le nœud de leur réunion. Ainsi, toute la *morphologie des organes* résulte de ces deux lois, symétrie et conjugaison. Le cœur est formé de deux moitiés accolées, comme le crâne et l'encéphale ; le canal intestinal, l'aorte, la trachée-artère, le larynx, l'œsophage, les organes génitaux et urinaires, tout le squelette osseux, sont aussi composés par conjugaison et par cette double engrenure antérieure et postérieure de deux lames qui les constituent primitivement.

Si les chalazes renferment le poulet, ainsi que l'avait pensé Aristote, et comme Fabricius d'Aquapendente le montre, il paraît évident que les matériaux constitutifs de l'œuf se dirigent de sa circonférence et de ses pôles, sur le centre, le point médian où se manifeste la cicatricule. De même les nerfs latéraux de la tête, du tronc, du bassin, sont les premiers formés dans l'embryon ; ils existent déjà, indépendamment de la moelle épinière et de l'encéphale, lorsque cet axe cérébro-spinal reste encore liquide. Donc le système nerveux se développerait de la circonférence au centre, et l'origine des nerfs prendrait naissance non au cerveau ni à la moelle spinale où ils vont au contraire aboutir. La moelle rachidienne se compose de deux cordons qui plus tard se réunissent ; de même le canal intestinal, la trachée-artère, l'aorte se forment par la soudure de deux moitiés de canal pour constituer leur cylindre, suivant l'observation de Wolff, etc.

Quelque ingénieuse que paraisse cette hypothèse, elle est totalement démentie par les faits; ni l'homme ni les animaux et les plantes ne se trouvent en fragmens brisés dans l'œuf ou le sperme, en sorte qu'il n'y ait plus qu'à en réunir et souder les pièces au moyen de quelque attraction, comme le suppose ou la *Vénus physique*, ou la loi prétendue *de soi pour soi*, ou la théorie des molécules organiques, etc.

D'abord, tous les végétaux comme tous les animaux, ne s'accroissant, ne se développant que par intussusception ou absorption, déploient universellement l'organisme du centre à la circonférence par une loi constante, uniforme; des animaux seulement, et non pas tous, sont formés sur un modèle symétrique; car ces mêmes animaux, depuis l'état primitif de l'œuf jusqu'à leur parfaite croissance, grandissent et grossissent uniquement du dedans au dehors. On ne saurait admettre aucune juxtà-position des parties pour construire les végétaux et les animaux rayonnés, comme on ne peut supposer que le foie, la rate et tous les viscères sans symétrie de la cavité abdominale, tous les tubes artériels et veineux du corps soient le produit de deux portions qui viennent s'associer exactement dans toutes les parties d'un animal soit symétrique (comme les animaux vertébrés et les articulés), soit irrégulier comme tous les turbinés et tant d'autres mollusques anomaux dans leurs formes. Encore, dans ce cas, faudrait-il également que les moindres os, les moindres membres fussent pareillement composés de deux moitiés aussi réunies comme chaque œil, chaque oreille, etc.; ce qui n'a rien de vraisemblable.

Au contraire, on voit une germination manifeste faisant dilater le cercle vasculaire entourant l'embryon du poulet et qui finit par embrasser le jaune; elle déploie presque à vue d'œil l'allantoïde et fait pousser comme des bourgeons, hors du corps, les ailes et les pieds du jeune animal. C'est ainsi que d'abord sur le vitellus une mince duplicature présente, dans sa lame extérieure, les formes naissantes des parties de la circonférence du corps, le squelette osseux avec ses appendices ou membres; dans sa lame intérieure se repliant vers le dedans, d'après les modernes recherches de Pander, Burdach, Rathke, Baer, etc., elle constitue le canal digestif dont le jaune n'est qu'un appendice. De même, le cercle vasculaire qui d'abord apparaît au dehors par cette irradiation veineuse dont le centre est le cœur, rentre au dedans à mesure que se développe le squelette extérieur. Les os, primitivement formés par plusieurs centres ou noyaux, se soudent, ainsi que s'agglomèrent plusieurs glandes (les reins, la thyroïde, la prostate, etc.) par l'association de divers lobules distincts.

D'après les mêmes causes, les animaux inférieurs (et les fœtus, placés dans les mêmes conditions) sont constitués d'un grand nombre de pièces qui s'unissent à l'aide d'une végétation unique sans qu'on en puisse inférer leur multiplicité d'action et de principes. En effet, l'engrenure parfaite de plusieurs centres nerveux de l'encéphale et de la moelle épinière, les décussations et autres jonctions, depuis les nerfs optiques jusquaux fibr es du mésocéphale et du cervelet, prouvent un jet unique, un plan originel, dont la complication ne peut pas être successive, ni par des couches appliquées.

Ajoutons des faits décisifs : l'observation directe a manifesté, dans les premiers temps de l'embryon , cette *unité de formation*, bien que les parties n'apparaissent que selon l'époque de leur opacité. Déjà comme Aristote et Galien l'avaient vu, la fibrille centrale, que Malpighi compare aussi à la quille d'un vaisseau, est la moelle épinière qui donne le branle à tout l'ensemble organique et au *punctum saliens*, au cœur lui-même, dont Haller, Albinus et presque tous les anatomistes font dériver le développement général, du centre à la circonférence ; de même tout le système osseux a, comme l'a vu Carus, son premier point d'appui sur le corps central des vertébres. Harvey montre pareillement que les vaisseaux ramifiés partant du cœur central, distribuent le mouvement avec la vie à tous les organes de la circonférence pour les développer et les faire germer.

Et d'ailleurs il ne s'agit plus seulement de l'association des deux moitiés du corps, car en suivant ce principe de la formation des organes de toutes pièces, comment pourrait s'opérer avec tant d'harmonie un enchevêtrement réciproque de parties pénétrant les unes dans les autres, comme les mille ramifications des vaisseaux et des nerfs, s'il n'y avait pas de développement central et unique, depuis le point microscopique du germe, même de l'éléphant et du chêne (1), jusqu'à l'énorme extension que prennent ces êtres? Et comment s'établirait aussi l'unité, le concours d'action, le *consensus* parfait de tant de matériaux qui seraient plâtrés les uns sur les autres, tel qu'un édifice de la main grossière d'un maçon ?

La loi de juxtà-position est, en effet, toute minérale et propre à composer des cristaux pierreux, angulaires ; mais la loi d'évolution, d'intussusception

(1) La formation des végétaux par une sorte d'épigénèse, ou par le rapprochement et la soudure des parties en un tronc, a été soutenue avec beaucoup de talent par MM. Dutrochet et Turpin. Selon ces savans, les byssus ne seraient que des racines constituant par leur réunion en *apothecium* des champignons. Déjà Henri Cassini avait ainsi considéré la formation des morilles. D'après M. Turpin, tout végétal a pour origine ou des filamens (*protonema simplex*) ou des vésicules de globulines primitives (*protosphæria simplex*) naissant dans des eaux muqueuses, dans de l'eau distillée même, conservée en une carafe à moitié remplie. Ainsi les byssus, les lichens seraient les principes de toute végétation, et toutes les plantes tireraient de là leur origine. La sève montant là même où se fait sentir le besoin de nutrition, il se développe des tissus, des organes, etc.

Mais, dans cette théorie, toutes les difficultés de coordination des germes de l'organisme sont insurmontables, comme nous l'avons montré, tant qu'on veut se passer du principe intellectuel prédisposant.

par le moyen de tant de canaux, de suçoirs, de vaisseaux soit absorbans, soit sécrétoires internes pour
approprier chaque humeur ou chaque substance à un
but dans l'organisme, ne peut jamais résulter que
de l'unité de plan et d'une combinaison harmonique
de parties concourant à un seul objet. Il y a donc,
à bien prendre, impossibilité et nous oserions même
dire contradiction, à supposer que l'organisme, si
sagement disposé, puisse résulter d'une épigénèse ou
synthèse anatomique, sans germe, sans foyer central
primitif. (1)

Les fonctions elles-mêmes déposent en faveur de
l'unité originelle par les mouvemens opposés que
manifeste tout être organique, animal ou végétal,
dès sa première existence; ce sont l'assimilation et
l'excrétion. L'*assimilation* naît d'une force attractive
qui aspire avec ensemble et unité les objets du dehors,
les plus hétérogènes, afin de les rendre homogènes
avec le corps animé.

L'*excrétion*, au contraire, repoussant de l'inté-

---

(1) D'après **MM.** Audouin et Milne Edwards, le système nerveux
des crustacés se formerait originairement de deux chaînes de noyaux
médullaires en nombre égal à celui des appendices locomoteurs; elles
se rapprocheraient en longueur et transversalement, d'après la loi
d'embryogénie établie par M. Serres, sur la centralisation du système
nerveux. Cependant Rathké, savant anatomiste, a vu se développer, du
centre à la circonférence, tout au contraire, le système nerveux de
l'écrevisse, et présenter une série de modifications analogues à celle qu'on
trouve dans la série des crustacés à l'état adulte.

rieur vers l'extérieur, les objets homogènes du corps, les rend hétérogènes. Or, ces fonctions résultent d'une puissance d'unité agissant d'ensemble qui serait incompatible avec la pluralité des parties d'abord dépourvues d'un lien commun et central, comme le supposerait la formation épigénésique.

La loi d'unité, d'évolution centrale (1), par une force qui s'épanouit vers la circonférence pour déployer toutes les parties de l'animal, comme de la plante, avec harmonie et prévision intelligente, est donc la seule qui puisse présider à l'existence, à la formation de tout être organisé.

* * *

CHAPITRE IV.

Des phénomènes de l'évolution organique, des mues et défloraisons.

C'est une vérité généralement reconnue en physiologie que les corps organisés se développent, puis s'usent continuellement, soit à leur surface extérieure, soit dans leurs régions internes, par un

---

(1) *Evolutio omnis è centro ad peripheriam tendit; partes ergò centrales antè periphericas formantur. Idem evolutionis modus in animalibus vertebratis, a rachide incipiens.* Baer, *de Ovi mammaliam et hominis genesi.* Lipsiæ, 1827, in-4.

mouvement de décomposition antagoniste de celui de composition; en sorte qu'ils ne demeurent jamais identiques ou dans un état constant. La matière alimentaire, après s'être assimilée en notre propre substance, toujours transitoire, finit par se décomposer et être rejetée à l'extérieur. La force vitale repousse donc sans relâche au dehors les organes internes, à mesure qu'ils se renouvellent. Cette évolution est la cause des mues et autres changemens que subissent les corps vivans, à leur surface dans les diverses périodes de leur existence.

La nutrition augmente, par intussusception, toutes les dimensions de l'être animé et l'accroît à un point déterminé de grandeur. Chacune des parties de l'individu a sa part dans la nutrition générale, parce que chacune d'elles jouit d'une vigueur temporaire, émanant de la source de vie commune à toute la machine organique. Ainsi le corps manifeste non-seulement une évolution universelle, mais chacun de ses membres opère aussi son évolution spéciale, qui peut même demeurer indépendante du tout et s'accroître, parfois aux dépens des autres appareils.

Puisque chaque organe possède une sorte de vie en propre, il a sans doute également son âge et sa durée, outre ceux qu'il tire de l'ensemble du corps. On voit certaines parties vieillir et mourir en effet, avant la mort générale, comme les organes de génération,

les dents, les poils et plumes, les feuilles, etc.
Ceux-ci développés long-temps après la naissance de
l'individu, périssent néanmoins avant lui et divers
germes extérieurs se renouvellent; les vitalités particulières ont donc beaucoup moins de durée que la
vitalité totale.

Chaque membre, chaque organe spécial, doué
de sa vie propre se déploie donc dans ses âges de
jeunesse, de perfection, puis décroît et meurt; souvent alors il se sépare et tombe, nulle substance
morte ne pouvant conserver d'intime alliance avec
celle qui est vivante; il leur manque cette communauté de force intérieure qui en faisait le lien et en-
tretenait sa vigueur; livrée à elle seule, toute organisation morte se décompose, les anastomoses des
pétioles des feuilles, des vaisseaux dentaires, des
cornes caduques, etc., se rompent.

Cette destruction naturelle de quelque partie des
créatures animées, qui a lieu par suite d'élaborations
intérieures ou du développement de germes qui se
remplacent tour-à-tour, constitue un ordre de fonctions assujéties à des règles uniformes.

Si l'on doutait que la vie des corps organisés correspondît avec les mouvemens du globe terrestre,
et réglât sur ceux-ci ses phases, on trouverait une
belle preuve de cette vérité dans la mue annuelle des
animaux et la floraison, la défoliation des plantes.

Au printemps, toute la nature animée déploie le

luxe de ses productions ; la terre se pare de verdure, l'animal revêt ses habits nuptiaux puisque alors renaissent ses amours. La cause de cette grande révolution extérieure chez tous les êtres, résulte de l'oppression antécédente de leurs fonctions refoulées par le froid de l'hiver ; le végétal a recueilli pendant ce temps une surabondance de sève et de nourriture qui n'attendait que l'apparition de la chaleur pour s'épanouir. Aussi les germes poussent avec une vigueur extrême, et dans l'organisme animal, tout se porte également au dehors, jusque-là que les exanthèmes et autres affections éruptives se déclarent comme si tout bourgeonnait en même temps que les arbres. Voilà les feuilles, les fleurs et ensuite les fruits qui s'épanouissent chez les végétaux, comme l'on voit les poils, plumes, écailles, cornes, épiderme se renouveler ou s'accroître chez les animaux au printemps pour briller au moins durant le semestre du soleil sur notre hémisphère.

Mais à l'approche de l'équinoxe automnal, les animaux, les plantes s'étant livrés à leurs amours et plus ou moins épuisés par ce grand déploiement de leurs forces au dehors durant l'été, leurs fonctions diminuées, se reploient d'autant plus vers l'intérieur que la chaleur du soleil s'abaisse avec cet astre. Alors, ces efflorescences extérieures, ces productions printanières, parvenues au terme de leur croissance et de leur durée, ne peuvent plus accepter de nourriture, leurs canaux s'obstruent; elles se fanent, se sèchent, puis se détachent. Ainsi s'opère, plus tôt ou plus tard, la chute des fleurs, des feuilles, des fruits; ainsi muent les poils, plumes, écailles, tests, épidermes des animaux lorsque les corps vivans éprouvent cette concentration automnale pour se préparer à la retraite de l'hiver.

On comprend que sur l'hémisphère austral, notre hiver étant alors son été et réciproquement, les époques des mues de ses productions s'opéreront à l'opposite des nôtres chaque année.

Sous la zone torride, le soleil traversant deux fois aux équinoxes, la ligne, pour remonter de l'un à l'autre tropique, il produit en quelque sorte deux étés et deux hivers. Il détermine ainsi deux fois par an la mue des animaux et des végétaux, et deux fois leurs amours; ce qui fait la perpétuité des productions, et les êtres y vivent plus rapidement que partout ailleurs. Continuellement en production comme en destruction, de nouvelles fleurs éclosent à côté des fruits, et l'oiseau, recommençant sa couvée, chante de nouvelles jouissances auprès de sa nichée de six mois auparavant.

Dans les régions les plus froides, il existe une autre sorte de mue blanche *(albinisme)* pour la plupart des animaux à sang chaud, mammifères et oiseaux. Cette robe de chasteté ou d'indifférence sexuelle qui coïncide avec le silence ou l'inertie des fonctions génitales (autant que la robe brillante des animaux correspond avec la surabondance de leur sécrétion spermatique) devient spécialement propre à les garantir du froid. Ainsi les lièvres, les hermines et d'autres mammifères, comme une foule d'oiseaux palmipèdes, de gallinacés, etc., qui portent en été un plumage ou un pelage de couleurs brunes et diversement foncées, muent dans l'automne pour recevoir ce vêtement pâle des hivers. Cette blancheur tient à ce que le réseau muqueux (de Malpighi) sous-épidermique, et l'humeur colorante qui l'abreuve cessant d'agir chez ces animaux à cause de la constriction produite par le froid, elle ne pénètre plus dans leurs poils, leurs plumes, pour leur communiquer ses teintes (1). L'inertie de la vieillesse procure le même effet.

D'ailleurs les toisons des mammifères, comme le

(1) On en a la preuve par l'expérience : ainsi en frottant d'eau-de-vie la plaie de la peau d'un quadrupède ou d'un oiseau dont on a arraché les poils ou les plumes, il y renaît de ces productions blanches seulement ; le tissu muqueux coloré, sous-jacent à l'épiderme, ne procure plus sa couleur. C'est comme dans la blancheur résultant de la vieillesse ou des affections morales violentes, etc.

Les végétaux éprouvent également des macules blanches par l'absence de production de matière verte ou chlorophylle, et par le soulèvement de leur épiderme en quelques maladies.

Les albinos ou animaux blancs, dès leur naissance, soit de la peau, soit des productions cutanées, manquent de ce pigment jusque dans l'iris et la choroïde de leurs yeux qui paraissent alors rouges et incapables de supporter le grand jour.

plumage des oiseaux en hiver et surtout sous des
cieux rigoureux, deviennent extrêmement chauds
par la surabondance des poils et des plumes. En effet, ces productions doivent alors leur multiplicité
et leur finesse à l'accumulation des sucs nutritifs
amassés dans le derme et le tissu graisseux sous-
cutané, par le refoulement des matériaux de la
transpiration, durant la froidure. C'est également à
cause de la faible déperdition des corps en hiver et
dans les climats froids (surtout parmi les races qui
s'engourdissent dans un sommeil hybernal) qu'ils se
trouvent, au printemps suivant, plus riches en élément reproducteur, d'après la lente élaboration de
leurs sucs nourriciers accumulés; et le rut commence.

Telle est donc la révolution terrestre qui accomplit le cercle de nos fonctions, comme elle épuise
toutes celles des végétaux annuels et des animaux
(insectes, vers, etc.) de même durée, dont la texture est herbacée chez les uns, et molle chez les autres. On voit que les développemens et les mues
non-seulement correspondent avec les climats et les
saisons, mais se rattachent aux mouvemens sidéraux
de notre globe (1). Les dépurations critiques de

(1) La chute et le renouvellement des dents tient aux mêmes causes
qu'à la mue des poils et autres appendices extérieurs de la peau. En
effet, les dents, chez beaucoup de poissons et d'autres animaux, sont
une production de la peau, dont le repli buccal revêt les mâchoires.
Ainsi Everard Home a vu des dents cuticulaires dans l'*ornithorhynchus*

plusieurs maladies et nos âges mêmes s'assujettis-
sent par des excrétions d'après des lois analogues
aux balancemens de notre sphère.

(Voir aux *Eclaircissemens*, note E.)

CHAPITRE V.

De la durée des périodes vitales dans les fonctions de tous les êtres
organisés.

Il est évident que le soleil, les astres et tous les
élémens des planètes ont dû exister antérieurement
aux corps organisés qui leur correspondent. En effet,
ces élémens, comme ceux de l'univers subsistent
sans nous et non pas nous sans eux. Des planètes
pourraient exister sans habitans. Si donc le monde
et ses astres immenses, inconnus, ne sont pas créés
pour nous (quelle démence de le soutenir !), il faut
que nous soyons organisés en harmonie avec ces
vastes sphères qui soutiennent notre existence. On

paradoxus. Les poissons montrent, dans les chœtodons, des dents semblables aux crins d'une brosse, dans les sélaciens, squales et raies, aux
écailles et épines. Les fanons de la baleine franche ne diffèrent pas du
tissu de la corne du rhinocéros. Les défenses de l'éléphant offrent un
tissu de mailles, etc.

peut convenablement dire que les êtres vivent ou
pour elles ou par elles ; nous ne possédons que ce
qui est au dessous de nous, ou produit par nous.

Considérez, en effet, cette dépendance absolue
dans laquelle sont les animaux, et plus immédiatement
encore les végétaux, de tirer leur subsistance du sein
de la terre, vous la reconnaîtrez la mère commune
de tous : les uns restent attachés au lieu où ils pri-
rent racines; les reptiles errans à la surface du globe
y quêtent leur pâture ; les animaux mobiles sont les
fils émancipés de la nature. Que sommes-nous nous-
mêmes, enfans de la terre, mis en liberté et héritant
d'un noble rayon de la divine intelligence pour nous
éclairer un jour dans les obscurs sentiers de la vie?
Qu'est-ce même que cet amour de la patrie, sinon le
sentiment de cette sympathie autochtone, qui s'attache aux rochers, aux fleurs fugitives du pays natal?
Tant notre vie est adhérente au sol terrestre, comme
la Genèse nous dit qu'Adam en fut formé : sentiment d'autant plus profond chez les hommes, que
leur patrie est plus pauvre comme dans le monta-
gnard suisse et même chez le triste Lapon!

ARTICLE PREMIER.

Tous les êtres vivans étant donc coordonnés par
rapport au globe qu'ils habitent et dans lequel ils
puisent les sources de leur existence, les mouvemens

et le jeu de toutes leurs fonctions correspondent, par la même fatalité, aux révolutions de ce monde. Ils sont toujours périodiques comme elle.

En effet, chaque jour, comme chaque saison, nous distribuent une part quelconque de chaleur, de lumière, de nourriture, etc., entretiennent la durée, mesurent le rhythme de nos fonctions de veille et de sommeil, de réparation nutritive et d'excrétions, etc. Si ces rapports harmoniques sont réguliers, il en résultera cette suite de retours uniformes conservateurs de l'ordre et de la santé, car s'il y a interversion, si les mouvemens s'enraient, le char de la vie, pour ainsi dire, sortant de la route accoutumée ne s'élance plus que par bonds désordonnés ou périlleux au travers des précipices.

§ 1. Ainsi le *temps* ou les révolutions successives de notre planète autour du soleil, entraîne, par nécessité, toutes les générations des animaux et des plantes qui décorent sa surface ; il marque le terme fatal à chaque individu, comme il ramène leurs époques d'amour, leurs besoins de se nourrir et de se débarrasser du superflu ; il fait arriver à leur maturité et les fœtus (1) des animaux et les fruits des vé-

---

(1) Chaque espèce a son temps limité de gestation suffisante pour la parfaite élaboration du fœtus, bien que des différences dans les nourritures, les saisons ou températures fassent quelquefois varier la durée des périodes de peu de jours. Voir les *Recherches* de Tessier *sur la gestation des bestiaux.*

gétaux, dans des périodes données. Pareillement après un certain nombre de recrudescences fébriles ou d'accès et d'intermittences, il arrive spontanément, chez les animaux abandonnés à la nature, une *coction*, une sorte de maturité qui fait expulser des matériaux nuisibles (1), comme il arrive dans les maladies exanthématiques (variole, rougeole, scarlati-

(1) Le travail des accouchemens, d'ordinaire, commence le soir, époque de l'exacerbation des paroxysmes fébriles ; la crise ou solution a lieu vers le matin (Burch , Rech. sur l'infl. des époques de la journée sur les naissances, *Magazin in der auslændische heilkunde*, 1829, p. 336 et suiv.

Nous avons montré par des faits, (*Ephémérides de la vie humaine*, diss. inaug. 1814, et Dict. sc. méd., art. *Éphémérides*) que de même la mortalité était augmentée vers l'époque du lever du soleil , elle est moindre à l'époque du coucher, et presque nulle vers midi. De même les naissances sont plus fréquentes de nuit, et les décès pendant le jour. Les naissances et les décès, généralement plus considérables de trois à six heures du matin, et moins nombreux de trois à six heures du soir, suivent une marche parallèle aux *maxima* et aux *minima* de température du jour et de l'année; ainsi les saisons les plus rigoureuses de l'année et les heures les plus froides de la période nychthémère , qui leur correspondent, montrent le plus grand nombre des naissances et des décès (vers six heures du matin et au mois d'avril), les temps de l'année et du jour qui sont le plus chauds, sont au contraire peu abondans en morts comme en naissances (de midi à trois heures, et de juin en août).

De même si les mois d'hiver donnent le *maximum* des naissances humaines, les mois du printemps offrent le *maximum* de l'activité génératrice; ainsi un trimestre réparateur succède au trimestre le plus destructeur. Ces faits sont également attestés par les recherches de MM. Villermé, Quetelet, Burch, Lobatto, etc.

ne, etc.). Les diverses affections aiguës parcourent ainsi, en les livrant aux seuls efforts de l'économie (1) des périodes critiques, et arrivent à une solution tantôt funeste et plus souvent salutaire.

Indépendamment de la révolution diurne de 24 heures (ou *nychthémère*) qui établit la régulation journalière et l'*horloge vitale*, on a la preuve qu'il existe des périodes mensuelles, comme la menstruation, et les durées septénaires qui s'y rapportent, dans les époques des incubations des œufs des oiseaux (deux ou trois semaines) et dans les gestations ou incubations internes des mammifères (depuis trois semaines jusqu'à neuf et onze mois).

La *période annuelle* la plus généralement ressentie par tous les êtres animés, mesure les grandes époques de leur existence; elle limite la durée d'une multitude d'herbes, et d'animaux de la classe des insectes en particulier. Toutes leurs fonctions sont distribuées dans l'espace de ce long jour, dont le *printemps* offre le matin, l'*été* le midi, l'*automne* la soirée, et l'*hiver* la nuit. D'ailleurs les espèces annuelles naissant au printemps, voient leur puberté et leur époque de génération en été, leurs fruits ou leurs productions en automne, puis elles meurent aux approches de l'hiver. L'homme et les autres êtres vivaces (arbres

----

(1) *In iisdem verò circuitibus naturæ judicant sanitatem e morbo, et morbi interimunt.* (Aretæus, *Acutor. morb. curat.*, lib. ii, c. 3.)

et mammifères), subissent plus ou moins ce même
enchaînement dans leurs actes organiques.

Ainsi, le matin et le printemps président aux naissances ou aux accroissemens; c'est en effet l'époque
de la jeunesse, de l'expansion, de la gaîté. L'expérience a prouvé que le corps humain, comme les
plantes, obtient alors plus de croissance et de développement.

L'été, analogue au midi, est la saison de l'ardeur,
de la force, du plus haut déploiement des facultés
et de l'amour; il correspond avec la virilité, les passions impétueuses, explosives, la colère, etc. L'époque du rut de plusieurs animaux, a lieu surtout vers
le solstice estival.

L'automne est le soir de l'année; les végétaux offrent leurs fruits; puis devenus ligneux et secs, ils
se fanent; les animaux, après l'acte de la génération,
subissent alors la mue qui les affaiblit et les dépouille
de leur parure. C'est l'époque de la concentration
des facultés, des affections tristes et mélancoliques,
de la chute du feuillage, comme dans la vieillesse
chenue.

L'hiver, sorte de nuit glaciale de l'année, engourdit
les végétaux, ainsi que la plupart des animaux à sang
froid surtout. C'est la saison du repos des sèves, de
la nutrition et de la réparation intérieure qui se dispose pour l'avenir; l'inertie, le flegme, l'humidité
prédominante rendent cette époque stationnaire ou

presque nulle pour la vie des individus qui la passent dans un état de torpeur et de concentration.

Il résulte de ces faits; 1° que les *nombres nycthémères* ou la révolution diurne, calculent les fonctions quotidiennes de l'existence (1) et les cycles des maladies aiguës, les réfections, les excrétions.

2° Que les *périodes mensuelles*, correspondent (ainsi que les mouvemens de flux et de reflux des mers et les marées atmosphériques) aux mouvemens lunaires, s'il est permis de s'en référer à des observations assez manifestes sous les tropiques surtout.

(1) Ainsi, les affections cérébrales s'aggravent de nuit et en hiver, celles du thorax dans la matinée et le matin, celles des viscères abdominaux sous l'influence du midi ou de la chaleur du jour et de l'été, celles de la cavité pelvienne, dans la soirée et en automne.

Les heures du midi, comme la saison d'été, deviennent plus funestes et plus intenses sous les climats des tropiques; la nuit à son tour, et le solstice hybernal sont plus redoutables vers les régions polaires.

Les médicamens hypnotiques, narcotiqnes, conviennent plus à l'époque vespertinale, puisque l'économie aspire au sommeil. Les évacuans sont appropriés à la période matinale, temps où les fonctions se déploient à l'extérieur par le réveil.

Les fièvres intermittentes quotidiennes et les synoques éprouvent leurs accès de grand matin; les tierces muqueuses ou bilieuses, avant midi, les quartes, toujours après midi. Les frénésies, la manie, l'hydrophobie, le causus, la typhomanie, le choléra-morbus, etc., s'augmentent vers le milieu du jour; les paralysies, les névralgies, les émotions hypocondriaques et hystériques, la fièvre nerveuse, etc., ont des accès vespertinaux, comme l'influence de la nuit accroît les angines, le croup, les adynamies, les affections cachectiques et celles du système lymphatique, l'hydropisie, etc.

Ces périodes opèrent soit relativement au flux menstruel, soit à la durée des gestations et des incubations des vertébrés, soit par rapport aux retours des facultés génitales, au rut, aux mues des animaux, etc.

3° Les *périodes annuelles* ou du grand jour règlent les espaces de vie de toutes les espèces végétales soit bisannuelles, soit annuelles, et déterminent les époques de croissance, des métamorphoses d'insectes, de reproduction, de vieillesse chez les animaux.

C'est ainsi que les révolutions de notre globe soutiennent l'orbite de notre existence en équilibre avec eux, de même que la pierre est maintenue dans la fronde mue circulairement. Notre vie reste donc *suspendue aux astres* par la même force d'impulsion qui les entraîne dans leur orbite. Les minéraux se laissent seulement mouvoir aux impulsions générales, sans y participer par une activité propre. Pour eux, il n'y a point de temps qui mesure leur durée, tandis que chaque battement du pouls, comme chaque seconde, fait avancer la roue de notre vie, sans qu'il soit possible qu'elle marche en sens rétrograde.

La course régulière des astres, qui, pour nous, établit la mesure du temps et de notre existence, nous montre une succession uniforme dans ses cycles. Cependant la rapidité de leurs révolutions pourrait être ou diminuée ou accélérée, sans qu'il nous fût possible de le reconnaître. Qu'on admette, en effet, que notre système planétaire tombe dans une langueur universelle ; alors chacune des sphères participera de cet affaiblissement dans la même proportion qu'elle participait antérieurement à la vigueur universelle du système ; chacune de ses productions vivantes (supposé que les autres planètes en nourrissent aussi d'appropriées à leur constitution) se ressentira pareillement de la débilité comme elle s'animait de la force générale. Ainsi, les rapports proportionnels entre les périodes restant absolument les mêmes, tout s'écoulant avec plus de lenteur, soit la durée des existences et des mouvemens fonctionnels des animaux et des plantes, soit les altérations des minéraux, soit même la faculté de penser, nous ne verrions jamais que les mêmes relations ; rien ne différerait pour nous, puisque nous serions également compris dans cet allanguissement universel. Par la même raison, s'il existe des habitans dans Mercure, qui fait sa révolution autour du soleil plus rapidement que la terre, et qui a plus de densité, ceux-ci doivent avoir, dans leurs périodes, soit d'existence totale, soit de vie journalière et de fonctions de nutrition, de croissance, de génération, ou les paroxysmes de leurs maladies, etc., une rapidité proportionnelle aux mouvemens généraux de leur planète. Des rapports de lenteur correspondante, doivent se manifester chez les productions (s'il en existe) des froides et lourdes planètes de Saturne, d'Uranus, etc.

Cette même cause nous dévoile pourquoi, sous les tropiques de notre planète, le mouvement vital se rend plus rapide, les générations sont plus accélérées, les maladies plus actives, la vieillesse plus précoce, que près des régions polaires, dont le cercle de rotation diurne est peu considérable.

Et toutefois, la force de végétation devenant plus énergique sous la torride, autant par la continuité de la chaleur, que par l'amplitude du cercle de rotation diurne du globe qui accroît la puissance centrifuge, les végétaux y acquièrent des dimensions vastes, une procérité très élevée, une vie prolongée. Telle herbe modeste et humble de taille parcourt en Europe le cercle de ses destinées en un an, qui transportée sous des cieux plus prospères, s'élance fièrement en arbuste ligneux, et la solidité de ses tissus retardant la floraison, rend cette plante bisannuelle ou même vivace; telles sont nos herbes potagères. Le ricin qui est un arbrisseau, en sa patrie africaine, raccourcit, en nos contrées, ses périodes vitales, pour se conformer à notre climat; diverses plantes qui fructifient en quelques mois parmi nos régions tempérées, empêchées dans leur floraison par le trop court été des contrées polaires, comme par le froid qui retarde leurs actes vitaux, prolongent leur existence pour se reproduire la seconde année.

Il en est de même des animaux : les uns déploient largement leurs formes sur les terres ardentes ou

dans les mers chaudes, mais rapetissent leur corps
et leur vie sous des cieux glacés. D'autres au contraire y prolongent leur durée à cause de la torpeur
que le froid imprime à leurs fonctions organiques
près des pôles, qui verraient promptement leur existence dévorée par les chaleurs équinoxiales.

ARTICLE II.

Des formes volubiles organiques.

Ainsi, la vie est un cercle; la périodicité est une
vie, en ce qu'elle tend à conserver son action et à se
perpétuer en rentrant sans cesse en elle par ses retours spiraux. Les mouvemens erratiques ou irréguliers des maladies aspirent à devenir réguliers et
périodiques; car ils s'étaient échappés par la tangente
hors du circuit organique. C'est ce qu'on observe dans
les retours intermittens des fièvres d'accès et des névroses.

En effet, la première révolution périodique, dans
l'organisme est celle de la circulation du sang et des
autres fluides qui en sont des dérivations ou des
auxiliaires, comme la lymphe. Les retours journaliers
des nutritions, des sécrétions et excrétions favorisent et augmentent ce mouvement périodique aussi
bien que les révolutions de sommeil et de veille

harmoniés avec le mouvement diurne du globe et les successions de la lumière avec les ténèbres.

Mieux nous ferons correspondre nos fonctions vitales avec ces révolutions diurnes ou annuelles, plus nous nous accoutumerons à refaire, à des époques déterminées, à des heures fixes, les mêmes actes ; mieux nous pourrons les exécuter, avec force, avec moins de dangers ou de déperditions, comme dans les travaux d'esprit ou de corps, les excrétions, etc. Les hommes d'habitude, comme les animaux et les végétaux, subissent des époques de rut, de floraison, etc., deviennent, sans doute, presque machines, mais celles-ci sont plus persistantes, puisque l'organisme recherche ces récidives, les aime, les protège, s'en accommode parfaitement. C'est comme une route bien frayée, une ornière creusée où les mouvemens s'opèrent presque tout seuls, s'engrènent spontanément et sans fatigue.

On en voit la preuve manifeste dans ces ritournelles ou refrains périodiques de la musique. Ainsi, lorsque autour d'un centre d'action, se balancent des forces égales bien équilibrées, il s'établit des retours, des compensations et correspondances qui s'entretiennent les uns par les autres. Telle est aussi la cause du plaisir que nous éprouvons dans les rimes ou répétitions de sons, dans les symétries en architecture et en toutes les représentations qui charment l'esprit par ces rapports harmoniques.

19.

Le mécanisme de la plupart des mouvemens périodiques dans les êtres organisés, tient à des congestions de fluides, s'accumulant jusqu'à certaines proportions, puis à des déplétions correspondantes qui nécessitent de nouvelles réplétions. Telle est la première périodicité, celle du besoin de la nourriture qui succède à l'excrétion ; tel est le besoin du sommeil ou du repos que rappelle nécessairement l'épuisement de la veille et du travail pour la restauration des forces de l'économie vivante. Ainsi l'action nerveuse (ou la déperdition du *fluide nerveux* quel qu'il soit) fatiguée, réclame sa réparation. C'est par des réplétions et des déplétions de sang dans l'organe utérin que se manifeste le flux menstruel; c'est par des surcharges, puis des détentes, que s'explique le jeu de plusieurs glandes sécrétoires à travail périodique et le sentiment renaissant à heure fixe de la faim, etc. C'est ainsi que l'appareil nerveux contracte, en plusieurs maladies, ces sensations périodiques de douleurs (néphrétiques, goutteuses, etc.) ou des paroxysmes épileptiques, des accès d'hystérie, d'hypocondrie, de fièvres, d'hémorrhagies, etc.

Portons plus loin nos recherches, et voyons dans ces révolutions périodiques, la cause première de l'intorsion volubile des plantes grimpantes. En effet, ces végétaux dont les branches, les rameaux et hampes, les cirrhes ou vrilles se roulent en spire, dans notre hémisphère boréal *de gauche à droite* ou d'o-

rient en occident, suivant le cours journalier du soleil qui attire en ce sens leur sève et leur croissance,
par la flexibilité de ces tiges. (1)

Le savant horticulteur, André Thouin, remar-
qua pareillement que les plantes volubiles de
l'hémisphère austral, suivant la route du soleil
de leur climat, se roulent, au contraire, de droite à
gauche, par la même cause. Quand on apporte celles-ci dans notre hémisphère, ou celles de notre hémisphère dans celui du sud, il faut bien que ces
plantes changent la direction de leur spire, ce qu'elles font, quoique avec peine pendant les premières
années.

Les coquillages univalves turbinés sont toujours
(à peu d'exceptions près) roulés du même côté,
sous les deux hémisphères également. Leurs hélices

(1) Ces plantes volubiles n'existent point près des pôles, soit à cause
du froid qui s'oppose à leur développement, soit que l'attraction solaire
ou la chaleur n'y fassent pas assez monter la sève. Elles abondent dans
les climats intertropicaux chauds et surtout humides. Leur intorsion
se manifeste avant que leurs organes aient acquis leur développement ; elle ne dépend point du roulement spiral de leurs trachées,
car plusieurs volubiles en sont dépourvues ; ni l'électricité et le magnétisme n'influent sur ces intorsions (Voir la Diss. de L.-H. Palm,
Ueber das Winden der pflanzen. Tubing., 1827, in-8). Dans nos climats, il y a des intorsions opposées ; ainsi le haricot, le liseron se
roulent de droite à gauche, le houblon et le chèvrefeuille de gauche
à droite. Si l'on contrarie ces plantes dans leur intorsion, elles languissent.

se montrent d'ordinaire de gauche à droite (1); mais il faut observer à cet égard que ce sont des animaux pouvant se placer en tout sens : donc le mouvement sidéral n'a pas tant d'action sur eux que sur des plantes immobiles. En outre, cette direction spirale uniforme tient dans l'animal à coquille, à la situation de son foie volumineux d'un côté, tandis que le côté opposé contient ses organes sexuels plus petits. Il faut donc que le corps du mollusque se contourne. Les coquilles inverses ou *senestres* résultent d'une position inverse des viscères, comme chez plusieurs hommes gauchers. (2)

ARTICLE III.

Des retours.

Portons dans l'empire du moral l'examen de cette action du temps. S'il est vrai que tous les êtres organiques de ce globe (et il y faut aussi comprendre leurs productions, leurs œuvres, leurs opinions) subissent leur développement progressif, inévitable, comme les individus, il y aura pour toutes les institutions humaines, les coutumes, les mœurs, les empires, les religions, leur aurore, leur apogée et

____

(1) Fontenelle dit à ce sujet que tout cela peut être renvoyé à une première volonté de celui qui a fait l'univers. *Mém. acad. scienc.* 1704, p. 14.

(2) Les univalves sont *dextres*, la plupart, à cause que le foie du mollusque est à droite ; nous avions exprimé cette cause de spiralité avant Carus qui se l'attribue, *Anat. transc., end.* tom. III, p. 208.

leur déclin. Ce sont choses vivantes qui meurent et renaissent dans l'orbe immense de l'éternité, en modifiant la santé, la force et la teneur des *races* ou des *espèces* qui s'y trouvent assujéties. C'est ainsi que s'infiltrent dans les générations nos vices et nos vertus, non moins que des maladies héréditaires, à mesure que des situations politiques diverses ou des découvertes sont amenées par le tourbillon des âges, lorsqu'une jeunesse nouvelle dépasse l'antique vieillesse et que toute la série des productions physiques et morales se déroule tour-à-tour.

Rien ne peut donc être ni stationnaire, ni rétrograde véritablement dans la carrière des existences et de la société, à moins qu'on ne regarde cette marche comme révolutive dans les mêmes ornières du passé qui se reproduisent.

Multa renascentur quæ jam cecidére, cadentque.

En vain, on se rejette par le regret vers ces époques antérieures de brillante jeunesse et de joyeuse enfance; on en tombe par une chute rapide et précipitée; tout s'est ridé bientôt sous la main sévère du temps. Nous marchons sur les décombres accumulées des siècles écoulés; ces ruines exhalent une odeur de sépulcre comme la poussière des catacombes; tant de beautés antiques ne sont plus que des momies embaumées, jusqu'à ce qu'après la grande année sidérale il se ranime au-dessus de nos tombeaux, avec de jeunes fleurs, de nouvelles générations humaines retrempées dans les longs séjours de l'oubli et de la mort. Alors toute la chaîne de l'antiquité, avec ses idées, ses opinions, ses sentimens rajeunis ressusciteront dans l'orbite des temps par l'inévitable destinée, avec les animaux et les plantes.

Et en effet, puisqu'il n'existe, dans notre sphère qu'un nombre limité d'élémens organiques (quelle que soit leur nature), la série uniforme, sous des conditions semblables, des combinaisons de vie, doit conserver une règle déterminée qui fait tour-à-tour passer dans les mêmes filières ces élémens. Puisque tout circule dans cette ornière successive, la rotation immense des siècles ramenera une chaîne non interrompue de métamorphoses des végétaux et des animaux qui repassent par la nutrition ou l'absorption sans cesse les uns dans les autres. Il se produit donc sur ce théâtre des séries perpétuelles de générations et de destructions, et tous les évènemens du monde moral entrent en harmonie avec ceux du monde physique. Le lit du fleuve est frayé par l'immensité des êtres qui journellement se précipitent à flots pressés dans l'abîme. Donc, il faut bien que tout renaisse à-peu-près le même, au retour des vastes périodes, ainsi que nous voyons, chaque année ressusciter, pour ainsi dire, les petits êtres, les insectes, les herbes qui accomplissent régulièrement les phases de leur existence éphémère et de leurs instincts quotidiens.

Pareillement, tant que l'équilibre de notre monde subsistera le même, la vitalité des *espèces*, celle des nations se déroulera dans ce fleuve tortueux et immense des siècles. Elle reproduira les métamorphoses alternatives du progrès social, depuis l'état sauvage jusqu'aux âges illustres de la politesse et du savoir, en déployant aussi les infirmités, les maladies des peuples, dans cette marche inaperçue du vulgaire, mais signalée par les philosophes (Vico, Herder, etc.).

Il en résulte que nous ne vivons pas seulement d'une existence individuelle, mais de celle de notre espèce, à travers la sombre épaisseur de l'avenir qui ne peut être qu'un passé reproduit. Et c'est ainsi que nous avons vécu dans nos pères comme nos descendans vivront dans nous, sujets aux mêmes misères, capables des mêmes plaisirs, lancés dans la même carrière par l'inexorable nécessité. (1)

---

(1) L'héritage de l'organisation ou de la vie ne s'emporte point dans le tombeau ; il demeure, par la reproduction, aux êtres vivans, et passant de siècle en siècle, il n'appartient à personne. Nous ne sommes que de simples usufruitiers de la vie ; elle est le bien patrimonial de l'espèce, suite de l'impulsion communiquée par l'acte de la génération ; c'est la génération continuée. Devant mourir un jour, nous en transmettons à d'autres le flambeau. Nous sommes les alimens de la flamme vitale de l'univers. La mort n'est que la fonction excrémentitielle de la nature et par une sagesse infinie, ces débris doivent retourner à la vie : *circulus æterni motûs*. La métempsycose n'est que la notion de cette vérité.

CHAPITRE VI.

Exposition physiologique des âges, des sexes et des tempéramens, dans le règne animal et le règne végétal, comparés.

Tout individu, dans le règne végétal aussi bien que dans l'animalité, marche, de sa naissance à sa mort naturelle ou de vieillesse, par nuances successives de l'état aqueux ou gélatineux, mobile, ensuite au fibreux, puis au cartilagineux, enfin à l'osseux ou aride, immobile.

Tout ce qui vit, prend son origine dans l'humidité. Toute génération s'opère à l'aide de fluides, et la nutrition qui est également une génération continuée ne peut s'exécuter qu'avec des liquides.

ARTICLE PREMIER.

Ages.

L'embryon de tout être organisé passe donc progressivement par ces états; 1° aqueux; 2° muqueux ou gélatineux; 3° pulpeux ou fibreux; 4° cartilagineux (ou ligneux dans les végétaux); 5° osseux. Cet endurcissement qui devient imperméable, enfin, aux fluides nutritifs, par l'obstruction des canaux et des mailles des divers tissus, amène leur caducité inévitable. Ainsi l'enfance est *mucosité* prédominante, la veillesse *aridité*. Les âges intermédiaires résultent des conditions successives de densité des tissus organiques.

Dans l'échelle entière du règne animal, on observe pareille gradation de l'humidité à la sécheresse depuis les *animalcules* microscopiques, aqueux, les *zoophytes* gélatineux, les *vers*, les *mollusques* et *insectes* (1) plus ou moins pulpeux, puis les animaux vertébrés, les *poissons* et les *reptiles* obtiennent une ossature cartilagineuse plus ou moins solide; enfin les *oiseaux* et les *mammifères* jusqu'à l'homme, présentent la constitution organique la plus ferme et les les squelettes les plus durs. On pourrait donc considérer les premiers comme restés dans l'imperfection de l'enfance, les intermédiaires représenteraient la progression des autres âges jusqu'à la sommité zoologique qui en serait alors l'époque de maturité et de sagesse, ou si l'on veut le *sénat* et la tête de la république universelle des créatures animées.

On voit se déployer en même temps une progres-

---

(1) Les seules enveloppes de tous les animaux articulés sont solides, et forment les points d'appui, ou squelette extérieur de leur système musculaire.

sion correspondante dans le développement des diverses fonctions et facultés de chaque partie de l'organisme, suivant cette grande loi du globe qui nous force invinciblement à descendre toutes les périodes circulaires de l'existence, avec le fleuve *irréméable* des années.

Chacune des classes de l'animalité, présente son acheminement graduel de l'humidité à la sécheresse, comme de la simplicité à la complication de l'organisme. Ainsi les *mammifères* passent successivement des cétacés et amphibies humides ou aquatiques, aux brutes, aux ruminans, aux rongeurs, aux carnivores, puis aux singes et à l'homme, qui sont de texture plus sèche ou maigre, ou nerveuse et sensible. De même les *oiseaux* montent par des nuances analogues, des palmipèdes et scolopaces, aux gallinacés et colombins, aux passereaux, aux rapaces et enfin aux grimpeurs ou perroquets (représentant les singes en cette classe). Pareillement les *reptiles* vont des batraciens aux grands sauriens ; et parmi les *poissons* on passe aussi des races les plus mollasses ou muqueuses, aux plus sèches et fibreuses, succession d'état facile à reconnaître parmi les classes inférieures des invertébrés, toutes de vie aquatique.

ARTICLE II.

Sexes.

Généralement, plus un être tient d'humidité (relativement à sa nature) dans ses tissus, plus il est enclin aux fonctions nutritives et génératives, les autres ayant proportionnellement une plus faible activité; tel est le *sexe féminin* dans tous les animaux dioïques ou séparés (*polarisés* selon les philosophes dits de la nature). *L'eau* y prépondère.

Plus un être présente, au contraire, une constitution sèche et fibreuse, plus il est porté aux facultés de sentir et d'agir; les autres perdant à proportion de leur prédominance. Tel est l'apanage du *sexe masculin*, généralement doué de plus de vigueur, d'intelligence et de chaleur vitale, ou solaire, parmi tous les animaux. Le *feu* y prédomine.

Dans le corps vivant, le principal organe de la nutrition est le système viscéral et ses dépendances, telles que l'appareil lymphatique dont le siège s'étend avec le tissu cellulaire mollasse, muqueux, qui enveloppe la plupart de nos parties. Généralement, les régions inférieures, ventrales, des animaux contiennent les organes réparateurs et reproductifs, ou les plus humides, les plus mous et qui occupent un plus grand espace chez les individus femelles. Presque toujours cette portion du corps, la moins exposée à la vivacité de la lumière, ou qui préfère l'obscurité, étant aussi la plus détrempée par l'humidité, offre des nuances pâles ou blanches, la teinte efféminée; mais la tête, le dos, les membres, sièges principaux des organes sensitifs (le système nerveux cérébro-spinal) et locomoteurs (le système musculaire éminemment contractile); frappés surtout par les rayons solaires, sont les plus secs par leur nature et leur situation élevée, témoignent la force et l'énergie par une coloration vive et foncée.

Ainsi chez le sexe mâle, la tête, les régions pectorales et supérieures, l'épine dorsale, les membres antérieurs, tout ce qui constitue la charpente de la vie de relation, nerfs et muscles, obtient la prépondérance avec le développement du système respiratoire, des passions dominatrices, la colère, le desir de vaincre, etc. Les formes sèches, anguleuses ou carrées, abruptes, un ventre rentrant, des épaules larges et vigoureuses annoncent cette prééminence des *qualités viriles*. Au contraire, un ventre développé, des hanches et des membres inférieurs plus volumineux, des tissus spongieux, arrondis, des formes empâtées, grasses, une allure lente ou paresseuse, toutes les parties supérieures plus délicates ou débiles, avec des affections douces, timides, manifestent les *dispositions féminines*, ou la domination des appareils nutritif et reproducteur.

C'est aussi ce qu'on remarque chez les classes d'animaux inférieurs comparés aux supérieurs; ainsi les races humides ou aquatiques sont généralement ventrues, voraces, grasses, fécondes (les brutes et amphibies, les oiseaux palmipèdes, les poissons, etc.), tandis que les races plus sèches, plus actives des lieux arides, sont très agiles, intelligentes, maigres, sobres et peu fécondes (les singes, les perroquets, les mammifères et oiseaux, carnivores et insectivores, etc.).

Plus une espèce d'animal est disposée aux actions des appareils nerveux sensitif et locomoteur, comme les mâles, les races les plus élevées dans l'échelle zoologique, moins les fonctions des viscères nutritifs et des parties sexuelles obtiendront de prédominance. En règle générale, la supériorité de la vie nutritive diminue la vie sensoriale ou extérieure, et réciproquement, par un balancement d'action nécessaire.

Il est facile d'expliquer pourquoi les animaux efféminés ou craintifs doivent avoir les parties inférieures du corps plus puissantes que les supérieures et sont mieux disposés à la fuite, comme les kanguroos, les gerboises et les insectes sauteurs, etc. Au contraire, les animaux dont les membres inférieurs sont moins développés, doivent être plus hardis, plus constans ou virils, préparés pour la résistance. De là vient que les individus masculins portent des armes, cornes, et autres attributs de courage vers les régions supérieures ou antérieures du corps, et même ceux qui sont privés de queue, de prolongemens postérieurs, ou qui ont des jambes courtes, se montrent plus lubriques ou plus ardens à la reproduction, qualité toujours audacieuse et irascible, comme dans l'homme, les singes sans queue, etc.

L'abdomen est, dans l'individu, comme l'*élément femelle*, tandis que la tête et le rachis constituent l'*élément masculin ;* le premier, semblable à la jeunesse, sert pour l'accroissement et la reproduction; les seconds prépondérans dans l'âge adulte dominent par les facultés viriles de l'intelligence et de la force.

Et ce rapport devient encore plus évident par l'influence des âges. Les jeunes animaux, avant l'époque de la puberté, même chez le sexe masculin, n'offrent encore que la livrée, les traits et les habitudes féminines, tandis que les femelles devenues vieilles revêtissent plusieurs qualités masculines. Alors la femme acquiert parfois la barbe, l'assurance l'intelligence viriles; les femelles, parmi les oiseaux, obtiennent le plumage du mâle. Telles sont donc les phases naturelles de la vie que le sexe masculin offre le plus haut degré de développement cérébrotergal (1), et que les classes supérieures du règne animal jouissent des qualités surtout appropriées à ce sexe (2), comme les classes inférieures conservent davantage les attributs féminins, ou inférieurs splanchniques.

---

(1) Il est aussi le plus long à se former soit dans le sein maternel, soit dans ses périodes vitales ou ses âges.

(2) H. Fr. Autenrieth dit que les plantes femelles, dans les dioïques, offrent plus de branches et de feuilles, et celles-ci plus larges que chez les mâles (*de Discrimine sexuali jure in seminib. plantar. dioïcarum apparente.* Tubing., 1821, in-4). On en voit des preuves dans le chan-

ARTICLE III.

Tempéramens.

Les complexions individuelles se montrent pareillement en harmonie avec ces principes; elles sont les équilibres divers des systèmes constitutifs de chaque organisme animal et végétal, modifiables suivant les âges, les sexes et les habitudes de la vie ou le genre de nourriture et d'exercice, etc.

Le tempérament *lymphatique* coïncide avec celui de l'enfance, le *sanguin* avec la jeunesse, le *bilieux* avec la virilité, le *mélancolique* avec la vieillesse. Le sexe féminin correspond davantage avec les complexions lymphatiques et sanguines, par sa prédominance des tissus cellulaires et de l'appareil vasculaire sanguin; le sexe mâle avec les constitutions sèches, nerveuses du bilieux, ou tenaces et solides du mélancolique. Tel est ce *mode héroïque* ou masculin, comparé au *mode faible* ou grêle de la fibre femelle en général. Celui-ci, plus mobile, plus impressionnable, fleurit aussi plus précocement, mais se fane plus tôt ou se consume d'une vie trop ardente. La vie sociale,

vre, les épinards, etc. Loureiro a remarqué dans le *pselium hetero-phyllum* de Cochinchine, dioïque, les feuilles pointues et ovales aux femelles, rondes et obtuses aux mâles, etc.

riche, voluptueuse multiplie les causes de cette effémination, même chez les plantes hâtives.

C'est ainsi que les tempéramens, les sexes, les âges sont une représentation continuellement mobile de l'*échelle zoologique* ou du grand phénomène de l'animalité. Elle se développe sur ce globe par la loi universelle de l'accroissement, dans le cours astronomique de notre planète qui entraîne les âges et renouvelle les formes par la génération et la mort, sous la volonté de la puissance créatrice qui les a constitués selon son incompréhensible sagesse.

Les végétaux n'offrent-ils pas aussi les mêmes phénomènes d'âges que les animaux? Si l'on n'en saurait douter, ne peut-on point également assigner des caractères spéciaux et individuels parmi les dioïques, surtout à chaque sexe? Ainsi, l'on a vu le clavalier femelle (*zanthoxylum clava herculis*) et d'autres arbres également femelles se propageant facilement de bouture (1), tandis que cette faculté était déniée au mâle. C'est par ce motif qu'on n'avait apporté en Europe que la femelle du mûrier à papier (*broussonnetia papyrifera*). Le chanvre femelle seul capable de porter graine est aussi plus robuste et plus vivace que le mâle. La vraie tige de l'espèce, dans les végétaux, est donc l'individu femelle, qui contient l'embryon propagateur, tandis que le mâle ne produit que le principe excitateur ou vivifiant.

(1) Fougeroux de Boudaroy, *Journal de physiq.*, 1775, part. 1, p. 27.

Les végétaux présentent également des tempéramens divers signalés par leur coloration plus ou moins foncée (comme des individus bruns et d'autres blonds ou blancs). Cela est manifeste pour plusieurs arbres cultivés ; il en est qui fournissent des fruits plus sapides, plus fortement nuancés, sous la même exposition et le même climat. Ainsi, il y a des blés, des maïs, etc., plus blancs ou d'autres plus durs et plus secs, plus rouges. Les variétés acquises par la culture sont des tempéramens divers, comme les races précoces ou tardives, les modifications des légumes, des fruits, etc. Telles variétés succulentes, gonflées de sève, ou d'un tissu mou, hydropique, ne représentent-elles pas un tempérament lymphatique en comparaison des mêmes espèces sèches ou ligneuses, nées sur des terrains arides ou montagneux ? La loi est donc la même, et les individus dont la texture molle facilite une prompte croissance, comme dans les monocotylédones printanières (iridées, liliacées, etc.) fleurissent et se fanent plus promptement que les dures et ligneuses dicotylédones automnales dont les fleurs (composées) persistent quelquefois jusqu'aux premières gelées d'hiver. Ainsi le chêne, le bois de fer, durent bien plus que le peuplier, le baobab ou d'autres malvacées, parce qu'ils sont plus solides et plus tardifs.

CHAPITRE VII.

Des croissances animales et végétales (diurnes et nocturnes).

Dans les végétaux monocotylédones, surtout les graminées, on voit les organes se développer à la manière des tubes de lunettes à longue vue, en se tirant ainsi les uns des autres. Du collet de la tige, placé entre elle et la racine, partent, en divergeant, les fibres végétales, soit vers le zénith, soit vers le nadir, pour déployer la plante dans toutes ses dimensions verticales. La tige supérieure donne naissance aux fleurs, aux parties mâles ou étamines surtout; vers la tige inférieure réside la puissance reproductive des boutures, ou de la partie femelle.

Cette force rayonnante ou d'épanouissement se manifeste chez les animaux à-peu-près de la même manière. Ainsi les filets ou cordons nerveux sont constitués de plusieurs fibrilles qui se rendent aux organes. Le gros tronc du nerf sciatique, par exemple, envoie divers filets de la circonférence de ce cordon nerveux aux parties extérieures de la cuisse et de la jambe, mais les filets les plus intérieurs poursuivent plus loin, leur trajet jusqu'au pied et aux orteils. Ainsi, à mesure que s'opère l'évolution du membre, dans le fœtus, les filets nerveux s'allongent en même proportion, comme si c'était une branche d'arbre qui pousse et végète. Il peut se faire que certains filets soient paralysés, ou partiellement comprimés, en sorte que le membre ou une région quelconque du corps ne reçoivent plus l'énergie nerveuse; alors la nutrition, la circulation du sang, l'afflux des humeurs diminuent, languissent, mais d'autres parties de l'organisme s'enrichissent de ce que perdent les autres; l'équilibre normal est altéré; il se forme des disproportions, des monstruosités, ici par défaut, là par excès de nourriture. De même, le travail, l'exercice modéré peuvent appeler une surabondance de croissance dans un organe au détriment des autres, comme la taille des arbres force la sève à refluer vers certaines régions du végétal, pour multiplier les fruits, ou par la castration des fleurs, à descendre vers les racines tuberculeuses, etc.

La nature, par les mêmes prédispositions a pu amoindrir les ailes de l'autruche et fortifier ses pieds, ou bien agrandir au contraire les ailes de l'oiseau de paradis et des mouettes, en raccourcissant leurs pattes inexercées. Les sauterelles et les papillons présentent des exemples analogues.

Les accroissemens ou germinations sont favorisées par une abondante nourriture ou engrais, par l'humidité tiède, par l'exercice chez les animaux, afin de distribuer l'alimentation avec un juste équilibre selon les besoins des parties. Le froid restreint les germinations, une chaleur modérée les excite; ainsi l'on grandit plus rapidement en été qu'en hiver. Une serre chaude, ou des appartemens et des vêtemens chauds hâtent la floraison des hommes ou femmes dans les pays froids, comme celle des plantes délicates. Les complexions molles (les plantes malvacées, les saules, les liliacées) croissent plus rapidement que les constitutions arides et dures, ou deviennent volumineuses, procères, mais parviennent plus tôt à la puberté et au terme de leur existence.

La croissance se termine, non pas jusqu'où la fibre animale et végétale est capable de s'étendre ou d'admettre dans le réseau de ses tissus de la nourriture, mais en atteignant le complet développement des fonctions reproductives. Alors, la nourriture ne s'appliquant plus à l'individu seul, celui-ci n'en admet que la quantité convenable pour se substanter ; le surplus s'emploie à la production de nouveaux êtres. Quoiqu'on ait dit que l'accroissement s'opérait durant toute la vie chez les reptiles, les poissons, les vers et zoophytes, comme dans les plantes, celles-ci montrent par leur vie annuelle ou bisannuelle, que leur croissance s'arrête à l'époque de leur fructification. Les insectes, à enveloppe cornée, ne peuvent croître indéfiniment, non plus que les crustacés, les coquillages. Si d'autres animaux peuvent grandir davantage, aucune espèce, sur le globe, ne jouit du privilège d'une croissance illimitée. Toutes, naissant dans l'état glaireux ou gélatineux, finiraient naturellement par se durcir et s'ossifier: dernier terme qui n'admet plus l'exercice des fonctions vitales, ni des vides suffisans, pour la réparation des organes qui s'usent.

L'arbre meurt d'abord par le cœur, ou l'intérieur; les animaux, par les parties extérieures ou la vie de relation. Les appareils servant à la nutrition périssent les derniers chez les animaux et les plantes. La vie cesse dans les espèces les plus denses par l'obstruction, comme chez les troncs les plus compactes dont l'excessive dureté empêche la perméabilité des sucs nourriciers, tandis que les mailles plus lâches des corps mous permettent l'intussusception et l'accroissement avec moins d'obstacles.

La cause de ces différentes croissances résulte de la densité des tissus organiques chez le végétal comme dans l'animal. Il est évident que les herbes agames, à texture fongueuse ou molle croissent et se propagent malgré les temps froids, comme les champignons vers la fin de l'automne, les mousses en hiver. Dès le premier printemps, les liliacées, les iridées, les graminées et d'autres monocotylédones tendres se hâtent de pousser et de fleurir (quelques-unes même sous la neige, comme le *galanthus ni-*

valis); d'autres suivent, comme les hellébores, les primulacées; à mesure que la chaleur s'accroît, elle parvient à faire monter davantage la sève dans les tissus plus compactes des végétaux, comme dans les chênes, bien après les peupliers et les saules. Ainsi, plus les tiges sont ligneuses ou sèches, moins facilement la sève se fait jour entre leurs fibres, et plus il lui faut les sollicitations d'une chaleur intense. C'est pour cette cause qu'on ne voit fleurir qu'en automne les plantes les plus arides ou les plus froides du règne végétal. Ainsi, plus une herbe montre une texture lâche, simple ou molle, plus elle croît rapidement et fleurit de bonne heure (ou le matin, ou dès le printemps), plus elle redoute la vive chaleur et la sécheresse. Les végétaux tardifs et sérotins ou fleurissant en automne et le soir, doivent ces qualités à leur contexture serrée, ou sèche et tendue.

Par une raison semblable, les animaux de texture solide, ou les espèces arides (les singes, les perroquets, les corbeaux) sont vivaces ou douées de beaucoup de longévité. Alors aussi leurs périodes vitales s'exécutent tardivement ou laborieusement, comme dans les individus mâles comparés aux femelles, le cerf à la brebis, etc. Il y a donc des tempéramens, des prédominances des solides sur les liquides, et des aptitudes plus ou moins excitables pour l'exercice de leurs fonctions. Des fleurs qui s'ouvrent dès six heures du matin, au Sénégal, dit

Adanson, ne trouvent en France le même degré
d'échauffement qu'à neuf heures. De même, les plantes de France transportées sur le sol ardent de la
Nigritie, y deviennent plus matineuses, plus promptes
à éclore comme elles y meurent aussi plus tôt.

Animaux et végétaux nocturnes.

Les fleurs et les animaux nocturnes, ou veillant
de nuit et dormant de jour, doivent un phénomène
si opposé à l'état des autres êtres, à leur constitution
particulière. Ainsi l'action des rayons solaires accable
ces fleurs; elles paraissent languissantes, mélancoliques pendant le jour, comme on dit que certains peuples d'Ethiopie maudissaient le soleil qui les brûle,
et s'enfuyaient dans des cavernes pour y jouir de la
fraîcheur. C'est en effet parce que l'ardeur de cet astre
et sa lumière agissent trop vivement sur la texture
frèle de certains pétales, en évaporent trop la sève
et les sucs nourriciers qui remplissaient leurs mailles,
que ces fleurs se fanent, se cachent, comme les Tro-
glodytes, pendant le jour. Mais durant la fraîcheur
des nuits, ces sucs, cette sève, moins dissipés, s'ac-
cumulent dans le tissu de ces herbes, dilatent leurs
canaux, en sorte que les fleurs et le feuillage se rouvrent. Leurs plus tendres organes de reproduction deviendraient bientôt arides et desséchés sous l'ardeur
du soleil; elles les soustraient donc à leur action
pour ne les déployer qu'à la pâle lueur de la lune.

Par là l'on voit que les fleurs diurnes ont un tissu plus solide que les nocturnes; les premières ont besoin d'être échauffées, stimulées par la lumière, pour que les organes générateurs opèrent la fécondation (car il n'y a point d'amour sans chaleur), mais les tendres fleurs nocturnes ressemblent aux animaux de nuit qui redoutent l'éclat dangereux de la lumière sur leurs yeux; aussi leurs organes sexuels se fanent beaucoup plus promptement que ceux des plantes diurnes; leurs corolles monopétales et les polypétales sont d'une texture extrêmement frèle, la plupart blanches, étiolées, leur parfum fugace ne s'exhale que de nuit; il est évaporé de jour.

Les animaux nocturnes, mammifères, oiseaux, reptiles, poissons, insectes, offrent des teintes grisâtres, ternies, lavées, tandis que les espèces diurnes prennent sous les feux du soleil des parures plus vives ou plus éclatantes.

Or ces êtres blafards, à nuances pâles, étiolées, annoncent une texture plus molle, plus délicate, un système nerveux plus frèle; plus excitable que les espèces ornées de couleurs foncées ou dont les tissus sont plus fermes, plus denses; de là vient qu'ils ne supportent pas la chaleur, la puissante excitation de la lumière, sur leurs yeux et leur choroïde; ils sont privés, en partie, du pigment noir, comme sur toutes les parties du corps.

Puisque c'est par l'humidité et le froid de la nuit

que se font le moins de déperditions dans les corps vivans, c'est aussi l'époque des plus grandes croissances et des végétations (pourvu que le froid ne soit pas trop vif). Moins la puissance de vie se déploie à l'extérieur durant le repos nocturne, plus les fonctions internes de nutrition et de réparation s'exercent. Alors les organes s'accroissent et se fortifient; les moelles se remplissent de sucs restaurans; la plupart des cryptogames sont fils de la nuit; ils se multiplient dans la secrète obscurité des souterrains.

Ainsi la lumière produit l'activité, les propriétés stimulantes (telles que les parfums, les poisons, les venins des animaux et des végétaux) ou les causes de l'énergie dans les êtres organisés; au contraire, l'influence des ténèbres fait éclore les herbes âcres, vénéneuses, ou fades, inertes, les sucs faiblement élaborés, mais accroît les êtres débiles, se montre le soutien de leur impuissance, comme elle protège la naissance, le développement de tant d'animalcules ignorés au fond des eaux croupissantes, ou de larves d'insectes sous leurs obscurs asiles, ou de champignons fétides, de lichens, produits dans l'ombre mystérieuse des forêts et le creux des rochers. (1)

(Voir aux *éclaircissemens* la note F.)

(1) DE L'ALBINISME OU LEUCOSE, ET DE LA MÉLANOSE.

L'*albinisme* a pour cause prochaine, l'absence originelle, ou le défaut d'action de la couche pigmentaire, réseau muqueux placé sous l'épiderme des animaux. Chez les végétaux, il est dû à l'inertie d'action de la chlorophylle, matière verte, ou chromule cessant de colorer les tissus cuticulaires. Chez toutes les espèces, la mollesse et l'humidité en sont des résultats.

Sa cause éloignée est ou le défaut d'énergie vitale, ou l'effet de l'obscurité prolongée sur l'organisme, et celle d'un froid intense, continu.

La leucose peut être ou totale, ou locale et partielle, même chez les variétés blanches des animaux et des plantes. Elle effémine les êtres.

L'abinisme accidentel total survient par la vieillesse, ou par le défaut de renouvellement ou de nutrition de cette couche pigmentaire, servant à la coloration des poils, plumes, écailles, etc.

Cela peut survenir même avant la vieillesse, par des maladies, par l'absence des causes de réparation nutritive accoutumées, ou chez des animaux par les vives frayeurs retirant de la circonférence les humeurs ou rendant la peau pâle, les cheveux blancs, etc.

L'albinisme produit par l'action du froid, refoule loin de la peau les élémens nutritifs ou réparateurs, joints à l'absence de la lumière; il se remarque surtout chez les animaux des hautes montagnes et des régions polaires, qui blanchissent en hiver, et se colorent en été; les grosses épines des porc-épics présentent ces alternatives annelées de blanc et de brun par l'alternative des étés et des hivers.

L'albinisme local a lieu par la destruction mécanique du tissu muqueux pigmentaire à la suite de froissemens ou déchiremens du derme. Ainsi succèdent des poils ou plumes blancs à ces mêmes appendices colorés.

Le *mélanisme* ou *mélanose* résulte d'une surabondance de production pigmentaire muqueuse sous-cutanée chez les animaux et végétaux noirs et dans lesquels le carbone s'exsude à l'extérieur; tels sont les nègres, les animaux noirs ou très bruns, les plantes lurides, vénéneuses (solanées, etc.)

L'Afrique, les climats brûlans, les cieux resplendissans de lumière excitent cette disposition qui s'explique par l'état inverse de la leucose; elle vient de sécheresse et cause la dureté ou une plus courte taille, dans les individus.

LIVRE IV.

DE LA REPRODUCTION DES ÊTRES (ANIMAUX ET VÉGÉTAUX).

CHAPITRE PREMIER.

De la reproduction des êtres en général.

ARTICLE PREMIER.

La question physiologique la plus abstruse n'a presque jamais été envisagée de haut dans toute la généralité de la nature. Ouvrez les livres qui en traitent le mieux, le point de vue philosophique y est complètement passé sous silence.

Nous avons montré la matière toute seule incapable de constituer, par le concours de ses forces, l'harmonie et l'unité, à moins qu'il n'y préside une *intelligence* appropriant les formes des membres au genre de vie préordonné à la plante comme à l'animal. Il faut donc que tout être organique (rouage prévu et disposé) dépende de ce principe simple, indivisible, fondement de sa vitalité, et qui n'est pas corps, puisque toute matière est divisible ou corruptible. (1)

Cette corruptibilité des individus rendait nécessaire la perpétuité des espèces. Par la reproduction, en effet, rien ne se détruit réellement, car la puissance de vie repassant sans cesse en d'autres corps, par ces transformations et une sorte de métempsycose, le tout persiste au moyen de cette succession universelle.

On dit : l'arbitre éternel, la divinité immuable n'a pas pu changer, créer à une époque quelconque de sa durée infinie, cet univers ; cela serait plus incompréhensible à la raison humaine qu'une co-éternité d'existence.

Mais il n'est pas évident que les métamorphoses opérées, soit en **général**, soit pour chacun des systèmes planétaires et de ses organismes, dans l'avenir comme dans le passé, témoignent la mutabilité de la cause première formatrice, quoique cette mutalité puisse être aussi de son essence.

De plus, la création peut n'être que la réalisation sensible et visible de ce qui était en puissance dans l'immensité divine. (2)

---

(1) Il ne faut point oublier que les conditions particulières de chaque organisme et de ses parties, y compris le système nerveux, dépendent de *l'idée qui lui sert en général de base*, et qui, *agissant comme une sorte de semence spirituelle*, produit une certaine formation avec les élémens les plus simples.—Carus, *Anatomie comparée transc.* t. III, p. 128.

(2) Nous étions dans nos pères, qui étaient dans les leurs, et ainsi

Ensuite, ces générations et corruptions dont les mondes deviennent le théâtre perpétuel, ce flux intarissable de toutes choses dans le temps et l'espace, peuvent n'être nullement des productions nouvelles. Comme il n'existe en chaque sphère, qu'une certaine quantité de matériaux organiques ou transformables, il s'établit nécessairement une rotation faisant circuler ces substances, à plusieurs reprises, dans les mêmes moules d'organisation; le végétal dans l'animal et réciproquement les uns dans les autres. Donc, il se coordonne une série préconçue dans les destinées des créatures, une rénovation préméditée de la même chaîne d'évènemens sur cette roue infinie du temps qui l'entraîne. Ainsi, nous reproduisons nos pères comme nous serons engendrés de nouveau par nos descendans; les élémens vivans de nos organes assujétis à des métamorphoses incessantes, par le développement continuel de cette grande trame de la vie, renouvellent forcément toutes les chances possibles, selon les voies impénétrables de la toute-puissance qui régit l'univers.

tous tirés les uns des autres (comme une lunette à longue vue), nous pouvons, par la pensée, rentrer dans notre origine primitive et dans la *force créatrice* qui a donné naissance à tous les êtres animés. Nous sommes donc nécessairement son émanation et son propre développement par cette succession de générations; toujours *uns* et *identiques* par transfusion du premier esprit ou de la force primitive d'*impulsion organique*.

Nous avons constaté ci-devant l'impossibilité que les seules puissances de la matière constituent les *formes substantielles* des animaux et des plantes, et qu'il ne peut y avoir de véritables générations spontanées ou équivoques. Il implique, d'ailleurs, contradiction que les efforts désorganisateurs de la corruption approprient à un but l'organisme, comme le supposait la mauvaise physique des anciens, privée du secours du microscope et presque de l'anatomie.

AXIÓME 1ᵉʳ. La force organisatrice qui engendre ou perpétue les animaux et les plantes est manifestement une *intelligence préordonnée*. Elle s'exerce au moyen de forces unicentrales ou faisant converger dans un seul foyer les élémens organiques pour en constituer un être individuel, avec ordre, harmonie. Au contraire, la corruption a lieu par des affinités divergentes, dispersives ou centrifuges. Tel est l'exemple d'un œuf couvé ayant un germe fécond, et de l'œuf sans germe. Ainsi la *génération* associe, recueille, attire, tandis que la *putréfaction* détache, écarte et dissipe; dans la première l'*attraction* domine comme la *répulsion* s'opère dans la seconde.

AXIOME II. Les actes spontanés des êtres organisés ou leurs fonctions de nutrition, de conservation et de génération, parmi le cours de l'existence, relativement à leurs destinations, et d'après leurs instincts spéciaux surtout, donnent la preuve de cette intelligence incarnée et comme inféodée à la matière organique durant une période variable.

AXIOME III. Ce principe organisant ou intellectuel, encore à l'état obscur dans la hiérarchie végétale, mais déjà moins dépendant pour ses déterminations spontanées chez les races inférieures des animaux, obtient successivement, en se développant dans les organismes complexes des vertébrés, des facultés bien supérieures, ou dépassant le physique; enfin chez l'homme il manifeste les actes les plus éminens et soumis, la plupart, au libre arbitre de l'individu.

AXIOME IV. Le nombre et la qualité des principes élémentaires de notre planète, capables d'être constitués en tissus organiques, a décidé primitivement du nombre et du degré des élaborations vitales. S'il n'y avait eu que du carbone, de l'hydrogène et de l'oxygène, le règne végétal existerait seul. S'il s'y rencontrait, outre ces matériaux et l'azote qui forme des tissus animaux, d'autres substances, également organisables, ce qui est possible en d'autres sphères planétaires, la force organisatrice eût établi sans doute des créatures plus compliquées ou plus perfectionnées que l'homme. Le point le plus culminant auquel l'organisation s'arrête sur chaque globe est donc le résumé de tout ce que celui-ci possède d'élémens vivifiables, et pareillement, c'est le faîte de la *puissance organisatrice intellectuelle* correspondante.

AXIOME V. Cette intelligence ne développe les germes de ses productions, en chaque région de ce globe, soit sur le sol, soit au sein des ondes, que dans une parfaite harmonie avec les circonstances locales dans lesquelles doivent subsister ces êtres. Aussi tout changement dans les climats, toute modification dans les fluides ambians, font varier proportionnellement les créatures qui seraient constituées pour tout autre système de conditions naturelles, ou les détruirait.

AXIOME VI. Comme rien ne périt absolument dans un système où tout s'attire et se maintient, les corps se transforment sans que les élémens cessent de subsister. De même leurs forces animatrices, intelligentes, alors que toute vie serait exterminée, ne seraient pas sans doute anéanties. Soit qu'il y eût de nouvelles créations d'êtres inconnus (comme cela paraît avoir eu lieu après les grandes catastrophes diluviennes de notre planète qui ont anéanti des races aujourd'hui fossiles), soit que d'autres équilibres de climats, de températures et de saisons, une autre constitution atmosphérique nécessitassent des systèmes organiques différens, les générations toujours subsistantes et successives prouvent combien la nature intellectuelle aspire à exercer son énergie organisante, lorsqu'elle a des matériaux appropriés pour déployer ses facultés et rentrer dans la vie active.

AXIOME VII. Cette nature procréatrice ne peut pas être le résultat de l'énergie générale des matières brutes et non brutes, comme l'ont pensé les hylozoïtes et les panthéistes admettant la vie universelle. Au contraire cette *puissance intelligente* est entièrement séparable des corps, car elle les abandonne; elle coordonne avec une admirable prévision les germes de toutes les espèces de plantes et d'animaux, par des fonctions déterminées suivant les conjonctures; elle leur attribue des facultés capables de résister, jusqu'à certaines limites, à ces forces générales des matières brutes. Il y a donc des systèmes organiques, tout-à-fait distincts des lois universelles, dans leurs formes spécifiques et leurs instincts primordiaux.

AXIOME VIII. La preuve de ces intelligences ou *formes spécifiques* se trouve d'abord dans les rapports nécessaires de chaque sexe l'un pour l'autre; ensuite ce sont les caractères constans des espèces qui peuvent bien admettre jusqu'à certaine limite, des mélanges de races voisines d'où résultent des mulets ou métis (inféconds d'ordinaire). Ainsi la *nature formelle* de chaque espèce revendique son type dans sa pureté originelle, et malgré les oscillations (ou variétés) imprimées par des nourritures, des climats, des habitudes opposées, l'espèce retourne spontanément à son harmonie primordiale aussitôt que les obstacles ont cessé.

21.

Axiome IX. Bien que la plupart des familles de plantes et d'animaux présentent une foule de ressemblances fraternelles entre leurs races congénères, celles-ci conservent, dans l'état présent de notre planète, leurs formes indélébiles d'individualité. Ainsi l'on trouve multiplicité dans l'unité du plan ; il ne constitue qu'une trame générale de créatures, dont les rapports d'organisation, mutuellement enchevêtrés, couvrent de leur réseau, le globe entier. Les êtres se soutiennent par ce moyen, les uns les autres, dans l'ensemble de leur république universelle ; si l'un d'eux vient à manquer, les voisins en héritent ou le remplacent.

Axiome X. La qualité d'individu produite par cette force centralisante d'unité (1) nommée la *vie*, fait que chacun d'eux existe d'abord pour soi, dans son égoïsme, mobile indispensable de sa conservation, puis de sa multiplication, autre égoïsme plus étendu. Mais puisque l'animal et la plante ne peuvent subsister que d'objets hors d'eux-mêmes, ils devaient être coordonnés en harmonie, tant avec la nature universelle qu'avec d'autres créatures. Aussi la plupart des animaux ne pourraient subsister sans les végétaux, ni ceux-ci sans les minéraux ; et une multitude de races parasites, sortes de mendians,

______

(1) Ou la *monade* de Leibnitz, dans laquelle l'univers vient se réfléchir comme sur un miroir.

sont échelonnés pour employer le superflu d'autres races, ou même pour s'accommoder à l'existence de l'être duquel ils sucent la vie, comme les entozoaires (vers intestinaux), les épizoaires (insectes parasites extérieurs) et les épiphytes, les hypoxylons, etc. (plantes agames vivant sur d'autres végétaux). De là suit ce principe général que, plus les êtres sont inférieurs et simples, moins ils dépendent d'un grand nombre d'autres. Au contraire, plus une créature s'élève en se superposant, plus elle dépend des premières ou étend ses rapports dans la nature, en sorte que l'homme qui domine sur tout le globe est par là même celui qui a le plus besoin de tout (voir aux *éclaircissem ns*, note G.)

ARTICLE II.

Rapports des sexes et de l'hermaphrodisme.

En suivant les gradations de la composition organique, le premier terme est l'*agamie* ou l'absence complète de sexualité dans les végétaux et les animaux les plus simples ou neutres, tels que les algues, moisissures, lichens, champignons, et les animalcules infusoires, les zoophytes. A un degré un peu supérieur, apparaissent des *éthœogames* pourvus d'ovules apparens; tels sont les mousses, les fougères , et parmi les animaux . les radiaires , les échinodermes , etc.

Ensuite on voit se déployer l'*hermaphrodisme*, dans la grande masse des végétaux (1) *phanérogames*, comme les diverses combinaisons monoïques de *l'androgynisme* parmi les mollusques acéphales, bivalves, multivalves, et la plupart des univalves céphalés, gastéropodes qui offrent déjà quelques exemples de sexes entièrement séparés ou dioïques.

Mais le dédoublement complet des androgynes et des hermaphrodites, ou la *polarisation sexuelle* en deux individus opposés, l'un fort ou positif, offrant des organes saillans ou exsertiles, l'autre faible, négatif, recelant en dedans ses parties génitales, n'appartient qu'aux animaux symétriques. Ainsi, depuis les insectes, les crustacés, en remontant aux vertébrés, la *diœcie* devient une loi générale qui acquiert

(1) On peut soutenir que les plantes dioïques sont essentiellement hermaphrodites, mais que l'un de leurs sexes est avorté. Cela devient manifeste chez le *juniperus virginiana*, ou genevrier rouge, tantôt mâle, tantôt femelle, selon que les circonstances atmosphériques font avorter les étamines ou les pistils. De même, des *clutia* femelles ont donné parfois des fleurs mâles aussi, ou *vice versâ*, fait également remarqué par G.-R. Forster sur des plantes dioïques des îles australes. Il est pourtant à considérer que les individus femelles du mûrier à papier (*broussonetia papyrifera*), et de tacamaque (*populus balsamifera*), apportés l'un de Chine, l'autre du nord de l'Amérique, se multiplient de bouture, sans changer de sexe, tandis que les individus mâles de toutes ces dioïques (comme du chanvre) sont plus faibles et moins capables de se perpétuer. Aussi, chez les végétaux, le nombre des mâles, comme des étamines, est prédominant par rapport aux femelles; c'est le contraire dans le règne animal, où la polygamie, chez plusieurs espèces, a lieu, tandis que c'est la polyandrie parmi la plupart des plantes.

d'autant plus de constance qu'on s'élève plus haut dans l'échelle progressive des organisations les plus perfectionnées jusqu'à l'homme.

Nous avons exposé ailleurs que les formes rayonnantes appartenaient surtout à l'hermaphrodisme et au règne végétal, comme les formes symétriques à la séparation sexuelle et au règne animal. Les premières sont presque immobiles, inertes ou sans amour puisqu'elles peuvent se satisfaire immédiatement. Les formes symétriques, portant des sexes séparés, ont besoin d'un amour mutuel et de se chercher; il leur faut donc la sensibilité, la locomobilité, caractères propres à la vie animale. (Voir aux *éclaircissemens* note H.)

ARTICLE III.

Développement des sexes ou leur polarisation.

Il paraît qu'à la manière des êtres primitifs, ou agames, les *germes sont neutres* et que leur sexe ne se prononce que par l'acte de la fécondation (1). Ainsi chaque germe ou ovule, selon la prédominance des forces du sperme ou mâle ou femelle, développe l'appareil génital dans ses rudimens d'après une tendance divergente qui était originairement indécise.

____

(1) Déjà Everard Home, Fr. Meckel et d'autres anatomistes modernes ont porté leur attention sur cette question.

En effet les organes mâles et femelles sont d'abord les mêmes ou identiques ; les testicules représentent les ovaires, comme les vaisseaux déférens les trompes de Fallope, et les vésicules séminales la cavité utérine ; il y a des exemples manifestes de correspondance, car même on a vu des poissons d'un côté mâles, d'un autre femelles, réunir la laite et les œufs, absolument comme de véritables hermaphrodites.

Ainsi constitués sur le même modèle, les embryons n'offrent encore aucun sexe déterminé, au point qu'on a pris des femelles à long clitoris, pour des mâles dont les testicules restent encore à l'intérieur de l'abdomen. Dans une époque intermédiaire, le fœtus peut être considéré comme de l'un ou l'autre sexe, ambigu ou hermaphrodite, puis l'un se prononce en plus si c'est le mâle, l'autre rentre ou paraît en moins si c'est la femelle. On peut donc dire que les mâles sont *des femelles en plus*, comme les individus qui restent neutres (parmi les mulets des abeilles, fourmis, termites, etc.), sont *des femelles en moins*. Ceci se vérifie, lorsqu'une nourriture spéciale et abondante, à l'état de larve, fait développer les organes génitaux de ces insectes neutres ; on peut donc affirmer que l'état cryptogame n'est tel que par l'avortement des sexes.

Généralement, dans le règne animal, les organes génitaux ou la faculté reproductive, prennent une fécondité d'autant plus puissante, que le système nerveux a moins d'étendue et d'action. De même plus les organes génitaux de chaque sexe offrent de simplicité et d'analogie entre eux, plus les animaux sont disposés à l'hermaphrodisme, comme les poissons et divers insectes. Est-ce par un effet de l'entregreffement des deux genres d'organes opposés, ou des deux moitiés de chaque sexe? Quoi qu'il en soit, l'hermaphrodisme contre nature n'arrive jamais jusqu'à l'androgynisme complet, c'est-à-dire, ne parvient pas à se féconder lui-même.

Dans l'origine ou l'état embryonnaire, les organes génitaux offrant des dispositions analogues pour l'un ou l'autre sexe, ne sont en réalité d'aucun; les masses étant destinées à devenir indifféremment *ovaires* ou *testicules*, il en résulte tantôt un mâle tantôt une femelle, selon que la force organique prédomine plutôt vers un sexe que vers l'autre.

Si l'effort vital est suspendu, empêché par une cause quelconque vers un sexe déterminé, il en résulte l'état neutre ou hermaphrodite imparfait. Certaines parties seulement sont plus conformes au sexe mâle, d'autres au sexe femelle, sans pouvoir remplir complètement les fonctions d'aucun. Les animaux vraiment androgynes et tous les êtres bisexuels obtiennent seuls un hermaphrodisme normal, comme les végétaux. On a observé plusieurs fois que des vaches mettant bas deux jumeaux, si l'un est veau, l'autre génisse, celle-ci de-

meure stérile ou brehaigne (ou *quène*), par imperfection de ses parties génitales. Ces femelles ont
beaucoup de disposition à s'engraisser comme tous
les animaux châtrés; cet avortement dépend sans
doute de quelque gêne dans le développement des
embryons pendant la vie utérine.

Il en résulte que dans la formation primordiale
des individus des classes supérieures, il existe une
lutte entre les formations sexuelles, à tel point que
les fœtus avant terme ne présentent que des sexes
encore indécis, tant l'antagonisme se conserve long-
temps. Parmi les vertébrés surtout, l'hermaphrodisme ne s'établit jamais bien complètement. L'organisme est trop prononcé dans ses perfectionnemens pour que des parties aussi compliquées, puissent se trouver associées en entier; presque toujours
l'un est sacrifié à l'autre, ou même tous les deux
restent impuissans.

L'anomalie ou l'irrégularité des organes sexuels,
a lieu ou par absence de parties, ou par additions
superflues, ce qui fait des hermaphrodites en moins,
en plus, et en difformités, vices presque tous congé-
niaux ou de naissance. Si le développement des organes est également arrêté des deux côtés du corps,
l'hermaphrodisme reste symétrique; celui qui serait
complet (ce qui ne s'est pas encore vu parmi les
vertébrés à sang chaud) ne pourrait qu'être sans
résultat; il n'y aurait possibilité ni de fécon-

dation, ni de gestation par le même individu seul.

On a remarqué chez des poissons, des crustacés, des insectes, un hermaphrodisme unilatéral (1); c'est-à-dire que les uns sont mâles d'un côté (c'est d'ordinaire du côté droit) et femelles de l'autre. Il y a des exemples aussi d'insectes lépidoptères mâles par la moitié supérieure du corps, et femelles par l'inférieure; ou l'inverse a lieu, ce qui constitue l'hermaphrodisme croisé; l'on observe pareillement des individus humains avec des caractères physiques et moraux de l'un et de l'autre sexe. Chez les insectes, la coloration, la forme des ailes, des antennes, comme chez les poissons, la puissance simultanée de l'ovaire et du testicule associés, signalent cette tendance à retrograder vers l'hermaphrodisme parmi les dioïques inférieurs de l'échelle animale. (2)

Si dans ces êtres, chaque moitié du corps conserve une prédilection pour un sexe, plus forte que l'autre, y aurait-il donc témérité à penser que chez

---

(1) Voyez Rudolphi, sur les animaux hermaphrodites. *Mém. acad. Berlin*, 1825; et Fréd. Meckel, *Anat. comp.*, tom. 1; John Hunter, *Obs. on certain parts of the animal œconomy*. Lond., 1792 ; Ever. Home, *Philos. trans.*, an. 1799, etc.

(2) Non-seulement les merlans, les carpes, les brochets en offrent parfois des preuves, mais les anguilles, les syngnathes et genres voisins semblent n'avoir que des femelles, selon Cavolini, Pallas. Cependant Risso indique des syngnathes mâles; et Ever. Home pense que les lamproies, *petromyzon*, ont des organes mâles à côté des femelles, etc.

les animaux perfectionnés, c'est la domination de l'un qui détermine son sexe, dans l'acte génital, et qui entraîne son antagoniste en *consensus*. Les animaux à matrice double, comme les marsupiaux et autres, procréent d'ordinaire, autant de mâles que de femelles à chaque portée; il semble que chaque ovaire fournisse son contingent égal d'embryons et les approprie à un sexe.

Par là, s'expliquerait peut-être pourquoi certaines personnes engendrent plutôt tel sexe que l'autre (même en changeant de femme, ou réciproquement, comme on en cite une foule d'exemples), et s'il est vrai que l'un des ovaires ou des testicules soit plus apte à développer des mâles ou des femelles, enfin si l'on peut, jusqu'à certain point procréer des sexes à volonté.

De même, il se trouve telle *virago* robuste qui manifeste plus de qualités masculines que tel efféminé à formes énervées. Dans l'union de semblables couples, il est à présumer que la femelle devra aux élémens virils de sa constitution d'engendrer des êtres masculins. On peut soupçonner à bon droit que tout sexe contient, en lui-même, des proportions plus ou moins fortes du sexe opposé qu'il appète. C'est ainsi que chacun d'eux aspire à compléter ce qu'il sent lui manquer.

Telle paraît être une partie des mystères qui voilent encore la formation des sexes. Ce balancement en plus ou en moins partage des êtres qui sont d'autant mieux disposés à s'attirer par l'amour, à se confondre par la volupté en un seul tout accompli, qu'ils sont plus différens. (1)

De même que dans le premier âge, l'individu quoique mâle par ses organes, paraît encore efféminé, avec sa voix aiguë, son visage imberbe, ses membres mous et arrondis, pareillement les femelles dans la vieillesse, revêtent des attributs masculins, ce qui est remarquable surtout chez une foule d'animaux, comme des ruminans, des oiseaux, etc. Or, la série zoologique présente une semblable progression des qualités féminines aspirant aux conditions mâles et viriles. Ainsi le sexe féminin, prédominant parmi les animaux les plus inférieurs, tels que les poissons, les mollusques, une foule de crustacés, d'insectes, etc., il offre la tendance vers l'hermaphrodisme qui est un état d'imperfection organique.

Au contraire, plus on remonte l'échelle zoologique, plus les organisations perfectionnées déploient les proportions masculines parmi les espèces à sang chaud, surtout chez les oiseaux, les mammifères, l'homme.

(1) Ainsi les êtres trop semblables ne s'aiment pas. Il y a lutte ou antipathie réciproque. C'est pour cela qu'on obtient plus d'amour et des produits plus parfaits entre des races diverses que l'on croise, tandis que les individus de même tige, des parens entre eux ne forment que des produits débiles; ainsi l'inceste est contre le vœu de la nature, et les résultats en sont moins bien équilibrés.

Nous avons vu d'ailleurs les attributs mâles se manifester davantage vers la tête ou les régions antérieure et supérieure de l'animal, comme les qualités femelles prédominent, au contraire, vers le pôle opposé de l'économie ou les régions inférieure et abdominale. De même les embryons après avoir été primitivement neutres, puis analogues à l'hermaphrodisme, arrivent à l'état femelle avant leur complément plus tardif, ou le développement masculin qui est la plus haute destinée des organismes.

C'est par une cause semblable que plus les races d'êtres sont simples ou d'une organisation inférieure, moins il y a de dissimilitudes entre les sexes et ainsi tendance à la production des deux réunis ou de l'androgynisme, soit complet, soit par moitié. Il est rare, dans les classes élevées surtout, que cette réunion devienne jamais assez parfaite pour que le même être puisse se féconder de lui seul à la manière des véritables hermaphrodites. C'est peut-être à ces androgynes inaperçus que beaucoup de poissons, dans lesquels on n'a cru rencontrer que des mâles ou des femelles seulement, doivent leur propagation; nous ne serions pas surpris qu'on en découvrît parmi les pucerons, les monocles (1), etc., qui se reproduisent

---

(1) Godef. Reinh. Treviranus, *Biologie*, tom. III, p. 265, prouve, par des exemples authentiques, que d'autres insectes que les pucerons peuvent se multiplier sans accouplement préalable. Lud. Chrét. Treviranus a vu le *sphynx ligustri* sorti de sa chrysalide et percé d'une épin-

sans accouplement, comme Spallanzani obtint des graines fécondes de chanvre éloigné de tout mâle. On sait que des plantes dioïques peuvent devenir monoïques, et pourquoi n'en arriverait-il pas ainsi parmi les animaux inférieurs?

Quant aux animaux vertébrés *à poumons*, reptiles, oiseaux, mammifères, leur organisme perfectionné ne donne pas d'hermaphrodisme véritable, mais bien quelques individus ayant un sexe manqué comme l'ont fait voir Haller, Parsons, Hill, John Hunter, Everard Home, Portal, Voigtel, Osiander, Feiler, etc. Ce sont presque toujours des mâles imparfaits, et il n'arrive pas que ceux-ci à l'état adulte rétrogradent vers le sexe femelle; le contraire a lieu plus communément comme le fait remarquer Blumenbach. En effet, le sexe femelle étant une organisation en moins, tend plutôt à se compléter, que l'organisation mâle (en plus) ne retournerait en sens opposé. On voit d'ailleurs les femelles, par le progrès de l'âge, devenir de plus en plus masculines. Quand il y a des jumeaux de divers sexes, d'ordinaire les femelles, plus tendres, plus délicates, sont les moins bien conformées par rapport aux mâles, comme l'ont observé Hunter, Scarpa, Meckel, Naegele, etc. Le

gle, pondre, sans accouplement, des œufs qui ont donné des chenilles. Scopoli, auteur moins sûr, dit la même chose de la *phalœna pini*, etc. Germar, Schrank, Ochsenheimer, Schœffer et d'autres entomologistes citent beaucoup d'autres lépidoptères réunissant les deux sexes.

calorique est un des principaux mobiles du développement sexuel. C'est pourquoi vers les régions polaires ou sur les hautes montagnes de glace dont le climat est le même, les premières créatures organiques sont ces lichens, ces mousses et agames ou petits cryptogames végétaux, puis des monocotylédonées, en sorte que la majeure partie des dicotylédonées devenues dioïques, croît entre les brûlans tropiques. Les organes sexuels diminuent donc et s'oblitèrent, à mesure qu'on approche des températures froides, et au contraire, se déploient, se séparent en dioïques à proportion de la chaleur.

CHAPITRE II.

Du sperme et du pollen, ou du principe excitateur et de la fécondation, des métis et mélanges d'espèces.

Tout corps vivant, animal ou végétal, soit à l'état parfait, soit à l'état embryonnaire de l'œuf ou de la graine, est constitué de deux élémens principaux :

1° De *liquides* primitifs *organisables*, lymphe, ou sang, ou sève qui doivent, par leur concrétion, former toutes les parties solides de l'être, suivant un

ordre déterminé ; la trame des tissus en chaque espèce, manifeste sa structure et ses propriétés physiques, mécaniques ou chimiques particulières. Il en
résulte le *punctum saliens* (cœur) de Harvey et tout
l'appareil vasculaire, origine de nos solides.

2° Le *principe de l'innervation* chez les animaux,
et d'*une vivification* analogue dans l'ovule des plantes. Ainsi, le sperme ou le pollen impriment le mouvement organique, soit par une *aura seminalis*,
soit par des élémens matériels, aux fluides prédisposés dans les œufs ou graines du végétal et de l'a-
nimal ; ils animent le germe afin qu'il développe ses
fonctions et se réveille de l'état d'inertie où il était
plongé en sortant du néant (1). La carène (nerveuse

(1) Les principaux systèmes proposés pour expliquer la génération,
parmi les anciens sont ceux-ci :

1° La mixtion des spermes mâles et femelles, par les atomistes et
par Hippocrate.

2° Le mélange des semences dû au hasard, lequel est devenu constant
et régulier, selon Démocrite, Epicure, etc.

3° Que les tissus généraux de l'organisme dépendent de la combinaison des deux spermes, et que le prédominant donne son sexe à l'individu, selon Démocrite.

4° Que toutes les parties du corps existent dans la semence, qu'elles
se concrètent en un corps ; le froid fait les femelles, la chaleur les
mâles, selon Empédocle ; mais Parménide veut, au contraire, que la
chaleur soit plus nécessaire aux femelles et le froid aux mâles.

5° Les homéoméries ou parties similaires se réunissent, les dissimilaires
s'écartent pour constituer l'individu, selon Anaxagore ; il ajoute que
les mâles se forment à droite, et les femelles émanent du testicule
gauche, comme du côté gauche de la matrice.

22

rachidienne) de Malpighi et tout l'appareil nerveux en sont constitués.

Dans les végétaux, comme chez les animaux à sexes soit réunis, soit séparés, l'organe mâle est éminemment dépositaire l'élément excitateur nerveux, ou fécondant, et les organes femelles dans un état opposé, aspirent à l'absorber. Il en est ici comme d'une pile électrique dont les pôles éprouvent une tension contraire et correspondante, l'une positive ou en plus, comme le mâle, l'autre négative ou en moins comme la femelle. La saturation égale, ou

6° Que la génération s'opère par des nombres ou des rapports harmoniques, par l'unité mâle et la dyade femelle, selon Pythagore.

Parmi les modernes, on distingue les systèmes suivans :

1° L'épigenèse, ou la formation par parties successives, se sur-ajoutant selon C.-Fr. Wolf et des auteurs plus récens.

2° La formation à l'aide de l'archée, ou de l'âme, du *nisus formativus*, selon tous les animistes, Harvey, Stahl, etc.

3° Les vers spermatiques se développant dans l'œuf de la femelle ; ils sont le produit du mâle, d'après Leeuwenhoeck, Hartsoeker, MM. Prevost et Dumas, etc.

4° Les molécules organiques (sorte d'homéoméries) et un moule intérieur ; hypothèse de Buffon.

5° La force végétative, ou progression d'organisation, selon Needham, système développé par des physiologistes allemands modernes.

6° L'attraction universelle et la cristallisation, selon Maupertuis et d'autres auteurs mécaniciens.

7° L'emboîtement des germes à l'infini, sortant d'une création primitive, suivant Valisneri, Charles Bonnet.

8° La théorie de l'évolution successive et de la production des germes dans les individus par suite de l'assimilation, selon Baer, Carus, Rathké, Pander, etc.

l'unité, résulte de l'action mutuelle d'élémens contraires physiques ou chimiques, comme la fécondation est le produit de l'acte vital de l'accouplement; mais d'après l'observation, les femelles des végétaux et des animaux sécrètent des œufs ou germes par leurs ovaires, comme les mâles projettent un pollen, un sperme, du testicule ou de l'étamine. La fécondation ne peut donc pas être un mélange des semences, comme on le croyait, dans l'union des sexes.

La production par les ovaires (des femelles végétales et animales) d'œufs ou germes, émane de la même origine correspondante que le pollen ou le sperme, chez les organes mâles des végétaux et des animaux.

Déjà nous avons montré précédemment que les parties femelles chez les végétaux, occupant le centre des tiges, étaient situées à l'extrémité de l'étui médullaire; ainsi, la moelle celluleuse qui s'étend de la racine jusqu'au sommet des rameaux (sauf divers étranglemens et des ramifications latérales) prépare essentiellement les rudimens de la graine ou de l'ovule (1). Les étamines qui entourent l'ovaire et qui

____

(1) Avant Linné, déjà Césalpin, *de plantis*, c. 7 et 8, et Schmidel, *de medullá radicis ad florem pertinente*, Erlang. 1758, ont montré que la moelle s'étend de la racine jusqu'à la graine dont elle constitue les rudimens. La destruction de la moelle dans les troncs n'empêche point cette production; mais cette moelle végétale fournit éminemment à la nutrition des parties de la fleur.

même adhèrent à la corolle, dans les monopétalées, tirent, au contraire, leur origine des tissus ligneux et corticaux. (1)

Dans le règne animal, les ovaires, comme les testicules reçoivent principalement des cordons nerveux rachidiens, leurs puissances de vie, car personne n'ignore les étroites connexions qui lient les fonctions génératrices à celles du système cérébro-spinal, ou du ganglionnaire chez les invertébrés.

Il est reconnu, même par l'analyse chimique, que le sperme est très analogue dans sa composition, à la pulpe médullaire nerveuse, puisque les recherches de Vauquelin sur la semence, comme sur la matière du cerveau lui ont présenté pareillement des combinaisons de phosphore avec une matière animale albumineuse (2), et l'odeur fade, spéciale, connue sous le nom de *spermatique* qu'exhalent de même les pollens d'un grand nombre de végétaux. La *pollénine* contient aussi des phosphates en combinaison, suivant plusieurs chimistes (3). L'obser-

---

(1) Linné a fort bien développé ces faits dans ses dissertations *generatio ambigena*, et *de sexu plantarum* (*Amœnit. acad.* tom. vi et tom. x). Cette opinion a été adoptée par le savant C. F. Wolff, *Theoria generationis*, Halle, 1774, part. i.

(2) Voyez son analyse de la substance du cerveau, dans les *Annales du Muséum d'hist. nat.*, tom. xviii, p. 212 ; et *Annal. chim.*, t. lxxxi, janvier 1812, p. 37 ; sur le sperme humain, *Annal. chim.*, t. ix, p. 77.

(3) Fourcroy et Vauquelin, sur le pollen du dattier, *Annal. du Muséum d'hist. nat.*, tom. i, p. 417; et Braconnot, sur le pollen du *typha latifolia*, *Annal. de phys. et chimie*, tom. xlii, p. 91 et suiv.

vation microscopique elle-même a manifesté de merveilleuses analogies entre la matière cérébrale et
celle que contiennent les œufs des animaux (1) puisque la laite des poissons offre presque la même
substance chimique que le cerveau. (2)

Rien n'est donc plus probable que la similitude
des deux substances nerveuse et spermatique d'a-
près la composition, l'odeur, les qualités également
excitatrices, faits déjà pressentis par l'observation
des anciens qui considéraient la semence comme une
émanation du cerveau, *stilla cerebri* (3). Ainsi la
neurine ou pulpe nerveuse correspond encore sous
divers rapports au sperme; l'excès d'emploi de l'une
est antagoniste de l'autre dans l'organisme, car les
abus du coït épuisent le cerveau et la sensibilité,
comme l'abus des travaux intellectuels affaiblit la sécrétion du sperme; l'absence de celui-ci chez les eunuques, énerve les fonctions de l'encéphale; enfin

(1) Sir Everard Home, *Microscopical observ. on the material of the
brain, and the ova of animals,* etc. Philosophical transact., etc., 1825.

(2) Voyez Fourcroy et Vauquelin, Analyse de la laite des poissons,
Annal. du Mus. d'hist. nat., tom. x, p. 169; *Annal. chim.,* tom. LXIV,
page 7.

(3) Déjà Démocrite, Zénon, Aristote, Hippocrate, etc., qui faisaient
émaner le sperme de l'encéphale, le disent animé d'un feu en quelque
sorte divin. Nemesius, *de Naturâ hominis,* c. xxv, fait préparer la semence dans l'encéphale avant que Gall ait admis des rapports entre les
fonctions génitales et le cervelet; voyez J.-Sebast. Idleben, *de Vitalis
principii quiddidate et communicatione.* Wurtzbourg, 1739, in-4; et
Bordeu, etc., d'après Alcméon, Platon, etc.

l'excrétion excessive du sperme cause une grande déperdition et exsiccation de la neurine.

Le sperme doit donc être considéré comme la *neurine*, la pulpe médullaire elle-même, préparée, extraite du système nerveux, car la neurine n'est, en quelque manière, qu'un sperme coagulé. En effet, la fécondation du germe de la femelle par le sperme du mâle, représente, à beaucoup d'égards, l'innervation de ce germe, ou l'introduction dans celui-ci de la neurine qui doit constituer son cerveau, son appareil nerveux tout entier, afin que l'animation ait lieu chez ce nouvel être. En effet tous les mouvemens qui se passent en nous tirent leur principe du système nerveux.

Il s'opère dans les végétaux un résultat tout analogue par le moyen du *pollen* des anthères staminales, lequel vivifie l'ovule ou la graine à l'état naissant, comme on sait (1). Le pollen est donc pour la plante l'analogue de la neurine des animaux.

Aussi, les organes excitateurs de la volupté, chargés de l'excrétion du sperme chez les végétaux (2), comme dans les animaux, manifestent tous plus

______

(1) Voyez les curieuses dissertations de Linné, *sponsalia plantarum*, et *de sexu plantar.*; avec les observations de Bernard de Jussieu; Needham, Gleichen, Adolphe Brongniart, Raspail, Guillemin, etc., sur la rupture et l'explosion des capsules du pollen, etc.

(2) Voyez le Mém. de Desfontaines *sur l'irritabilité des étamines, Acad. des sciences*, 1787.

d'orgasme, de vivacité d'action ou de sensibilité et d'ardeur que les parties femelles. Celles-ci ont besoin d'être stimulées, embrasées d'amour par la neurine ou la pollénine qui leur imprime sa vigueur avec l'innervation (1). Aussi l'on peut dire que tout sperme étant vivifiant, développe une chaleur ignée, irritative, pénétrante et comme spiritualisée. On y a supposé une *aura seminalis*, sorte de vapeur réveillant la vie de l'embryon endormi.

C'est encore par cette cause que si les mâles épuisent leur système nerveux dans l'acte reproductif, au point que les insectes et plusieurs autres espèces annuelles se fanent et meurent bientôt après; les femelles fortifiées par l'absorption de cet élément nerveux, en deviennent plus viriles ou masculinisées. Elles survivent au mâle, à cause que le sperme devient pour elles une augmentation de neurine ou du principe excitateur de la vie, et afin de suffire à nourrir et élever les fœtus dont elles restent dépositaires ou tutrices, suivant l'ordre de la nature.

Autant le mâle s'exproprie de tout ou partie de son principe vital, autant la femelle en hérite dans le grand commerce des amours (2), irradiation re-

---

(1) Toutes les générations s'opèrent à l'aide du calorique, ou dans les temps chauds ; les spadices de plusieurs *caladium* et *arum* développent jusqu'à 20° ou même 30° R. de chaleur; le rut, le prurit vénérien, le coït sont toujours accompagnés d'ardeur.

(2) *Quicumque animam animæ misceri negat, ille amens est*, dit Hippocrate, *de Diœtâ*, lib. 1.

marquable qui donnant la supériorité au plus faible, par excès de générosité du plus fort, finirait par changer les rôles. Toutefois, on ne peut aimer que son contraire le plus ardemment appété, car la femelle, en devenant virile, comme le mâle en s'efféminant, arrivent à la neutralité de l'indifférence.

Le pollen des végétaux est formé, comme on sait, de petites capsules qui, gonflées par l'humidité, se rompent et expulsent par leur légère explosion observée au miscroscope, une poussière très subtile, qui a même paru mobile et comme animée à plusieurs botanistes (Rob. Brown) ; celle-ci paraît pénétrer par le stigmate et le style, jusque dans l'ovaire, à l'aide de petits tubes, pour vivifier l'embryon prédisposé. C'est ainsi que la plupart des végétaux aquatiques (*alisma*, *nymphœa*, *menyanthes*, etc.) élèvent leurs fleurs au dessus des eaux, pour se féconder : il paraît, en effet, que l'eau pourrait s'opposer à cette absorption du pollen excitateur ou de son fluide subtil. (1)

Au contraire, le sperme des animaux étant toujours une liqueur, la fécondation peut s'opérer même dans les eaux, comme il arrive pour les poissons et une foule d'autres espèces aquatiques. Les œufs même peuvent être souvent fécondés hors du sein maternel.

______

(1) Cependant il y a des végétaux aquatiques dont le pollen est gélatineux, et qui peuvent féconder l'ovaire sous les eaux.

Le sperme ne paraît être fécond qu'autant qu'il contient des animalcules spermatiques (1), espèces de *cercaires*, d'abord observées par Hartsoeker et Leuwenhoeck, considérées comme des molécules organiques vivantes par Buffon et devenues le sujet de plusieurs hypothèses. Spallanzani a constaté que l'odeur seule du sperme ne pouvait pas féconder et qu'il n'y a pas d'*aura seminalis*, mais qu'une proportion infiniment petite du sperme suffit pour l'imprégnation vivifiante des œufs, même artificiellement par un contract extérieur chez plusieurs animaux; il nie en vain la nécessité du pollen pour féconder les plantes. (2)

Ce qui se passe dans le pollen végétal découvre ce qui doit également s'opérer parmi les animaux, car les tubes ramifiés qu'on distingue surtout dans le sperme des seiches et d'autres espèces paraissent s'ouvrir également et fournir des élémens très subtils ou très actifs, analogues à la matière fécondante

(1) Contre l'opinion de Spallanzani, contestée par Jacobi, Rossi, MM. Prevost et Dumas, etc. les individus trop jeunes et trop vieux n'offrent que rarement ou même point de ces animalcules; de là résulte probablement leur stérilité. Hebenstreit, cité par Bonnet (*Consid. sur les corps organisés*, tom. 2, p. 246) assure que ces animalcules n'existent point dans le sperme des mulets, fait rapporté aussi par MM. Prevost et Dumas. Mais il y a des oiseaux mulets ou métis qui sont féconds.

(2) Il prétend que des pieds de chanvre femelle bien isolés des mâles donnèrent des semences fécondes; mais Volta a prouvé, dans les *Mém. de l'acad. de Sienne*, que ces expériences manquaient d'exactitude.

contenue dans les boîtes du pollen des plantes. Il est difficile de n'y point reconnaître autre chose qu'un liquide gluant et gélatiniforme dans le sperme, et que ces tubes ramifiés contiennent, au contraire, des principes éminemment vivifians, excitables, pénétrans, ou doués d'une énergie incomparable.

Ne peut-on pas conclure que, comme le pollen subtil des végétaux s'insinue dans l'ovule par l'ouverture de la chalaze supérieure, de même la partie la plus animatrice du sperme des animaux pénètre également dans l'œuf par sa partie la plus mince, la plus facile à se rompre, celle qui correspond à la tête de l'embryon? Sans doute, chez la plupart des classes d'animaux, les œufs ne sont nullement recouverts par l'ovaire maternel, dans la fécondation ; il faut que le liquide fécondateur trouve un lieu plus perméable à son absorption, car tout sperme d'espèce bien que voisine n'est pas apte à féconder d'autres œufs. Ce lieu doit être celui où est situé le germe, la cicatricule.

Le jeune animal, pour premiers rudimens, déploie surtout l'appareil nerveux céphalo-rachidien, ou la *carène dorsale*, première source de l'innervation et du branle de toute la vie du fœtus; dès-lors le mouvement d'absorption ou de nutrition s'exécute.

Tout manifeste donc que le principe nerveux, donné par l'introduction du sperme (ou du pollen), est le mobile premier qui anime le nouvel être.

Il n'y a nul doute, parmi les mammifères, que les fœtus, par leur position naturelle, ne se présentent la tête la première dans l'utérus ; l'œuf des autres animaux à l'état fœtal se dispose dans le même sens, on a dit que la tête étant la partie prépondérante par son volume, tombe toujours en avant. C'est donc très probablement, par cet organe, que le sperme vivifiant (ou la neurine) est d'abord reçu et absorbé. L'enfant a la fontanelle encore ouverte ; les mammifères doivent conserver, proportionnellement au volume de leur encéphale, les vertèbres crâniennes plus ou moins écartées, à l'état embryonnaire. Il n'est donc pas hors de vraisemblance que c'est par la partie antérieure du système nerveux que s'opère l'intussusception séminale vivifiante, laquelle s'étend dans toute la longueur du rachis, et pénètre subitement dans tous les canaux du névrilème ou pie-mère, déjà tendus depuis le cerveau jusqu'aux ramifications ultimes, vers la circonférence de toute l'économie de l'animal. Cette irradiation nerveuse s'établit, comme une secousse générale de notre volonté, par une commotion cérébrale excitatrice qui ressuscite le germe.

Plus cette impulsion est vigoureuse, plus elle sera capable de pousser au dehors tous les organes de l'embryon, et notamment les parties sexuelles, pour la production d'un individu mâle ; au contraire, une impulsion plus faible laissant les organes à l'intérieur, les prédisposera ainsi à la conformation timide du sexe femelle.

Et l'on sait, en effet, par l'exemple des animaux (et des végétaux) métis, que le sperme mâle influe principalement sur les organes extérieurs ou corticaux, tandis que les parties internes correspondent davantage aux formes maternelles. Cela est tellement avéré, qu'au moyen de générations successives dans lesquelles on fait prédominer constamment l'un des sexes d'une autre espèce, on obtiendra des individus de cette même race. Ceci est évident chez les races croisées du nègre et du blanc, et pour celles des mulets (animaux hybrides, ou plantes péloriées) qui conservent la faculté de se reproduire. (1)

De là est née une nouvelle industrie créatrice de plus nobles races, et déjà pratiquée pour l'améliora-

(1) On a cité des hybrides prétendus de femme avec le singe jocko, et ceux de cheval avec la vache, du chat avec le loir, etc.; mais ils ne sont pas vérifiés comme ceux entre le cheval et l'ânesse, le buffle et la vache, le bélier et la chèvre, le chameau et le dromadaire, le loup et la chienne, ou le renard et le chacal, le lion et la tigresse, le lièvre et la lapine, le faisan et la poule, le serin et la linotte ou le chardonneret, le canard et la poule, les poissons de plusieurs espèces, les insectes de même genre, les plantes péloriées, selon Linné, Koelreuter, etc.

Cependant les hybrides ne peuvent pas naître entre des espèces trop disparates, soit pour la diverse durée de la gestation, soit pour la nature de l'organisation (carnivore ou herbivore, etc.) soit pour le mouvement vital et la structure; aussi Réaumur attendit vainement le résultat des amours d'un lapin avec une poule.

tion des espèces domestiques. Des expériences modernes, nombreuses, ont confirmé l'assertion ancienne que la prédominance relative des forces d'un sexe générateur sur l'autre correspondant, obtenait des individus de son genre. Ainsi les mâles robustes avec des femelles faibles procréent plus de mâles; il en résulte que les individus énervés ou restent souvent stériles, ou n'engendrent que des femelles, des êtres débiles. Aussi lorsqu'on veut obtenir soit des chevaux de belle race, soit des brebis à riche toison, etc., il faut chercher des étalons vigoureux, des béliers pétulens et robustes; les individus trop jeunes ou trop vieux, étant affaiblis, procréent moins de mâles, tandis que les mères pleines de vigueur avec des pères débiles engendreront davantage les qualités de leur sexe que celles de la tige masculine. Pareillement, les poulains nés d'une copulation dérobée et due à l'ardeur spontanée des sexes, sont bien autrement ardens et vigoureux que les produits d'un étalon surchargé de nombreuses cavales. Ainsi les races s'abâtardissent soit par l'abus des voluptés, soit parmi des individus trop semblables entre eux, ou de même famille. Les croisemens donnant des amours plus vives et des productions plus hardies, celles-ci sont retrempées ou mieux équilibrées dans leurs formes, par ces mélanges des races, de climats différens. Alors s'effacent leurs défauts au moyen des excès en sens contraire, et diver-

ses qualités peuvent réciproquement neutraliser différens vices, même au moral comme au physique.

Il en résulte donc cette vérité que l'imprégnation
par le père, ne se borne point à une influence superficielle seulement, ni à sa suscitation du germe de
l'œuf maternel, mais que la substance même du
sperme ou la neurine modifie la structure, le développement des organes chez les métis et mulets, des
plantes comme des animaux. Il communique son
type spécialement sur la physionomie extérieure et
les parties qui constituent la vie de relation ; il imprime souvent ses caractères et ses formes, ses couleurs s'il prédomine sur l'autre sexe, car l'on voit
des femelles trahir plusieurs traits de leur paternité,
comme des mâles retiennent des dispositions physiques et morales aussi de leur mère. Celle-ci influe
sur la taille ou le développement nutritif, interne.

La cavale imprégnée par l'âne, après avoir donné
un mulet, ne conserve point, quoiqu'on l'ait dit,
de propension à garder en sa génération avec le cheval, des formes tenant encore du mulet, dans ses
poulains. Toutefois l'imprégnation des femelles par
le mâle, ne paraît pas uniquement limitée à leur
ovaire ; elles sont, dans toute leur chair, comme pé-
nétrées par intussusception, d'un miasme masculin
ou de l'odeur spéciale de l'individu générateur (du
vitale virus, θόρη). Le sperme communique un surcroît d'énergie musculaire et nerveuse.

Et de plus, il faut, pour que la conception s'o-
père bien, que le pollen, ou le sperme, chez la plante
comme dans l'animal, puisse atteindre l'œuf ou le
germe, mais encore il existe nécessairement une
harmonie de rapports entre le germe et la nature
spéciale de l'élément fécondateur, sans lesquels la
vivification n'a pas lieu.

Car, puisque la plupart des métis et mulets sont
déjà stériles, du moins entre eux, bien qu'ils émettent du sperme et des œufs (1), il faut donc quelque
correspondance soit dans les structures intimes, soit
dans les puissances actives, qui ne se rencontre point
entre des espèces trop diverses accouplées. Indépendamment du défaut d'amour, et même de l'antipathie qui éclate parmi ces unions forcées, on ne saurait féconder, par exemple, les œufs d'un poisson
avec la laite d'une espèce étrangère à son genre, ni
l'ovaire d'une fleur à l'aide du pollen (2) de toute
autre tige trop différente. Aussi malgré le mélange
des laites de divers poissons dans les mêmes eaux

(1) On appelle œufs clairs, *ova subventanea*, ceux qui n'ont pas
un germe fécondé ; les *môles* des femelles de mammifères sont des
germes imparfaits pour l'ordinaire.

(2) Plusieurs plantes hybrides aussi, comme la *digitalis hybrida*
ne donnent que des graines stériles. Aug. St.-Hilaire, *bullet. soc.
philom.* Juillet 1823, p. 103, la fécondation hybride ne réussit
pas toujours. Wiegman, sur l'hybridité des végétaux, *Archiv. fur die
naturlehre von Kastner*, tvol. xv, cah. 2, an 1828. Effets remarqués par
Kœlreuter, Guillemin et Dumas, *Mém. hist. nat.* Paris, 1, p. 89. Sur
les gentianes hybrides, etc.

où sont dispersés tant d'œufs d'espèces variées, les métis parmi eux sont aussi rares que les variétés et les monstres : pareillement chaque plante dioïque n'accepte sur les stigmates de ses pistils que le pollen de sa véritable espèce parmi tant d'autres apportés par les vents.

Ainsi, une plante *péloriée*, c'est-à-dire en partie déviée de son type, par l'accession du pollen fécondant d'une espèce voisine, retenant toutefois les trois quarts de ses caractères originels, finit, dans une suite de générations régulières, par rentrer dans *l'atavisme* ou les formes primitives de ses ancêtres. Le vice adultérin disparaît également chez les races d'animaux qui retournent à leur espèce pure après un écart passager.

De là suit que le caractère propre à chaque espèce se perpétue dans sa pureté native et repousse avec haine toute race qui la vicie; et d'ailleurs, il est rare qu'une déviation passagère suffise pour dominer le type primordial; il faudrait des unions plus intimes ou plus répétées, afin de vaincre cette tendance à l'équilibre originel, auquel revient d'elle seule la postérité. (1)

(1) Consultez sur le développement des plantes, C. L. Treviranus, *de ovo vegetabili, ejusque mutationibus, observationes recentiores.* Wratislav. 1828, et M. Mirbel, *Annal. Sc. Nat.* 1829, p. 300.

Sur l'analogie entre les sexes, voyez Goethe, *Analog. inter andrœcium et gynœcium plantar.* Roeper, *de organis plantarum,* et M. Turpin, *iconograph.*, part. 2, p. 132.

CHAPITRE III.

De la formation des germes et des œufs (végétaux ou animaux); des monstruosités par défaut et par excès, et des étiologenèses.

Dans les êtres les plus simples, la reproduction ne consiste qu'en une *continuité de nutrition*. La multiplication par boutures, scions et surgeons, résulte de la séparation d'un individu en plusieurs parties qui conservent chacune assez d'individualité, de centre d'activité, pour vivre seules désormais, et se propager ensuite de la même manière. Ainsi, non-seulement les plantes cellulaires, les animaux rayonnés, les infusoires, les zoophytes sont reproductibles par toutes leurs divisions, soit spontanées, soit accidentelles, mais encore c'est le propre des espèces agames et des hermaphrodites complètes.

En effet, on conçoit qu'une structure de végétal comprenant la fonction mâle et femelle en même temps, se trouve essentiellement fécondée; représentant l'espèce complète, elle doit donc se multiplier par sa propre puissance. Aussi les plantes se peuvent propager de bouture. Chaque être agame recèle donc simultanément en lui les deux sexes, il tient entiers les élémens de sa multiplication. Il est tout gemmule, tout propagule, ou pour mieux dire complet en chaque partie, et *fissipare*.

Mais qu'est une bouture de saule, un rejet de fraisier, un scion d'œillet, un œil ou germe de pomme de terre, pour former une nouvelle plante, et un fragment de polype, un bras d'étoile de mer, un tronçon de naïde sinon déjà un bourgeon, un œuf développé, une graine éclose? nous allons prouver que c'est absolument le même fait, et que l'œuf de l'animal, la semence des plantes ne sont qu'un bourgeon rapetissé à son *minimum* de volume, et enveloppé dans ses membranes ou ses écailles fœtales. *Quid est semen, nisi brevissimus surculus?*

D'abord, il est évident, chez les végétaux, que la force reproductive se transvase, par la culture, de l'ovaire à la racine, chez les liliacées dans leurs caïeux et oignons, dans les griffes des renoncules, dans toute plante à fleurs doubles dont les graines avortent; il en de même pour l'arbre à pain, le bananier, la canne à sucre, la vigne sans pépins, etc. La fleur est dépouillée de sa fécondité pour la transférer aux parties inférieures. En restituant ces espèces à l'état sauvage, la puissance de propagation remonte naturellement vers la fleur, et ce qui était bourgeon à la tige ou bouture radicale, devient graine féconde.

Veut-on des témoignages plus précis encore? Plusieurs végétaux les offrent; chez le manglier, *rhizophora mangle*, la graine pousse dans le fruit, s'allonge sur l'arbre même, en bouture qui se détache et va d'elle seule se repiquer en terre. Des *allium*, des graminées vivipares voient leurs semences germer également sur l'ovaire, et former ainsi une *bulbille*, une jeune plante superposée, en sorte que la graine n'est que le bourgeon ramassé en forme globuleuse.

Parmi les animaux agames, il se développe, à défaut d'une division, un *gemma* produisant le nouvel animal; ainsi beaucoup d'actinies, de naïdes, etc., deviennent gemmipares; ce sont des œufs se développant spontanément, par continuité d'accroissement et de nutrition, sur l'individu mère, comme les nouvelles pousses d'un arbre, d'un polypier lithophyte établissent, chaque année, de nouvelles générations sur le même pied d'arbre ou de corail.

Que ces bourgeons, ces surgeons soient séparés et convenablement placés pour recevoir l'aliment, ils vivront et se perpétueront. Qu'au lieu de porter des boutures nouvelles, ces végétaux fleurissent, ces zoophytes engendrent des gemmules, des ovules, la fonction reproductive adopte une autre forme, sans changer de nature; au lieu de longues pousses, voilà des embryons, des germes rapetissés; le seul degré de nutrition ou de déploiement constitue la différence; donc la génération par œufs, par graines, chez les végétaux et les animaux, représente la même chose que la multiplication par bouture ou bourgeon, sauf la proportion diverse de développement du *germe.*

Ainsi un œuf, une graine sont bien le même être que la pousse, le bourgeon de la tige et des racines de la plante, ou du corps d'un polype, d'un animal radiaire. Il n'y a pas plus de différence pour les graines, les œufs des végétaux et des animaux à sexes distincts et séparés.

La chose est manifeste chez les végétaux dioïques. Le noyau ou l'amande d'un palmier fécondé n'est pas de nature autre que la graine d'une plante monoïque ou hermaphrodite, comme l'œuf d'un poisson ou d'un insecte fécondé n'a point une constitution différente de celui d'un mollusque androgyne ou hermaphrodite. L'homme, le mammifère, l'oiseau, sauf la complication de l'organisme, ne présentent pas d'autres phénomènes essentiels dans leurs œufs.

Pour qu'une partie d'animal ou de plante obtienne les qualités de *germe*, d'*ovule*, il lui faut un principe central de vitalité qui l'individualise. Chez les zoophytes, il n'y a presque aucune apparence de système nerveux; il semble fondu dans leur chair gélatineuse en petites molécules; mais celles-ci deviennent des centres ganglionnaires capables de ressort vital, en sorte qu'en déchirant par lam beaux ces polypes, ces zoophytes, on reproduit autant de boutures, comme on multiplie des tubercules de plantes, des caïeux, des griffes, en divisant les parties qui contiennent des yeux ou germes.

A mesure que le système nerveux acquiert plus d'unité dans les animaux supérieurs, sans doute cette multiplication par bouture ne peut plus s'opérer; mais chacun des germes innombrables que prodiguent chaque année les femelles d'insectes, de poissons, etc., témoigne encore la facile divisibilité de leurs élémens nerveux dans les ovaires ou les testicules en chaque sexe. Néanmoins la multiplicité des germes devient moins considérable à proportion que le système nerveux est plus centralisé. C'est aussi pourquoi l'on voit moins de fécondité parmi les êtres lorsqu'ils sont plus élevés dans l'échelle de la composition organique.

Quoique dans les animaux et végétaux à sexes séparés, les femelles seules contiennent d'abord les rudimens préexistans de *l'ovule*, avant toute fécondation (ce qui est évident chez les plantes, les poissons, les batraciens, les oiseaux, etc.), on ne saurait dire qu'il présente un type encore déterminé ni un caractère constant. C'est bien, sans doute, le modèle général de l'espèce, réduit à la dimension d'une *monade*, l'image du père et de la mère en même temps, *à l'état complet*, les engendrans fussent-ils mutilés ou difformes ; mais l'exemple des métis et hybrides prouve que les races diverses influent sur la forme primitive de l'embryon, le modifient, le transforment par des semences spécifiquement différentes, et vont jusqu'à lui transmettre des déformations et des maladies héréditaires.

D'abord, l'ovule n'étant que le bourgeon, une prolongation de la nutrition émanée de la tige originelle, il n'y a donc nulle possibilité d'emboîtement de germes qui n'existent point encore, et l'on voit qu'ils se produisent successivement à mesure de l'accroissement ou de l'alimentation de la plante et de l'animal. Cette hypothèse d'un *emboîtement à l'infini*, outre son absurdité de supposer des milliards de germes sans fin, dans un atome fini, ne peut être admissible. Tout ce qu'il y a de vrai, c'est que les créatures émanent en effet les unes des autres, chacune de leurs souches, par cette évolution intarissable, à la manière d'une fontaine infinie. Chaque forme harmonique d'animal ou de végétal représente une filière dans laquelle les matériaux alimentaires vont se métamorphoser, ici en éléphant, là en homme, en rosier, en champignon, au moyen d'une toute-puissance créatrice départissant à chaque individu sa vie, ses degrés de facultés et d'intelligence.

Et pour nouvelle preuve, puisque, d'après les

expériences de Kœlreuter et d'autres observateurs, on change toute sorte de plantes en une espèce voisine (la *nicotiana rustica*, en *nicot. paniculata*, par exemple), par l'influence prédominante du pollen d'un mâle d'autre espèce, à la suite de plusieurs générations, sur le germe ou ovule féminin; puisqu'on peut ainsi composer une foule de races animales dans lesquelles on augmente à volonté les qualités paternelles ou maternelles, il faut bien que les deux sexes concourent pour imprimer leur cachet spécifique sur le germe. Celui-ci ne révèlerait guère que sa mère, avant la fécondation.

Quelques physiologistes considérant les difformités congéniales et héréditaires de plusieurs individus, comme des variétés de races (végétales et animales) pendant plusieurs générations, en concluent qu'il peut exister dans les germes une difformité originelle. Tel fut le sujet d'une dispute célèbre dans l'académie des sciences entre Winslow, Duverney, Méry, Littre, etc., qui soutenaient cette opinion, et Lémery défendant (avec Harvey, Hébenstreit, etc.) le sentiment contraire. Maintenant le progrès des sciences permet d'éclaircir cette question.

D'abord, il ne faut pas prendre pour monstruosités originelles tout empêchement quelconque de développement dans les membres, par suite de compressions, de froissemens, d'où résultent, ou des aneucéphales, ou des scissions (le bec de lièvre), ou des adhérences de doigts, etc., tandis que d'autres parties ont pu obtenir un accroissement trop considérable qui devance les autres. Les déviations, les atrophies, les distorsions, *surtout chez les espèces multipares,* ou dans la race humaine et les animaux domestiques exposés à des causes nombreuses de maladies et de dégénérations, pendant la gestation, produisent souvent des monstruosités, comme la culture en fait naître aussi parmi les végétaux.

Remontant donc aux vrais principes de la formation des êtres, on y reconnaîtra que toujours chaque espèce possède *un type primordial, permanent,* malgré les variations imposées par les climats, les alimens, les mutilations répétées par l'homme. L'équilibre organique retourne spontanément à sa création normale; les parties reprennent leur balancement primitif, les mutilations sont réparées, les hybrides la plupart stériles; et la suite des générations ramène à l'état régulier.

En effet, supposez que les germes puissent dévier originairement de leur *forme normale;* alors nulle espèce n'aurait de type constant, ni de constitution fixe, d'harmonie stable dans ses élémens; mais puisque l'état de notre monde ne change point l'ordre général des saisons, le cours des évènemens, comme les principes qui le constituent, quelle pourrait être la cause de l'altération des espèces que le globe nourrit? On n'en voit aucune. Aussi l'expérience prouve que la race humaine, par exemple, dont nous étudions le mieux l'histoire et les monumens antiques, n'a point essentiellement varié dans la suite de quatre à cinq mille ans que l'on connaît les Égyptiens, les Hindous et les plus vieux peuples de la terre. De même les principaux animaux et végétaux du globe, représentés anciennement, n'avaient point d'autres caractères que ceux d'aujourd'hui. Quant à ces espèces fossiles éteintes ou perdues maintenant, elles appartenaient sans doute à d'autres genres de formation et à d'autres conditions d'existence que notre monde actuel; sans doute aussi nous en sommes séparés par des catastrophes et des bouleversemens qui ont modifié l'état de notre planète dans de pareilles proportions.

Toutefois, les cas de multiplicité des parties (comme des doigts surnuméraires ou des membres plus nombreux), les aberrations anormales, les transpositions de viscères, les productions pathologiques, les tissus morbides, etc., peuvent dépendre, dans l'état de ténuité et de mollesse extrême d'un embryon, durant le stade de sa vie fœtale, d'une multitude d'accidens difficiles à évaluer, comme de retournemens et de distorsions, de causes perturbatrices dans l'évolution, la distribution du fluide artériel et nourricier, etc. Nous voyons aussi parmi les végétaux des parties multipliées,

des étamines se transformer en pétales, et des pétales en feuilles. Toutes les dégénérescences morbi-
fiques peuvent être considérées comme des développemens d'un genre d'organisation qui se rencontre
en d'autres êtres. Ainsi les monstruosités ne sont
encore que des *arrêts à l'état inférieur*, et comme
une réminiscence de la puissance organisatrice d'autres essais de créations. Il n'y a donc pas d'abnor-
mité primitive des germes, car la nature, dans son
ordre actuel, reste immuable. Les monstruosités par
défaut remontant toutes plus ou moins à des causes
dynamiques, sont donc la plupart extérieures au
germe primitivement normal (1). Ainsi, pour les
végétaux comme pour les animaux, la liberté, l'isolement des germes favorisant la régularité de la
structure (par exemple, dans les fleurs terminales, et
pour les fœtus uniques, surtout chez les ovipares).

(1) Les physiologistes ont attribué les monstruosités par défaut :

1° A la privation plus ou moins complète de centres nerveux
(Béclard, Tiedemann).

2° A la pression exercée sur le fœtus soit par des tumeurs an-
nexées aux parois de l'utérus, soit à la présence d'un autre fœtus,
à une masse d'hydatides, etc.

3° A des maladies qui, se déclarant pendant la vie utérine, amènent ou l'atrophie ou la destruction des parties (Chaussier).

4° A des adhérences qui s'établissent entre l'embryon et ses tuniques membraneuses (Geoffroy St.-Hilaire).

5° Au défaut de développement de l'artère qui doit apporter une
partie des matériaux de la nutrition (Serres), etc.

tout se déploie alors sans soudures, sans compressions, sans avortemens ni anomalies monstrueuses ;
celles-ci résultent au contraire de la gêne et d'empêchemens mécaniques de l'extérieur. La nature aspire toujours à créer des productions parfaites, à
restituer la pureté de ses espèces, soit en rendant
stériles les mélanges hybrides et adultérins, soit en
dirigeant les instincts dans les voies normales par
horreur pour toute difformité. Il est facile de comprendre comment deux germes s'accolant produisent des fœtus doubles, ou même en se pénétrant
plus ou moins dans leur état de mollesse primordiale, l'extérieur se développe aisément, tandis que
l'intérieur, suivant sa position, ne se déploie que faiblement, ou même reste en simple état embryonnaire.

Ainsi les germes réunis, greffés, soudés diversement d'après des circonstances variées, ont donné
naissance, outre les jumeaux unis, à des fœtus dans
un autre fœtus (comme aussi des œufs à deux jaunes), sans que le fœtus interne soit le fils du contenant. Souvent il est advenu dans la production
de jumeaux, que si l'un, mieux placé pour son libre
accroissement, attire toute la nourriture, l'autre,
mou et faible, peut être absorbé par les intestins
contre lesquels il s'accolle, et renfermé souvent
sous la duplicature du péritoine. De même, dans la
superfétation, un ovule détaché de l'ovaire vient
s'attacher à un embryon déjà commençant, s'y colle

aux intestins par une inflammation adhésive, puis entre dans l'abdomen, lorsque ces intestins y sont renfermés. C'est ainsi qu'on rencontre des embryons ou des débris de fœtus atrophiés, anormaux, dans les cavités splanchniques de plusieurs individus, mâles ou femelles. Ce sont presque toujours des parties de la tête, ou du cerveau, région qui se développe d'abord dans tout animal, comme appareil central, comme trame première et essentielle de l'organisation. C'est ce qu'on observe dans ces tumeurs stéatomateuses, ou ces méliceris contenant des cheveux, des dents avec une matière grasse et dure, laquelle n'est que la matière cérébrale desséchée, etc.

Ces germes ainsi avortés peuvent rester ensevelis dans la profondeur des organes, comme morts ou comme productions étrangères, mais parfois aussi on les a vu grossir ou absorber de la nourriture, au point de se développer. (1)

Le fœtus interne ressemble, en son accroissement, aux conceptions extra-utérines, et le sexe de celui qui sert d'enveloppe ou de mère, reste indifférent. On voit ainsi un fruit dans un autre fruit, etc.

(1) Un exemple célèbre est celui d'Amédée Bissieu, de Verneuil, chez lequel il se développa à l'âge de 14 ans, un fœtus renfermé dans le mésocolon transverse, hors des voies de la digestion, mais communiquant au colon par une lésion récente, et un cordon ombilical inséré à ce mésocolon. Voyez le rapport fait par Dupuytren, etc.

La plupart de ces germes parasites procédant de superfétation, ne prouvent nullement leur emboîtement, car on les trouve aussi chez des mâles et hors de toutes les voies de la génération, dans les situations les plus anomales (1). Ils ne peuvent donc pas être considérés, avec C.-F. Wolff, Huber, Tréviranus et quelques autres physiologistes, comme le produit d'une force de vie luxuriante engendrant des essais d'organisation en divers lieux de l'économie, pendant l'âge de la jeunesse et de la vigueur des individus. Cette dernière théorie s'applique seulement à la multiplicité des membres, comme aux sexdigitaires, tout de même que les végétaux, par excès de nourriture, procréent souvent dans les fleurs (2) des parties surnuméraires, sans que les

(1) Voyez les écrits de Fr. Meckel, d'Iligmore, de Dupuytren, la dissert. d'Abraham Capadose, *de fœtu intrà fœtum*, Lugd. Batav. 1818, et Car. Jo. Aug. Ottonis, epist. ad Weidler, *de fœtu puerperà*, etc. Déjà Prochaska, et même Thom. Bartholin, *Hist. anat. rarior. cent.* vi, hist. c. p. 386, avaient compris que dans le cas de fœtus contenus l'un dans l'autre, ce sont deux jumeaux dont le plus fort absorbe le plus faible. Celui-ci peut rester à l'état embryonnique.

(2) Les fleurs situées le plus directement sur le centre des tiges ou recevant un afflux considérable de sève nourricière, sont les plus enrichies de ces organes surabondans, ou réduplications, comme aussi dans les fleurs doubles par la culture. Les fleurs centrales des ombellifères se trouvent, au contraire atrophiées, comme chez toutes les espèces de plantes à tige creuse ou fistuleuse ; c'est parce que les vaisseaux séveux, en effet, sont plus nombreux à la circonférence des tiges, etc.

germes soient primitivement altérés; les atrophies
d'organes résultent, par cette même raison, d'un
appauvrissement de la nutrition.

* * * * *

CHAPITRE IV.

Développement de l'embryon des végétaux et des animaux; de ses annexes; de sa formation progressive et de sa vie fœtale.

§ I. La loi universelle qui régit les corps organisés,
depuis leur naissance jusqu'à la mort, étant celle
de l'évolution de leurs parties du dedans au dehors,
elle résulte de la nutrition ou de l'assimilation des
alimens absorbés par intussusception, dans la propre
forme et substance du corps vivant.

La reproduction, quelle que puisse être la diversité de ses modes, soit partielle, soit totale, d'un
végétal et d'un animal, émane donc nécessairement
des matériaux nutritifs, élaborés par l'individu qui
engendre, ou qui reproduit ses membres mutilés.

Ces élémens d'un nouvel organe le reconstruisent
d'après la forme ou le moule que lui imprime l'organisme duquel ils dérivent; ainsi la branche coupée d'un arbre se régénère; ainsi la portion amputée
d'un vermisseau, la pince d'une écrevisse, et même
la tête de quelques espèces, repullule par une force
identique avec la génitale, puisqu'on peut obtenir,

des boutures d'un arbre ou d'une annélide, comme des polypes, etc., un nouvel être complet.

La génération la plus simple est donc celle par division, si fréquente chez les végétaux. Cette génération fissipare n'est pas moins naturelle parmi une foule de zoophytes et d'animaux inférieurs dont la structure consiste presque uniquement dans une cellulosité aréolaire. Il devient de toute évidence que ce mode de reproduction n'est encore qu'une *nutrition continuée*.

Il en est manifestement de même de la génération gemmipare, ou lorsqu'un polype, une naïde poussent un bourgeon animal hors de leur corps, et que ce *gemma* déploie une branche toute semblable à sa tige maternelle, soit qu'il y reste adhérent comme dans les polypes composés (lithophytes et cératophytes) et dans les arbres, dont chaque pousse annuelle représente une nouvelle génération, soit que ces nouveaux produits se détachent de leur souche originelle pour constituer des individus indépendans.

On peut donc affirmer qu'il n'y a point ici génération, mais continuité de développement par nutrition; la génération ovipare ou vivipare des plus nobles espèces animales et végétales rentre essentiellement dans le même ordre de phénomènes.

A commencer par les races les plus inférieures, le germe ne consiste que dans un simple *globule* ou point animé, tel que la *monade* microscopique, petite sphère dont sont composés tous les tissus organiques par divers modes d'agrégation aréolaire. La forme sphérique appartient à toutes les créatures vivantes; car les figures d'ovale, du cône, du cylindre, etc., qui, comme toute autre ligne courbe, terminent les corps développés par évolution ou par intussusception, qualifient l'organisme, tandis que les lignes droites et les angles géométriques mesurent les faces cristallines du règne minéral. D'ailleurs, tout être vivant émane originairement d'un liquide, ou vient de l'eau; il doit ainsi prendre la configuration sphérique, la plus propre à l'unité d'action et de fonctions par les rapports du centre à la circonférence, et pour le déploiement évolutif de toutes les parties sortant du foyer qui les nourrit et qui les gouverne.

Le centre animé, le germe, est comme un *punctum saliens*, duquel germent les membres ou toutes les parties, soit en rayonnant, chez les végétaux et les zoophytes, soit avec un axe central formé de deux moitiés latéralement associées par la moelle épinière chez les animaux symétriques les plus parfaits, comme les vertébrés.

Tout être organique part donc de ce point de monade, de globule simple, pour s'élever successivement à son rang dans l'échelle de la structure botanique ou zoonomique la plus compliquée. Ainsi dans les rangs infimes de la végétation, chez les algues, les hypoxylons, il y a pour graines des molécules sphériques (*spora* selon Hedwig, *gongylus* de Gaertner) naissant sur des pédicules, dans les byssus et mucors, sur les petits boucliers ou scutelles des lichens, sur l'*hymenium* ou les lamelles et papilles des champignons. Parmi les animalcules infusoires, les uns renferment, comme les *volvox*, de petits globules qui, sans doute, propagent leur race en rompant l'enveloppe maternelle; d'autres se multiplient par fissure ou division spontanée; les polypes poussent des bourgeons ou gemmes, comme des branches qui se peuvent détacher ensuite mécaniquement. On ne voit dans tous ces faits qu'une prolongation de la matière nutritive, d'abord concentrée en un lieu sous un petit volume, et possédant assez de moyens d'activité, ou un foyer de vie pour subsister d'elle seule.

Puisque l'organisme, chez ces êtres inférieurs, n'a nulle complication, l'individu sortant de l'œuf ou du bourgeon fœtal, atteint aussitôt son degré de perfection, tandis que des élaborations successives attendent les végétaux, comme les animaux d'une structure plus complexe; aussi leurs œufs ou graines revêtues de plusieurs membranes contiennent divers matériaux qui concourent à l'organisation du nouvel être pendant sa vie embryonuaire; il subit en même temps diverses métamorphoses pour s'élever au rang que lui destine la nature.

Parmi ces tuniques, les internes sont prédisposées en faveur du nouvel être, les externes en faveur de la conservation ou de la dissémination de cette postérité.

On ne peut s'empêcher d'admirer une sagesse prévoyante pour la conservation et la dissémination des œufs végétaux. Soit qu'elle protège les uns d'un cuir indigestible dans l'estomac des herbivores, ou impénétrable à l'humidité, soit qu'elle hérisse d'autres de piquans, ou les dérobe dans une boîte ligneuse, ou sous un cône, une gousse dure, une capsule solide, soit qu'elle les enveloppe d'une matière tantôt alimentaire, tantôt visqueuse pour les faire transporter par des animaux, ou qu'elle couronne des graines d'aigrettes plumeuses ou les pare d'ailes pour les faire voyager dans les airs, enfin qu'elle dispose celles-là pour voguer sur les ondes, mille ressources merveilleuses sont préparées pour garantir et multiplier les existences des plantes, dans leur état d'abandon primitif et spontané sur ce globe.

Ces bourgeons, ces semences sont encore défendus de la rigueur des hivers, sous un vêtement résineux chez plusieurs conifères et autres arbres des régions polaires, ou s'enfoncent sous terre d'eux-mêmes dans des turions, des bulbes et caïeux, etc.

Quoique l'instinct industrieux des animaux veille à la conservation de leur progéniture, il n'existe pas moins dans la structure de leurs œufs, des dispositions favorables à ce but. Ainsi les oviductes de tous les ovipares sécrètent soit un gluten de phosphate calcaire qui durcit la coque de l'œuf chez les oiseaux, quelques reptiles et les crustacés, soit une mucosité qui rend adhérens les œufs de la plupart des mollusques, des insectes et même de plusieurs poissons; d'autres sont associés en grappes, ou déguisés par leur couleur, ou cachés sous des membranes imperméables (1), tandis que ceux destinés à être fécondés hors du sein maternel, ont des tuniques pénétrables par le sperme du mâle de leur espèce. Beaucoup d'œufs de races aquatiques absorbent aussi de l'eau, et se gonflent à mesure que l'embryon s'accroît.

Tous les œufs, comme toutes les graines, paraissent avoir besoin du concours de l'oxygène, soit de l'air, soit de l'eau aérée pour favoriser le

______

(1) De même dans les graines des végétaux, si le test ou la pellicule extérieure, souvent hygrométrique, absorbe une humidité favorable à la germination, la membrane interne contiguë à l'amande, ou l'endoplèvre reste d'ordinaire imperméable à l'eau. Ce n'est que par l'ombilic ou les vaisseaux de la cicatricule (*hile*), et par les chalazes, ligamens qui attachent l'embryon aux deux extrémités de l'amande, que l'absorption peut s'exercer, comme on s'en est assuré en employant de l'eau colorée. La chalaze supérieure qui attache le sommet de l'embryon a ses tuniques perforées; c'est par là que la fécondation s'opère.

24.

développement du jeune être. Ainsi les semences des végétaux ne germent point dans le vide ni dans les gaz irrespirables; celles qui sont trop profondément enfouies sous terre, y demeurent long-temps inactives; c'est pourquoi l'on voit quelquefois avec étonnement germer et sortir des décombres ou des terres défoncées, *des plantes qu'on n'y a point semées.* Pareillement les arrosages d'eau aérée (ou chargée de chlore, d'iode, etc.) favorisent la germination.

Les œufs de plusieurs radiaires sont munis de cils qui les soutiennent à la surface des eaux où ils s'imprègnent d'air et de la chaleur du soleil, pour éclore. Les poissons déposent de même les leurs sur des grèves chaudes et aérées : enfin si l'on enduisait de corps gras les œufs d'oiseaux, les pores de leur coque ainsi fermés s'opposent à l'éclosion du fœtus; on a même expérimenté sur un œuf de poule enduit de cire à moitié, que le poulet alors ne développait qu'une moitié des hémisphères de son cerveau.

L'œuf des mammifères adhérant à l'utérus maternel par un placenta ou des cotylédons, absorbe, comme on sait, les matériaux nutritifs, le sang qui le fait accroître, bien qu'il n'y ait pas d'anastomoses directes entre les vaisseaux de la mère et ceux de l'embryon, ni de communication de branches nerveuses comme on l'admettait (1). Cette sorte d'œufs

(1) Sous la présomption que toute partie animée possède des nerfs, et qu'ils sont le principe d'action de tous les organes, Schœffer.

suppose l'existence des mamelles de la mère pour alimenter le fœtus mis au jour comme chez les mammifères, et surtout les marsupiaux qui naturellement avortent avant terme.

§ II. *De la structure interne des œufs, et des graines, et de leurs annexes.* La différence entre les œufs des vrais vivipares qui pompent un aliment utérin, et les œufs des ovipares qui possèdent en eux des matériaux suffisant à la nourriture du jeune embryon, résulte de leur structure intérieure.

D'abord, l'ovule des mammifères se développe primitivement dans les vésicules des ovaires (œufs de Graaf) et non pas dans les corps jaunes, car ceux-ci n'apparaissent, contre l'opinion d'Ev. Home et Bauer, qu'après la fécondation de l'ovule et lorsqu'il commence à s'accroître. Il en est de même dans les autres classes d'animaux. (1)

a cru pouvoir conclure qu'il en existe dans le placenta et les enveloppes du fœtus des mammifères (*Diss. de præsentiá nervorum in secundinis*); mais l'anatomie n'y a rien découvert de semblable, comme l'a prouvé Henr. August. Wrisberg, *obs. anatom. neurolog. de nervis viscerum abdominal.* (dans les *comment. soc. Gotting.*, tom. XVI, p. 15 sq).

D'ailleurs l'hypothèse des nerfs émanant de la mère au fœtus par ses enveloppes servait à l'explication de *l'influence prétendue de l'imagination maternelle sur l'enfant.* Les communications s'expliquent plus naturellement par les mouvemens sympathiques que l'utérus reçoit des impressions morales, dans les passions, les contractions spasmodiques, etc.

(1) Quand il serait démontré que l'ornithorhynque est ovipare,

Tous, depuis les oiseaux jusqu'aux insectes inclusivement, sont *ovipares* (ou *ovovivipares*, si leurs œufs éclosent dans les oviductes chez quelques espèces). Quant aux infusoires, aux polypes, aux radiaires ou même aux vers, ils déposent moins des œufs complets que des gemmules, de petits embryons qui se développent simplement et ne paraissent pas subir divers degrés d'organisation ou de métamorphoses comme les fœtus d'animaux plus compliqués.

En effet, les enveloppes embryonnaires des germes d'animaux et de végétaux sont ou protectrices de leur molle texture, ou des sacs contenant des liquides appropriés à leur alimentation, et ces sortes de chemises natales servent encore de maillot ou de langes *(pupæ)* pour nombre de races délicates d'insectes ou d'autres espèces qui ne s'en dépouillent que successivement comme nous le montrerons. Il y a quelques analogies pareilles chez les végétaux, également soumis à des transformations.

Ainsi la *graine*, ordinairement entourée du carpe ou fruit, est attachée au dedans du péricarpe par un *placenta* ou *trophosperme* et tire sa propre substance au moyen du funicule ou cordon ombilical. Elle contient l'embryon végétal avec ses annexes;

ce fait ne prouverait qu'une naissance avec les membranes du chorion et des autres membranes, ce qui arrive à des enfans nés *coiffés*, dit-on; de même l'insecte hippobosque pond des larves, etc.

celles-ci sont le spermoderme de la semence ou peau constituée du *test*, pellicule extérieure, du *mésoderme*, substance intermédiaire, prenant le nom de *sarcoderme* s'il est charnu, et de l'*endoplèvre* tunique interne vêtissant à nu l'amande. Ces membranes sont perforées au sommet ou mamelon de l'amande, afin que le pollen fécondant puisse pénétrer jusqu'à l'embryon. Celui-ci est fixé par des chalazes ou ligamens à cette amande, laquelle se compose d'un cotylédon, chez les végétaux unilobés, et de deux pour l'ordinaire parmi tous les dicotylédonés.

Les parties environnant l'embryon portent le nom de *périsperme* ou d'*albumen*, substance blanchâtre, non vasculeuse, qui ne se trouve point en toutes les graines et peu abondante chez la plupart des dicotylédonées, mais qui, résidu concrété du liquide amniotique, devient un réservoir de nourriture pour la jeune plante; il est très considérable chez les monocotylédonées, et en particulier dans les céréales dont il constitue la partie amylacée. On a comparé ce périsperme à l'albumen de l'œuf des oiseaux comme au liquide de l'allantoïde des vivipares.

Quant au *vitellus* ou à cette pulpe composant l'ovule végétal, avant sa fécondation, ce n'est point un corps particulier à moins qu'on ne comprenne sous ce nom les cotylédons et les vaisseaux embryonnaires, comme l'équivalent du jaune de l'œuf des oiseaux ou de la vésicule ombilicale des mammifères.

Les œufs des animaux les plus complets, tels que ceux à sang chaud, présentent d'ordinaire quatre tuniques : la plus externe ou la caduque inorganique de l'utérus des mammifères est analogue à la coque inorganique de l'œuf des oiseaux ; l'une et l'autre recouvrent le *chorion*, membrane commune, universelle de tout œuf d'animal, la première qu'on puisse compter comme nécessaire. La seconde se compose de l'*allantoïde* (qui manque au fœtus humain bien qu'il possède un ouraque), elle est un prolongement de la vessie dont les deux feuillets constituent une double voûte entre le chorion et l'amnios ; portant un lacis de vaisseaux rouges qui s'étend par degrés sur la totalité du vitellus chez les oiseaux et les reptiles à poumons constans, elle paraît destinée à la respiration du fœtus ou à l'oxygénation du sang. Nommée aussi *érythroïde*, elle communique avec le cordon ombilical par une grosse veine qui traverse le foie pour se rendre au cœur, et avec les artères naissant des iliaques primitives. Cette disposition se manifeste chez tous les œufs à placenta et à cordon ombilical des mammifères (1), comme aux œufs sans

(1) La vésicule érythroïde a été indiquée chez les mammifères d'abord par Needham, *observat. anatomicæ*, Leyde, 1743, puis par Everard Home (*novus et geminus hominis brutique animalis exortus*) ; Pockels l'a retrouvée dans les premiers temps de l'œuf humain (voir l'*Isis* d'Oken, décembre, 1825). Quant à la vésicule ombilicale, Albinus en a donné la première figure en 1754, puis Wrisberg en 1764 ; cependant son existence est encore contestée chez le fœtus humain.

placenta, mais avec une allantoïde des oiseaux et des reptiles pulmonés. L'allantoïde existe ainsi chez les animaux à poumons.

La troisième tunique est l'*amnios* entourant l'embryon jusqu'à son ombilic ; elle renferme surtout un fluide plus abondant que celui contenu entre les deux feuillets de l'allantoïde parmi tous les animaux, ce qui préserve le fœtus des chocs immédiats.

Enfin la quatrième membrane est la *vésicule ombilicale* des mammifères équivalent du *vitellus* des oiseaux et des reptiles, mais qui ne rentre pas comme celui-ci dans l'abdomen de l'embryon. En effet, chez les mammifères, la vésicule ombilicale est fort petite, chez l'homme surtout où elle disparaît de bonne heure dans la vie fœtale. Quoique plus volumineuse parmi les carnassiers et les rongeurs, elle ne suffirait pas à la nourriture du fœtus jusqu'à sa naissance : il lui faut donc le sang maternel, et, après la naissance, le lait des mammelles.

Les ovipares ayant des œufs libres et des fœtus capables de se suffire à eux seuls, la nature leur fournit, par la substance abondante du jaune qui rentre en leurs intestins, un aliment capable de suppléer à cet isolement. Aussi la membrane renfermant le vitellus contient les vaisseaux mésentériques du fœtus, continus avec ceux de ses intestins, et ces élémens de nutrition tiennent lieu du lait que réclame le jeune mammifère, sortant de l'utérus. Les fœtus des ovipares peuvent donc subsister d'eux seuls, isolés dans leur coque, lors même qu'ils resteraient dans l'oviductus maternel pour y éclore, comme chez les vipères, les seps, les squales, d'autres poissons et divers insectes. (1)

Chez les mammifères, la vésicule ombilicale adhère au chorion par des chalazes ou ligamens, comme le vitellus des oiseaux à la membrane commune de leur œuf. Le têtard, le jeune poisson, tout au contraire, ont des œufs privés d'allantoïde et de vaisseaux ombilicaux. De là suit que leur vitellus ne s'attache point aux tuniques extérieures et qu'ils manquent de véritable cordon ombilical. Leur œuf n'a pour membrane commune qu'un amnios dépourvu même de chorion. (2)

Ceci était nécessaire si l'on considère que l'allantoïde ou sac urinaire des fœtus à poumons a besoin d'absorber l'air; tandis que les œufs des poissons et

(1) Hérold dit que l'œuf des arachnides a un vitellus communiquant par le dos avec l'intérieur de l'abdomen (*Diss. sur l'œuf des araignées*, etc., en allem., Marbourg, 1824), Rathké a vu la même disposition chez les crustacés (*de l'œuf des écrevisses*, etc., Leipzig, 1829, 4°. en allemand).

(2) Le *corpus luteum* de l'ovaire des mammifères fécondé, paraît analogue au vitellus des ovipares, oiseaux, etc. Il est sécrété en effet par le même lacis de vaisseaux que chez les ovipares et se comporte de la même manière (Prevôt, *Mém. de la soc. de physiq. de Genève*, t. IV, part. I). On sait que l'ovaire et l'oviducte chez les ovipares ne participent pas la nutrition du fœtus, comme le fait l'utérus chez les mammifères.

des batraciens, animaux à branchies, étant déposés dans l'eau, il suffisait que ces œufs fussent perméables à ce liquide aéré (1) selon le mode de respiration aquatique. Le sac amniotique convenait donc pour permettre ce mécanisme. Chez les ovipares à poumons, au contraire, l'œuf a besoin d'absorber l'air afin d'oxygéner le sang du fœtus; l'allantoïde et ses feuillets portant des ramifications de vaisseaux sanguins sert d'organe respiratoire, tout de même que chez les mammifères le placenta ou les cotylédons paraissent être le véritable organe d'hématose qui élabore le sang déjà oxygéné de la mère transmis à l'embryon. (2)

Ce qui prouve cette respiration des œufs, c'est

(1) D'après les recherches de G. Cuvier, sur le développement des œufs de la petite sèche, *sepia sepiola*, ce développement s'opère comme dans le fœtus des poissons et des batraciens, par le seul passage de la matière du vitellus dans le canal intestinal et sans le concours d'une allantoïde, organe temporaire de respiration. En effet, on n'observe point cette membrane si riche en vaisseaux sanguins, ou l'analogue trouvée également chez les oiseaux. Par conséquent il n'existe point de vaisseaux ombilicaux, mais seulement les omphalo-mésentériques. Ainsi ce genre de structure paraît une loi commune à tous les animaux à branchies, probablement à cause qu'ils naissent dans les eaux. Aristote et Cavolini avaient vu imparfaitement ces faits, éclaircis ensuite par Baër, etc.

(2) Voyez Ch. Ern. de Baër, *Hist. du développement fœtal des animaux*, dans le *Répert. d'anatom.* de Gilb. Breschet, t. viii, an 1829, in-4°, p. 188. Le cordon ombilical passe par le ventre, chez les animaux vertébrés, par le dos chez les articulés, mais chez les céphalopodes, c'est par un point spécial au dessus et au devant de la bouche, entre les deux tentacules inférieurs.

que le sang rapporté au fœtus de l'oiseau et du reptile pulmoné, par la veine ombilicale, est plus rouge
que le sang rapporté à l'œuf par les artères de
l'ombilic. Les œufs de tous les reptiles à poumons
constans ont un vitellus sur lequel apparaît la cicatricule ou l'embryon dont l'intestin correspond au
pédicule de ce jaune; il n'y a point d'albumen, seule
différence de l'œuf des oiseaux, puisque ce vitellus
rentre dans l'abdomen du jeune reptile également.

D'après des recherches récentes, la vésicule de
Purkinje adhère d'abord à la surface de la membrane
vitelline de l'œuf des mammifères et des oiseaux.
Après l'acte de la fécondation, cette vésicule se
crève spontanément et donne naissance à une membrane dite *blastoderme,* parce qu'elle entoure le
germe. Cette membrane blastodermique absorbant
les liquides environnans par endosmose, se sépare
de la membrane vitelline. Enfin dans un état plus
avancé de l'embryogénie, le jeune embryon formé
du blastoderme, commence à se replier, de ses
deux extrémités vers son centre; il absorbe peu-à-
peu le vitellus, et se rapproche de plus en plus de
l'enveloppe blastodermique, afin de constituer le
nouvel être. (1)

Enfin, celui-ci plus développé et lorsque la mem-

(1) Voir les recherches de M. Coste sur le développement de l'œuf des
mammifères et des oiseaux, suivant les mêmes lois. Paris, 1834 et les
remarques critiques de M. Dutrochet, 1835.

brane blastodermique a formé les parois abdomi-
nales, la poche ou le sac omphalo-mésentérique
contenant l'ouraque, ou constituant l'allantoïde des
mammifères, s'attache par le cordon ombilical au
jeune embryon. Elle sort de sa cavité abdominale
pour venir s'épanouir à la membrane vitelline et
constituer le placenta. C'est par cette sorte de sac
que le placenta s'attache aux parois internes de l'u-
térus et qu'il communique avec la mère, pour en
pomper le sang nourricier.

§ III. *Métamorphose progressive des embryons.*
Dès les premières périodes de la conception des
œufs ou graines, tout étant fluide, l'ordre d'apparition successif des organes n'est pas l'indice exact
des préformations, puisque des parties acquièrent,
suivant leur nature, un état plus ou moins concret
et solide que d'autres; les appareils généraux, les
plus nécessaires, doivent être constitués d'abord;
en effet le centre, quoique inapercevable encore,
est formé avant la périphérie.

La grande loi d'*évolution* unicéntrale, présidant
évidemment à tous les organismes végétaux et animaux, rien n'autorise à soutenir que les embryons
soient le résultat de l'*épigenèse*, à moins qu'on ne
conçoive, par cette expression, un développement
successif de toutes les parties extérieures, par émanation de leurs trames primitivement ébauchées et
préexistantes dans le germe fécondé.

Aussi tout germe ne peut se déployer qu'au moyen des deux facteurs qui le composent, savoir : 1° l'*élément matériel* ou cette trame organisable, pulpeuse et celluleuse préparée dans le sein maternel avant même la fécondation, comme sont alors les œufs clairs (*ova subventanea*) des oiseaux, les graines avortées des fleurs stériles, etc. 2° l'*élément fécondateur* ou vivifiant du mâle, soit du pollen des plantes, soit du sperme des animaux, correspond au principe nerveux, excitateur de la fibre animale, lequel communique une irritabilité manifeste jusque dans les étamines d'une foule de végétaux.

Les femelles ne possédant aucune liqueur séminale, (comme le prouve surtout l'exemple des végétaux et des animaux ovipares), les êtres organisés émanent nécessairement d'un œuf : *omnia ex ovo.* Mais puisque cet œuf prédisposé dans les mères ne se développe qu'au moyen de l'élément paternel, il faut donc que le sperme (ou le pollen) s'introduise en un lieu quelconque de l'œuf ou de la graine pour lui communiquer l'influx vital.

Le point par lequel une graine adhère au placenta de sa tige-mère étant le point absorbant, ou suçant de l'embryon, devient par cela même l'extrémité *inférieure* de la radicule de la jeune plante, de même que le cordon ombilical est la racine par laquelle le fœtus absorbe sa nourriture de la mère. Mais l'acte fécondateur paternel communique au jeune embryon animal ou végétal un principe d'excitation vitale dans un sens tout opposé. Ainsi c'est par la chalaze *supérieure* attachant le sommet de l'embryon végétal, et qui est perforée, que paraît s'introduire le pollen des étamines, comme Robert Brown croit s'en être assuré; c'est aussi par le sommet cérébral qu'on peut admettre que l'influx spermatique des animaux pénètre le jeune fœtus, car c'est la partie qu'il présente en avant, dans tous les œufs, et l'ouverture de la fontanelle du fœtus humain semble être encore un témoignage persistant de cette voie de la fécondation. (1)

Chez les plantes, l'embryon en miniature se compose du germe, lequel pousse d'abord inférieurement une *radicule* dirigée vers la chalaze de l'ombilic, et tendant constamment en bas (ou au nadir, bien qu'on renverse la graine); la petite tige appelée *plumule*, apparaît ensuite et aspire, malgré divers obstacles, vers le zénith, cherchant hors du sol, l'air et la lumière. Le point intermédiaire, le nœud vital est le *collet* séparant la plumule de la radicule, et d'où partent un ou deux *cotylédons*, feuilles épais-

----

(1) On objecterait en vain que deux fœtus peuvent être réunis par le sinciput (comme dans la monstruosité décrite par M. A.-C.-L. Villeneuve, Paris, 1831, in-4°, fig.) et en effet, ils ont dû être fécondés dans leur ovaire, chacun à part, selon l'ordre naturel; mais cet accollement ne pouvait avoir lieu que subséquemment, lorsque les deux embryons jumeaux se rapprochent en descendant dans la cavité utérine.

ses, primordiales, destinées à fournir, comme des sortes de mamelles, un aliment à la jeune plante (1). Celle-ci, dans son enfance, offre encore la simple texture celluleuse des cryptogames; les feuilles radicales, restent analogues à celles des monocotylédones, et le végétal ne monte à son rang, qu'à la floraison, comme l'animal quitte la livrée efféminée de l'adolescence, à sa puberté.

De même, dans la hiérarchie zoonomique, la métamorphose du fœtus s'opère par l'effort réciproque des deux élémens organiques. Chez les embryons des vertébrés on aperçoit la carène cérébro-spinale ou nerveuse, stimulatrice du mouvement vital, puis le cœur, centre de l'appareil sanguin nutritif de toutes les parties. Ainsi s'épanouit la trame du fœtus dont tous les linéamens se dessinent à mesure que les mailles des tissus se remplissent et se fortifient par la continuité des fonctions organiques. Il est certain que *l'élément nerveux* ou *paternel* suscite le développement des appareils de la vie extérieure, les systèmes sensitif, musculaire ou locomobile, osseux, cutané, etc. tandis que *l'élément nutritif* ou *maternel* sert pour

____

(1) Les végétaux acotylédonés sout les analogues des animaux agames. La cause pour laquelle les plantes parasites, le gui, croissent parfois en un sens renversé, sur les arbres, est l'absence de vraies racines; il n'y a point pour elles impulsion vers le zénith, parce qu'il en manque une autre vers le nadir; ainsi la loi générale subsiste.

les appareils internes de nutrition, d'assimilation les plus indispensables et les premiers constitués.

De là résultent pour ainsi dire deux organisations associées et comme superposées, qui n'atteignent leur plus haute puissance de perfection qu'au moyen d'élaborations progressives durant leur existence fœtale surtout, et qui représentent les gradations de l'*échelle zoonomique*. Ces phases de l'organisme déjà indiquées par Aristote, puis remarquées dans le développement du cœur par Harvey (1), renouvelées par Kielmayer, Autenrieth, Lucæ, Fr. Meckel, Oken, Carus, etc., paraissent avoir acquis toute leur évidence par les travaux de MM. Tiedemann, Geoffroy-Saint-Hilaire, Serres, Blainville, Baer, etc.

Les recherches anatomiques manifestent aujourd'hui

(1) Lorsque le cœur d'un embryon mammifère n'a encore qu'un ventricule, il établit la circulation comme dans les crustacés ; ensuite il offre deux cavités comme celui des poissons et des batraciens ; puis ayant trois cavités (les deux oreillettes étant encore unies), il présente le cœur des tortues et des serpens. Tant que la cloison de ses ventricules reste ouverte par le trou de Botal, le cœur humain montre une analogie frappante avec la disposition permanente du cœur des phoques. Voyez Harvey, *de sanguinis circulat.*, p. 70, *sq.* Nous exposons des faits analogues dans l'art. GÉNÉRATION du *Nouv. dict. d'hist. nat.*—Hérold, *de generatione aranearum in ovo*, dit que les fœtus des araignées ont d'abord un cœur simple et sans vaisseaux de manière qu'il ressemblerait alors au vaisseau dorsal des insectes, et des annélides.

Ce vaisseau dorsal ne serait qu'un cœur rudimentaire des animaux arachnides, puis des crustacés.

que l'encéphale humain, à l'état fœtal, offre d'abord les caractères de celui des poissons, puis des reptiles, des oiseaux, des mammifères, avant la complète transmutation qui l'élève au rang suprême. Les autres parties du corps subissent pareillement des nuances d'organisation progressive; ainsi les osselets du crâne des poissons trouvent leurs analogues en ceux des fœtus de vertébrés supérieurs avant de se souder ensemble. Ainsi les vertébrés généralement constitués sur un modèle à-peu-près semblable, déploient successivement leurs structures, par un *pouvoir constituant* qui élève au faîte l'organisation humaine, en traversant les classes inférieures.

S'il est vrai, d'après des observations microscopiques sur le sperme, que les animaux, dans le principe, commencent par un animalcule infusoire, il deviendra nécessaire qu'ils parcourent l'échelle de l'organisme, puis revêtent, dans leurs évolutions, l'état de polype, de vermisseau, de larves d'insectes, etc., avant de s'élancer vers des types plus compliqués; c'est une sorte de métempsycose, comme on a suivi le fœtus humain en descendant jusqu'à l'état analogue au poisson (1). Voilà les faits observés.

(1) Voyez les belles recherches de MM. Tiedemann et Serres sur le cerveau et ses développemens. De même, Baér a montré, par la formation du poulet, que les organes constituant la vie animale ou de relation extérieure, se déploient successivement dans les mêmes rapports que suit la série des vertébrés. Les organes internes de la vie nutri-

De là s'ensuivrait cette idée grande et philosophique, qu'il n'y a sur le globe qu'un seul animal (et un seul végétal), mais progressif et varié, depuis la *monade prototype et protéiforme*, susceptible, au moyen des élaborations que l'organisme opère avec le temps, par la continuité du mouvement vital et se compliquant de plus en plus, d'atteindre le faîte sur chaque planète. Ainsi l'homme, animal le plus perfectionné de tous, représenterait la somme totale des structures inférieures, vertébrées et invertébrées par lesquelles il a dû gravir le premier ; laissant après lui sur la route spirale et ascendante, ces peuples immenses d'animaux, haletans vers le sommet de l'Hélicon, aspirant comme nous à ce degré suprême de *divinisation* physique et intellectuelle. Telle est du moins l'hypothèse résultant des faits qui précèdent.

Toutefois, ce qui fait la différence la plus tranchée, c'est l'appropriation de chaque espèce au lieu, au climat et à la fonction qui lui fut dévolue par la nature. Il suit de là qu'il existe bien une chaîne de

tive, se constituent au contraire d'après le type des animaux mollusques; enfin par l'acquisition de l'allantoïde ou du sac urinaire, l'embryon atteint la constitution qui est appropriée aux classes des vertébrés respirant l'air. Le système nerveux des sens extérieurs est une expansion de l'encéphale dont les cordons se déroulent en dehors et pénètrent la substance des organes ; ceux-ci éprouvent des modifications dues à cet élément nerveux qui les vivifie.

déploiement progressif depuis la moisissure jusqu'au cèdre superbe, et depuis l'animalcule microscopique jusqu'à l'homme ; mais ce déploiement immense des organismes, qui se reproduit en petit dans l'ordre des formations fœtales des individus s'élevant jusqu'à leur rang, ne peut pas représenter toutes les variétés des espèces dans leur enchaînement naturel sur le globe.

Les seuls traits fondamentaux de l'organisme manifestent la progression des individus pendant leur vie embryonnaire. Le mode de nutrition des fœtus n'est point le même que celui de l'être éclos. En effet, c'est par le vitellus absorbé dans la cavité intestinale ou par le sang maternel que l'embryon reçoit sa nourriture. L'évidence de ce fait est incontestable chez les fœtus d'hommes et d'animaux nés en parfaite santé et bien nourris, malgré une imperforation complète de l'œsophage et des autres ouvertures du canal intestinal, comme on en cite une foule d'exemples. Cependant, ces fœtus ont rendu abondamment leur méconium et leurs urines, de même que dans les organisations normales. Il fallait donc que ces matières excrémentitielles fussent sécrétées par ces organes intérieurs, sans que des alimens ou liquides fussent ingérés par déglutition de la part des organes extérieurs. Ainsi leur nutrition devait émaner de toute autre source et par tout autre moyen.

CHAPITRE V.

Causes de la position des embryons et des fœtus dans les ovaires et
les oviductes ou utérus des femelles.

§ Ier. On a généralement observé chez tous les
animaux comme dans la femme, à station droite, les
fœtus présentant la tête à l'opposite de celle de leur
mère, dans le part qui s'opère selon l'état normal. Ce
fait a lieu parmi les multipares, de même que chez les
unipares. Mais ce n'est point, comme on l'a pu penser, par l'effort d'aucune détermination instinctive,
puisqu'il se manifeste sur des fœtus morts-nés. Si
l'on ouvre des femelles à diverses époques de la gestation, on y rencontre, soit dans la cavité utérine,
soit dans le trajet des trompes, les fœtus et les embryons ayant leur tête constamment dirigée du côté
de la vulve. Ainsi dans les chiennes, tous les fœtus
descendant de l'ovaire arrivent par chacune des
cornes ou trompes de l'utérus, le museau tourné
vers la vulve, et à la file les uns des autres, comme
une petite meute se suivant à la piste. Les exceptions
rares à ce fait, ne sont que des dérogations à la
règle commune, ainsi que nous l'allons montrer.

§ II. Chez les ovipares, on pourrait penser que la
forme sphéroïdale des œufs rendrait indifférente la

position de l'embryon, en tous sens. Il n'en est rien. D'abord les chalazes qui fixent le vitellus, par ses deux pôles, maintiennent aussi l'embryon dans une situation bien déterminée (1). En effet, on sait que la tête du poulet se trouve d'ordinaire, tournée vers la plus grosse extrémité de l'œuf, laquelle est la plus perméable à l'air et la plus facile à rompre. Or, c'est aussi par ce pôle, que l'œuf se présente communément à l'oviducte de la poule et qu'il est rendu, en sorte que dans tout son trajet, depuis la grappe de l'ovaire, d'où il se détache, après l'imprégnation, jusqu'à l'orifice du cloaque, l'œuf ar-

(1) M. Dutrochet, dans son savant rapport à l'Institut, dit : nous voyons, en effet, que chez les oiseaux, l'œuf en passant de l'ovaire dans l'oviducte affecte une position qui est toujours la même; toujours la cicatricule est placée à égale distance des deux prolongemens de la membrane chalazifère que l'œuf prend dans l'oviducte, et toujours du côté le plus léger de l'œuf divisé en deux parties inégales par l'insertion des chalazes. Cette position constante de l'œuf, à son arrivée dans l'oviducte, atteste une position également constante dans l'ovaire; l'une est la suite de l'autre. Or, le poulet dont les linéamens embryonnaires existent dans la cicatricule, ayant des connexions fixes et déterminées avec le vitellus, il en résulte que dans son développement, il tendra à affecter une position définitive, déterminée, laquelle sera la même dans tous les œufs. C'est vers le gros bout de l'œuf que s'opère cette direction du poulet, direction qui est bien évidemment la conséquence nécessaire de la position anatomique originelle du vitellus, ou de l'œuf dans l'ovaire, sans cependant qu'on puisse en conclure rigoureusement (*pourquoi pas?*) que, dans l'ovaire, la partie antérieure de l'embryon fût tournée vers l'oviducte. Les mêmes réflexions sont applicables, ajoute M. Dutrochet, à l'œuf des reptiles ophidiens et sauriens.

rive constamment au dehors dans cette direction uniforme selon l'état normal. Et puisque la même disposition a été observée chez les œufs non fécondés, de même que s'ils étaient féconds, il n'y a pas lieu de penser que ce soit le résultat de l'instinct directeur des embryons, mais l'effet nécessaire d'une simple prédisposition anatomique, originelle.

§ III. Ce qui a lieu chez les oiseaux se remarque pareillement chez les reptiles; nous avons eu l'occasion de vérifier ce fait sur une espèce ovovivipare, sur la femelle de l'aspic (*vipera aspis*). Ses oviductes étant ouverts, contenaient huit petits vipéreaux déjà hors des enveloppes de leurs œufs, tous ayant la tête tournée du côté de la sortie ou de la vulve. Cette disposition si remarquable est en quelque manière forcée chez les serpens et les reptiles à queue, à cause de la longueur de leur corps. Cependant les petits sont primitivement repliés en spirale dans l'œuf; mais leur tête s'avance d'abord.

§ IV. Il est à considérer, de plus, que dans les œufs des poissons, l'embryon fœtal sort également la tête la première, car le fait a été constaté souvent (chez les saumons, les cyprins, etc.).

Tous ces jeunes animaux, d'ailleurs, portent déjà les rudimens soit de leurs écailles, chez les poissons et les reptiles, soit des plumes et poils chez les mammifères et les oiseaux en sortant de l'œuf. Ces divers tégumens de la peau sont constamment dirigé,

comme les ailes, les pieds, vers la région postérieure
de l'individu. Ce serait donc à rebrousse-poil, ou
contre la direction naturelle et primordiale de ces
membres et de ces tégumens que les fœtus se présenteraient pour sortir, soit de l'œuf, soit de l'utérus, si la nature ne les plaçait pas la tête en avant;
ce qui contrarierait beaucoup leur sortie, et rendrait
le part très difficile, ou plutôt contre nature.

§ V. La même observation s'applique aux insectes. Personne n'ignore que les larves sortent
aussi de l'œuf la tête la première, comme la chenille perce son cocon, ou la chrysalide sa coque, du
côté de la tête. La disposition des enveloppes est
tellement préparée à cette opération que la coque
de plusieurs chrysalides s'ouvre par une sorte d'opercule ou de capsule vers son extrémité antérieure.

La seule exception citée serait celle des pucerons
femelles, vivipares en été, qui naîtraient à reculons
suivant Bonnet (1), mais cette remarque paraît

(1) M. Dutrochet assure qu'il a vu distinctement au microscope, les
petits pucerons femelles, dans l'ovaire d'une puceronne de la chicorée
sauvage, selon la situation à reculons indiquée par Bonnet. Ce serait
une dérogation formelle à cette loi qui a lieu pour les pucerons mâles,
comme pour les autres animaux. Quoi qu'il en puisse être, cette position
inverse des femelles de pucerons, attesterait encore qu'il y a une situation
normale et préordonnée pour tous les fœtus, comme le dit le savant
M. Dutrochet lui-même, car l'exception confirme la règle.

M. le rapporteur ajoute « qu'il n'a point porté son attention sur la
« naissance des mâles qui viennent plus tard et qui, selon Bonnet, naî-

suspecte, en ce qu'elle se rattache trop immédiatement à sa théorie de l'emboîtement des germes, et par la raison qu'il attribue aux pucerons mâles une naissance dans une situation tout autre, ou par la tête, à l'ordinaire.

§ VI. Parmi les vers, on voit également les petites sangsues sortir de leurs cocons la tête la première.

Dans tout le règne animal, c'est donc par cette position naturelle que l'embryon présente en avant le *pôle nerveux* ou *céphalique* pour sortir de l'œuf, soit que les enveloppes fœtales existent naturellement plus amincies du côté où se trouve la tête du jeune animal, soit que l'effort impulsif de l'accroissement ou des mouvemens progressifs, affaiblissent les tuniques de l'œuf; il est certain qu'elles se rompent plus facilement vers ce point pour l'éclosion du fœtus.

Si, de plus, on consulte l'analogie, chez tous les êtres organisés, la situation des embryons dans les

« traient la tête la première. Ce fait, s'il se confirme, dit encore M. Du-
« trochet, sera d'une haute importance physiologique, car il indiquera
« pour les femelles et pour les mâles un mode d'origine opposé dans les
« ovaires. »

Je ne puis m'empêcher de remarquer combien une pareille anomalie entre les mâles et les femelles, qui n'a été nulle autre part signalée dans tout le règne animal, mérite d'être de nouveau soumise à de très exactes observations, lorsque la grande majorité des faits se trouve en faveur de la loi que je développe.

ovaires des végétaux présente, d'ordinaire, le germe de la graine qui est attachée par son funicule ombilical à un point différent d'où elle reçoit sa nourriture. De même, l'œuf animal adhère à l'ovaire par un tout'autre lieu que celui qui correspond à la tête de l'embryon . Le placenta, pour l'ordinaire, est la partie par laquelle l'œuf s'étant détaché de l'ovaire, se colle à la cavité utérine. Or la tête du fœtus prend une direction dans un sens opposé, toujours selon l'état normal.

Dans tous les animaux fissipares, ou qui se propagent par des gemmes et des bourgeons, sur le corps maternel, c'est toujours la partie tenant lieu de tête qui se présente la première. Ces bourgeons ou gemmes ne sont que des œufs développés à la surface du corps de leur mère.

§VII. C'est donc une loi universelle de l'organisme, et non pas un résultat de la pesanteur, ni une disposition instinctive des embryons, qui les place toujours la tête la première pour sortir du sein de leur mère et de l'œuf, situation aussi naturelle que l'est la tendance de la plumule des plantes à s'élever vers le ciel et celle de la radicule à s'enfoncer dans le sol.

Cette position des œufs des animaux, était la conséquence des fonctions physiologiques du germe ou de l'embryon, pour recevoir ainsi l'imprégnation vivifiante, soit du pollen, soit du sperme venant du mâle et de l'extérieur.

§ VIII. En effet, l'œuf ou la graine des végétaux ne reçoivent, du côté de la mère, que l'aliment ou les moyens de leur croissance, par des vaisseaux nourriciers analogues aux ombilicaux. S'il est certain, comme les recherches les plus exactes et les plus récentes des physiologistes semblent le démontrer(1), que l'élément nerveux ou excitateur émane du mâle, il paraît vraisemblable que la région antérieure et supérieure du corps, dépositaire de l'appareil nerveux chez les embryons, doit s'offrir, la première, à cette influence fécondatrice du mâle. Il convenait donc que l'œuf, par sa situation dans l'ovaire même, présentât le côté le plus perméable et les parties du germe les mieux appropriées à recevoir l'influx nerveux ou excitateur. Ces parties sont la tête et le rachis chez les animaux vertébrés. Ce sont aussi les plus promptes à paraître, avec le cœur, et le réseau artériel, dans la formation du poulet.

§ IX. De tout ce qui précède, il résulte : 1° que la situation de l'embryon dans l'œuf placé soit dans la cavité de l'utérus, soit dans les trompes ou oviductes, soit dans les ovaires, selon l'état normal, présente naturellement la partie antérieure et supérieure du corps ou la tête, en sens contraire de celle de la mère.

____

(1) Car. Ern.-A. Baer, établit ces propositions : 1° Omne animal quod coïtu maris et fæminæ gignitur, ovo evolvitur, nullum ex mero liquore formativo. 2° Semen virile per cuticulam ovi, nullo foramine perviam,

2° Que cette disposition est purement organique, originelle, et qu'elle précède la vivification des embryons pour qui elle paraît établie (1) et ainsi elle préexiste avant l'instinct.

3° Que la situation du germe ou de la plumule dans la graine, est analogue par la même cause.

4° Qu'il n'est point nécessaire de recourir à l'intervention de la pesanteur ou à celle de l'instinct en cette circonstance. Il faudrait, d'ailleurs que cette dernière cause préexistât à la vivification des germes ou embryons et qu'elle donnât la même situation aux œufs non fécondés ou avortés. Or l'instinct ne peut pas exister là où la vie n'est point encore, ni là où elle n'est plus, et cependant la direction offrant la tête la première subsiste dans les fœtus mort-nés ainsi privés de toute spontanéité. (2)

in ovum et præprimis, *in partem quamdam ovi innatam agit.* Voir son beau travail, *de ovi mammal. et hominis genesi.* Lipsiæ, in-4°, fig., 1827.

(1) Quant aux fœtus naissant avec le placenta collé sur le cuir chevelu de la tête, c'est un évènement postérieur au fait de la fécondation ; il résulte d'une position anormale de l'œuf des vivipares. Ce n'est qu'une exception ou un cas rare.

(2) De ce que l'instinct ne peut être la cause de la direction de la tête dans les œufs et dans les embryons des animaux, il ne s'ensuit pas qu'il faille nier l'existence de toute impulsion instinctive chez les fœtus, pour les actes spontanés qu'ils exécutent. Ainsi le jeune poulet qui fend sa coque avec la corne osseuse placée originairement sur son bec, agit certainement à l'aide d'un instinct primordial. Moins que tout autre, nous serions disposé à refuser à l'instinct tous les faits merveilleux que manifestent la puissance vitale et la nature médicatrice. Nous avons

CHAPITRE VI.

Naissance et transformations des embryons, vie complétée.

La vie fœtale des animaux et des végétaux a pour
caractère d'être enclose sous des tuniques ou membranes, en sorte que le jeune individu, encore som-
meillant, n'existe que pour lui seul, comme dans le
maillot de son berceau natal. Plongé sous le liquide
amniotique ou son équivalent dans les graines et
œufs (qui commencent tous par l'état de fluidité), il
ne reçoit l'air ou ne peut respirer que par l'intermédiaire de l'eau, d'une liqueur plus ou moins
oxygénée. C'est pourquoi il doit s'opérer une grande
révolution dans les systèmes respiratoire et circulatoire à l'époque de la naissance, chez tous les fœ-

donné des preuves à cet égard et depuis long-temps nous avons signalé
pareillement les déterminations instinctives comme indépendantes des
fonctions de l'entendement. Celles-ci naissent du cerveau ; celles de
l'instinct résident, comme nous en avons exposé des exemples nombreux,
surtout dans l'appareil ganglionaire des nerfs trisplanchniques. (Voir
l'article *instinct,* du dictionnaire des sciences médicales, et notre *Histoire des mœurs et de l'instinct des animaux,* 2 vol. in-8., Paris ; 1821.)

tus arrivant à la vie aérienne. Cette métamorphose coïncide avec celle de l'appareil nerveux et des viscères nutritifs, puisque la vie de relation avec le monde extérieur commence dès-lors.

La plante éprouve à sa première germination ce même changement de rapports. Elle a besoin de l'oxygène afin de déployer son germe : or les feuilles cotylédonnaires qui sortent d'abord, ont pour destination d'élaborer, au moyen de l'air, les fluides nutritifs qui allaitent la plumule déjà ascendante.

Celle-ci tendre et délicate, jusque chez les dicotylédones ligneuses, n'affecte encore que les formes simples des herbes monocotylédones; ainsi l'on prendrait la jeune tige du *lathyrus nissolia*, par exemple, pour un gramen avant de développer successivement les formes de la classe des légumineuses. A la manière des animaux, les plantes montent avec des progrès à leur rang, de *l'échelle phytonomique*, les feuilles radicales sont plus simples que les caulinaires, et les degrés de l'organisme se compliquent à mesure qu'on s'élève vers les parties de la fructification.

En effet l'embryon de la graine encore dans ses membranes en sort à la manière d'un *gemma*, d'un bourgeon dont les tégumens représentent les tuniques fœtales. Le bulbe ou l'ognon offre les mêmes caractères; ainsi les écailles extérieures d'un bulbe de tulipe pousseront d'abord des feuilles engaînantes, puis, il naîtra, des tuniques plus intérieures, une tige, de

laquelle émanera une fleur ou calice coloré; au milieu de celle-ci se déploieront des étamines, et enfin
au centre un ovaire surmonté de pistil. Donc si les
tuniques externes produisent les feuilles, la tige
et la corolle , des *parties internes* naîtront l'embryon lui-même et les organes de la fructification
qui constituent l'essence même du végétal ; comme
si l'on tirait successivement les tubes d'une lunette
d'approche contenus les uns dans les autres. Ce dé-
boîtement évolutif dans toutes les plantes représente,
ainsi que nous l'allons voir, le mystère des métamorphoses des insectes et des autres animaux depuis
leur naissance jusqu'au développement parfait des
organes sexuels à la puberté. (*Voyez la note* I.)

Ainsi les premières feuilles émanées des tégumens
extérieurs forment le chorion de l'œuf des animaux; les secondes membranes fournissant la tige,
représentent l'allantoïde sous laquelle la larve ou
chenille gît encore sans sexe visible; ensuite la
troisième tunique interne qui donne le calice coloré
ou les pétales, correspond à la nymphe ou chrysalide,
comme au têtard, c'est-à-dire à l'amnios ; enfin les
étamines avec le pistil ou l'ovaire, sortis du centre
du végétal, sont les analogues de l'animal parfait,
dépouillé à nu et manifestant alors seulement ses
organes reproducteurs.

Et de plus, si l'on place ici l'œuf, là sa larve,
puis la chrysalide ou le têtard, enfin le papillon, ou

la grenouille à l'état adulte, on ne verra rien autre chose qu'une tige animale, une naissance fractionnée en plusieurs temps, un accouchement successif: c'est le dépouillement à plusieurs reprises des diverses chemises embryonnaires, espèces de mues faisant tomber les uns après les autres ces vêtemens, ces dominos ou mascarades naturelles qui modifiaient l'animal suivant le genre de vie que la nature lui appropriait. Il en est de même de la plante sortant du bourgeon ou de la graine pour atteindre sa floraison et sa propagation. Dans l'insecte ou tout autre animal qui subit plus ou moins de métamorphoses durant son jeune âge, comme dans la plante, les étuis les plus superficiels sont les premiers rejetés; les feuilles séminales, radicales, caulinaires se fanent et se dépouillent d'abord ainsi que les décortications du chorion et des autres tuniques de l'œuf. Donc tous les êtres, par cette évolution successive, se déplient par couches jusqu'à la plus intérieure qui sert à la propagation, terme de toute créature animée. La plante en fleur ne grandit plus, comme l'animal adulte acquiert toute sa stature, le surcroît de la nourriture est alors dérivé vers les organes générateurs pour former d'autres êtres.

On comprend néanmoins qu'il ne s'opère point constamment à l'extérieur de complètes transformations, bien qu'il y ait presque toujours des mues d'enveloppes externes, par le renouvellement des dents, du pelage, du plumage des races à sang chaud, des épidermes et écailles chez les reptiles et poissons, des tests chez les crustacés, des autres membranes et coques parmi les insectes hexapodes, ailés surtout, car les aptères (sauf la puce) n'ont que des mues, etc.

Les insectes à vraie métamorphose ne manifestent pas encore leurs ailes ni leurs sexes dans les premières périodes. Ceux qui changent en même temps d'organes de manducation, tels que les chenilles pourvues de mâchoires devenant une trompe (*lingua*) à l'état de papillons, éprouvent simultanément une métamorphose de leur canal viscéral pour s'approprier à leur nouveau genre de vie ; il en est de même du têtard herbivore à longs intestins en spirale qui prend des viscères plus courts et plus étroits pour le régime animal auquel la grenouille est destinée. Ce résultat est d'autant plus nécessaire que le canal intestinal forme une continuité avec l'enveloppe extérieure ou la peau, dont il n'offre que le reploiement intérieur ; aussi participe-t-il à tous les dépouillemens de l'appareil cutané. Les chenilles et autres insectes transmuent pareillement de canal intestinal qui subit, dans sa tunique musculeuse, des rétrécissemens ou des dilatations correspondantes au nouveau genre de vie de l'animal. (1)

Ainsi les jeunes mammifères ruminans, après l'é-

(1) Tous les faits particuliers qui ont été si bien observés par MM. Du-

poque de leur allaitement perdent, par une oblitération spontanée, la cinquième poche de leur estomac qui constituait la caillette; les enfans, par la
mue de leurs premières dents, subissent pareillement une modification du système intestinal à la
suite de diarrhées.

Mais il s'opère encore d'autres métamorphoses à
l'intérieur des animaux, de leur naissance à la puberté. La première est celle des appareils respiratoire et circulatoire. En effet, le fœtus s'élance
d'ordinaire, d'un milieu liquide où il ne pouvait respirer l'air, à une vie plus libre, et dont l'activité
exige une plus forte oxygénation de ses fluides.
Aussi le développement des poumons à l'air y attire
une source plus abondante de sang qui passait immédiatement du cœur droit au cœur gauche par le
trou de Botal. Ce sang noir et peu oxygéné n'attribuait au système nerveux du fœtus, à toutes ses

---

trochet, Marcel de Serres, Léon Dufour et Strauss, etc., sur ce sujet ne
pourraient point entrer dans cet écrit.

En général, les espèces chez lesquelles les intestins se resserrent et se
raccourcissent, deviennent carnassières, ou prennent un suçoir pour le
sang, la sève nourrissante; le régime herbivore exigeant plus de matériaux, demande des intestins larges et renflés avec de nombreux cœcums.
Le passage de l'état herbivore au carnivore est plus fréquent que l'opposé. Il y a des insectes qui ne mangeant nullement sous leur dernière
forme, n'ont plus aussi d'anus et qu'une bouche rudimentaire. Les insectes à métamorphose partielle n'éprouvent aucun changement de régime ni de viscères.

parties qu'une végétation, ou une sorte de sommeil; mais, vivifié par l'accession de l'oxygène atmosphérique, désormais le sang revient de l'appareil pulmonaire, rutilant et capable d'exciter le réveil dans tous les organes. Ce qui a lieu chez tous les fœtus des mammifères, d'oiseaux, de reptiles pulmonés, s'opère autrement chez les batraciens; les deux vaisseaux artériels et veineux de leurs branchies s'oblitèrent autant que s'élargissent leurs veines et artères pulmonaires, en sorte que les branchies bientôt privées d'action (par suite du changement de direction dans l'équilibre de la circulation, ou la métastase de l'effort vital), s'atrophient et sont absorbées; leur substance passe à mesure dans l'économie pour fournir à la germination des membres. La queue du têtard éprouve également la même résorption pour agrandir ses pattes postérieures.

Les poissons perçant d'abord leur amnios, au sortir de l'œuf, n'ont pas à s'en dépouiller comme les batraciens ils conservent leurs branchies toute la vie, bien que quelques espèces de chondroptérygiens développent en outre des bourses pulmonaires.

Plusieurs crustacés éprouvent aussi des mues intérieures et extérieures, surtout les daphnies et d'autres entomostracés, avec addition des pattes.

Les plus remarquables transformations se manifestent parmi les organes respiratoires des insectes aquatiques qui échangent leurs trachées aquifères,

anales (comme chez les larves des cousins, des fri-
ganes, des libellules, des hydrophiles, etc.), avec
les vraies trachées aériennes qu'ils déploient dans leur
dernière métamorphose. Il est vraisemblable que
plusieurs larves aquatiques séparent de l'eau l'air interposé, à l'aide des feuillets de leurs fausses branchies, comme d'autres larves viennent à la surface des
ondes pomper l'air atmosphérique. Les nymphes et
chrysalides, dans leurs enveloppes, ont aussi des
ouvertures habilement ménagées à l'accès de l'air ;
enfin, chez tous les êtres vivans animaux et végétaux, la plus vaste absorption de l'air a lieu dans
l'état adulte, surtout aux époques de la génération,
qui sont toujours le *maximum* d'activité de la vie.

Les métamorphoses internes qui influent le plus
sur les actes des animaux sont celles de leur système
nerveux, puisqu'il est le dépositaire des impulsions
instinctives. Il est surtout à présumer que la plupart
des changemens opérés à l'extérieur résultent d'a-
bord de la secousse imprimée aux organes par cet
appareil directeur de toutes les fonctions de l'animalité. C'est aussi la raison pour laquelle les *instincts* se déclarent avant même l'exsertion des parties, comme on voit le jeune taureau frapper de la
tête avant la sortie de ses cornes, les jeunes chiens
et chats déceler leur genre de vie, ayant à peine des
griffes et des dents. Les propensions les plus merveilleuses chez des oiseaux, des reptiles, et une

foule d'insectes à leur sortie de l'œuf témoignent
assez les modifications natales de leur système nerveux, et combien les changemens qu'il doit éprouver par les transformations sont déjà prédisposées
sous la trame primitive de l'organisme. C'est ainsi
que dans ces petites orgues portatives, dont le cylindre présente différens airs notés sur son pourtour, il suffit d'avancer ou de reculer de quelques
crans ce cylindre pour obtenir différens airs. Pareillement, chez les insectes, la série des ganglions
nerveux, du cordon médullaire double, placé dans
la longueur de leur corps, se déployant diversement chez la larve et l'animal parfait, doit exécuter
des actes différens en l'un et l'autre, mais toujours
en rapport avec les organes extérieurs de ces insectes. Nous voyons également germer, à l'époque
de la puberté, chez l'homme et divers animaux, des
goûts physiques et moraux, des facultés dus au
déploiement de certains organes nerveux, soit dans
l'encéphale, soit en d'autres centres médullaires,
ou plutôt au transport de la nutrition et de la vie
en d'autres régions.

Ces équilibres différens, ou ces épanchemens divers qu'éprouve la puissance organisante, durant le
cours de l'existence, sont donc préparés dès l'origine
dans le germe de chaque individu; ils se succèdent d'eux-mêmes, si rien n'entrave leur évolution, avec autant de régularité qu'une belle fleur

s'épanouit spontanément aux rayons de l'aurore.

Pourquoi la nature a-t-elle assujéti plusieurs races à des naissances successives ou partielles, hors du sein maternel plus que d'autres animaux? En voici, ce nous semble, la raison évidente. Chez les mammifères, les fœtus, d'ordinaire en petit nombre, adhèrent, par leur chorion placentaire, à l'utérus de la mère, en reçoivent du sang et des humeurs nourricières, d'où il suit que le jeune animal est rapidement porté à son·type de perfection. Chez les oiseaux et les reptiles pulmonés, les œufs contiennent un vitellus abondant qui suffit encore à l'alimentation du jeune fœtus, soit qu'il éclose hors du corps, soit qu'il se développe dans l'oviductus des reptiles ovovivipares.

Chez les batraciens, les œufs très nombreux et très petits n'ayant pas une suffisante provision pour amener l'embryon à l'état parfait, la naissance est fractionnée en deux portions; l'œuf ne conduit qu'à l'état de têtard, ou ne dépouille que sa première enveloppe; il faut donc qu'en cet état de larve, le fœtus prenne une nouvelle quantité de nourriture pour atteindre l'échelon supérieur de son développement. Il en ainsi des larves d'insectes, affamées, qui se hâtent avec une extrême voracité, d'arriver à leur perfection pour achever de naître au monde.

Ce qui confirme cette vérité, c'est que la plupart des *articulés* carnivores, et des espèces vivant de sucs élaborés, substantiels, sont le plus souvent vivipares, ou subissent le moins de transformations, comme les crustacés, les aptères suceurs, les scorpions, les cloportes qui naissent vivans (comme aussi les reptiles et poissons les plus carnassiers). Au contraire, il est rare que les insectes herbivores ne soient pas ovipares et ne subissent pas les métamorphoses les plus compliquées, les plus laborieuses, comme les chenilles et tous les lépidoptères. Au contraire, les hémiptères pompant des sucs ou sèves très nourrissans, la *musca carnaria* et d'autres diptères, des névroptères subsistant de proie, n'éprouvent que des métamorphoses partielles, et conservent toujours le même genre de vie.

Toutes les espèces sortant à nu de l'utérus maternel ou de l'œuf, sous la forme qu'elles garderont toujours, ne peuvent plus éprouver que des modifications d'équilibre, dans leurs parties, et des mues partielles. Ce sont donc des êtres plus avancés dans la carrière de la perfection. L'animal extérieur s'achève aux dépens de l'animal intérieur.

Il n'y a point nouvelle création de membres, puisque les organes sexuels existaient déjà en germes infiniment petits dans la chenille, ou d'autres larves, ainsi que s'en est assuré Hérold. Ils s'accroissent progressivement chez les chrysalides par le transport des matières graisseuses en paquets qui remplissent ces chenilles, sur les ovaires des femelles ou les canaux séminifères des mâles. Par là l'on comprend comment des chenilles rongées intérieurement par des larves d'ichneumons, ne peuvent plus se métamorphoser en papillons ; car les lobules graisseux destinés à élaborer les organes sexuels , les ailes , du futur papillon étant dévorés, il n'a plus d'élément suffisant pour atteindre sa transformation. C'est seulement aussi à l'époque des dernières productions de pattes que plusieurs crustacés et des myriapodes développent leurs parties génitales.

Les métamorphoses des races aquatiques tendent plus ou moins à les rendre aériennes ou terrestres ; elles aspirent vers la perfection de l'organisme et une vie plus active due à leur respiration plus complète ; le contraire n'a pas lieu, puisque ce serait rétrograder. Ainsi les fœtus des mammifères nagent dans les eaux de l'amnios , et y végètent pour ainsi dire à l'état de poisson ; l'embryon de l'oiseau vit aussi dans les liqueurs de l'œuf, comme celui de tous les autres ovipares. De même, les larves des batraciens sont plus aquatiques que ces animaux parfaits, et il y a des poissons qui peuvent, à l'état adulte, subsister quelque temps dans l'air humide. Des crustacés et plusieurs insectes , à l'état de larves ou de nymphes (les hydrocanthares, dytisques, libellules , cousins, phryganes, etc.), qui sont exclusivement aquatiques , passent, dans l'état parfait, à la vie aérienne. C'est ainsi que tous les êtres animés tirent leur origine soit de l'eau, soit de *l'humide radical*. Par la

même raison, la respiration branchiale ou aquatique
précède la pulmonaire, et cette dessiccation générale devient le signe du perfectionnement ascension-
nel des organismes, en même temps que de l'approche de leur vieillesse et de leur mort.

Ainsi la vie est complétée par la dernière métamorphose de l'être organisé : ainsi les créatures
circulent dans le grand orbe des destinées autour
du fuseau de la nécessité, comme parle Platon.
La plante, l'animal meurent d'une mort féconde,
c'est leur préparation à une vie supérieure; la *cor-*
ruption la plus putréfiée appelle la *régénération,*
et, dans cette transition progressive, les élémens ra-
jeunissent leurs pouvoirs qui s'étaient épuisés. Ainsi
tout mouvement vital ne devient perpétuel qu'au
moyen de ce retour circulaire, ou des révolutions
graduelles, pour se rendre infini. Rentrant sans cesse
sur elle-même, sa force se perpétue pour s'élancer
à son faîte, puisqu'elle est constamment retenue
par le cercle dépendant du foyer central d'où émane
la vie.

PROPOSITIONS TERMINALES.

1° La DIVINITÉ est-elle le *principe intellectuel*, la *force vitale* du monde (dans l'encéphale universel (1), analogue au fluide nerveux ou à l'éther céleste ?

2° La NATURE est-elle comme l'appareil nerveux général, distribuant à toutes les parties des sphères le mouvement, la vie, pour l'organisation et le développement des créatures animales et végétales ?

3° Les MASSES appelées INORGANIQUES et ANORGANIQUES sont-elles des matériaux constituant les corps divers qui composent les mondes, soit à l'état minéral et chimique, permanent, soit à l'état passager d'organisation, par l'influence du *principe vivificateur* ?

4° Les ÊTRES ORGANISÉS, dans leur existence individuelle et transitoire, émanent-ils, comme productions temporaires, du grand arbre de vie ?

5° Chacune de ses diverses BRANCHES OU SOUCHES D'ESPÈCES se rattachent-elles à un tronc commun, par des rapports fraternels, dans leurs genres et

---

(1) *Sensorium universale*, d'Isaac Newton et de Samuel Clarke.

leurs familles, selon la loi générale de vie, de reproduction et de destruction?

6° Toutes les ESPÈCES ANIMÉES (sans excepter la race humaine, terminale ou régulatrice, sur notre planète), subissent-elles, *comme leurs individus*, la loi de développement, de croissance, de vigueur et de multiplication, puis de vieillesse et de mort, pour accomplir l'orbite des transformations ou des modifications concordantes avec celles de l'astre qui les nourrit, les fait épanouir et fructifier?

7° Tous les êtres organisés de notre monde n'aspirent-ils pas, par des déploiemens successifs et une évolution de plus en plus compliquée, à s'élever progressivement vers le faîte de la perfection, pour se rapprocher de l'organisme humain? Le végétal, le plus informe d'abord, tend à s'élancer à un rang supérieur, depuis sa naissance jusqu'à son complet développement, comme l'homme parcourt, du point embryonnaire primitif (animalcule infusoire?), tous les échelons de la série zoonomique. Chaque espèce d'êtres s'arrête à son degré hiérarchique assigné, comme étant des *infrà-formations* normales. (1) Ce qui arrive pour chaque individu depuis sa conception, jusqu'à son complet développement, s'opère dans les espèces constituant la trame parallèle des règnes végétal et animal.

---

(1) Les *monstruosités* sont des *infrà-formations*, mais irrégulières, soit totales, soit partielles et ainsi des imperfections.

8° La *race humaine*, les autres *espèces animales* et *végétales* sont-elles subordonnées, dans leurs harmonies réciproques, ou pondérées les unes par rapport aux autres, d'après leurs formes, leurs instincts de vie, tandis que les *minéraux* sont soumis aux lois mécaniques et chimiques? Ceux-ci ne peuvent obéir qu'à des nécessités physiques. Plus les autres corps jouissent de spontanéité dans leur mobilité et leur sensibilité, plus s'étend, pour eux, le cercle de leurs attributions comme des rouages de plus en plus généraux ou supérieurs. Enfin, le genre humain, dans ses diverses tribus, déploie sur les êtres inférieurs et sur sa propre race des actes providentiels de la puissance créatrice dont il devient le ministre sur ce globe.

9° Circonscrit entre les limites de son organisation, L'HOMME *civilisé* ne peut agir qu'avec une liberté renfermée dans la sphère de ses destinées, quoique moins étroite que celle des instincts des autres animaux. Il poursuit sa course préordonnée par le suprême arbitre, sans pouvoir s'en affranchir, non plus que toute autre créature, selon sa constitution et son rang intellectuel dans l'ordre général de l'univers.

APPENDICE.

———

Les principes généraux exposés dans cet ouvrage en lois ou axiomes, exigent quelques *éclaircissemens* ou des *développemens* ultérieurs, sur différens points, destinés à servir de preuves; mais pour que celles-ci n'entravent pas l'enchaînement des idées constitutives de notre travail, nous avons dû les placer dans les notes suivantes.

NOTE A. p. 14. — DES RÈGNES DE LA NATURE.

La puissance de l'ordre et de l'intelligence pénètre en tous lieux dans cet univers. Il ne faut pas en chercher seulement avec le télescope des preuves parmi les mouvemens des astres qui roulent dans les cieux, et la pondération des forces qui les animent avec tant de précision et d'harmonie, puisqu'on en détermine les retours par le calcul à la minute même; il suffit de descendre aussi dans les merveilles secrètes du *monde microscopique*. Voyez Ehrenberg décrivant la structure étonnante des animalcules infusoires, leurs yeux, leurs cuirasses, leurs membres, et tous les mouvemens, les habitudes plus ou moins diversifiées des passions, des amours et des combats de ces êtres imperceptibles. Eh bien! il ne croit point qu'ils soient le produit du hasard, d'un mélange fortuit de molécules organiques se décomposant et se recomposant; il a vu, dans leur multiplication prodigieuse, et qui tient du miracle par son nombre de millions en peu de jours, qu'elle est normale, régulière par des œufs comme tant d'autres animaux, que les formes se propagent et ne sont point dues au hasard, en chaque espèce définie, distincte; qu'ils sont infiniment petits, il est vrai, mais que pour l'immense toute-puissance divine, rien absolument n'est petit ni grand : tout devenant égal en présence de la majesté suprême de l'auteur de la nature.

Et pour les minéraux mêmes, pour ces pierres amorphes en apparence, ces rochers, ces masses entassées qu'on dirait être le grossier résultat du hasard des élémens dans leur lutte chaotique, désordonnée, rien pourtant n'est abandonné à cette fatalité d'un destin aveugle et aux chances d'un sort sans règle, sans mesure, à l'empire de mélanges fortuits. Les lois chimiques ont profondément creusé, régi tous ces matériaux par des combinaisons admirables. Là s'élèvent les filons de métaux précieux dans leurs gangues; là se groupent l'émeraude et le saphir; là s'asseoient en dépôts réguliers les formes géométriques des cristaux; telle substance fait l'office d'un acide, telle autre d'une base; l'acide carbonique constitue les masses des beaux marbres, des immenses agglomérats calcaires; l'acide silicique pétrifie une foule d'élémens comburés, isomériques; d'autres acides puissans, comme le sulfurique dissolvant la chaux, l'alumine, etc., composent les couches de gypse, les aluns, les vitriols; ici naît le diamant, là les rognons siliceux; pas une seule molécule terreuse n'est soustraite aux puissans efforts de l'affinité chimique dans ses rapports avec d'autres molécules en contact avec elle. Tout a ses lois de combinaison, d'agrégation dans ce règne qu'on a cru celui du chaos et du désordre des enfers. Cette croûte anorganique de notre planète a été mille fois déchirée et retravaillée par les feux, par les eaux; les volcans et les mers ont cent fois dévasté, dissous, sillonné, submergé sa surface et ses profondeurs; ses couches ainsi remaniées conservent dans leurs lits superposés, tous les équilibres plastiques, toutes les cristallisations géométriques, résultantes de ces agens pendant leur action dans une longue suite de siècles. Tout a donc pu se constituer, se préparer à une sorte d'organisation, par l'effet de ces mélanges et de ces conflits diversifiés des molécules de la matière primitivement inorganique.

Ainsi le pouvoir organisateur, les lois de l'ordre, d'abord *chimique*, puis *vital*, ont pu se développer dans les matériaux qui constituent le monde. Ainsi tout est soumis à cette suprême puissance vivifiante qui domine la matière et qui n'est point cette matière elle-même. C'est un principe qui la pénètre, qui la dompte et lui prête son énergie, et qui, d'un cadavre, en constitue l'existence pleine et active. (1)

L'on a dit, avec le grand Linnæus :

« Les minéraux croissent.

« Les végétaux croissent et vivent.

« Les animaux croissent, vivent et sentent. »

Cependant, une distance infinie semble séparer le végétal et l'animal de la pierre la plus parfaite, du fossile le plus travaillé, qui, véritablement, ne s'accroît pas par intussusception, mais s'augmente par juxta-position extérieure; la vie, les fonctions de la nutrition et de la génération, la naissance et la mort des êtres animés, la forme régulière des parties, leur structure organique, leur jeu spontané, cette sorte d'instinct qui se manifeste dans les plantes comme chez les bêtes ; tout annonce que ces êtres ont reçu des qualités bien supérieures à celles du minéral. Les corps naturels doivent donc se diviser plus rationnellement en deux principaux *règnes*; qui sont :

1° Le *règne inorganique* ou *minéral*, à molécules indépendantes de la masse totale et incorruptibles.

2° Le *règne organisé* (*végétal* ou *animal*), à molécules dépendantes de l'existence individuelle vivante, et corruptibles, ou retournant spontanément à l'état élémentaire.

---

(1) Sur l'*âme universelle* infusée dans les matières de ce monde, en diverses proportions, pour l'existence des plantes, animaux, homme, etc. Voir Cudworth, *Intellectual system of the universe.* Book. I, c. 3; et Aristote lui-même :

Ἥτε ἐν φυτοῖς, καὶ ζώοις, καὶ διὰ πάντων διήκουσα, εμψυχος τε και γονιμος ουσια.

C'est donc bien à tort que les sectateurs de sa philosophie, toute dévouée aux sens, et faisant dériver d'eux seuls les facultés intellectuelles (avec Locke, Condillac, Cabanis, etc.), ne prétendent admettre que de la matière dans l'univers. Le principe du mouvement et de la formation des êtres en a fort bien été distingué, comme force immatérielle, intelligente, par tous les philosophes anciens et modernes.

Selon Jacobi, quand un homme n'est point doué d'une organisation assez supérieure pour s'élever à la connaissance de Dieu, cette idée la plus sublime de toutes les idées rationnelles ne peut lui être communiquée du dehors par démonstration et abstraction. Il en est de même pour arriver de la contemplation d'un être vivant à l'intuition de la vie par abstraction, dit Carus.

La nature est une; elle n'admet point d'interruption dans la série de ses œuvres; toutes se tiennent par des nuances successives; l'homme tient au règne animal, celui-ci au règne végétal, qui se rattache à son tour aux minéraux, bases et fondemens de la terre, notre mère.

Le minéral, tel que nous le tirons hors du sein de la terre, devient une matière morte, inerte, parce qu'il est séparé de la masse du globe; il ne participe plus autant à cette énergie propre qui combine et organise les substances diverses de l'intérieur de la terre. Il est, à son égard, comme une branche morte sur un arbre vivant; quoique de la même nature que la substance d'où il a été extrait, il ne jouit plus de ses qualités pour ainsi dire vitales. Les matériaux qui composent le globe terrestre ne sont pas dans un état inerte : les mouvemens intérieurs qu'ils éprouvent, les transformations qu'ils subissent, les oxidations, les précipitations, les cristallisations, les combinaisons, les dépôts et toutes les actions qui s'opèrent dans les entrailles de la terre, prouvent indubitablement qu'il y existe des forces très puissantes; et c'est dans cette source d'activité cosmique que les végétaux puisent leur existence. En effet, voyez un corps mort, une pierre, un métal extrait de sa mine et disposé dans un cabinet d'histoire naturelle : ce n'est ni la pierre ni le métal de la nature; ils sont ce qu'est une plante dans un herbier; ils ont été arrachés à la *vie terrienne*, ou aux puissances qui animent notre sphère; ils n'éprouvent plus de changemens intérieurs, et ne reçoivent d'altérations que de la part de l'air ou des autres corps environnans. Mais les filons métalliques, les gangues, les roches, se forment, se détruisent ou se combinent, changent perpétuellement de nature avec le temps, au sein de la terre. Si cette vie des substances minérales nous semble obscure et problématique, c'est que nous n'assistons que rarement aux révolutions mystérieuses des abîmes du globe; c'est que ces opérations sont lentes, successives, et que l'homme et passager et mortel; au lieu que la vie d'une aussi effroyable masse que la planète terrestre ne peut voir que des périodes très longues et proportionnées à sa nature.

Nous ne pouvons donc connaître que la croûte du globe; et comme nous n'apercevons qu'à peine les strates les plus su-

perficiels dont nous observons les divers changemens dans
le cours des âges, il est naturel de croire que notre monde
pourrait être organisé et vivant, sans que nous pussions
bien le savoir ; car si les matériaux de sa surface nous paraissent morts, c'est qu'ils en sont, comme l'épiderme, l'écorce
inorganique. En effet, tout corps organisé est recouvert de
parties moins vivantes qui lui servent d'enveloppes : tel est
l'épiderme dans l'homme, et l'écorce la plus extérieure dans
les arbres. Nous ne sommes donc pas en droit de conclure,
d'après l'observation des surfaces, que le globe terrestre
n'est pas un corps vivant doué d'une existence particulière
à sa constitution. Ces rochers, ces terrains, qui nous paraissent d'une nature immuable, ne le sont que par rapport à
nous ; la vie géocosmique est trop profonde et a de trop
grands traits pour que nous puissons l'envisager sous notre
point de vue borné : de même que la petitesse d'un puceron
l'empêche d'observer les organes et la vie d'un grand arbre.

Nous avouerons, sans peine, que les attributs d'un corps
végétal et animal nous paraissent extrêmement différens de
toute matière fossile ; cela est incontestable par rapport à
notre manière de voir, et parce que nous ne pouvons pas
sortir de notre nature ; mais cet aperçu ne doit pas être
exact par rapport à la nature universelle. Celle-ci nous indique, au contraire, que tout a reçu des mains du créateur
une quantité suffisante de vie ; aussi les eaux sont peut-être
à la terre, ce que la sève est à l'arbre et le sang à la chair ;
les sources qui circulent au sein du globe y portent la vie,
comme les veines dans un corps organisé ; les rochers en
représentent les ossemens, etc. C'est en suivant ces analogies qu'on a regardé le monde, le macrocosme, comme le
grand modèle de toute organisation : de là vient que l'homme
a été nommé *petit monde* ou *microcosme*, parce qu'il paraît
rassembler en lui seul toutes les perfections de la nature ;
et en effet, notre âme est à notre corps ce qu'est Dieu pour
l'univers.

Mais si les facultés de la vie sont plus développées chez
l'homme, les animaux et les plantes, que dans les minéraux, elles sont aussi plus destructibles ; car une grande
blessure suffit souvent pour tuer un homme, un quadrupède, un oiseau ; tandis que le ver, le zoophyte, et surtout

l'arbre, la plante, ne périssent pas d'un seul coup. Au contraire, le minéral n'ayant qu'une vie sourde et cachée, ne saurait être tué; ainsi les proportions sont assignées entre la quantité de vie et la puissance de mort.

Dans un corps parfaitement organisé, comme l'homme, le quadrupède, il n'existe qu'un seul centre de vie; l'individu ne peut être divisible. Dans le zoophyte et la plante, il y a plusieurs centres, puisqu'en divisant ces êtres on les propage par boutures; mais dans le minéral, ces centres de vie sont encore plus multipliés, puisque chaque molécule y jouit de son existence propre. A mesure que ces foyers de vie augmentent en nombre dans un corps quelconque, ils deviennent plus petits, et ont moins d'organes; de là il s'ensuit que leur structure est plus simple, plus bornée, plus obscure, et en même temps plus adhérente; au contraire, plus ces centres de vie sont réunis en petit nombre ou concentrés en un seul foyer, plus leurs forces sont sensibles, développées, et plus leur activité s'exerce avec puissance. Par exemple, une nation est composée d'un grand nombre d'individus qui, agissant chacun en particulier, n'offrent pas des résultats généraux bien remarquables; mais si elle se meut de toute sa masse et par un commun effort, elle produira de très grands effets; de même un corps minéral étant composé d'une grande multitude de molécules pourvues chacune de leur petite portion de vie, et qui ont chacune leur action particulière, la masse considérée en bloc paraît inanimée, parce que le travail ne s'opère que de molécule à molécule, comme nous le voyons dans les opérations chimiques. Au contraire, un corps organisé est un composé de molécules qui toutes tendent à une action simultanée, et vers un seul but, qui n'agissent jamais seules, mais toujours en corps et de concert; de là vient que ces vies particulières ramassées dans un foyer, présentent un résultat bien supérieur à celui du minéral. Mais lorsque l'animal, la plante meurent, chaque molécule reprenant sa vie propre rentre dans l'état de mort que nous appelons *état minéral*.

La vie d'un corps organisé n'est ainsi que la concentration, en un seul foyer, de plusieurs forces moléculaires, et la mort n'est que la séparation de ces mêmes vies. La nature n'est donc ni plus ni moins animée, soit que les corps organisés se multiplient, soient qu'ils périssent, puisque chaque particule de matière paraît avoir reçu de la divinité sa dose indestructible et radicale de force ; car il ne faut pas penser qu'il y ait une mort absolue dans la nature ; elle n'est que relative à notre existence organisée. S'il se trouvait sur la terre une seule molécule privée entièrement de vie et dans une *mort absolue*, elle ne céderait pas à toutes les puissances du monde. Eternellement immobile, inactive et incommunicable, elle ne se prêterait à aucune loi du mouvement, de l'attraction ; elle ne se combinerait à rien, et porterait obstacle à toute la nature. On ne pourrait ni la comprendre, ni la toucher, ni la voir ; car elle serait *une*, et n'aurait absolument aucun rapport, aucune communication avec quoi que ce soit dans l'univers ; il n'appartiendrait qu'à Dieu seul de pouvoir changer son mode d'existence, de lui donner la vie ou de l'anéantir.

Nous ne pensons pas qu'on nous adresse le reproche d'accorder le mouvement spontané ou la vie à la matière, car nous ne concevons pas que la matière puisse posséder ce mouvement par son essence même, ni qu'elle devienne capable de s'organiser, soit en animaux, soit en tous les corps que nous voyons, par sa propre énergie.

En effet, si une seule molécule possédait en elle essentiellement le mouvement spontané et autocratique, elle aurait la volonté, la connaissance pour se diriger, ou elle ne l'aurait pas. Si elle possédait sentiment, volonté et connaissance ; elle serait Dieu, et se créerait elle-même ; nous verrions sortir de terre de beaux animaux, des hommes, enfin toutes les merveilles les plus bizarres qui se puissent produire, comme les épicuriens ont supposé que ces faits ont dû se passer à l'origine des choses.

Nous devons donc conclure de ces motifs, que le mouvement et la vie ne sont point de l'essence propre de la matière, mais lui ont été communiqués en diverse mesure. Aussi est-il des substances impropres à la composition des animaux, telles que sont plusieurs terres, des métaux qui ne s'imprègnent point des facultés de sentir et de se mouvoir.

Si donc nous voyons des molécules minérales qui ne peuvent pas se prêter à l'organisation, incapables de nourrir un être vivant, et de se transformer en sa nature animée, il n'en faut pas conclure qu'elle n'ont point de vie propre ; mais étant autrement conformées que les particules organisables, elles n'ont été créées que pour *le genre de vie minéral*. Il en est d'autres, au contraires qui, comme le carbone, l'hydrogène, l'azote, l'oxygène, etc., étant susceptibles de réunir leurs puissances vitales, forment des individus organisés ; et c'est aussi par la diverse combinaison des particules primitives que sont construits tous les corps de l'univers. Il ne peut point y avoir de mort dans la nature, parce que tout a été créé par l'être suprême, source éternelle de toute existence, et que la mort ne peut pas sortir du sein de la vie.

En effet, un corps organisé ne diffère guère d'un corps brut qu'en ce que les vies particulières sont *concentrées* dans le premier, et *disséminées* dans toutes les molécules du second ; il n'y a donc aucune différence spécifique dans leur nature ; tout dépend donc du plus ou du moins de centralisation des forces vivantes de la matière, pour organiser la plante, l'animal et l'homme. Mais il faut bien distinguer les résultats de cette réunion des puissances vitales ; car il s'observe dans l'homme et l'animal deux modes d'existence ; le premier est physique ou dépendant des organes matériels ; ainsi l'homme et l'animal, plongés dans le sommeil, jouissent complètement de cette vie matérielle, qui consiste dans des fonctions purement végétatives ; ainsi, ils digèrent, ils transpirent, leurs humeurs circulent, leurs diverses parties s'accroissent, leurs sécrétions s'opèrent, leurs fonctions s'exécutent comme dans les plantes. Voilà tout ce que peut produire cette concentration des puissances vitales matérielles ; et c'est aussi par cet état de sommeil ou de végétation que commence l'existence de tous les animaux. La nature ne pouvait pas s'élever au-dessus de cet ordre d'existence, avec les seules qualités attribuées aux corps bruts, par l'AUTEUR DES ÊTRES, puisque celles-ci ne produisent qu'une vie végétale.

Le second mode d'existence de l'animal, et surtout de l'homme, dépend d'un principe tout différent, et d'une nature bien supérieure à celle du premier. En effet, la vie végétative des plantes et des animaux, produite par la réunion de la vitalité moléculaire de la matière, ne peut donner à ces derniers les facultés qu'elle n'a pas reçues. La sensibilité et l'intelligence, n'étant donc point du domaine de la nature matérielle, émanent nécessairement d'une autre source. Qu'on quintessencie tant qu'on voudra la matière, qu'on suppose l'organisation la plus délicate et la mécanique la plus ingénieuse, on obtiendra sans doute des machines merveilleuses; mais il m'est impossible de concevoir qu'elles puissent sentir et raisonner; car, quel rapport des mouvemens ont-ils avec la pensée, et des automates avec ces corps vivans et sensibles?

Nous ne saurions toutefois admettre l'opinion mitoyenne de ces philosophes qui concèdent bien le sentiment et la perception aux brutes, et pourtant qui les regardent comme toutes matérielles. J'accorde volontiers aux cartésiens, que la *matière* et la *perception* sont choses tout-à-fait opposées. Divisez la matière en molécules aussi subtiles qu'il vous plaira, en toutes les formes que vous voudrez lui donner; imprimez-lui tous les mouvemens que vous imaginerez : en arriverez-vous plus tôt à en faire naître des perceptions et des idées, que si cette matière était restée inerte ou tranquille? Qui ne sent la prodigieuse distance entre un changement de lieu et une perception? La notion de l'un contient-elle la notion de l'autre?

Mais, dit-on, le mouvement non plus n'est pas contenu dans la notion de matière, et il ne lui est pas nécessaire, puisqu'elle peut être conçue sans lui. La matière peut donc être sans le mouvement, et cependant celui-ci peut être joint à la matière, et il n'est qu'un mode de cette matière; pourquoi donc la perception ne pourrait-elle pas être un mode de la matière pareillement?

Je répliquerai à cela que la matière est passive à l'égard du mouvement; elle ne se meut point d'elle-même; elle n'a point une puissance de spontanéité ἀυτοϰινητιϰὴν. Si elle l'avait, il y aurait quelque espèce de probabilité que la perception lui pourrait également appartenir. La perception ne saurait être, en effet, conçue sans une activité quelconque. Que si le sentiment et la perception pouvaient appartenir à une substance matérielle, devenir quelqu'un de ses modes (ou attributs), je ne vois pas comment l'intelligence et la raison, enfin, l'âme raisonnable, ne pourrait pas être matérielle, ou un mode quelconque de la matière. Que les fauteurs de ce sentiment se dégagent de là s'ils le peuvent!

La *vie végétante* des plantes et celle des organes des animaux, à l'état de sommeil, est toute passive; elle n'a rapport qu'avec l'existence individuelle, et ne suppose aucune réaction contre les corps environnans. Au contraire, la *vie sensitive et intellectuelle* de l'homme et des animaux dépend d'un principe de réaction vitale qui sent, qui aperçoit, qui connaît. Le végétal est indifférent à tout; la mort et l'existence ne sont pour lui que des modifications qu'il subit sans peine ni plaisir, tandis que l'animal veut parce qu'il est sensible; il agit parce qu'il a besoin, se détermine parce qu'il compare et juge les objets. Or, la vie matérielle ne peut pas se réfléchir ainsi sur elle-même, et se répandre au-dehors, puisqu'elle est toute passive, et comme enfoncée, absorbée dans ses fonctions purement corporelles. Elle opère dans l'intérieur; la vie sensitive agit à l'extérieur. La première est permanente et fondamentale, celle-ci est secondaire et sujette à des intermittences d'action, telles que le sommeil, la fatigue, l'engourdissement, etc. Elle peut diminuer, s'augmenter, s'interrompre; ainsi elle n'est point fixe, uniforme comme la vie végétative, parce qu'elle émane d'une autre source. La sensibilité et l'intelligence se servent, à la vérité, des nerfs et du cerveau, comme d'organes appropriés à ces fonctions; mais elles ne sont point le résultat de leur structure, puisque la sensibilité disparaît pendant le sommeil, et que l'esprit s'éteint; *il réagit sur le corps*, sans que l'organisation soit changée dans aucune de ces parties : il peut le tuer.

La faculté de *sentir* et celle de *connaître*, qui en est la suite, ne nous viennent donc pas de notre corps, puisque nous n'apercevons rien de semblable dans les matières dont nous sommes composés. Ces fonctions nous sont immédiatement données par le créateur, avec la vie végétative pour la contrebalancer; car, plus la vie sensitive et intellectuelle est puissante, plus la vie végétante s'affaiblit; et réciproquement. C'est par la sensation que nous sommes en relation avec tout l'univers; c'est par la puissance de l'imagination et de la pensée, que nous transportons notre être dans tous les lieux et dans tous les temps; c'est par la méditation que nous découvrons les phénomènes de ce monde, que nous nous étendons dans les profondeurs de la nature, et que nous enflons nos conceptions pour la remplir tout entière.

Il y a trois manières d'exister dans la nature ; ce qui constitue trois grandes divisions ou règnes, dont les limites doivent être ainsi posées :

Minéraux, substances dividuelles (1), à vie simple ou moléculaire, indestructible.

Végétaux, corps individuels, à vie composée, organique, } naissans, engendrans, et mourans.
Animaux, corps individuels, à vie surcomposée, organique et sensitive,

Les liaisons de différens *règnes de la nature* manifestent donc la fin qu'elle se propose, et le but auquel elle aspire, en traçant cette longue chaîne de vie, depuis le minéral le plus brut jusqu'à l'homme, le plus parfait des animaux. Cette gradation perpétuelle d'organisation, ce développement successif du principe vital, obscur dans le minéral, végétant dans la plante, sensible et actif dans l'animal, nous montre une force perpétuellement agissante sur la terre ; le minéral aspire à la vie végétale, la plante à la vie animale, et l'animal à la vie raisonnable et intelligente, l'homme. Il semble que la vie s'épure peu-à-peu, et sorte progressivement du sein de la matière qui l'a reçue de l'être créateur ; elle s'exalte dans toute sa force et sa splendeur au sommet de l'échelle organique qui est l'homme, et s'évanouit en se disséminant dans le règne minéral. De même qu'une lumière peu éclatante, lorsqu'elle est enveloppée de matières opaques, brille davantage à mesure qu'on les écarte ; ainsi, la lampe de la vie, toute ténébreuse dans les minéraux, règne de la mort et des enfers, jette quelques lueurs sombres et obscures dans les végétaux, mais réfléchit, chez les animaux, et principalement chez l'homme, une resplendissante lumière sur toute la nature.

Mais, s'il existe une puissance organisatrice qui tend à perfectionner tous les êtres vivans, à les accroître, à les vivifier de plus en plus ; il lui correspond une autre loi, non moins active, qui aspire sans relâche à les désorganiser et à les détruire ; en effet, l'homme, l'animal, la plante, s'accroîtraient, se perfectionneraient sans mesure, si leur principe vital n'était pas

(1) Nous employons ce mot pour désigner que le minéral n'a pas d'organes auxquels sa vie soit attachée, et qu'en le divisant, le pulvérisant, le décomposant, ses molécules ne perdent point leurs propriétés naturelles.

contrebalancé par un principe de mort qui les ramène enfin au même point d'où ils sont partis; c'est-à-dire, à la *vitalité moléculaire ou minérale*. La nature se meut ainsi comme une grande roue qui ramène sans cesse la vie à la mort, et la mort à la vie; à mesure qu'une chose se perfectionne, l'autre se détériore par un effort contraire; car il est nécessaire que cette terrible machine du monde se maintienne à l'aide de contre-poids correspondans, sans lesquels tout s'anéantirait d'une chute commune. Rien ne peut être stable dans l'univers; une génération s'élève, l'autre tombe; toute chose a son travail particulier, ses âges de naissance, de maturité et de mort. C'est de cette marche uniforme que se compose la concordance de l'univers. La nature est une lyre dont les diverses cordes ayant chacune leur degré de tension convenable, produisent des concerts harmoniques, et qui ont ensuite leurs époques de détente pour se rétablir dans leur état primitif. De même, les corps des animaux et des plantes usant leur quantité de vie pendant leur existence, retournent puiser de nouvelles forces dans le repos de la mort, comme nous rétablissons notre vigueur épuisée dans le sommeil de la nuit; car la mort n'est en effet que le long et ténébreux sommeil de la vie.

Tant de mouvemens divers, et si bien proportionnés dans le monde, ne sont pourtant que les résultats nécessaires de la puissance divine répandue au sein de la nature entière. Cette étonnante variété d'actions par un seul moteur, n'est pas plus difficile à comprendre que les diversités de sons produits par le même vent dans un jeu d'orgues. En effet, la longueur et la grosseur des tuyaux, le diamètre des ouvertures, font varier extrêmement les tons, quoique l'air soit le même dans tous. C'est ainsi que le même sang dans un homme, sécrète, suivant les organes, ici de la salive, là des larmes, ailleurs de la bile, du lait, de l'urine, de la semence, etc.; ainsi, le même rayon de lumière, tombant sur différens corps, réfléchit mille variétés de couleurs. La puissance divine, quoique partout identique, peut donc produire des effets bien différens selon les organes qu'elle a préparés d'avance, et disposés d'après ses vues impénétrables à l'esprit humain.

En effet, il n'y a, dans l'univers, que deux êtres, l'ouvrier et l'ouvrage, DIEU et la *matière*; car si toute vie, tout mouvement, découlent du principe de l'existence et du mouvement, c'est Dieu lui-même qui vit, qui agit dans toutes les créatures, et qui est présent en tous lieux. Il est l'âme commune par laquelle toutes choses s'exécutent, et c'est par elle seule que tout respire. Elle est visible dans le minéral qui se transforme, dans l'arbre qui végète, dans l'animal qui se meut et qui sent ; elle se manifeste par le ministère de la nature dans tous les âges et à toutes les distances. Sans un Dieu, la matière demeurerait dans une mort absolue, éternelle, comme un immense cadavre. L'assentiment •unanime• des peuples a consacré cette sentence d'un ancien poète grec, citée par l'apôtre : *In Deo vivimus, movemur et sumus* ; elle est encore justifiée par le témoignage journalier de nos sens ; car le feu, l'air, l'eau, la terre, sont empreints et pénétrés de cette force de vie de laquelle tout émane dans la nature.

Et si elle venait à être suspendue, toutes les créatures tomberaient dans un repos mortel ; les astres, arrêtés dans leur course, s'éteindraient, se dissoudraient au milieu des espaces ; tout périrait sur la terre, dans les airs et les eaux ; l'enfant, comme la jeune fleur, pencheraient en mourant leurs têtes flétries, l'arbre et le quadrupède des campagnes défailliraient tout-à-coup : toutes les races vivantes seraient anéanties, et les élémens dispersés présenteraient l'image d'un nouveau chaos ; mais avec le soufle divin, tout reprend son cours ; la plante reverdit chaque année sur la colline ; les bosquets s'embellissent d'une nouvelle parure ; la force, la jeunesse, la santé brillent dans toutes les créatures ; les fruits se forment ; les fleurs, qui périssent, sont remplacées par de nouvelles fleurs ; les saisons suivent leur cours accoutumé, et couronnent tour-à-tour la terre de moissons et de neiges, des fleurs du printemps et des fruits de l'automne.

En effet, les générations successives des êtres vivans ne sont qu'une continuation de l'étincelle vitale qui se maintient en passant de corps en corps, de la même manière que le feu subsiste toujours d'une nature uniforme, quel que soit l'aliment qu'on lui fournisse. Chaque espèce d'animaux et de plantes ayant des formes semblables et un pareil mode d'existence, possède une âme commune et non individuelle ; car, étant la même dans chaque individu de pareille espèce, elle n'admet aucune différence réelle. C'est aussi pour cela que ces individus de même espèce peuvent procréer ensemble, c'est-à-dire *méler* en quelque sorte *la portion d'âme commune* qu'ils ont reçue de leur tige spécifique. On ne doit point attribuer à d'autres causes la douce sympathie qui rapproche les sexes, et qui témoigne si évidemment l'identité de leurs âmes, puisqu'elles conservent des instincts, des caractères et de manières d'agir tout-à-fait semblables. D'ailleurs, les diverses affections, telles que l'amour, la compassion, la crainte et même les pensées, se communiquent avec tant de promptitude, d'énergie, d'un être sensible à un autre, qu'on ne peut pas douter que leurs âmes ne soient toutes d'une même trempe dans chaque espèce ; car si elles n'étaient pas analogues, elles ne pourraient nullement se communiquer d'un corps à l'autre. Aussi les animaux d'un type éloigné, ayant des instincts ou des formes morales dissemblables, ne peuvent point s'entendre, s'aimer et se compatir entre eux comme ceux de même espèce. Nous voyons encore que les âmes peuvent devenir communes entre différens individus de pareille espèce, et principalement chez les hommes, puisque nous recevons dans la société les mœurs, les manières d'agir et de penser de ceux que nous fréquentons, tout comme ils reçoivent les nôtres ; c'est par ce moyen que les âmes grandes fortifient les âmes faibles ; à-peu-près comme la chaleur vitale des jeunes gens ranime la défaillance des vieillards qui vivent avec eux. La vie peut donc s'épandre au-dehors, et s'infuser d'un corps dans un autre corps analogue ; moins nous communiquons notre âme, plus elle s'agrandit et se fortifie ; c'est pour cela que la solitude et la retraite, nous ôtant toute occasion d'user notre âme par la multitude des objets qui la frappent au sein des sociétés, nous rendent plus capables de sentir vivement et de penser avec profondeur.

Mais la mort, ramenant les puissances de vie dans le réservoir commun, c'est-à-dire dans le sein du créateur d'où elles sont sorties, la substance des corps retombe dans son état originel, qui est la vie moléculaire ou minérale. Il s'opère donc deux mouvemens en sens inverse dans la nature, toutes choses tendant, soit à la vie matérielle, soit à la vie spirituelle ; plus les êtres vivans se rapprochent de la perfection, plus ils aspirent à la vie spirituelle, tandis que les derniers animaux et les plantes descendent vers la vie matérielle. Ceci nous explique les étranges contrariétés que l'homme sent en lui-même, parce qu'étant composé de deux natures, sa partie matérielle contrebalance sans cesse sa vie spirituelle. Les concupiscences de la chair et des sens obscurcissent les opérations de sa raison et de son intelligence ; chez les animaux, la partie brutale acquiert d'autant plus d'ascendant, à mesure que les facultés spirituelles diminuent ; elle parvient même à les étouffer entièrement parmi les races les moins parfaites, et enfin elle agit seule dans les plantes.

Et cette division des forces vitales en matérielles et en spirituelles, était nécessaire pour établir ce juste équilibre de vie et de mort qui renouvelle sans cesse le théâtre du monde. La matière conserve toujours une tendance au bien physique, comme l'esprit aspire au bien moral ; or, le bien physique occasionne le mal moral, et réciproquement ; de sorte que l'un est toujours opposé à l'autre. Mais cette opposition des deux substances n'est que relative à l'homme ; de là vient que notre mal peut être avantageux à la nature, et que des maux particuliers peuvent contribuer au bien général. Tout se compense donc par un résultat nécessaire dans la répartition des avantages et des désavantages ; ce qu'un règne perd, l'autre le gagne, et ce qui est pris sur une espèce, sur un individu, revient à une autre espèce, à un autre individu, par une harmonie éternelle.

NOTE B, page 92. — DES ESPÈCES VIVANTES.

Nous voyons dans l'arrangement de cet univers certaines formes habituelles permanentes, ou se produisant constamment d'une manière uniforme : ainsi, par exemple, le chêne rouvre, et le cheval, depuis un nombre considérable de siècles, se propagent toujours de même dans la nature. Il est probable aussi que les diverses sortes de sulfate de chaux ou de pierres à plâtre ont toujours existé, ou se sont toujours cristallisées de même dans le cours immense des âges du monde et dans les diverses régions du globe.

Ce fait général doit nous élever à des considérations bien remarquables, savoir, si les espèces et leurs rapports sont un résultat forcé du mélange ou de la combinaison des élémens de notre globe ; si tout s'est arrangé, casé, distribué fortuitement par l'effet des grands mouvemens terrestres, non pas pour un but déterminé, mais par la pondération mutuelle des choses; si le nombre des espèces est l'effet de cette combinaison universelle des principes constitutifs de notre planète, s'il était possible que tout s'arrangeât d'une autre manière, ou si tout peut et doit changer par la succession nécessaire de toutes choses, par la révolution inévitable des temps et des nouvelles circonstances. En d'autres termes, c'est demander si tout ce que nous voyons sur la terre peut être mieux ou plus mal, si les êtres ont été créés pour une fin quelconque, ou si, comme le soutiennent les épicuriens, le hasard ayant produit une infinité de formes différentes, les seules utiles et convenables au tout ont pu subsister et se sont perpétuées; de là viendrait, selon eux, que les êtres n'ont pas été formés pour un dessein prémédité, mais les seules parties utiles à l'organisation d'un corps ayant persévéré de se reproduire, il s'est trouvé, par ce seul fait, des *causes finales* ou des relations nécessaires d'existence.

D'abord, d'après le nombre des élémens (connus ou inconnus) de notre planète, il est évident qu'un nombre quelconque de combinaisons anorganiques et de mixtes organisés, étant possible, il devait exister un rapport nécessaire entre des *composés* ou espèces créées, et la quantité des élémens employés. D'où il suit que nos espèces minérales, végétales et animales représentent, en quelque sorte, les principes constitutifs de notre planète, qu'elles sont un résultat de la nature et des mixtions de ces élémens. Certainement nos espèces ne pourraient point subsister en Mercure ou Saturne, et nous voyons que les plantes, les animaux des régions polaires ne sont nullement les mêmes que les espèces des contrées de l'équateur. A l'égard des substances minérales, elles paraissent se former à-peu-près également en tous les climats, parce qu'elles n'ont pas besoin de se proportionner aux températures et n'ont aucune fonction; on a rencontré des mines d'or, de platine et même des diamans et autres gemmes en Sibérie, récemment, contre les opinions des anciens géologues qui croyaient les précieuses substances minérales réservées aux zones ardentes, comme le résultat d'une *concoction* ou d'une élaboration minérale plus perfectionnée, à l'aide de la chaleur solaire.

Ainsi, chaque monde comme chaque climat offrant, pour ainsi dire, au suprême artisan ses propres élémens, donne naissance à des espèces particulières en rapport avec ces principes.

Toutefois on demandera si, par cette cause même, le nombre des espèces peut être naturellement limité, s'il doit ou diminuer ou s'accroître, si tout ce qui était possible s'est produit. Comme nous ne croyons pas qu'une nécessité fatale ait présidé à la création des êtres, mais, qu'au contraire, une puissance infiniment intelligente et sage est évidente, il doit y avoir, suivant les circonstances, le temps, les révolutions de chaque planète et même chaque année, des espèces tantôt vivantes et développées comme en été, tantôt latentes dans des œufs ou des graines, des germes, comme une foule d'herbes, d'insectes, etc., en hiver. De plus, des espèces peuvent périr absolument. Il s'en est peu fallu que les beaux cocotiers des îles Maldives et des Séchelles n'aient également disparu pour toujours, comme nous l'apprend Sonnerat. Enfin, il est évident que l'homme, ou des désastres, des inondations, la submersion d'une seule île ont causé l'extinction totale ou l'extermination de plusieurs espèces d'animaux et de végétaux. La trame de la vie a dû souffrir des déchiremens plus ou moins considérables dans les révolutions inouïes qui ont bouleversé la surface de notre planète. L'idée que s'étaient formée des anciens philosophes sur la nécessité de l'existence de toutes les espèces possibles, n'est donc pas prouvée, et si la perfection du monde consiste à n'avoir point subi d'atteintes dans les productions qui décorent la surface de ce vaste théâtre, le monde a sans doute des brèches à réparer. On comprend qu'une plus grande quantité d'autres espèces pourrait disparaître encore sans que le total en souffrît absolument, soit que des races voisines ou intermédiaires remplacent les fonctions de celles qui s'éteignent, soit que le but pour lequel ces espèces furent créées n'existe plus. Par exemple, qu'un terrain devienne aride; que le Nil cesse de couler en Egypte, tous les animaux, les végétaux qui peuplaient auparavant ces vallées humides, disparaissent, et les oiseaux aquatiques qui purgeaient d'immondices et de vermines ses marécages, cessent d'être utiles. On ne peut donc pas dire qu'une chose manquant, toute la machine de l'univers se détraquerait, comme il arriverait dans les rouages d'une montre, qui tous sont nécessaires et s'engrènent les uns dans les autres. L'homme disparaîtrait du globe (et il fut probablement une époque où notre espèce n'existait pas encore), qu'il se formerait un nouvel équilibre dans le système des êtres vivans pour subsister sans nous ; ce qui donne encore une nouvelle preuve que nous ne sommes pas l'objet final et nécessaire de l'existence du monde et de ses créatures, comme un sot orgueil le suppose.

Mais si le nombre des espèces peut diminuer évidemment, peut-il s'accroître et s'en forme-t-il de nouvelles dans le cours des siècles ou par ces nouvelles circonstances, telles qu'en ont dû amener les catastrophes dont notre sol nous présente tant de monumens irrécusables ? Nous n'hésitons pas à le croire, bien que nous n'en puissions avoir aucun exemple assez manifeste ; mais voici les raisons qui doivent autoriser notre sentiment. Si le long empire de l'homme sur le chien a pu modifier étrangement les races de cette espèce ; si l'influence permanente, pendant des siècles, d'un climat, altère radicalement les formes habituelles d'une plante d'un animal, et en crée une espèce distincte : si nous voyons des herbes varier spontanément de figure, comme la mâche *(valerianella)*, les *scorpiurus*, les *medicago* dans une même contrée ; si des plantes fort différentes ou des animaux de plusieurs genres se marient, se mélangent entre eux, et s'il en naît des lignées métives, bâtardes, intermédiaires, qui se peuvent propager constamment comme les mulâtres, nous ne voyons pas d'impossibilité à la formation de nouvelles espèces. Sans doute des races inconnues ne s'élèvent pas soudain, à la manière des champignons, du sein de la terre, par quelque force plastique, par quelque puissance végétative spontanée du globe, comme le supposent gratuitement certains philosophes à qui les hypothèses coûtent peu, parce qu'ils ne prennent guère soin de les rendre solides par des observations. Il faut des intermédiaires, une filiation de perfectionnemens ou d'altérations, et l'on ne saurait refuser d'admettre que tant d'espèces variées, d'un même genre de violettes, de roses, etc., doivent beaucoup aux circonstances permanentes de climats, de terrains, de localités et d'autres causes analogues.

Quoique le nombre des espèces vivantes soit relatif aux élémens de notre monde et se conforme nécessairement à la nature des lieux, aux températures, nous ne devons point prétendre que toutes choses soient parvenues à leur faîte; nous ignorons même s'il y a quelque faîte que rien ne puisse outrepasser. La puissance divine qui a tout organisé, ne peut-elle pas préparer d'autres combinaisons? Savons-nous ce que l'avenir réserve à notre planète, et connaissons-nous bien toutes les phases par lesquelles notre monde a dû passer? Sans doute, dans notre constitution actuelle, les formes spécifiques des animaux et des plantes se transmettent dans une route uniforme et régulière; mais c'est par rapport à notre courte durée d'observation. Si nous ne voyons pas à l'œil le progrès journalier de la végétation d'un arbre, il apparaît dans le cours d'une année; de même en vingt ou trente siècles, si nous n'apercevons aucun changement notable en plusieurs espèces, il faudrait peut-être plusieurs milliers d'années pour l'observer. La vie des espèces doit être proportionnée à la vie des individus qui en résultent. Si, d'après tant de débris enfouis, tout fut autrement jadis, tout peut être aussi autrement pour l'avenir, et la constitution actuelle de notre globe peut n'offrir qu'une transition vers un état différent, meilleur ou pire.

Des philosophes, trouvant que le monde va fort mal, accusent la puissance divine de n'avoir pas su mieux faire. A quoi bon, disent-ils, créer des vipères, des poisons, animaux, végétaux, minéraux? ou même n'est-ce pas, en quelque manière, pour s'amuser, que la nature a formé des papillons, les fleurs des champs, tant d'*espèces inutiles*, sans compter les nuisibles, telles que les punaises, le cousin, etc.? Etait-ce pour manifester vainement sa puissance, faire parade de sa sagesse, qu'elle a créé tant d'objets? ou s'ils résultent de la nécessité, du mélange des élémens, Dieu n'est donc pas un agent libre? on ne lui doit donc aucune obligation de la vie? Et enfin, si c'était une nature sage et toute prévoyante qui réglât l'organisation des espèces, pourquoi naîtrait-il des monstres? La nature se trouble-t-elle ou est-elle aveugle? une matière rebelle ou indomptable résiste-t-elle à la toute-puissance divine?

Telles sont les objections que fait naître l'étude des espèces: essayons quelques réponses. D'abord, on ne saurait affirmer que le monde et ses créatures ne soient point aussi parfaits en leur genre qu'ils peuvent l'être ; la mort, par exemple, et d'autres maux que l'on allègue comme de grandes imperfections, ne sont tels que par rapport à nous , mais deviennent certainement des biens dans l'ordre universel ; rien ne pouvant naître et se nourrir, si rien ne pouvait périr.

Il est bien téméraire à l'esprit humain, si étroit, de condamner ce qu'a dû faire l'auteur du grand tout, dans l'immensité de ses vues. Si le particulier juge mal très souvent sur les affaires d'un vaste empire dont il faut embrasser tous les rameaux d'administration, comment une créature finie et bornée comparera-t-elle ses idées à celles de l'être infini, son créateur? L'huître ou le ver de terre, direz-vous, sont imparfaits ; mais c'est relativement à un oiseau, et à celui-ci l'homme. Tous les animaux, tous les végétaux n'ont-ils pas ce qui leur convient pour subsister et se reproduire parfaitement, eu égard à leur espèce? Un horloger, dit Boyle, fabrique des montres à tout prix ; il en fait à répétition ; d'autres à secondes, d'autres pour indiquer les jours ; il en complique plus ou moins les rouages ; mais la plus simple montre peut être aussi bien exécutée en son genre que la plus composée, et chacune atteint fort bien le but que l'ouvrier s'est proposé. Ainsi les hiérarchies des êtres ne sont point une marque d'impuissance ni d'imperfection ; c'est au contraire, une *appropriation* de chaque être à un but déterminé ; le poisson pour vivre dans les eaux , l'insecte pour tel genre de plante, etc.

Nous avons déjà prouvé bien des fois que l'homme n'avait que sa part, et elle est belle et grande dans l'immense république des corps organisés, mais qu'il eût été injuste de lui sacrifier tous les êtres, ou de les créer tous absolument pour lui seul. Or, de ce que nous trouvons un objet inutile pour nous, comme un papillon, notre critique insensée s'exerce contre sa production, mais certainement à tort.

Que savons-nous si les venins établis par la nature, en chaque règne, ne sont pas une réaction nécessaire entre ces règnes pour maintenir leurs limites et l'équilibre général des espèces? S'il faut que celles-ci puissent subsister , puisque toutes naissent avec des droits égaux à la vie , il convenait que le lion, la vipère, la mancenille, l'aconit, fussent les gardiens, les vengeurs naturels des faibles espèces, comme il faut des épines aux plantes, des griffes aux animaux, et des armes à l'homme pour faire respecter son indépendance. Les espèces dites nuisibles ne sont pas créées dans l'intention de nuire absolument, mais de se garantir ou d'administrer quelque intérêt. Le lion n'est que l'exécuteur des lois naturelles; le tigre n'agit point par sa volonté, mais par la nécessité de sa structure: or, s'il fut ainsi formé, ce n'était ni sans dessein, ni sans utilité, pour détruire la surabondance d'autres races. Quand nous n'apercevrions nullement la raison de la destinée d'un être, il ne faudrait pas se hâter de condamner la nature, comme nous ne le faisons que trop souvent en tout ce qui ne nous sert pas. Créés rois par la nature, nous devenons trop aisément despotes, et toujours prêts à exterminer tout ce qui ne nous convient pas; non moins ingrats des bienfaits reçus, que mécontens de voir tout l'univers ne pas nous obéir.

Nous ne sommes donc point placés convenablement pour juger si les rongeurs et d'autres espèces malfaisantes pour nous, n'étaient pas utiles dans une ordonnance générale; et loin de soutenir que Dieu n'avait rien pu faire de mieux que le crapaud, dans ce genre d'êtres, cherchons auparavant s'il n'entrait pas dans un plan plus vaste, dans un ordre universel, que chaque espèce eût ses limites, qu'il naquît des races *parasites* pour recueillir le superflu, afin que rien ne se perdît, ou que tout fût employé. Ainsi, la nature concourt à l'existence totale; elle aspire à la perfection générale, fût-ce au détriment des particuliers, comme il faut que chacun, dans un gouvernement, contribue selon ses moyens, à payer l'impôt, à fournir le sang réparateur qui alimente le corps social, ou subvenir aux besoins de l'indigent.

Mais si la nature, comme mère prévoyante et sage, a dû organiser habilement toutes les espèces, et si les venimeuses mêmes sont, par rapport au tout, ce que des gendarmes sont dans un état pour faire respecter l'ordre et la justice, pourquoi créer des monstres? La nature peut-elle se tromper, ou la matière est-elle un principe revêche, insubordonné aux lois sages qui lui sont prescrites? La nature enfin a-t-elle pour but de produire aussi le mal, absolument parlant?

Cette dernière supposition, que nous ne faisons que par surabondance, sera bientôt écartée, si l'on considère que les individus monstrueux ou trop écartés du tronc de l'*espèce*, ne vivent jamais long-temps, par suite des irrégularités de leur structure qui ne remplit pas les fonctions nécessaires pour l'existence. Ainsi la nature n'a pu avoir l'intention d'organiser des monstruosités : faire le mal, serait destructif d'elle-même qui est le bien.

Mais l'on dira : elle essaie de nouvelles formes d'*espèces* (1), car avant de parvenir à d'heureux résultats, il est force qu'on voie des ébauches imparfaites, jusqu'à ce qu'elle ait trouvé la route pour réussir dans ses combinaisons ; et l'étude des monstruosités sera pour nous l'étude des procédés par lesquels la nature opère la génération des espèces.

Je suppose d'abord qu'on ne prend pas pour des monstres les vraies espèces permanentes, quelque difformes et extraordinaires qu'elles nous paraissent d'abord, comme plusieurs animaux d'Afrique, de la Nouvelle-Hollande, etc., très singuliers, l'ornithorhynque, quadrupède à bec de canard, les kanguroos, le gnou, la sirène lacertine ; certains poissons fort bizarres, comme les baudroies ; des insectes de formes étranges, comme les *phasma,* les *fulgores,* etc. On n'appellera point encore monstruosités, les variétés individuelles : comme d'un nègre blanc, d'un homme couvert de poils, ou d'un goîtreux, etc. Toutes les causes de ces altérations, soit naturelles, soit maladives, ont été étudiées, et leurs causes plus ou moins appréciées. Restent donc les vraies monstruosités, les troubles organiques qui déplacent souvent les parties, mettent par exemple, les organes sexuels au visage, ou présentent, dans un fœtus humain, une tête de cochon, etc. Les alliances ou soudures de deux ou plusieurs embryons, dans la matrice ou dans l'œuf, qui font des poulets à quatre ailes et deux têtes, ou des enfans accolés diversement, ne sont pas rares. Mais peut-on croire que la nature aspire à se dégrader, ou bien à dépraver ses plus nobles espèces, pour tenter de nouvelles races ? N'est-ce pas plutôt parce qu'elle est contrariée, offensée, tourmentée dans sa marche, soit par les

---

(1) Jean Georg. Gmelin (auteur de la *flor. sibir.*) *Observationes, de novo plantarum exortu.* Tubing. 1749 8° a été combattu par Adanson, *Mém. ac. Paris.* 1769, p. 384, sq. qui avait soutenu que les espèces pouvaient changer. Voyez les *Familles des plantes.* Paris, 1763. 8° 2 vol.

germes doubles d'une mère portant ces êtres mous et délicats dans son sein; soit par un régime de vie nuisible, qui altère le cours des humeurs maternelles, soit par des compressions, des chocs éprouvés dans l'utérus, ou des spasmes nerveux qui le resserrent, le tordent, l'irritent en mille sens?

Si la nature se complaisait à former sans cesse mille espèces nouvelles, ne s'en serait-elle pas ménagé une belle occasion chez les poissons? Ces animaux, pour la plupart, ne s'accouplant pas, le mâle vient répandre sa laite fécondante sur les œufs déposés par sa femelle; mais cette laite, se mêlant à l'eau, pourrait porter la fécondité aux œufs d'autres espèces; cependant nous ne voyons rien de pareil, et les soles d'aujourd'hui ne sont point autres que celles qu'on servait sur la table de Lucullus. La nature, bien loin donc d'aspirer à former des mélanges et des monstruosités parmi les espèces, les maintient pures, même chez les plantes dioïques où le zéphyr est chargé d'opérer leur fécondation, ce qui semble livrer tout au hasard; au contraire, comme chaque animal ne va point naturellement s'adresser en amour à une autre espèce que la sienne, à moins que la violence des desirs et des circonstantes impérieuses ne rapprochent, par exemple, un loup d'une chienne, un faisan d'une canne, etc. : il en est ainsi chez les végétaux; les pistils n'admettent que les pollens d'espèces semblables ou voisines. Hors ces cas, la plupart forcés, chaque espèce répugne à s'unir aux autres. Elle a ces jouissances en abomination; le libertinage ne se voit guère que dans l'espèce humaine et dans les espèces qui lui ressemblent, tels que les singes, ou qui l'approchent et participent aux luxe de ses nourritures, tels sont les chiens. De là vient aussi que les passions et les vices de la vie sociale, les abus des jouissances sont les principales causes qui troublent la nature dans ses reproductions. Livrée à elle-même dans les forêts antiques, chez tous les êtres sauvages, elle ne produit presque jamais de difformités, de monstruosités; elle suit naïvement ses voies simples et régulières de permanence.

Les types d'*espèces*, chez les minéraux, résultent d'une combinaison chimique régulière, comme d'un sel composé pour l'ordinaire d'un élément positif tel qu'un acide et d'une base ou simple et unique, ou multiple, comme l'a montré M. Berzélius. Cette base ou cès bases saturent, en proportions

diverses, mais déterminées dans leur quantité, l'élément positif par leur nature négative. Aussi ces deux principes, l'acide
et l'alcali ou base sont correspondans comme les élémens contraires de la pile électrique. Il s'établit donc entre eux un
équilibre d'opposition ou d'antagonisme dualiste qui se contrebalance. Les bases isomériques ou d'une égale capacité de
saturation, peuvent se substituer les unes aux autres, avec
les mêmes acides.

NOTE C, page 168. — RAPPORTS NATURELS DES ÊTRES ENTRE EUX.

Nous ne cherchons point à justifier les desseins de la
nature, ou plutôt de son sublime auteur; et, en vérité, nous
ne croyons point qu'il ait besoin d'avocat vis-à-vis de ses
créatures. C'est une témérité non moins grande de déclarer
dans notre petite sagesse que telle chose ne pouvait être
mieux faite, que de blâmer hardiment telle autre. Il est évident que nous sommes hors d'état de décider si telle chose
est bien ou mal, absolument parlant. N'est-il pas étrange de
voir un atome se redresser contre le suprême ordonnateur
des mondes, et oser lui dire : *tu as mal fait!*

Par exemple, si divers auteurs accusent la suprême sagesse
d'avoir privé de la vue l'aspalax ou la taupe *(d'ailleurs dé-
dommagée de sa cécité par une ouïe très fine)*, la raison de
cette conformation paraît manifeste dans cet animal souter-
rain ; mais il n'est guère de détracteur des œuvres de la nature qui ne déclame contre les dents venimeuses accordées à
plusieurs serpens; ou contre les plantes empoisonnantes.
Pourquoi créer le mal sur la terre, pour le plaisir de tuer, de
faire périr des êtres sensibles? La nature est donc méchante,
ou plutôt ce ne peut être un Dieu de bonté qui ait préparé
tout exprès d'aussi abominables poisons pour exterminer
l'homme ou d'autres créatures. Il vaut mieux supposer que
c'est par hasard que s'est fait le bien et le mal dans ce monde.

Mais si l'homme consentait, pour un instant, à ne pas se
faire centre unique ; s'il envisageait philosophiquement les
grands intérêts de la nature, il reconnaîtrait l'erreur de son
jugement, même en ce point qui le choque si fort. Il verrait

le serpent, animal lent, .timide, dépourvu de membres, abandonné comme un orphelin misérable sur la terre , incapable de résister avec facilité à de puissans ennemis, de poursuivre rapidement une proie agile, obligé de la guetter patiemment : comment eût-il pu subsister , s'il n'eût pas reçu la faculté de blesser sa proie à mort, de même que le sauvage envenime sa flèche pour vaincre un animal fugitif ? Comment se fût conservée cette créature si dénuée et si lente, au milieu de tant de déprédateurs acharnés à sa perte, sans une arme redoutable? Loin d'attaquer l'homme, le reptile fuit , et se dérobe à sa vue en son asile (1) pour l'ordinaire. La tortue est garantie du moins dans sa marche laborieuse, sous son bouclier osseux. L'oiseau s'envole, le poisson glisse et nage, le quadrupède fuit en boudissant, l'insecte s'esquive ou se cache dans le moindre creux : fallait-il donc que l'aspic fût livré comme une victime toujours malheureuse, et voué en proie au moindre assaillant? La nature eût été injuste envers cette créature. L'on ne dira point avec quelques savans naturalistes, que la rage de se voir attaqué dans sa faiblesse excita primitivement la couleuvre à mordre, et transforma aussi quelques-unes de ses glandes salivaires en vésicules à venin ; comme la salive du chien devenu hydrophobe, le rend capable de transmettre l'hydrophobie chez les animaux qu'il mord. Il faut remarquer, au contraire, le soin que la nature prend pour défendre d'elle-même ses productions les plus innocentes, les plus incapables de passion et de volonté. Voyez la plupart des *cactus*, des *mesembryanthemum*, plantes grasses et spongieuses qui seraient sans résistance contre la dent destructive des animaux: la nature les a hérissées d'épines raides et aiguës: de telle sorte qu'on ne sait où les saisir. N'est ce point visiblement par la même raison que plusieurs insectes ont reçu des dards venimeux, le bœuf et le cerf des cornes, etc. , parce que ces êtres manquaient d'autres moyens de défense contre leurs ennemis? C'est ainsi que, dans les différens règnes, la nature manifeste sa voie conservatrice.

La question change alors , et l'on demandera pourquoi

____

(1) D'Azzara, en Amérique, a remarqué que les serpens venimeux étaient lents et lourds, les non venimeux très prestes, au contraire.

créer des serpens? Mais de combien de vermines dégoû-
tantes, de reptiles immondes et d'êtres nuisibles à certains
égards, utiles sous d'autres points de vue, ne nous délivrent
pas les serpens? Ce sujet se rattache ainsi à la hiérarchie des
fonctions que chaque créature doit remplir en ce monde. Il
est certainement à croire que la nature n'a rien créé mal-à-
propos et sans nécessité, sans quelque utilité générale que
nous n'apercevons pas toujours, mais qui n'en est pas moins
importante.

Au moins, poursuivra-t-on, les plantes vénéneuses sont
une espèce de méchanceté sur la terre. Mais vous qui parlez
ainsi, avez-vous assez réfléchi, et bien considéré ce fait sous
toutes ses faces? Je vous dis qu'en cela même brille la sage
prévoyance de la nature : en voici des preuves.

L'euphorbe est, comme la plupart des tithymales, un poison violent pour l'homme et pour beaucoup d'animaux, que
l'odeur seule de ces plantes repousse. Cependant, il est d'autres espèces d'animaux qui les recherchent. Il y a une belle
chenille du tithymale et divers insectes qui en font uniquement leur pâture. On voit, en Arabie, le chameau, le dromadaire brouter, même avec plaisir, de petits tithymales, dont
le lait âcre stimule apparemment l'estomac coriace de ces
ruminans, comme les mets épicés fortifient le nôtre. La
chèvre dévore sans danger la ciguë qui nuit à l'homme, au
cheval ; et le persil que nous mangeons devient poison pour
les perroquets ou d'autres oiseaux. *Ainsi le poison pour l'un
est l'aliment réservé pour l'autre ;* chaque être ne trouve-t-il
pas ainsi sa portion garantie sur la grande et commune table
de la terre? La loi du venin est donc une défense, un moyen
imaginé habilement pour assigner à chacun sa part de nourriture, sans qu'aucun autre s'en empare ; et la nature a soin
d'en prévenir par les sens du goût et de l'odorat, vigilantes
sentinelles indiquant à chaque animal ce qu'il peut manger
en sûreté, et ce qu'il doit rejeter avec horreur. Rien ainsi
n'est perdu, et jusqu'à l'excrément même qui révolte le
plus, devient l'aliment du porc ou de quelque autre créature
nécessaire. (1)

(1) Voir notre dissertation sur la diversité d'action des poisons suivant la diversité de l'organisme des animaux. *Revue Médicale*, 1833.

Voilà par quels exemples positifs il faut repousser les imputations qu'une téméraire ignorance élève en aveugle contre les plus merveilleuses combinaisons de la nature. Nous ne prétendons pas que l'on trouve ainsi des utilités à toutes choses, comme à la peste et aux maladies qui nous affligent, puisque nous ne sommes point admis dans les hauts secrets de la providence; mais nous devons êtres persuadés, par tout ce que nous connaissons, qu'il n'est point de mal absolu dans l'univers, et que l'inconvénient pour un être devient l'avantage d'un autre, afin que tout se maintienne.

Ces maladies qui nous tourmentent ne sont-elles pas, d'ailleurs, la peine trop juste et trop fidèle de notre intempérance ou de nos fautes, pour nous empêcher de transgresser les éternelles limites qui nous sont assignées? N'est-ce point parce que nous nous écartons sans cesse des voies simples de la nature, qu'elle nous en châtie, plus qu'elle ne le fait pour les animaux dociles à ses lois? Enfans ingrats et rebelles, pourtant elle ne nous a point délaissés sans secours, après lui avoir désobéi; elle nous inspire d'ordinaire le remède par un instinct machinal; ainsi elle nous fait desirer les boissons rafraîchissantes et aigrelettes dans une fièvre brûlante; elle nous fait repousser avec horreur les alimens de chair qui nous nuiraient alors; elle dicte au chien de manger du chiendent pour s'exciter à vomir; elle suscite en nous des forces médicatrices salutaires qui nous rappellent des portes du tombeau, à la vie, à la santé.

De la subordination des rapports naturels, chez les animaux et les plantes.

Il reste à chercher les degrés d'importance des organes, ou quels sont ceux qui doivent donner la loi pour la formation des classes, puis celle des ordres ou familles, enfin des genres, en chaque règne des êtres vivans.

Ces organes sans doute seront les plus essentiels à l'existence, ou la source même d'où ces êtres puisent leur vie.

Chez les végétaux, il est manifeste que la fructification étant le but nécessaire de toute l'organisation, il faut donc considérer la graine, ou plus précisément encore, l'embryon, comme le germe et le principe de la végétation. Ainsi, l'examen des cotylédons a fourni la grande division des plantes en *dicotylédones*, *monocotylédones* et *acotylédones*, distinguées par des caractères si marqués dans tout leur développement. Après la graine, les organes tenant le second rang en importance, sont les parties sexuelles, ou servant à la fécondation; savoir : l'étamine et le pistil. Le troisième rang appartient aux tuniques de l'embryon; aux tégumens de la graine et aux péricarpes. La quatrième place doit être dévolue aux enveloppes florales qui entourent les organes générateurs; savoir : la corolle; enfin, le dernier rang est destiné aux parties les plus extérieures, comme le calice, les involucres ou d'autres accessoires, tels que les nectaires, les aigrettes, etc. Donc, plus un organe sera nécessaire et essentiel, plus on devra s'y attacher comme caractère de classe ou de famille, suivant sa situation, son nombre, ses rapports, ses divisions, etc.

Chez les animaux, la vie active étant le principe de leurs fonctions, il faut en chercher la source dans l'élément excitateur de toute leur économie, c'est-à-dire, dans leur système nerveux qui imprime l'action à l'organisme. Nous en tirons les grandes divisions savoir: des *vertébrés*, des *invertébrés* (les mollusques et les articulés), des *zoophytes* ou rayonnés. Le mode des sensations se rapporte à ces grandes divisions.

Les rapports secondaires de coordination seront ceux qui tiennent à tout l'appareil de la respiration, puis de la nutrition animale, laquelle est très compliquée.

Ainsi, les organes de manducation et de la digestion stomacale présentent d'abord des caractères fort généraux, et qui se combinent avec les appareils circulatoire et respiratoire. Ce dernier appareil se distingue surtout en respiration pulmonaire à sang chaud ou froid, en respiration branchiale, en respiration trachéale, soit aérifère, soit aquifère. Il est évident que le mode de circulation du sang, et la structure du cœur, organe moteur de ce fluide, soit rouge, soit blanc, se coordonne avec ces modes de la respiration. Tous ces appareils sont donc d'une haute importance, surtout par leur connexion entre eux, et décident du degré de l'élaboration animale.

L'appareil de la reproduction vient ensuite offrir ses caractères : soit dans la réunion ou la séparation des sexes, soit dans la génération ovipare ou vivipare vraie, soit dans les métamorphoses subséquentes des embryons et fœtus, soit dans les développemens par boutures, ou gemmes et bourgeons, etc.

Enfin, les organes locomoteurs ou les membres externes, présentent les combinaisons les plus variées, mais de moindre importance, pour la division des genres et de quelques familles. Il en sera de même des armes ou défenses, et de quelques autres parties accessoires tenant au genre d'habitation, et à des besoins particuliers des races d'animaux. Ainsi, leur conformation indiquera leurs mœurs (même pour des races fossiles), comme l'observation de leurs mœurs fera deviner le mode de leur organisation interne.

En effet, certaines conformations en entraînent nécessairement d'autres, et constituent des rapports déterminés. Par exemple, tel mode de dentition, comme l'absence d'incisives supérieures est lié, chez les ruminans, à des doigts en sabot, et souvent au développement de cornes frontales. Ainsi, la disposition, soit carnivore, soit herbivore, des organes de mastication, établit une foule de relations ou de correspondances en d'autres parties du corps ; par conséquent, les organes de nutrition dominent donc ceux de locomotion, et sont prépondérans dans l'animalité.

Pareillement, les poumons vésiculeux d'un reptile recevant peu d'air par une lente respiration, et peu de sang y abordant pour s'y oxygéner, toute l'économie de l'animal reste froide, inerte ou languide ; elle a besoin de se réchauffer au soleil ; l'individu sera peu sensible, digérera lentement : mais par cette raison il faut qu'il perde peu ; il sera donc revêtu d'une peau coriace et écailleuse, ou défendu par une carapace. N'ayant presque pas de chaleur propre, supérieure à celle de l'atmosphère, il ne pourra pas couver ses petits, il les abandonnera donc ; il faudra donc que l'instinct natif des jeunes supplée à cet abandon ; et l'on voit s'enchaîner ainsi une foule de conséquences de la seule imperfection d'un appareil organique.

Ces rapports de structure interne sont les plus essentiels de tous ; mais il en est d'autres dépendans des habitations des êtres, et seulement extérieurs.

Ainsi, tous les végétaux et les animaux des lieux froids et venteux, des montagnes neigeuses, sont couverts de poils, de villosités quelconques, plus épaisses que n'en ont les animaux et les végétaux des terrains bas, humides et chauds, qui sont la plupart lisses, glabres, ou presque nus.

En plaçant les amphibies et les cétacés dans le domaine des poissons, la nature a dû fabriquer également leurs membres en rames, en nageoires; voilà donc aussi des rapports dépendans de l'habitation ou du mode d'existence.

En rendant les chauve-souris, les galéopithèques et taguans, les émules des oiseaux, il a fallu que la nature leur attribuât quelque analogie de formes dans leur squelette, ou disposât leurs bras en sortes d'ailes; il en a été de même pour les poissons volans, et pour une multitude d'insectes destinés à s'élever dans les airs; mais tous ces rapports ne sont qu'extérieurs et dans les organes de locomotion; il ne serait donc nullement naturel de rapprocher des oiseaux tant d'êtres différens, par cela seul qu'ils peuvent voler, puisque l'intérieur de ces différens animaux conserve si peu d'analogie.

On comprend ainsi que les seuls rapports essentiels ou internes doivent ordonner les classes naturelles, et que des traits extérieurs ne suffisent point, mais qu'il faut un ensemble d'organisation intérieure pour lier les êtres les uns aux autres par une confraternité intime.

Alors, plus il y aura de ces ressemblances multipliées et de rapports essentiels de similitude, plus les êtres s'agrégeront en groupes serrés, en un faisceau inséparable. Aussi, rien ne devient plus embarrassant pour les botanistes et les zoologistes, que de diviser en genres ces familles très naturelles d'animaux et de plantes; les ombellifères, les crucifères, les composées, les labiées, les graminées, etc., forment presque autant de genres immenses dont on a peine à distinguer les nombreuses espèces les unes des autres, tant elles ont de fraternité entre elles.

De même, on se reconnaît à peine au milieu des troupes de papillons, de phalènes, de teignes, des innombrables coléoptères, surtout parmi les carabes, ou des poissons des genres *scioena*, *perca*, *labrus*, *scarus*, etc.; ou des oisillons de l'ordre des passereaux; tant la nature associa leurs lignées, ou les enfans de la même famille.

Quoique la coordination des familles entre elles s'opère comme celle des genres', suivant les mêmes lois d'analogies, il en est cependant d'ambiguës. On doit considérer en effet que chaque famille, comme tout chaînon, adhère au moins à deux autres, un devant, l'autre derrière; mais de plus, il est des familles de plantes et d'animaux qui se rattachent encore à d'autres concaténations latérales, lesquelles semblent se prolonger jusqu'à des classes fort éloignées. Voilà pourquoi le placement des familles, les unes relativement aux autres, suivant l'ordre le plus naturel, n'est pas encore déterminé généralement. Il reste une foule d'*hiatus*, de lacunes. (1)

1° Au total, il faut se tenir au principe fécond de toute méthode naturelle, *de rapprocher d'autant plus les êtres les uns des autres, qu'ils se ressemblent davantage par un plus grand nombre de parties.* Ainsi, les espèces se grouperont nécessairement vers leurs plus voisines, et toutes celles qu'on pourra réunir sous un caractère uniforme constitueront un genre. Celui-ci étant une fois bien établi, rien ne sera plus facile que de rapprocher, selon les mêmes règles, les genres voisins par leurs degrés d'analogies, entre eux, pour en coordonner des familles. Personne ne peut aujourd'hui nier l'avantage de ces sortes de régimens naturels distingués par leur uniforme. Ainsi, parmi les animaux, on distingue les brillantes phalanges des papillons, la cohorte lourde et cuirassée des scarabées, et autres coléoptères; les diptères et les mouches, sortes de vélites et éclaireurs. De même, les tribus des ophidiens, ou des sauriens (2) ne composent pas des légions moins distinctes que celles des oiseaux palmipèdes, ou des mammifères ruminans. Parmi les végétaux, tout le monde distin-

(1) Cependant mieux on examine les êtres, plus on parvient à retrouver le fil des analogies avec d'autres. Ainsi les *cirrhipèdes* des anatifes et des balanes paraissaient sans rapports avec d'autres animaux, mais leur corps articulé, leurs trois organes maxillaires les ont rapprochés des crustacés du genre *limnadia* (voisin des daphnies). car celles-ci ont déjà deux valves dorsales; Thomson a vu une limnadia se transformer en *balanu* **t** *pusillus.*

(2) Elles se joignent par des sauriens à deux pattes, comme on voit aussi les lézards s'unir aux batraciens par les salamandres; les protées et sirènes avoisinent les poissons.

guera, au premier coup-d'œil, les familles de graminées, des ombellifères, des labiées, des crucifères, des composées, des papilionacées, des liliacées, etc. Ce serait donc outrager les lois naturelles, et même le bon sens, que de séparer, dans un système de classification, des agrégations de créatures associées par tant de liens communs; ce serait établir le divorce et la haine pour principes, et renverser tous les fondemens de société et de vie dans le monde.

Cependant, chacune de ces classes contracte des liaisons ou des adhérences avec d'autres familles ou d'autres ordres; la preuve en existe chez ces plantes *incertæ sedis*, ou dont le classement reste ambigu, à cause de leurs affinités avec plusieurs autres familles. Telles sont les *begonia*, si analogues par leur aspect aux oseilles, tel est le beau *pandanus*, etc. Mais ces êtres peuvent devenir les types de familles intermédiaires constituant une sorte de réseau pour en rattacher plusieurs par divers côtés. On doit chercher ainsi comment l'énorme fleur purpurine de *raflesia*, de Java, qui a trois pieds de circonférence, et sessile sur des troncs d'arbres, se rapporte aux cytinées, et comment le curieux *nepenthes destillatoria*, dont les feuilles se forment en un godet, ou urne operculée, plein d'eau (1), avoisine les aristolochiées également, avec la *sarracenia* qui arrête les insectes. De même la dionée attrape-mouche offre des traits de la famille des rossolis et avec les jolies *parnassia* de nos étangs.

Prenons l'exemple le plus facile, la classe des mammifères ou quadrupèdes vivipares, et voyons ses connexions avec les autres classes des animaux vertébrés. Selon la doctrine de l'échelle unique de progression, il faudrait qu'on puisse disposer tous les mammifères sur une ligne unique, dont le premier terme serait l'homme et l'orang-outang, et le dernier se rapprocherait des oiseaux, puisque ceux-ci viennent nécessairement au second rang de l'animalité. Mais cela n'est point possible; les derniers mammifères sont,

---

(1) D'autres plantes, le *cephalotus*, genre voisin, distille aussi un liquide séveux à l'extrémité de ses feuilles, comme des *calla*, *arum*, *musa*, etc.

suivant une progression naturelle, les amphibies et les cétacés comme moins parfaits. Cependant si l'on voulait trouver des connexions de mammifères avec d'autres classes, on chercherait à rapprocher les chauve-souris des oiseaux, les échidnés et ornithorhynques, des reptiles à plusieurs égards, en y joignant les tatous et les pangolins écailleux; on rapprocherait encore les cétacés des poissons; de sorte que la classe des mammifères se trouverait encadrée au milieu des autres classes de vertébrés, pour les rattacher ou souder les unes aux autres. Or, cette supposition, impossible dans une échelle, se fait très bien dans une carte géographique. Les affinités y sont multipliées latéralement, comme entre les divers royaumes de la terre. Tel a dû être le plan de la nature pour tous les animaux et végétaux.

2° *L'essence du végétal est la fructification.* C'est donc surtout des complications du fruit, de ses appartenances, de ses prémices, ou de la fleur, qu'il faut emprunter les lois premières de la botanique.

3° Si le *système nerveux donne la règle de l'animalité,* l'homme ayant son cerveau et son système nerveux le plus développés de tous les êtres, doit être placé au sommet du règne animal; de même, chaque créature la plus intelligente ou la plus sensible, la mieux organisée, doit donc prendre le pas sur les plus stupides ou les moins sensibles, chacune selon sa classe naturelle. Ce principe nous conduira vers une meilleure distribution des oiseaux, des poissons, des insectes, etc., ou d'autres classes et groupes sur l'arrangement desquels on est encore peu d'accord jusqu'à ce jour.

4° La même loi doit être suivie dans le règne végétal, à l'égard de leur fructification, qui est le faîte de leur élaboration vitale et organique. Il semble donc que les arbres dioïques soient d'une nature supérieure aux autres végétaux dicotydélones, comme ceux-ci surpassent les monocotylédones; et ceux-ci à leur tour, les agames ou cryptogames.

5° Chez les animaux, après les organes du sentiment et de la locomotion qui en est le résultat, les plus essentiels dans les desseins de la nature, sont ceux de la reproduction et de la nutrition. Ils offriront ainsi les caractères secondaires des classes, des ordres et des familles naturelles.

6° Dans les plantes, après les caractères tirés de la floraison et de la fructification, les plus remarquables doivent être pris de la gemmation ou du développement des plantes et des fleurs hors du sein des bourgeons ou de la terre. Ainsi la placentation, ou le déploiement des cotylédons, leur nombre, le mode de ramification des tiges, la frondescence, etc., présentent de bons caractères pour les ordres inférieurs.

Il est peu important de commencer dans un ordre ascendant, plutôt que par l'échelle descendante; car si le premier est plus philosophique et suit mieux la marche de la nature, le second est beaucoup plus agréable et plus facile à l'étude.

NOTE D, page 238.—DES ÉQUILIBRES ORGANIQUES, ET DES FORMES ANALOGIQUES.

C'est un fait reconnu dans la physiologie, que les forces du corps vivant s'équilibrent pour le maintien de la santé, et que s'il s'établit quelque inégalité durable dans la machine organique, il en résulte des nutritions inégales, des variétés de tempérament, des développemens irréguliers. Les mêmes lois règlent l'organisation des différens animaux et végétaux, dans toute la hiérarchie de ces règnes (1) comme nous l'avons exposé.

(1) Goethe, *zur naturwischenschaft ueberhaupt und zur morphologie in's besondere*, Stutgardt, 1817-1830. in-8°, cah. 11, p. 145, dit qu'on trouve, en effet, qu'un certain équilibre a toujours lieu dans les êtres, entre un accroissement de volume d'une partie et l'oblitération d'une autre, en sorte que quand tel organe grandit tel autre doit s'amoindrir, et *vice versa*. Telle est la loi de balancement ou d'autres équilibres organiques; d'où naît la variété infinie des formes, non par la création de nouveaux élémens, mais par des répétitions et des modifications continuelles de ceux dont elle dispose.

Geoffroy St. Hilaire (*Philosophie anatomique*. Paris, 1818, in-8°, Tom. 1, p. 18) dit : La nature emploie constamment les mêmes matériaux et n'est ingénieuse qu'à en varier les formes. Comme si, en effet, elle était soumise à de premières données, on la voit tendre toujours à faire paraître les mêmes élémens en même nombre, dans les mêmes circonstances et avec les mêmes connexions. S'il arrive qu'un organe prenne un accroissement extraordinaire, l'influence en devient sensible sur les parties

Un équilibre absolu de forces antagonistes ou opposées se neutralisant, ne produirait que le repos, ou que des développemens en sens contraire parfaitement égaux. Ainsi un point qu'une force développante intérieure enflerait en tout sens également ne donnerait pour forme qu'une sphère, figure primitive de l'œuf, ou de la graine de tout animal comme de tout végétal. Mais ce prototype le plus simple de toute formation, *par des antagonismes inégaux*, procure toutes les organisations possibles, soit existantes jadis, comme les antédiluviennes, soit de celles destinées à paraître dans l'avenir. Il est même évident que le cachet d'une nécessité inévitable forcera éternellement tous les êtres d'une création possible dans l'univers, à partir des mêmes élémens de forma- on·sur tous les globes.

Le déploiement des formes chez les animaux suit des règles assez constantes. Il est dans la nature de la moelle nerveuse (comme dans la moelle de l'axe des végétaux) qu'elle tende toujours à s'accumuler de préférence vers la région supérieure de l'organisme, ou la plus exposée à la lumière. Si le corps animal est parfaitement horizontal dans sa position habituelle, la masse nerveuse conserve une répartition à-peu-près équilibrée de la tête à la queue; elle prédomine peu vers la région antérieure, encéphalique (chez les helminthes, les insectes, les mollusques, et même les poissons, etc.). Mais à mesure que les animaux obtiennent une attitude plus redressée, en même temps l'encéphale devient le réceptacle d'une masse plus considérable de l'élément nerveux; ce qu'on observe, en remontant la série hiérarchique, depuis les reptiles et les oiseaux jusqu'aux plus parfaits des quadrupèdes, enfin quand le cerveau devient centre absolu, il faut que l'animal se redresse; tel s'est levé l'homme, par l'ordre même de la nature, couronné du plus parfait encéphale. Par un rapport inverse, il fallait que la tête du fœtus, dans le sein maternel, fût tournée vers le centre de la terre (*nadir*), puisque celle de la mère est placée au *zénith*.

voisines qui, dès-lors, ne parviennent plus à leur développement habituel, mais toutes n'en sont pas moins conservées quoique dans un degré de petitesse qui les laisse sans utilité: elles deviennent comme autant de rudimens qui témoignent de la permanence du plan général.

1° Dans le *développement du corps*, *en dessus et en dessous*, le *côté tergal* des animaux est donc plus empreint de nerfs, d'énergie vitale, que le *côté ventral*. Ainsi, plus un animal présente de développement à ses régions supérieures et antérieures, plus il offre de perfection, de supériorité réelle ; c'est le contraire chez les races ayant de grands développemens postérieurs et inférieurs. De même, plusieurs fleurs ont des pétales supérieurs bien mieux déployés, à cause de l'influence lumineuse et chaude du soleil, que leurs pétales inférieurs. Telles sont toutes les fleurs irrégulières, les personnées, les papilionacées, les *pelargonium*, les *bignonia*, les *digitalis*, les *antirrhinum*, etc.

En général, le pigment se dépose avec des couleurs plus foncées, et plus abondamment au côté tergal qu'au ventral, et aussi les poils, les plumes et écailles sont plus fortes, plus colorées au dos.

D'ailleurs, le côté inférieur ou ventral et terrestre ne comprend, chez les animaux, que les organes nutritifs et les nerfs ganglionnaires du grand sympathique ; c'est comme la page inférieure de la feuille chez les végétaux, ou le côté absorbant, tandis que la page supérieure, plus colorée, exhale et vaporise.

De même, chez les mollusques testacés, la volute des univalves, plus colorée, plus étendue, est le côté tergal dé l'animal, tandis que l'opercule est du côté ventral, et plus faible, plus pâle.

2° Le *déploiement latéral* des formes des animaux symétriques, ou à droite et à gauche, est communément parallèle et parfaitement égal, chez les vertébrés et les articulés (crustacés, insectes), en sorte qu'il y a égalité. Cependant on y trouve des exceptions chez les poissons pleuronectes (turbots, limandes) et parmi certains crustacés (les pagures habitant les coquilles des univalves qui se contournent comme ces coquilles).

Il n'y a pas égalité de développement latéral parmi la plupart des mollusques univalves, comme nous l'avons montré ; la cause de leur forme spirale turbinée vient de la nécessité de se raffermir en se roulant sur soi, et du côté opposé à celui du foie. C'est pourquoi la majorité du nombre des univalves est dextre.

La plupart des végétaux monocotylédones n'ayant ainsi qu'une feuille primitive, sont obligés, pour s'élancer en haut, dans leur croissance, de se soutenir sur un seul point; de là vient qu'en général, ils ont leurs feuilles engaînantes (les graminées, les musacées et amomées, les aroïdes, etc.); ce sont des cornets enroulés qui se déploient, ou embrassent une tige ascendante, chez les *aloës*, les *allium*, etc. Les spathes des fleurs représentent dans les palmiers et autres monocotylédones cette forme de corne d'abondance. Les fougères se développent en crosses spirales, toutes formes gracieuses et élégantes, en même temps qu'elles protègent les organes de la reproduction. Ceux-ci, généralement situés sur les parties les plus délicates de l'organisme, se hasardent les derniers au grand jour.

3° Les *animaux et végétaux à formes rayonnantes* ont de la prédilection pour le *nombre cinq* et ses multiples. On en citerait une multitude de preuves. (1)

(1) Le nombre cinq domine chez les protozoaire set tous les zoophytes, oursins, holothuries, astéries, actinies, etc.

Les oursins ont cinq doubles séries de trous pour le passage de leurs tentacules ; ces séries doubles sont appelées *ambulacres*. Les petites plaques inégalement pentagones qui se disposent entre les cinq paires d'ambulacres, forment toujours des ensembles multipliables par cinq; ainsi 5 + 32 = 160, en d'autres 5 + 40 = 200 et dans un grand animal *echinus saxatilis*, Tiedmann compte 440 plaques ou 5 + 88 = 440. Il a 2385 épines : or 5 : 2385 = 1 : 477. *Tout nombre doit toujours être tel qu'on puisse le diviser sans reste par* CINQ. Tel est, selon Carus, le *dermato-squelette des échinides et des autres zoophytes.*

Il n'a pas été inutile de connaître les nombres relatifs des étamines des plantes; mais l'on n'a pas tiré de cette considération tous les faits intéressans qui en résultent. Par exemple, il est très remarquable que le nombre de trois étamines, ou ses multiples six, neuf, soient absolument appropriés à tous les végétaux monocotylédones; s'il y a des exceptions apparentes pour les orchis ou des graminées à deux étamines, ou pour les balisiers et amomes à une étamine seulement, on voit des preuves d'avortement des autres, ainsi la loi subsiste. Au contraire, les végétaux dicotylédones sont la plupart pentandriques, ou du multiple de cinq, savoir : la décandrie, l'icosandrie, etc., et même la polyandrie a le nombre cinq pour facteur. On observe aussi, chez les espèces à tige carrée, telles que les labiées, plusieurs rubiacées, etc. le nombre de deux, quatre, huit, douze étamines. La fleur de *ruta graveolens* qui est

4° La nature semble se complaire également à répéter ses formes dans une multitude de classes fort éloignées d'ailleurs. C'est ainsi que des plantes très différentes présentent néanmoins des formes de feuilles semblables. Il y a jusque chez certaines capsules de semences de végétaux (chez des palmiers, des *antirrhinum* ou mufliers) plusieurs analogies de figures d'animaux. Mais c'est principalement entre les races inférieures ou protozoaires et des protophytes qu'on a déjà signalé des ressemblances singulières de conformation, à tel point qu'elles ont pu causer des méprises. Ainsi Lamouroux réclamait pour ses thalassiophytes certains polypiers à cellules et des sertulaires, etc. Voyez Lingbye, Agardh, etc.

Formes animales répétant les formes végétales.

Nullipora, fungia, spongia, undaria, alcyonium, pavonium, tubipora, etc.	Formes des champignons lamelleux, agarics, ou tubuleux, bolets, morilles, etc.
Les *antipathes*, les *placomus*.	Sphéries, rhizomorphes.
Sertulaires.	— lycopodiacées.
Pentacrinus, encrinites.	Palmiers, ou *cyperus papyrus*
— pennatules.	— feuilles pinnées, etc.
Les *isis hippuris* présentent les nœuds des tiges des plantes.	
Elles ont des nœuds mous.	Les plantes ont des nœuds durs.
Flustra, etc.	Des tremelles.
Des *corallina*.	Divers fucus filiformes.
Des cyanées, des actinies, etc.	Ressemblent à des fleurs, des anémones par leurs formes et leurs couleurs.
Des madrépores.	Imitent des champignons.

centrale au sommet a 10 étamines (decandrie), toutes les autres n'en ont que 8. La centrale recevant plus de sucs développe tous ses organes.

Le feuillage, simple dans les monocotylédones, égale souvent chez les dicotylédones, dans ses nervures composées, le nombre des étamines ; par exemple, dans le marronnier d'Inde, la vigne, etc. Tous ces faits annoncent qu'un nombre déterminé de fibres est assigné primitivement à la formation des différens genres de plantes ; on pourrait obtenir aussi des vues intéressantes d'un semblable examen des parties des animaux, comme des doigts, des membres ou pieds, par exemple, toujours de six chez les insectes ailés, etc. Voyez Carus, *Anatom. transcend.*, tom. III.

Formes analogiques des deux extrémités opposées des animaux.

Déjà l'on a signalé les antagonismes entre la région antérieure et la postérieure de l'animal. Il est évident que les
espèces chez lesquelles le développement des organes cérébraux et antérieurs est prépondérant, obtiennent des qualités intelligentes ou industrieuses, avec une force de sensibilité supérieure à celles des espèces douées d'une prépondérance contraire des organes postérieurs.

Chez ces dernières, en effet, la respiration est moindre,
car la région pectorale est moins étendue, tandis que les
organes sexuels, surtout chez les individus femelles, prennent un plus large accroissement.

En effet, le développement postérieur est approprié aux
fonctions génitales et excrétoires, tandis que l'organisme
antérieur est destiné aux facultés intellectuelles et actives, à
celles de manducation, d'absorption.

Par exemple, chez les insectes le corps est composé essentiellement (dans les larves surtout) d'une chaîne de douze
segmens, offrant à son extrémité antérieure un *anneau sen-
sorial* et *maxillaire*, et à la postérieure un *anneau sexuel
et anal*. Chez les animaux vertébrés, la moitié antérieure
du corps est consacrée aux organes des sens et de la respiration pectorale, la moitié postérieure, aux viscères digestifs
abdominaux et aux parties génitales.

Et l'on remarque un merveilleux balancement d'antagonisme entre ces deux parties du corps. Dans les premiers
âges de la vie, l'effort du développement se dirige du côté
cérébral ; la tête est très volumineuse, tandis que les régions
postérieures sont petites. La moelle nerveuse spinale se porte
vers le cerveau, s'y ramasse, s'y contourne pour ainsi dire
en forme de crosse, chez le fœtus qui seploie en avant, qui se
roule à la manière des animaux sommeillans ; c'est par cette
tendance que la trompe de l'éléphant, celle des papillons, etc.,
se roulent en spirale, et que les os du nez et de la face se
rabaissent au-devant de la colonne vertébrale, après le renflement des trois vertèbres crâniennes qui constituent la

boîte cérébrale. Les mammifères et oiseaux qui restent petits de taille, conservent encore, dans le volume de leur cerveau, plus considérable proportionnellement que celui des grandes espèces, cette condition fœtale qu'on remarque pareillement chez les enfans et les nains à grosse tête.

L'extrémité postérieure reflète, au contraire, dans un développement secondaire, à l'époque de la puberté, les organes antérieurs du corps animal. Ainsi ce n'est qu'après leur dernière métamorphose que les insectes déploient leurs parties sexuelles, par cette seconde naissance à l'état parfait (*imago*). Les insectes aptères, à l'état de larve ou de nymphes, n'ont, au lieu de huit pattes, que six; encore les deux dernières, avec les anneaux sexuels abdominaux, ne sortent qu'à la dernière mue. Il en est ainsi pareillement chez les crustacés décapodes, à métamorphoses. Les jeunes cymothoës, qui n'avaient d'abord que douze pattes et six anneaux, en prennent sept avec quatorze pattes. Les daphnies présentent le même phénomène.

Les analogies entre le pénis (ou le clitoris) et la langue, par suite de ces antagonismes, sont évidentes; ainsi l'un et l'autre ont un frein (1); ainsi le gland des chats est couvert des mêmes épines rétractiles que leur langue; d'autres, qui ont un os dans la verge, en présentent un pareillement à leur langue. Les aiguillons d'une multitude d'insectes hyménoptères, avec leurs lames et leurs gaînes se rapportent, en opposition aux mâchoires; et les prolongemens maxillaires qui garnissent l'extrémité du canal œsophagien de beaucoup d'insectes, se répètent dans les pondoirs qui terminent le canal prolongé des voies génitales chez d'autres espèces.

On pourrait poursuivre une foule d'analogies semblables qui confirmeraient cette correspondance. Il suffit de l'avoir signalée; elle est telle (en apparence du moins) dans les amphisbènes qu'on peut confondre la tête avec la queue, lorsque ces serpens marchent à reculons, comme plusieurs vers. Les naïdes et d'autres helminthes produisent vers leur queue, la tête d'un nouvel être qui s'en détachera par bouture spontanée. (2)

(1) La membrane de l'hymen n'est aussi qu'un *raphé* élargi.

(2) Gruithuisen, Mém. sur les *Naïs*, dans les *Abhandl. der Leopold Akadem.*, tom. XI, p. 233.

Ne pourrait-on pas rapporter à cet antagonisme l'expérience de Duhamel, qui ayant planté un arbre renversé , ou
les branches en terre et les racines en l'air, vit bientôt des
branches naître sur ces racines , et des racines se former aux
branches enterrées?

NOTE E. page 280. — APPROPRIATION DES ESPÈCES AUX
LOCALITÉS , ET PRÉVISIONS ORGANIQUES.

Lorsque les créatures vivantes se multiplièrent sur le globe
terrestre, elles furent organisées relativement à leurs habitations par la suprême intelligence ; car comment un animal
aquatique aurait-il pu vivre dans les airs ou sur la terre, sans
avoir reçu une conformation capable de s'y maintenir et de
s'y reproduire? Nous voyons que la grenouille garde la forme
d'un poisson (le *tétard)* tant qu'elle demeure dans l'eau ; ensuite elle quitte cette forme pour habiter sur terre. Il paraît
que certaines circonstances déterminent le développement
des organes qui leur sont les plus favorables, et empêchent
celui des autres. C'est ainsi que les arbres des pays chauds qui
n'ont aucune écaille pour recouvrir leurs tendres bourgeons,
voient se développer ces écailles, dans les pays froids, en-
duites d'une résine pour préserver de la gelée les rudimens
délicats de leurs fleurs. De même les quadrupèdes, les oiseaux
du nord sont plus garantis du froid par leurs chaudes four-
rures ou leur épais plumage que les espèces du midi ; et les
oiseaux de haut vol, tels que les faucons , sont couverts de
duvet sous le ventre , parce qu'ils s'élèvent dans l'atmo_
sphère ; aussi les fauconniers qui veulent empêcher ces oiseaux
de se perdre au loin , les dépouillent en partie de ce duvet,
afin que le froid glacial des hauteurs les force à redescendre.
L'*éléphant* ayant une tête extrêmement grosse , ne pouvait
pas avoir un long cou qui aurait été incapable de la soutenir ;
mais comme sa bouche n'aurait pas pu , avec son col très
court, s'abaisser jusqu'à terre pour brouter l'herbe, la nature
intelligente lui a donné une trompe très mobile pour la cueil-
lir et la porter à sa bouche. Ceci peut d'ailleurs se justifier
par l'exemple contraire de tous les animaux à long col , tels
que les cygnes et d'autres oiseaux obligés de fouiller au fond

des marais, qui ont une tête petite. En effet, une tête trop grosse eût été un obstacle invincible s'il eût fallu la redresser avec un si faible levier. Mais par là même les espèces à petite tête et à long col comme à longues pattes correspondantes n'ont que peu d'intelligence et de cervelle. De même, il fallait, pour affermir la masse de l'éléphant, des capsules articulaires très fortes et musculeuses comme leurs gaînes synoviales, et leurs articulations. En revanche, afin de donner au corps des oiseaux, une extrême légèreté pour s'élever dans l'atmosphère, l'ingénieuse nature fit circuler l'air, non-seulement dans leurs larges poumons, mais encore dans des sacs supplémentaires pénétrant entre leur abdomen, et par diverses infiltrations qui s'étendent dans leurs os fistuleux, creux, sans moelle, et jusque dans les cavités des plumes. Ainsi tout le corps de l'oiseau est comme une éponge d'air. Les insectes ailés sont organisés à-peu-près de même par les innombrables trachées aériennes qui s'insinuent entre toutes les parties et jusque dans les nervures de leurs ailes. Tous ces animaux volans ont pour squelette, chez les oiseaux, ou pour point d'appui solide (une matière cornée chez les insectes) des tubes, des colonnes creuses, les plus capables, par leur légèreté et leur inflexibilité de rendre les mouvemens vifs et forts. D'ailleurs, personne n'ignore combien l'air respiré abondamment augmente l'énergie musculaire par l'influence de l'oxygénation. La conformation des ailes, la vigueur et l'épaisseur des muscles pectoraux qui les font mouvoir, la disposition du sternum et des os furculaires unis en forme de V, la fixité de la colonne épinière, même chez les chauve-souris, sont des appropriations évidentes du mécanisme savant de la nature. Les reptiles sauteurs, les dragons volans ont aussi de larges poumons qui les allègent. Tout est prévu avec une merveilleuse sagesse, comme les larges peaux des flancs des taguans, des polatouches qui servent de parachute dans les sauts paraboliques de ces mammifères.

Enfin le voltigement instantané des poissons volans (1) sautant hors de l'eau en agitant leurs nageoires argentées lorsqu'ils

---

(1) Les *exocetus volitans* et *evolans, gasterosteus volitans, trigla evolans, trigla volitans, pegasus volans,* etc.

cherchent à esquiver la poursuite des bonites ou des dorades,
les fait ressembler de loin à des *papillons marins*. Ces poissons, par cela même, respirent davantage l'air mêlé à l'eau
dans leurs branchies. Ils ont une chair plus fibreuse et plus
sèche, comme les poissons saxatiles, que les espèces lourdes
et sans vessie natatoire, qui se traînent sous la vase des bas-
fonds.

Dans l'organisation des espèces vivantes, la nature a eu
pour but d'établir tout ce qui était possible et en même
temps ce qui était nécessaire. Elle a voulu peupler toutes les
régions du globe habitable. L'océan reçut dans ses larges
abîmes des nations innombrables de poissons, de coquillages,
de vers ; l'air fut traversé par les hordes vagabondes de grues,
de cigognes, d'hirondelles et autres oiseaux de passage ; mille
espèces éclatantes de volatiles animèrent les bocages de leurs
chants d'amour ; des familles de quadrupèdes établirent leur
demeure sur la terre. Le *bouquetin*, léger enfant des montagnes, vécut indépendant au sommet des glaciers ; le *bison* pesant se promena gravement dans les humides pâturages ; le
zèbre et la *gazelle*, semblables aux solitaires de l'Orient, s'é-
tablirent dans les déserts africains ; (l'*hippopotame*, ce patriar-
che des fleuves, chercha un asile sauvage parmi les ro-
seaux, et le sobre *chameau* partagea sa demeure avec l'Arabe-
Bédouin.

La prévoyance de la nature, pour maintenir l'existence de
ses œuvres, est surtout admirable. Les insectes les plus faibles
ont obtenu une industrie singulière qui les met souvent à
l'abri de leurs tyrans. Une espèce de *crabe* couvre son dos
d'une production marine appelée *alcyon*, comme d'un cous-
sin propre à parer les coups de ses ennemis ; le *Bernard l'Hermite* insinuant sa queue molle dans un coquillage, ressemble
au cynique Diogène dans son tonneau. Les oiseaux de rivage
étant destinés à vivre dans la vase, la nature leur a donné de
longues jambes nues, comme des échasses, pour s'y promener ;
elle a proportionné aussi la longueur de leur bec et de leur
cou à celle de leurs jambes, et elle a distribué un rameau
nerveux à l'extrémité de ce bec afin de lui donner la faculté de
sentir au fond d'une fange épaisse, les vermisseaux et les
autres nourritures. Enfin tous les êtres sont pourvus de rapports merveilleux avec leur destination naturelle. L'oiseau

d'eau a été taillé pour fendre l'onde, ses pieds ont été façonnés en larges rames, son plumage serré et huilé a été rendu impénétrable à l'humidité (1). Le poisson a reçu une vessie pleine d'air qu'il gonfle et comprime à volonté, afin que changeant sa pesanteur spécifique, il puisse descendre, remonter à son gré dans les eaux. Le sapin obtint une vie dure, une écorce résineuse, un feuillage toujours vert pour résister au climat rigoureux du Nord, tandis que la plante délicate des Indes déploie des feuilles larges et humides pour mieux supporter la chaleur et abriter ses fleurs. Tel végétal succulent est formé pour croître dans les sables arides, et tel autre, sec, pour élever ses tiges au milieu des eaux stagnantes ; l'un se plaît au sommet des montagnes, l'autre dans les vallons parfumés.

Pour manifester en peu de mots les étranges absurdités que sont forcés d'entasser les défenseurs de l'hypothèse du matérialisme, il suffira de leur demander l'explication nette et claire d'un simple fait, ordinaire comme celui-ci.

Attribuez telle force active, expansive que vous voudrez à de la matière, et voyons comment elle composera, je ne dis pas un homme, mais seulement un œil, avec toutes ses tuniques, dont chacune est différemment tissue et fabriquée. Il faut que cela s'opère avec tant de justesse, d'habileté, que les unes soient opaques pour former une chambre obscure, sphérique, noircie à l'intérieur, d'autres transparentes pour que les rayons de lumière les traversent ; il faut que l'iris se resserre ou se relâche à propos pour n'admettre que tel cône de rayons ; que l'humeur aqueuse achromatique, de la chambre antérieure, la lentille du cristallin et la courbure savante de ses faces ; que l'humeur vitrée de la chambre postérieure, soutenue dans son réseau, comme le cristallin enchatonné, soient placés à des distances respectives si bien calculées, si en rapport pour réfranger les rayons de lumière, qu'il n'y manque rien, afin que les images viennent exactement se peindre sur la rétine. De dire ensuite comment de telles impressions se transmettent au cerveau par des nerfs optiques entrecroisés, et comment de deux images, même renversées dans nos yeux, nous ne voyons cependant

(1) Les oiseaux qui plongent la tête dans l'eau, comme les palmipèdes et les échassiers portent aussi des glandes oléifères près de l'orbite de leurs yeux, pour les garantir de l'action de l'eau.

qu'un seul objet droit; cela est trop inexplicable pour nous : ne parlons que de choses plus palpables. Comment la matière, supposée active, devinera-t-elle encore qu'il faut garantir l'œil au-dehors, de ce qui peut le blesser, lui donner des paupières qui le recouvrent, des sourcils qui l'abritent, des cils pour écarter les insectes ou d'autres petits objets, enfin une pupille dilatable ou contractile spontanément, pour ne recevoir juste que ce qu'il faut de lumière, afin de n'être ni aveuglé du trop grand jour, ni plongé dans de trop épaisses ténèbres de nuit?

Ce n'est pas tout; il faut approprier cet œil aux milieux qu'habite l'animal. Comme le poisson doit vivre dans l'eau, il est clair que l'humeur aqueuse devenait inutile à la chambre antérieure de son œil, et il fallait que la courbure du cristallin corrigeât la trop grande réfraction des rayons lumineux qui passent au travers d'un milieu dense comme l'eau. Ce n'est donc plus un cristallin lenticulaire; il est renflé en sphère presque ronde comme un pois, et par ce moyen, imaginé et exécuté avec la plus rare précision, le poisson distingue parfaitement les objets sous l'eau, ce que ne pourrait faire l'œil de l'homme. De même, l'oiseau destiné à s'élever dans un milieu rare et subtil comme l'air des hauteurs de l'atmosphère, devait, au contraire, avoir un œil conformé tout autrement que celui du poisson; aussi la chambre antérieure de son œil est fort bombée, pour contenir plus d'humeur aqueuse; son cristallin, au lieu d'être sphérique, est plus aplati même que celui de l'homme, et selon les lois les plus savantes de l'optique. Mais ce qu'il y a de non moins particulier et de merveilleux, c'est que la vue de l'oiseau devait être presbyte en volant, parce qu'il est obligé de considérer les objets de loin; puis, quand il est perché sur un arbre, par exemple, il faut qu'il puisse voir d'assez près ce qui l'entoure, et qu'il reprenne alors une portée de vue myope. Pour obtenir ce résultat, il faut tantôt reculer le cristallin, et tantôt l'avancer, comme on tire plus ou moins les tubes d'une lunette d'approche, afin de considérer à diverses distances les objets. Aussi, la savante nature a placé dans l'œil de l'oiseau, de sa rétine au cristallin, un muscle transparent, en losange, qui recule ou laisse avancer cette lentille, pour produire, au besoin de l'animal, telle ou telle portée de vue.

S'il fallait ajouter d'autres faits à de si étonnans exemples, nous apporterions ceux plus merveilleux encore des organes sexuels si bien appropriés d'avance avec une prévoyance infaillible à la propagation, à la perpétuité des espèces. S'il y a jamais eu dessein prémédité et manifeste, c'est bien là qu'il est impossible d'en douter, non plus que dans la conformation des dents, de l'estomac, des intestins et de tous les viscères, suivant telle sorte de nourriture végétale ou animale, à laquelle est destinée chaque espèce. La coordination des parties est tellement précise, inévitable, qu'en voyant telle dent, telle mâchoire de quadrupède et même d'insecte, le naturaliste exercé devinera sans peine les autres rapports de structure, sans avoir vu l'animal, et devinera juste, parce que telle organisation est nécessairement enchaînée à tel autre appareil de structure. (1)

Si l'on venait encore aujourd'hui comparer la génération des animaux à la cristallisation des minéraux, soit par apposition de molécules, soit par attraction de diverses parties, comme dans les hypothèses de la *Vénus physique* de Maupertuis, ou de l'*Épigénèse* d'autres auteurs qui n'ont point pratiqué l'anatomie, on leur représenterait l'entrelacement admirable d'une foule d'organes : par exemple, les muscles perforans qui traversent d'autres muscles dans les doigts des mains et des pieds, ou l'entrecroisement des nerfs optiques et des deux portions de la base du cerveau, composant le mésolobe ou corps calleux, ce qui n'a pu se faire, évidemment, sans un jet, sans un concours unique d'efforts, sans une organisation simultanée prodigieusement habile et compliquée. Voilà ce que nous manifeste positivement l'étude ; et l'on a peine à comprendre avec quelle inconcevable hardiesse, des hommes,

---

(1) Par exemple, il faut des rapports nécessaires entre le développement de l'appareil auditif des oiseaux chanteurs et celui de leur glotte ou larynx. Il est évident que les longues circonvolutions de la trachée-artère et le larynx inférieur des palmipèdes (*anseres*, comme les cygnes, les *pelecanus*, les *procellaria*, etc.) donnent la clangueur éclatante de la trompette, pour que ces oiseaux nageurs puissent se réclamer de loin, dans le fracas des tempêtes, comme le porte-voix des marins. Au contraire, le chant des petits oiseaux est accompagné de la singulière aptitude de leur ouïe pour apprendre des airs variés.

étrangers à la science, osent encore, chaque jour, avancer des systèmes que chaque coup de scalpel fait tomber en lambeaux.

La science de la nature a cet avantage, qu'elle rectifie elle-même, par son observation plus approfondie, les erreurs qu'on aurait pu d'abord y commettre. Il est visible qu'elle s'avance du simple au composé dans la succession progressive de ses créatures. De là, l'on a conclu qu'elle avait laissé des êtres imparfaits et ébauchés, par impuissance de mieux faire ; l'on a plaint l'huître d'être sans tête et sans yeux. Cependant, puisque la nature a procréé l'homme, elle savait faire des têtes aux Newton, aux Aristote, et des yeux aux aigles ou aux lynx. Mais elle a voulu établir une hiérarchie de facultés et de productions. Un horloger habile fait des montres qui n'indiquent que les heures ; il en fait d'autres qui marquent aussi les minutes et les secondes , d'autres à répétition ; d'autres montrent les phases de la lune, le calendrier, etc. Sans doute, voilà des machines différemment compliquées, mais les plus simples peuvent être tout aussi parfaites, dans leur rang, que les autres ; elles sont toutes appropriées à leur destination, avec une égale habileté. Quelle extravagance inouïe, d'accuser de défaut ou d'incapacité la source sublime de tout génie !

Lamarck a dit encore naguère : un colimaçon se traînant sur le ventre , sent le besoin de tâter en avant le terrain sur lequel il s'achemine : par conséquent , les efforts de ce besoin le portent à prolonger en avant, des parties, des tentacules, pour s'assurer de ce terrain. C'est ainsi que les animaux ont peu-à-peu composé leurs parties, et se sont perfectionnés eux-mêmes, à mesure que le besoin et les diverses situations dans lesquelles ces animaux vivaient constamment pendant des siècles, ont obligé leur organisation à se déployer, à se compliquer. Il n'est donc pas nécessaire de supposer, ajoute-t-on, une puissance intelligente extérieure, qui coordonne toute leur structure. Les besoins de l'animal le poussent à mettre en œuvre telle faculté, et à former, pour cet objet, telle sorte d'organes. Ainsi, les circonstances , avec le temps, ont suffi pour les développemens successifs de l'organisation, ont produit toute la tige des créatures , depuis le polype jusqu'à l'orang-outang....

En ce cas, nous devons reconnaître un effort d'invention et d'imagination non médiocre dans le petit cerveau de la chenille qui, lasse de son état rampant, s'avisa la première de se métamorphoser en papillon, de créer, développer, peindre même quatre ailes des plus brillantes couleurs, sachant exactement comment il fallait arranger ces organes pour voltiger dans les airs, fabriquant une trompe mobile contournée en spirale pour pomper le nectar des fleurs, deux jolies aigrettes, etc.

Mais que dirons-nous également de l'invention des plantes? car, puisqu'un polype et une chenille savent si bien construire leurs organes au besoin, et puisqu'il n'est point de puissance intelligente extérieure qui coordonne tout, il faut bien que les végétaux s'arrangent et se modifient d'eux-mêmes, suivant les conjonctures. Nous louerons donc l'érable d'avoir donné des ailerons à sa semence pour que le vent la disperse au loin, les papilionacées d'avoir su habilement couvrir contre le soleil les organes sexuels de leurs pétales, le souci de se clore lorsqu'il va pleuvoir, etc.

NOTE F. page 315. — DES ESPÈCES D'ANIMAUX ET DES PLANTES VEILLANT DE NUIT.

§ I. ANIMAUX NOCTURNES, *mammifères.*

On connaît des hommes *nyctalopes* ou voyant de nuit, et qui sont, au contraire, offusqués par la vive lumière du jour; tels sont les individus très blancs et très blonds de peau, ayant les yeux rougeâtres; les blafards ou dondos, albinos et nègres blancs.

Parmi les singes, plusieurs alouates *(simia beelzebut* et *seniculus)*, des sapajous sont, sinon nocturnes, du moins *crépusculaires,* ou préférant le demi-jour du soir et du matin; il en est de même de quelques makis ou *lemur,* ainsi nommés à cause qu'ils apparaissent dans l'ombre à la manière des fantômes *(lemures* des anciens).

Les cheïroptères ou chauve-souris, noctilions, galéopithèques et les carnassiers insectivores, tels que les hérissons, musaraignes, taupes, et même des plantigrades, comme les ours et blaireaux, puis le genre entier des chats, des *viverra* puans, les putois, plusieurs didelphes, sont nocturnes; cette qualité semble même convenir particulièrement à tous les carnivores qui guettant leur proie, cherchent à la surprendre endormie. Imitateurs des assassins et des brigands, ils s'entourent de l'ombre et du silence, pour porter des coups plus sûrs.

Parmi les rongeurs, on trouve aussi des espèces crépusculaires ou demi nocturnes, par crainte, sans doute, de leurs ennemis. C'est ainsi que les rats, les loirs, les lièvres, sortent ou de nuit ou de grand matin.

Les édentés, comme les tatous, les fourmiliers, et pangolins, sont pareillement nocturnes, par timidité et faute de moyens de défense.

Oiseaux nocturnes. C'est principalement la sombre famille des hiboux, effrayes et chevêches *(striges)*, ennemie des petits oiseaux qui les détestent. On sait que l'art de la pipée est fondé sur cette haine de leurs destructeurs; car, pendant le jour, les chouettes sont aveuglées et font des gestes ridicules.

D'autres oiseaux sont plus ou moins crépusculaires, comme les merles *(turdus polyglottus* et *turdus orpheus)*, les rossignols qui chantent ou le soir ou très matin, les cincles, les engoulevens surtout qui poursuivent le soir les papillons sphinx et les phalènes. Parmi les gallinacés, il y a des faisans qui sont crépusculaires aussi, et l'on sait que le coq s'éveille vers le milieu de la nuit. Il paraît en être de même des alectors et des hoccos de la Guyane, de plusieurs tétras et coqs de bruyère. Tels sont aussi le dur-bec *(loxia enucleator)*, le cujelier *(alauda arborea)*, etc.

Parmi les échassiers, les grues volent de nuit, ainsi que les cigognes; la plupart des barges, des bécassines, des courlis, des chevaliers, aussi les râles, les foulques, et plusieurs palmipèdes, comme des plongeons, etc., cherchent de nuit leur pâture; ils voient plus clair par une atmosphère brumeuse, comme dans les brouillards gris d'automne, que dans une vive lumière qui les offusque.

Reptiles nocturnes. On dit que les crocodiles voient de nuit comme les chats; les tupinambis ou monitors et dragonnes marchent quelquefois de nuit, ainsi que divers iguanes; les anolis et des geckos sont nocturnes, soit pour guetter leur proie, soit pour se livrer à leurs amours. Plusieurs ne se reconnaissent entre eux dans les ténèbres qu'au moyen des odeurs nauséabondes ou musquées qu'ils répandent.

Les serpens se cachent la plupart dans l'ombre ; ils peuvent, à ce qu'il paraît, chasser aussi de nuit. On sait que les grenouilles peuvent être attirées de nuit par les pêcheurs, au moyen d'une lumière.

Poissons nocturnes. Quoiqu'on ait peu d'observations sur cette classe, on n'ignore pas que les squales et les raies sont des poissons nocturnes, et qui paraissent fort bien voir dans l'obscurité pour chasser leur proie : car ce sont des carnassiers. On en peut dire autant des anguilliformes, des murènes, qui rampent surtout de nuit. Les poissons voyageurs continuent ordinairement leur route de nuit, comme les salmones, et surtout les scombres à demi phosphorescens.

Mollusques nocturnes. On ne connaît guère que les seiches et poulpes, animaux très carnivores, qui cherchent de nuit leur proie dans les bas-fonds des mers, et se cachent dans l'encre qu'elles versent autour d'elles pour se dérober à leurs ennemis.

Crustacés nocturnes. On pourrait dire qu'ils le sont généralement, car depuis les cloportes et les scolopendres qui fuient le jour, jusqu'aux crabes tourlouroux qui ne sortent que dans les ténèbres sur les rivages pour dévorer leur proie, ce sont des animaux *lucifuges,* à l'exception peut-être des squilles et chevrettes, et des monocles.

Arachnides nocturnes. Il en est plusieurs de telles, en qualité de carnassiers et de dévorateurs de gens, car toujours le crime cherche à se cacher ; ce sont particulièrement les mygales, les tarentules, les atypes et ériodons qui se tiennent sous terre, comme le brigand Cacus dans son antre. Les scorpions, les galéodes et pycnogonides, fuient aussi la lumière.

Insectes nocturnes. Ce sont, parmi les coléoptères, surtout les mélasomes, tels que les ténébrions et blaps, les ptines et vrillettes, les lampyres, plusieurs staphylins, les nécrophores, les dermestes, et autres pillards nocturnes, les escarbots et hannetons, ou les scarabéides, lucanes, etc.

Chez les orthoptères, on compte surtout les blattes, les grillons, voleurs domestiques, les courtilières souterraines. Entre les hémiptères, il y a plusieurs punaises nocturnes, comme des acanthies, des réduves puantes. Observons que la nature a donné ces émanations aux êtres pour écarter leurs ennemis dans l'obscurité, ou pour se retrouver entre eux.

Dans l'ordre des lépidoptères, il y a deux familles bien distinctes de nocturnes (1) savoir : les phalènes, comprenant les bombyx, les noctuelles, les pyrales, les teignes et alucites, toutes volant de nuit, se brûlant souvent aux flambeaux, et se tenant coi de jour ; puis les sphinx qui volent seulement en bourdonnant pendant le crépuscule du soir et du matin.

Parmi les diptères, on sait que les cousins, les tipules, sont aussi crépusculaires ; enfin la puce est aussi nocturne.

Vers et zoophytes nocturnes. Il est très probable que plusieurs le sont ; mais ces animaux, dont la vie est toujours obscure, n'ont pas de distinction marquée de veille et de sommeil, comme dans les races plus parfaites. Cependant les races phosphorescentes sont nocturnes et aussi les actinies qui fuient la lumière. Les vers intestinaux tourmentent plus dans la matinée ; mais c'est sans doute à cause de l'état de vacuité des intestins.

§ II. Végétaux nocturnes.

On a moins d'observations sur cet intéressant sujet que pour les animaux, et l'on y aurait peut-être à peine prêté attention, si Linnæus n'avait pas fait sa dissertation sur le sommeil des plantes *(Amœnit. acad.,* t. IV, p. 333). Nous avons recueilli des exemples nombreux en beaucoup de familles qui prouvent que les *fleurs veilleuses* obéissent à des lois tout aussi constantes que celles qui rendent les animaux nocturnes.

Nous remarquerons que la plupart des cryptogames, les mousses, les algues, sont plutôt nocturnes et hybernales que diurnes ou estivales. Aussi le soleil dessèche et fait périr ces plantes, de même que les champignons, tandis que les temps humides et sombres leur sont si favorables pour les faire croître et multiplier.

(1) Plusieurs cependant ont le pigmentum des yeux épais, selon Treviranus, et Fréd. Muller. Les autres lucifuges manquent de ce pigment.

Parmi les fleurs qui veillent de nuit, on a surtout remarqué celles nommées, par cette cause, les nictages, *nyctagines*, Jussieu, comprenant les *mirabilis* ou belles-de-nuit, voisines des *plumbago*. L'on trouve aussi, dans les jasminées, le sambac, *nyctanthés*, L., et le beau mogori, *mogorium*, Juss., voisin des jasmins et de troènes, qui effectivement répandent plus d'arôme de nuit que de jour, ainsi que le chèvrefeuille en exhale davantage dans la soirée. Parmi les gatiliers et les scrophulariées, on trouverait sans doute aussi différentes fleurs nocturnes, si cette recherche était faite avec soin. On en voit des exemples manifestes encore parmi les solanées, chez les *cestrum*, dont les autres sont diurnes au contraire. Les borraginées à fruits en baies, comme des *tournefortia* et des *varronia*, sont des arbustes analogues, sous ce rapport, aux cestreaux; enfin, le *geranium triste*, L., attend le soir pour s'ouvrir, ainsi que diverses fleurs d'orchidées et de *cactus* et de *mesembryanthemum*; semblables à la vertu modeste, elles semblent dérober au grand jour leur éclat et leur parfum.

Toutes offrent plus ou moins des fleurs blanches, très délicates, se fanant au soleil et y dissipant leurs arômes suaves de vanille, etc.

§ III. *Causes qui rendent ces animaux et ces plantes éveillés de nuit.*

Que l'on considère, en effet, les différens états de l'air, de la chaleur, de l'humidité, de l'électricité aux diverses époques du jour et de la nuit; et l'on connaîtra les principales sources des influences qui modifient la vie des corps organisés (1). D'abord, la présence ou l'absence de la lumière règle, en général, l'activité et le repos chez presque tous les animaux et les végétaux, puisque ceux-ci peuvent éprouver aussi une sorte de sommeil; de plus, le jour est plus chaud que la nuit. Il s'établit ainsi dans les corps un mouvement du dedans au dehors pendant le premier, et un refoulement du dehors au de-

(1) *Ephémérides de la vie humaine* ou *Recherches sur la révolution journalière, etc.* Thèse soutenue par J.J. Virey, doct. en médecine. Paris, 1814, in-4°, et nos autres recherches sur la flore nocturne. *Journ. pharm.* 1831.

dans pendant la seconde. Cet état d'expansion journalière et de concentration nocturne devient une habitude nécessaire à l'existence. Ainsi, la vie extérieure ou sensitive des animaux s'exerce avec toute son énergie dans la première circonstance, et la vie intérieure ou réparatrice dans la seconde.

Or, nous avons fait voir que les animaux dégénérés par la *leucose*, comme les nègres blancs, les individus blafards, les lapins blancs, les chiens, les chats, les pigeons, etc., blancs, et dont les yeux sont rouges, avaient ces organes si sensibles à la lumière, qu'ils ne pouvaient pas supporter l'éclat du grand jour, mais qu'ils voyaient bien plus clair que les individus non dégénérés, dans le crépuscule ou la demi-obscurité.

La cause de cette extrême sensibilité est facile à trouver. Si l'on considère la choroïde et l'uvée, formant la chambre obscure de l'œil de ces hommes et de ces animaux blafards, on trouvera ces membranes presque dépourvues d'une peinture noire ou brune, destinée à défendre l'entrée aux rayons de la lumière, excepté à la pupille. De là vient que leur rétine, mal garantie contre les rayons lumineux, en est facilement éblouie pendant le grand jour, et elle en reçoit assez dans le crépuscule pour voir clair. Au contraire, chez des individus bruns et noirs particulièrement, tels que les nègres, la peinture ou le *pigmentum nigrum*, qui enduit l'intérieur de la choroïde ou de la chambre de l'œil, défend bien l'entrée des rayons lumineux, à l'exception du trou naturel de la pupille. De là vient que les nègres supportent facilement l'éclat du grand soleil, avec leurs yeux noirs, tandis que les yeux bleus ou gris ou cendrés de plusieurs hommes blonds d'Europe sont si tendres à la lumière, et sujets aux ophthalmies, qu'il faut souvent les en garantir par des verres colorés.

Chez les hommes à chevelure très blonde et à peau très blanche, il manque donc cette humeur brune ou noire, qui non-seulement enduit la choroïde ou forme l'uvée de l'œil, mais imprègne encore le tissu muqueux sous-cutané, et passe dans les cheveux, les poils, pour les teindre. Aussi les cheveux noirs ou châtains accompagnent d'ordinaire des yeux à iris plus ou moins brune. Il s'ensuit que les bruns et noirs soutiennent mieux les rayons du jour, et que les blonds et blancs, placés naturellement vers les régions froides et polaires, sont plus propres à voir dans le crépuscule ou la nuit (1). Tels sont aussi les peuples septentrionaux dans leurs longues nuits d'hiver, à la lueur de leurs crépuscules, de leurs aurores boréales et des reflets éblouissans de leurs neiges.

Tous les animaux, comme les hommes, dépourvus plus ou moins de ce *pigmentum*, ont la peau très sensible, la fibre très délicate et grèle, ainsi que les cheveux, les poils blanchâtres, fins et soyeux. Ces êtres sont aisément accablés par la chaleur, la vivacité de la lumière; ils sont donc plutôt affaissés de jour, et trouvent de nuit de faibles rayons mieux proportionnés à leur délicatesse. Ils transforment donc naturéllement le jour en un temps de sommeil, et la nuit en une période de réveil.

Veut-on une preuve évidente que chez la plupart des animaux nocturnes, en effet, la teinture colorante du réseau muqueux sous-cutané est moins vive que dans les races diurnes? On la trouvera dans les teintes naturelles de leur robe. C'est une observation générale (mais dont on n'avait point encore connu la cause), que les animaux nyctalopes portent des nuances tristes, lugubres, des vêtemens gris ou cendrés, rayés de noir, ou ponctués, ou sales, non-seulement chez les mammifères et les oiseaux de nuit, mais jusque chez les insectes, comparés aux espèces voisines diurnes. Quelle différence, en effet, entre les papillons de jour et les phalènes, les bombyx et sphinx! Combien la triste famille des oiseaux de Minerve est obscure à côté de celle des perroquets ou des colibris éclatans de l'or du soleil de la zone torride! Comme le pélage des lions et des tigres est sombre et sévère à côté de celui des plus gais quadrupèdes! Comme la peau livide et chagrinée des squales et des roussettes est inférieure en éclat et en beauté aux riches écailles d'or, d'argent ou d'azur, qui étincellent sur la brillante cuirasse des zées, des chétodons, des coryphènes, des perches, etc.?

MM. Marcel de Serres, Fr. Muller, etc., en observant les

---

(1) Aussi tous les animaux nocturnes peuvent dilater davantage leur prunelle pendant la nuit, pour prendre un plus grand faisceau de rayons alors, que les animaux diurnes; car ceux-ci ont besoin, au contraire, de resserrer leur pupille pour éviter le trop grand jour.

yeux des insectes, ont remarqué que ceux des blattes, des sphinx, des ténébrions, et autres lucifuges, étaient dépourvus de choroïde, ce qui les exposant trop à être éblouis du grand jour, les faisait fuir dans les ténèbres. Ces yeux des lucifuges montrent, en effet, plusieurs caractères fort remarquables.

Les animaux nyctalopes ont, en outre, cette particularité de s'avancer à petit bruit, afin de surprendre leur proie. On connaît le vol presque imperceptible des oiseaux de nuit, à cause des pennes molles de leurs ailes; il en est de même du voltigement des chauve-souris et de celui des papillons nocturnes. Les sphinx crépusculaires, vibrant violemment leurs ailes, produisent eux seuls un bourdonnement; mais d'ailleurs ils sucent le nectar des fleurs, et les bombyx ou cossus ne prennent pas d'alimens sous leur dernière forme. Les autres nocturnes, du moins la plupart, sont des carnivores, ou vivent de proie par surprise, la nature leur ayant inspiré le même instinct du crime qu'aux lâches qui n'osent commettre leurs attentats à la face du soleil. Mais, en revanche, la nature décèle leur approche en les imprégnant souvent d'odeurs fétides.

Comment les végétaux deviennent-ils nocturnes? Cette question est bien aussi curieuse que pour les animaux, et nous sommes guidés par l'analogie à la résoudre par des raisons correspondantes. Sans doute, les plantes n'ont pas de nerfs; mais si leur irritabilité s'affaisse, dans leur sommeil, comme chez les papilionacées, les sensitives, par exemple, pendant la nuit; qui empêcherait que des végétaux, dans un état analogue à celui des animaux albinos, ne dormissent de jour et ne veillassent de nuit comme ceux-ci? Observons, en effet, que les végétaux nocturnes ont tous des fleurs blanches ou des couleurs pâles, et que celles-ci sont toujours plus promptes, en général, à se faner à la vive lumière, que les pétales très colorées. Ainsi, hommes blancs, animaux blancs, fleurs blanches, surtout par dégénération, seront toujours les plus délicats à la chaleur du jour, et les plus disposés, par ce motif, à devenir nocturnes.

D'ailleurs, le froid et l'humidité de la nuit diminuent la transpiration des végétaux. La sève alors, loin de s'élever vers leur cime comme pendant le jour, redescend vers les racines,

Il s'ensuit que les canaux séveux des feuilles et des fleurs, parties si minces et si frêles chez une foule de plantes, sont alors désemplis ; ils se resserrent sur eux-mêmes par leur ressort naturel. Telle est la cause qui fait clore tant de fleurs composées ou syngénèses, à demi-fleurons, des malvacées (*sida*, alcées), des *convolvulus*, etc., dans la nuit, ou même lorsque le ciel se voile de nuages. Pareille raison fait replier et dormir une multitude de plantes à feuilles pinnées, dont les folioles sont articulées comme les légumineuses, et toutes celles qui semblent redouter les malignes influences des astres nocturnes.

Au contraire, lorsque le soleil se lève radieux sur l'horizon, sa chaleur, sa vive lumière rappellent bientôt une sève abondante dans le feuillage; on voit alors s'étaler à ses rayons les pétales des fleurs qui semblent s'en imprégner avec joie; ainsi, la seule chaleur de l'eau tiède suffit pour faire rouvrir les fleurs d'anémones flétries, en y plongeant leurs pédoncules. C'est donc la chaleur et la lumière solaire qui, attirant la sève vers la cime des végétaux, en dilate les vaisseaux; cette turgescence épanouit le feuillage et le sein des fleurs, jusqu'à ce que le retour de l'obscurité et de la fraîcheur fasse replonger la sève vers les racines.

Pourquoi en est-il autrement des fleurs nocturnes? L'ardeur du soleil les accable; elles paraissent languissantes et mélancoliques pendant le jour. En effet, l'ardeur de cet astre et sa lumière agissent trop vivement sur la texture délicate de certains pétales; c'est en dissipant tous les parfums, en évaporant trop la sève et les sucs nourriciers qui remplissaient leurs aréoles, que leur parenchyme se fane; mais dans la fraîcheur des nuits, ces sucs, moins dissipés restent accumulés dans les tissus de ces fleurs; ils gonflent assez leurs canaux, pour que ces fleurs et le feuillage se rouvrent. De là vient qu'au retour de l'aurore, le quamoclit azuré (*hypomœa bona nox*), la merveille (*mirabilis*) péruvienne, et tant d'autres fleurs délicates qui veillaient sous la douce lueur de la lune, bientôt à demi desséchées par les rayons brûlans du soleil se closent tristement; elles soustraient à cette ardeur dévorante leurs plus tendres organes de reproduction qui en deviendraient bientôt arides.

Par là, l'on voit que les fleurs diurnes ont des tissus plus solides que les plantes nocturnes. Les premières ont besoin d'être échauffées, stimulées par la lumière afin que les organes génitaux opèrent la fécondation. Mais les fibres molles et tendres des fleurs nocturnes ressemblent à cet égard, aux animaux qui redoutent l'excès dangereux de la lumière. Aussi les fleurs nocturnes se fanent beaucoup plus promptement que les diurnes lorsqu'on les cueille. (1)

NOTE G. page 325. — PONDÉRATION DES ÊTRES LES UNS RELATIVEMENT AUX AUTRES.

Ce n'est point seulement d'après la hiérarchie de la composition organique que la supériorité des êtres se manifeste, avec le degré croissant de leur intelligence, c'est encore par l'organisation générale de la république de ces créatures et par les rangs échelonnés, ou les *aristocraties naturelles*, qu'ils se pondèrent mutuellement.

De la nécessité de se nourrir, la nature a tiré cette loi très importante pour faire régner l'équilibre entre toutes les espèces vivantes. Sans les animaux herbivores, la terre surchargée de plantes qui s'étoufferaient entre elles par leur multiplicité, n'offrirait bientôt qu'un spectacle de destruction. Les petites espèces seraient anéanties par les plus puissantes qui les surmonteraient, et tout s'encombrerait faute de consommateurs. Il a donc été nécessaire de créer des familles d'her-

---

(1) M. Dutrochet, *Rech. sur la structure des animaux et des végétaux, et sur leur mobilité*. Paris, 1824, in-8°, admet que les plantes ont, sinon un système nerveux, au moins les élémens épars de ce système qu'il nomme *nervimoteur*. Selon lui, la lumière exerce sur les végétaux deux influences bien distinctes; elle répare et consomme tout à-la-fois les conditions vitales de la nervimotilité des végétaux (p. 134). Tantôt elle épuise plus qu'elle ne répare, tantôt elle répare plus qu'elle n'épuise, suivant l'organisation particulière à certains végétaux. C'est ainsi que ce savant tente d'expliquer l'action tantôt éveillante, tantôt épuisante de la lumière pour faire ou veiller ou dormir les végétaux de jour ou de nuit. Mais on ne peut guère accorder un système *nervimoteur* aux végétaux. La sensitive elle-même, manquant de sève, par la sécheresse, ne peut être réveillée malgré la présence de la lumière, comme il l'a expérimenté lui-même. Notre explication paraît plus conforme aux faits.

bivores pour retrancher cette excessive exubérance de la vie végétale. Mais comme les herbivores auraient pu se multiplier à l'excès à leur tour, et détruire jusque dans ses racines tout le règne végétal, il a fallu créer des carnivores qui détruisissent la trop grande abondance des herbivores. Enfin, pour contenir les carnivores dans de justes limites, l'homme a été créé sur la terre, et le sceptre lui a été confié sur tout ce qui respire. C'est par lui que le monde se maintient en paix, et puisqu'il devait régner sur les plantes comme sur les animaux, il lui a été donné la faculté de se nourrir en tous lieux de ces deux règnes. C'est ainsi qu'un sage législateur tempère également les différens ordres d'un état les uns par les autres, établit cette hiérarchie de pouvoirs et ces pondérations mutuelles qui font régner le calme, l'harmonie et un bonheur équitable au sein des nations.

Il est évident, par cela seul qu'il fallait des végétaux avant des frugivores, que ceux-ci précédassent les carnivores; il faut donc que la *création* ou le développement des germes des diverses nations organiques ait été successive. Il y a donc production pondérée des êtres, et un équilibre providentiel (1). C'est comme la succession nécessaire d'une grande pensée systématique: *et vidit Deus quod erat bonum.*

Le même équilibre de vie subsiste dans l'empire des eaux, bien qu'il ne s'exécute guère qu'entre des animaux, puisqu'il y en a beaucoup plus que de plantes dans l'Océan. C'est ainsi que plusieurs genres de poissons étant très carnivores, détruisent la surabondance des espèces très fécondes; celles-ci compriment à leur tour la multiplication immense d'une foule de races inférieures.

En instituant une guerre réciproque entre tous les animaux, la nature n'a cependant pas été cruelle, puisqu'elle inspira la

____

(1) C'est surtout ce que prouvent les êtres parasites échelonnés les uns au-dessous des autres, car si le végétal est le parasite de la terre, l'animal est parasite de la plante, et dans cet animal bivouaquent encore d'autres parasites plus petits qui ne sont pas eux-mêmes exempts d'autres parasites. Ainsi un ichneumon qui dépose ses œufs dans la chenille du chou, voit se cantonner dans ceux-ci d'autres larves d'ichneumon plus petits qui dévorent les siennes.

ruse au faible pour triompher à son tour de ses tyrans ; puisqu'elle protégea l'innocent par des armes défensives, ou lui donna le moyen d'éviter la mort. Si elle a distribué des griffes acérées au léopard, des serres puissantes à l'aigle, un bec crochu au vautour, des dents cruelles à l'hyène, elle a donné des jambes agiles aux cerfs, des cornes menaçantes au taureau, des nageoires rapides au poisson, des coquilles aux mollusques, un test plus ou moins solide aux crustacés et aux insectes les plus faibles. Elle a défendu les plantes par des épines, des crochets, ou même en a imprégné plusieurs de sucs empoisonnés. Elle a voulu que la terreur suspendît la sensibilité dans les animaux, parce que son dessein est de détruire, mais non pas de faire souffrir.

Cependant la nature apprit aux faibles à s'associer entre eux pour se soutenir ou se défendre. Les *sociétés naturelles ou spontanées* sont celles des animaux protogènes, comme les polypes, soit des polypiers pierreux, tels que les madrépores et tubipores fixés, soit des coraux ou lithophytes, les cératophytes (antipathes et gorgones), les sertulaires, les corallines, etc. D'autres sociétés de ces polypes offrent des colonies errantes dans les mers ou nageant de concert, comme les pennatules, ou flottant au gré des vagues, comme diverses ascidies et salpa réunies par des connexions amoureuses. Ces associations connexes n'ont lieu que chez des animaux mollasses et aquatiques.

Les sociétés terrestres sont celles des animaux libres, ou séparables, mais se réunissant par l'instinct pour leur garantie commune dans la reproduction de l'espèce et les moyens de se nourrir. Tels sont plusieurs genres d'insectes, comme les abeilles, les fourmis, les termites, etc.

Ces *sociétés instinctives* sont laborieuses, ou elles élèvent en communauté leur cité républicaine. Les oiseaux du genre des troupiales et cassiques établissent de même de grands nids en société, et l'on sait que les castors des lieux sauvages unissent en commun leurs digues et leurs habitations sur les eaux.

Il y a d'autres *sociétés parasitiques* dans lesquelles un individu faible se fait le compagnon intéressé d'un être puissant. Nous ne citons pas ici tous les genres d'animaux et de végétaux puisant leurs sucs nourriciers sur les espèces auxquelles ils s'attachent ; mais de même que le chien s'est fait le commensal de l'homme, des chacals vivent des débris de la proie du lion, le *gasterosteus ductor* suit fidèlement les requins pour participer à leurs repas, le *charadrius ægyptius* vient débarrasser le crocodile des sangsues parasites qui le tourmentent, plusieurs oiseaux *buphaga* guettent sur les dos des ruminans, les larves d'oestres qui les rongent, etc.

Enfin la société par excellence est celle des *gouvernemens politiques* de l'espèce humaine, la plus puissante de toutes, puisqu'elle a fini par envahir le globe et dominer toutes les autres créatures. C'est par l'immense pondération qui nous a été donnée, que l'homme est devenu le roi de la terre.

Pourquoi cette providence, qui veille avec une si tendre sollicitude jusque sur la moindre plante, en effet, aurait-elle déshérité ses plus humbles créatures, comme s'il lui était impossible d'embrasser toutes les existences de l'univers dans le détail! Certes, les lois éternelles et infinies d'une haute providence, répartie dans toute la nature, veillent également à déployer le papillon dans sa chrysalide, comme la rose dans son calice et le fœtus dans ses enveloppes natales. Elle n'est pas plus absorbée par les détails que la chaleur du soleil, insinuée dans les plantes, ne saurait négliger une de leurs parties en s'occupant d'une autre. Les rouages étant engrenés dans l'origine, leurs développemens se coordonnent avec la plus merveilleuse prévoyance harmonique, dans toutes les phases de leur existence, par la même puissance, et un monde à régir ne coûte pas plus, sans doute, dans l'immensité de la nature, que la production d'un moucheron. Puisque tant d'êtres inférieurs, que nous croyons si mal-à-propos inutiles, ont été formés en rapports nécessaires, la providence leur devait tout ce qui est indispensable à la vie.

En créant des êtres pour toutes les régions de cet univers, la providence suprême a développé les organes qui leur étaient les plus favorables et a modifié leur vie de telle manière qu'ils préfèrent leur état à tous les autres. Il paraît même que certains milieux sont plus propres que les autres au développement de certains appareils ; ainsi les lieux froids, secs et hauts, donnent aux animaux et aux plantes qu'ils nourrissent, plus de poils, de duvet, de villosités, que les lieux bas et chauds n'en communiquent aux mêmes espèces. Les oiseaux habitués à s'élever dans l'atmosphère sont plus pénétrés par l'air que les quadrupèdes : ils ont des poumons plus vastes, une respiration plus étendue. Les poissons, toujours plongés dans l'eau, en sont perpétuellement imbibés ; aussi leur complexion est-elle fort humide ; tandis que les animaux vivant dans les lieux secs, sont plus durs, plus osseux.

Ce n'est donc point la plante, l'animal, qui donnent lieu à leur conformation par leurs habitudes, puisque ces habitudes sont le résultat de leur configuration organique. En effet, l'oiseau ne pouvait pas se donner l'habitude de s'élever dans les airs, s'il n'avait pas reçu des ailes. Le lion, le tigre, ne sont carnivores qu'à cause de leur destination ; ôtez-leur ces dents terribles, ces griffes crochues, cette vigueur de muscles ; changez la figure et les fonctions de leurs intestins, de leur estomac, vous leur ôtez ce besoin de chair et de sang ; organisez-les comme le doux agneau, la timide gazelle, vous les verrez bientôt brouter innocemment l'herbe des collines. Donnez à la souris des ailes membraneuses et la conformation interne des vespertilions, elle en prendra sur-le-champ toutes les habitudes. Les preuves en sont bien évidentes dans les métamorphoses des insectes et d'autres espèces d'animaux, puisque l'on voit la chenille changer de goût et de genre de vie en devenant papillon ; et tel insecte qui, comme l'anthrène à l'état de larve, subsistait de charognes infectes et corrompues, devient, sous sa forme parfaite, un convive délicat qui cherche le nectar et l'ambroisie parmi les fleurs. On conçoit que nos nerfs étant ébranlés d'une certaine façon, nos muscles, et nos os disposés par un arrangement particulier, nous ne pouvons sentir et agir que conformément à la manière dont nous sommes organisés : c'est pour cela que les uns sont d'un tempérament vif, les autres lents ; ceux-ci sensibles, ceux-là impassibles aux mêmes impressions. On aurait donc tort de prétendre que c'est l'habitude qui a présidé à la formation de tous les êtres, puisque cette habitude n'en est que le résultat inévitable.

Cette puissance de l'habitude est insoutenable dans une multitude de cas ; par exemple, la plante privée de toute volonté, n'aura pas pu modifier sa forme, connaître la saison de développer ses fleurs, la manière d'organiser ses feuilles, de donner à ses semences tantôt des aigrettes, des ailerons pour être transportées dans les airs , tantôt des crochets pour adhérer aux corps environnans ; elle n'aura pas pu choisir telle exposition plutôt que telle autre, s'élever sur les montagnes comme la plante alpine , descendre dans les eaux comme le végétal aquatique , à moins qu'on ne prétende que tout germe forme une plante alpine sur les montagnes et sylvestre dans les bois ; ce qui serait donner l'effet pour la cause. On est mieux fondé à prétendre, d'accord avec l'observation, qu'il a été constitué dans l'origine, en chaque contrée, des animaux en rapport avec les végétaux dont ils se nourrissent, ou destinés l'un à l'autre, comme le coccus à lacque et le figuier des pagodes. Quelles circonstances auraient conseillé le sexe mâle à se séparer du sexe femelle dans les animaux, dans les palmiers, etc.? Quelle force d'instinct aurait pu apprendre à la balsamine la manière de lancer au loin ses graines, par le moyen des fibres élastiques de ses péricarpes? Comment, avec des circonstances et du temps, l'animal serait-il parvenu à se faire venir des yeux pour apercevoir la lumière? L'organisation de l'oreille , des parties sexuelles, du cœur, etc., a-t-elle pu s'opérer par le simple désir ou par quelque habitude de l'animal ? Est-il plus difficile à la nature de présenter une proie facile au fourmilion , que de lui enseigner l'art de creuser sa trémie dans le sable mouvant pour y faire tomber la fourmi ?

Il est donc impossible de concevoir comment tant d'organes, si bien correspondans chez l'animal et la plante, comment tant de science et de sagesse ont présidé à leur connexion et à leur vie, sans être forcé d'admettre pour cet effet une CAUSE SU-PRÊME INFINIMENT INTELLIGENTE. Quand j'examine le moindre brin d'herbe , le plus mince fétu, l'insecte le plus vil, je ne les trouve pas moins bien pondérés que les baleines, les éléphans, les crocodiles , et que tous les êtres les plus prodigieux de notre univers, les uns par rapport aux autres, dans un but général. Ainsi, les oiseaux insectivores nous arrivent en été, et du midi, lorsque les insectes se multiplient. Les oiseaux aquatiques au contraire, émigrent parmi nous, du nord, chassés en hiver, par les glaces des régions polaires. Ainsi s'opèrent des pondérations diverses, par des migrations d'oiseaux, de poissons, sur les races inférieures d'insectes et de vermisseaux.

NOTE H. page 327.—DE LA SEXUALITÉ ET DE LA GÉ-
NÉRATION DES ÊTRES.

Le mot *nature*, comme le mot *naissance* dérive de la même
origine, *natura à nascendo* (Ame et amour viennent aussi
d'*animare, amare*). Chez les Grecs φύσις dérive de φυῶ, *j'engendre*. La nature n'est ainsi que l'amour ou la faculté reproductive. Les langues sont le résultat des observations humaines ; elles prouvent qu'on a partout reconnu cette affinité
entre l'amour et la nature. Ce que nous appelons des *parties
naturelles*, la *nature du sexe*, annonce évidemment que l'a-
mour, la force génératrice, est cette nature même qui règne
sur l'univers *(Venus genitrix)*.

Des différens modes de reproduction des corps organisés.

La majorité du nombre des espèces d'animaux et de plantes,
dans la nature, est phanérogame et de *génération univoque*,
d'où vient la probabilité évidente d'une *création de formes*
par des germes préordonnés, et non par évolution spontanée,
équivoque, même pour les plantes et animaux agames sur
toutes les contrées du globe, comme dans le grand Océan.

Donc la *génération*, en créant des groupes d'animaux et
de végétaux en certaines régions, manifeste davantage le
pouvoir d'une force organisatrice de germes préordonnés,
que le hasard de formations spontanées et arbitraires. (1)

Il y a dans tous les corps organisés trois modes principaux
de reproduction ; 1º la *génération* vivipare ; 2º les ovipares ;
3º la *génération* par boutures et par bourgeons, nommée
gemmipare. Voici le tableau de ces différences, dont la dernière est la plus simple ; car elle n'est qu'un prolongement,
une extension de la vie immédiate de la tige maternelle dans
le nouvel individu.

(1) Les défenseurs modernes des générations équivoques ou spontanées
s'étaient principalement préoccupés des raisons données par Pallas, O. Müller, Werner, Bloch, Goeze, Braun et surtout G. R. Treviranus, Rudolphi, Bremser. Elles sont toutes tirées de la difficulté d'expliquer l'origine
des vers intestinaux. Mais nous croyons avoir résolu cette question.

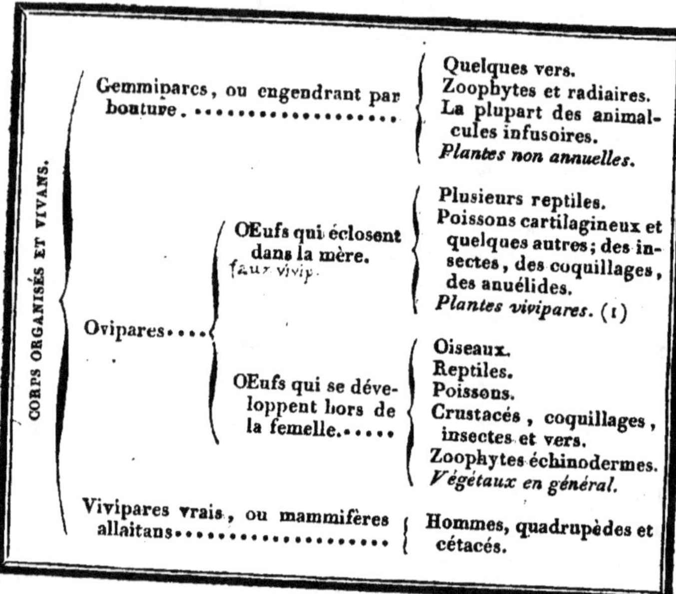

Un seul accouplement suffit à la poule pour féconder les œufs qu'elle doit pondre pendant plus de vingt jours; mais ce qu'on a remarqué de véritablement merveilleux, c'est qu'une seule femelle de puceron, une fois fécondée par le mâle, produit des œufs d'où il sort des pucerons qui sont eux-mêmes capables de pondre des œufs féconds sans l'intervention des mâles. Cette seconde génération en produit d'autres nouvelles sans mâles, de sorte que l'espèce se perpétue pendant quelque temps par la femelle seule. Cet effet de la semence fécondante du mâle se transmet durant neuf générations successives qui sont toutes composées de femelles, à l'exception

---

(1) Comme les fleurs d'*allium* se changent par fois en bulbilles, de même des feuilles de *pinus sylvestris* piquées par des insectes se sont transformées en de petits cônes; selon G. F. Jœger, à Stuttgard. Cela a déjà été entrevu par Ach. Richard, sur les conifères comme sur le *pinus abies.*

Les genres *crinum, amaryllis, agave,* etc., le *poa vivipare* offrent dans l'intérieur de leurs capsules des bulbilles au lieu de graines, sorte d'état vivipare. Ces graines sont alors très accrues.

de la dernière qui contient des mâles : alors il y a un nouvel accouplement qui peut suffire pour neuf autres générations. Réaumur et Bonnet ont prouvé ceci par des observations multipliées, et Spallanzani prétend avoir observé des faits analogues dans l'*helix vivipara*. Les œufs des pucerons, produits par l'accouplement immédiat des mâles, sont destinés à passer l'hiver, parce qu'ils ont plus de vitalité que les autres. La matière fécondante du mâle passe ainsi de génération en génération nouvelle, jusqu'à son épuisement. Ainsi, le puceron prouve qu'on peut être vierge et mère en même temps.

Ce même fait a été pareillement remarqué, par Jurine, dans les puces d'eau, *daphnia pulex*. Il y a jusqu'à quinze générations sans accouplement. Audebert assure aussi qu'une araignée est fécondée au moins pour deux années par un seul accouplement, tant l'influence fécondante du mâle est considérable chez plusieurs animaux !

Il est remarquable que le sperme ait une odeur analogue à celle du pollen fécondateur de la plupart de fleurs. Cette odeur fade et pourtant stimulante se reconnaît dans la fleur des palmiers surtout, selon Desfontaines, de l'épine-vinette (*berberis*), du châtaigner (*fagus*), de quelques cistes, etc.

Le pollen des végétaux contient de très petites capsules que l'humidité fait ouvrir et fendre en quatre, et desquelles sort, selon Bernard de Jussieu, une poudre extraordinairement subtile pour pénétrer à travers le style du pistil, dans l'ovaire. De même Néedham a remarqué dans la liqueur spermatique du poulpe (*sepia octopus*, L.), de petits tubes en forme d'étui, s'ouvrant, comme par ressort, au moyen d'une spirale qui se détend, et laissant écouler alors des molécules spermatiques fécondantes. Tels sont peut-être aussi ces ramuscules observés dans le sperme de la plupart des quadrupèdes. On a trouvé pareillement des animalcules microscopiques dans le sperme d'un grand nombre d'animaux ; mais ces *cercaires*, en forme de petits têtards, paraissent étrangers à la fécondation, contre l'opinion de Léeuwenhœck et de Hartsœker, de Valisneri, etc., puisque l'abbé Spallanzani a pu féconder des œufs de grenouille avec des particules de sperme parfaitement exemptes de ces animalcules.

Il existe aussi des individus *neutres*, c'est-à-dire privés de la faculté de se reproduire, par avortement ou une oblitération de leurs organes générateurs (1) et n'ayant aucun sexe; mais ils diffèrent des *asexuels*, en ce que ceux-ci engendrent, tandis que les neutres en sont incapables. Tels sont, parmi les animaux, les ouvrières des *abeilles*, des *fourmis* et des *termites*, ainsi que les eunuques naturels; et parmi les fleurs, celles qui sont doubles ou pleines, comme des *roses*, des *renoncules*, des *œillets*, des *cerisiers*, etc.; mais ce sont des végétaux que l'art du jardinier a rendus eunuques, en faisant accroître certaines parties de la fleur aux dépens des étamines reproductives, commé dans les fleurs doubles. Plusieurs arbres cultivés ne sont plus susceptibles aussi de se reproduire de semences, parce que la culture a perfectionné leurs fruits *(sarcocarpes)* aux dépens des graines. Tels sont le *bananier*, l'*arbre à pain*, ou même nos *poiriers* et *pommiers*, etc. Mais la reproduction a pris chez eux une autre voie; ils se propagent de bouture et quelques-uns par greffes. La *canne à sucre*, cultivée, ne graine jamais, non plus; elle se multiplie par rejets. On pourrait encore regarder comme neutres tous les individus végétaux et animaux qui ne sont pas parvenus à l'âge de la génération, et tous ceux qui l'ont passé.

Les végétaux perdent leurs organes sexuels qui ne leur servent qu'une fois, et en prennent d'autres chaque année; les animaux conservent toujours ceux qu'ils ont reçus, mais ces organes ont des temps de repos et des époques d'activité. Voici le tableau de toutes ces différences.

(1) Mademoiselle Jurine, en disséquant des abeilles ordinaires neutres, trouva les ovaires qui avaient échappé au scalpel et au microscope de Swammerdam; elle tint l'abeille dans l'eau-de-vie pour donner de l'opacité à ses tissus. Ce fait a justifié Schirach d'avoir dit que toute ouvrière pourrait devenir mère.

Donc, il n'y a originairement que deux sortes d'individus, des mâles et des femelles; les individus neutres ne le sont que par l'oblitération de leurs organes sexuels.

CORPS VIVANS ET ORGANISÉS.

- **Capables d'engendrer**
  - **Sans sexes visibles.** — Agames. . . .
    - *Algues, Champignons*, etc.
    - La plupart des zoophytes et des animaux imparfaits, ou animalcules infusoires.
  - **Hermaphrodites à deux sexes sur chaque individu.**
    - **Réunis.** . . . . . .
      - *Fleurs hermaphrodites*
      - Coquilles bivalves, multivalves, annélides, ascidies, etc.
    - **Séparés.** . . . . . .
      - *Plantes monoïques.*
      - Coquilles univalves (1 plusieurs mollusques, etc.)
  - **A un seul sexe sur un individu mâle ou femelle.** . . . .
    - *Plantes dioïques.*
    - Animaux à vertèbres, crustacés, insectes, céphalopodes, etc.
- **Incapables d'engendrer individuellement.** . . . .
  - **Sexes nuls ou incomplets.** . .
    - Abeilles, Fourmis et Termites neutres. Eunuques naturels ou artificiels.
  - **Sexes complets, inactifs.**
    - Jeunesse et vieillesse extrêmes dans tous les êtres; maladies, etc.

Le temps du rut est aux animaux ce que la floraison est pour
les plantes. La maturité de leurs fruits et de leurs semences
est analogue aux époques de gestation ou d'incubation chez les
animaux. La plupart des espèces sans sexe, comme les polypes d'eau douce, les zoophytes, quelques vers et animalcules microscopiques, se reproduisent par bouture ou par
bourgeons, ce qui les a fait désigner sous le nom de *gemmipares*.

(1) Selon M. de Blainville, les mollusques monoïques et hermaphrodites n'ont jamais de coquilles operculées véritablement. (H. de Blainville,
Sur l'emploi de l'opercule dans le classement des genres des univalves.
1825.)

Quelques individus dont les sexes sont communément séparés, se sont quelquefois trouvés hermaphrodites ; mais ces cas sont très rares et contre nature. Des plantes dioïques deviennent aussi monoïques naturellement ou par greffe comme le muscadier. Ces légères exceptions ne peuvent pas altérer les lois générales.

Si chaque individu hermaphrodite représente son espèce ; s'il se suffit à lui-même pour se reproduire, il n'en est pas ainsi parmi les animaux à sexes distincts. Un homme n'est pas un être complet, il n'est qu'une moitié de son espèce ; il n'est rien tout seul, non plus que la femme seule. Une simple fleur, une huître, un vil animalcule, sont à cet égard plus parfait que nous ; ils suffisent eux-mêmes à leur bonheur ; ils ont tout ce qui leur est indispensable pour obtenir leur immortalité de race sur ce globe.

Parmi les espèces pourvues de sexes, il existe beaucoup de différence entre les végétaux et les animaux relativement à la fécondité. Chez les plantes, le sexe féminin paraît être le plus capable de se multiplier, même sans l'intervention du mâle. Ainsi l'on voit des femelles de végétaux dioïques cultivées seules en Europe, le tacamaque *(populus balsamifera*, L.), apporté du nord de l'Amérique, se propager de bouture ; tandis que les individus mâles de toutes les espèces dioïques sont plus faibles, et refusent même quelquefois de se perpétuer par cette voie. De plus, des *clutia* femelles, cultivées dans nos serres, sans mâles, ont développé plusieurs fois des fleurs mâles aussi, et sont rendues monoïques ainsi que G. Forster l'a remarqué pour diverses plantes des îles des mers australes. D'ailleurs les étamines avortent ou se changent souvent en pétales dans les fleurs, tandis que les organes femelles sont presque toujours constans, immuables.

Dans le règne animal, au contraire, les individus mâles paraissent être, en général, plus robustes, plus capables de féconder que les femelles ; et, chez quantité d'espèces, un seul mâle même, le taureau, le coq, suffit à beaucoup de femelles ; ce qui est l'inverse des plantes, où les étamines surpassent presque toujours le nombre des pistils. La reine abeille est dans ce cas ; elle a un sérail de mâles.

Quant à la multiplication relative des végétaux et des animaux, elle paraît être également prodigieuse ; et je ne sais même si le règne animal n'a pas la supériorité. Qu'une tige de maïs produise deux mille graines, qu'un *helianthus* en ait le double, qu'un pied de pavots donne jusqu'à trente-deux mille semences, qu'une tige de tabac en recèle plus de quarante mille, qu'un orme, un platane fournissent jusqu'à cent mille graines par an, qu'un giroflier produise plus de sept cent vingt mille clous de girofle, qu'en comptant les bourgeons qu'il peut donner en outre, on double le nombre de ces moyens de reproduction chaque année : ils sont immenses sans doute ; et si toute l'énergie procréatrice d'un seul végétal se développait en autant de nouveaux êtres, la terre et les sphères célestes même ne suffiraient plus bientôt pour les nourrir tous. Mais tout cela est peu encore en comparaison des animaux. Je ne parlerai pas de la multiplication innombrable des insectes, et des cinq à six mille œufs qu'une reine d'abeilles pond chaque année ; je ne parlerai ni des moucherons, ni des sauterelles qui s'avancent dans les champs de la Tartarie, en nuées assez épaisses pour obscurcir le soleil, et dévorer, en quelques heures, toutes les productions végétales ; mais je ne citerai en exemple que les animaux aquatiques, et particulièrement les poissons. Le moindre hareng a près de dix mille œufs. Bloch en a trouvé cent mille dans une carpe de demi-livre. Une autre, longue de quatorze pouces, avait, de calcul fait suivant P. Petit, deux cent soixante-deux mille deux cent vingt-quatre œufs ; et une autre, de seize pouces, trois cent quarante-deux mille cent quarante-quatre. Une perche avait deux cent quatre-vingt mille œufs ; une autre, trois cent quatre-vingt mille six cent quarante. Cela n'est rien encore. Une femelle d'esturgeon pondit cent dix-neuf livres pesant d'œufs, et comme sept de ces œufs pesaient un grain, il en résulte que le tout devait être évalué à sept millions six cent cinquante-trois mille deux cents œufs. Leeuwenhœck a calculé, par ce procédé, jusqu'à neuf millions trois cent quarante-quatre mille œufs dans une seule morue. Or, si l'on considère que ce seul poisson en peut fournir autant pendant beaucoup d'années ; que l'Océan nourrit bien des millions de ces mêmes morues ; que tous leurs œufs peuvent donner autant de poissons, qui en produiraient des milliards de milliards à leur tour, l'on sera effrayé de l'épouvantable fécondité de la nature. Les bornes de l'univers même deviendraient à la fin trop étroites si l'on suppose cette puissance productive agissant de tous ses moyens sans que rien l'arrête ; car la nature se porte d'ailleurs avec impétuosité vers la reproduction, par l'attrait inconcevable du plaisir, de sorte que l'équilibre de l'univers ne pourrait pas subsister sans la puissance de destruction qui rétablit le niveau parmi tous les êtres.

Dans l'espèce humaine, la puissance de reproduction est heureusement plus limitée, quoique l'union sexuelle y soit plus fréquente que chez les autres animaux, et l'on ne peut méconnaître en cela une faveur de la nature.

Dans la plupart des ovipares ; il n'y a point de gestation ; l'œuf fécondé se détache comme le fruit mûr qui tombe de la branche. Les faux vivipares, tels que la vipère, les salamandres, les poissons cartilagineux, portent leurs œufs dans leurs oviductus jusqu'à ce qu'ils y éclosent ; et la durée de cette gestation varie suivant la chaleur de l'atmosphère. Les œufs des oiseaux éclosent en général au bout de vingt à vingt-cinq jours d'*incubation* (1). Ceux des grenouilles, des tortues, des reptiles et des poissons, éclosent plus ou moins promptement, selon le degré de chaleur auquel ils sont exposés. Il en est de même, à-peu-près, des œufs ou du frai des mollusques et des coquillages. Les œufs de la mouche à viande éclosent dans une ou deux heures ; il faut huit ou quinze jours à ceux de plusieurs papillons ; quatre semaines à ceux de grillons-taupes, six à huit mois à ceux de quelques papillons de nuit, etc.

On remarque une éclosion prématurée des fœtus dans quelques mammifères, chez les didelphes, les kanguroos et autres animaux portant à la région inguinale une poche ou bourse formée par la duplicature de la peau. Les jeunes fœtus, encore tout rouges, sans poils, et d'une extrême délicatesse, sortent de l'utérus, puis sont chaudement placés dans cette poche inguinale qui remplace l'utérus. Ces fœtus y trouvent les mamelles de la mère ; chacun d'eux s'attache à sucer un mamelon

---

(1) Les reptiles batraciens, de même que les poissons, ayant, dès leur état de fœtus, des branchies au lieu de poumons, et leurs œufs prenant de l'accroissement dans l'eau où ces animaux naissent, la membrane vasculeuse ou oxygénante, *érythroïde* de l'embryon des oiseaux n'existe pas. L'oxygène de l'air contenu dans l'eau paraît leur suffire.

pendant quelques semaines ; puis, étant devenu assez grand, il sort à volonté de la poche, et y revient la nuit, ou dans le danger. Ce fait singulier se présente chez des animaux qui n'ont point, à proprement parler, de matrice, mais bien les deux trompes aboutissant au vagin ; c'est pourquoi les mâles ont une verge fourchue, afin de féconder les deux ovaires dans le coït. Il est évident que l'absence de matrice chez ces mammifères, ne permettant point l'incubation intérieure des fœtus dans cette cavité, et ne leur accordant nullement d'y puiser, à la manière des autres vivipares, un fluide sanguin nutritif, par un placenta muni du cordon ombilical, il faut que ces jeunes fœtus avortent et cherchent dès-lors leur nourriture en s'attachant aux mamelles de leur mère. Tels sont donc tous les *marsupiaux* ou *monotrèmes*. Aussi les embryons détachés des ovaires, sortent bientôt du corps de la mère ; ils avaient besoin de cette incubation, dans un accouchement si prématuré, qui est une sorte d'avortement naturel. Il faudrait sans doute avoir des précautions semblables pour conserver des fœtus humains vivans nés avant terme. C'est ainsi que Marsile Ficin, célèbre médecin italien, né, dit-il, à cinq mois seulement, fut conservé dans du coton, et nourri d'eau sucrée et de lait pendant plusieurs mois. Ainsi la liqueur amniotique n'est pas nécessaire pour nourrir les fœtus, comme on le prétend. (1)

En général, la fécondité des animaux et des plantes est d'autant plus grande, que les individus sont plus exposés à périr ; voilà pourquoi les races les plus faibles, comme les insectes, les plantes, les petites espèces qui ne peuvent échapper à aucun danger, sont excessivement fécondes, parce que

---

(1) Quand même l'ornithorhynque pondrait un œuf, c'est-à-dire un petit entouré encore de son chorion et de l'amnios ou membranes fœtales, ce ne serait qu'un phénomène analogue à celui de ces fœtus humains *naissant coiffés* ou encore dans leurs enveloppes embryonnaires, avec le placenta. Cela peut arriver à plusieurs animaux vivipares, lorsque le placenta ou ses cotylédons se décollent à la sortie du fœtus dans une parturition d'un seul effort chez quelques femelles. Alors le part se trouve être ovovivipare, comme chez plusieurs reptiles. Toutefois les vrais ovovivipares de cette classe (et de celle des ovipares des classes inférieures) ont des œufs libres dans les *oviductes ;* ils ne reçoivent point d'un utérus la substance nourricière du jeune animal.

la nature compense les chances de mort par celles de vie, pour que l'espèce subsiste toujours. Le nombre des petits indique donc quelle est la probabilité des périls que court chaque espèce, et quelle est la voracité de ses ennemis. La femme engendre un petit, rarement deux, de même que les grands mammifères parce qu'elle est peu exposée aux dangers des autres animaux. Les quadrupèdes onguiculés, ou fissipèdes, sont plus féconds que les espèces à pieds ongulés ou fourchus. Une souris met bas jusqu'à sept ou huit petits d'une portée, et bientôt recommence une nouvelle gestation. La truie est très féconde, de même que la chienne.

Les animaux multipares produisent plus souvent des fœtus en nombre pair qu'en nombre impair, parce que, d'ordinaire, chacun des deux ovaires fournit un même contingent d'œufs à l'imprégnation du sperme. Aussi la nature a donné des mamelles en nombre pair aux vivipares. Parmi les jumeaux humains, ce sont fréquemment aussi deux frères ou deux sœurs, quoiqu'il y ait par fois un garçon et une fille; mais ceux de mêmes sexes sont plus communs. Rarement on a vu au-delà de quatre jumeaux.

Il y a parmi l'espèce humaine, des familles gemellipares. Nous connaissons l'exemple de deux frères jumeaux qui ont eu de leurs femmes, des jumeaux, à plusieurs reprises, et la femme d'un d'eux étant morte, sa seconde femme produisit aussi des jumeaux. Dans cette sorte de génération, il est présumable que l'imprégnation des deux ovaires a lieu simultanément par la même copulation, puisque des animaux habituellement multipares, n'ont besoin que d'un seul accouplement pour faire plusieurs petits, quoique la superfétation puisse avoir lieu au moyen d'accouplemens subséquens.

Presque tous les petits des quadrupèdes, fissipèdes ou onguiculés, naissent les yeux fermés, et ne les ouvrent qu'au bout de quelques jours. Les mères coupent le cordon ombilical avec leurs dents, et dévorent leur arrière-faix, même sans être carnivores, telles que la vache, la brebis, etc.

C'est l'espèce qui crée les individus à son image. Il y a donc un moule fondamental qui organise les corps relativement à chaque espèce, et qui ramène les races déformées au type primitif; des chiens à queue et oreilles coupées produisent des petits à queues et oreilles longues; les hommes circoncis engendrent des fils incirconcis, etc. Les mutilations des deux sexes ne changent donc pas le type originel de l'espèce, et les vices individuels s'effacent dans la suite des générations. Les altérations ne sont que passagères, la nature sait ressaisir peu-à-peu ses droits méconnus.

NOTE I. page 399. — MÉTAMORPHOSES ET MUES DES ANIMAUX ET DES VÉGÉTAUX.

Des métamorphoses par dépouillemens successifs, changeant les formes du corps.

Ce sont les plus universelles ou les plus remarquables ; elles sont communes aux végétaux, et à plusieurs animaux ; car ces êtres ne sortent point de l'œuf ou de la graine avec tous les organes extérieurs qu'ils auront par la suite ; tandis que l'homme, les mammifères, les oiseaux, la plupart des reptiles, des poissons, des mollusques, des crustacés, des arachnides, des hémiptères, etc., naissent à-peu-près complets.

Il faut donc observer, parmi la plus grande partie des insectes ailés, quelques aptères et des entomostracés, des reptiles batraciens, cette transformation pour ainsi dire totale ; et il en est de même de la plupart des plantes. Sous leur première forme, ces êtres sont organisés quelquefois si différemment de ce qu'ils deviendront par la suite, au moyen de dépouillemens et de changemens de parties, que nombre de naturalistes les ont souvent pris pour des genres d'êtres totalement différens. Sans parler des larves de diptères ou de coléoptères, que le peuple confond avec des vers annelides ; penserait-on que celles du cousin nageant dans les eaux, soient le même animal que cet insecte avide de sang humain ? Mouffet et Rédi ne prenaient-ils pas les nymphes aquatiques des libellules ou demoiselles pour de vraies sauterelles aquatiques ou d'autres insectes ? De même qui voudrait se borner au printemps, à l'examen des premières pousses des plantes (1), à leurs cotylédons, à leurs feuilles radicales et cauli-

(1) Les premiers rudimens de plusieurs espèces de champignons consistent en des radicules souvent prises pour des clavaires, des byssus et

naires, sans attendre la floraison, ne verrait que des végétaux larvés et déguisés; tel se présente sous la forme d'un gramen, qui deviendra une jolie papilionacée; tel affecte le feuillage le plus hétéroclite, comme des *ranunculus*, des *antirrhinum*, des *bidens*, des *conyza*. Qui ne jugerait au premier aspect que des euphorbes charnues sont des *cactus*? Qui croirait que la *cacalia kleinia* se rapproche des *tussilago*, si l'on n'attendait pas la fleur? Vouloir établir des systèmes de classification botanique sur le feuillage si varié et si changeant, serait une aussi grande preuve d'ignorance que de classer des insectes d'après les formes des larves. On rapprocherait en effet les fausses chenilles des mouches à scie (*tenthredo*) des chenilles ordinaires, et l'on confondrait ces hyménoptères avec les lépidoptères ou papillons; de même les tipules qui se rapprochent naturellement des mouches, et les libellules des myrméléons, diffèrent beaucoup à l'égard de leurs métamorphoses.

Les transformations par dépouillement sont la preuve de la complication organique interne des animaux et des végétaux qui les subissent; car de ce qu'une larve ressemble à un ver de terre, par exemple, il ne s'ensuit nullement que ces animaux doivent se rapprocher dans une classification naturelle, puisque la chrysalide et l'insecte parfait qui se dévoilent sucessivement, révèlent toute la série des organes intérieurs cachés sous la première enveloppe; mais le lombric ne subissant aucune métamorphose, montre par là l'extrême simplicité de son organisation interne; par conséquent il appartient à un rang bien inférieur dans l'échelle de la vie.

Afin d'approfondir la connaissance physiologique des *métamorphoses vraies*, ou par dépouillement, plus qu'on ne l'a fait encore, nous devons envisager ce phénomène d'après les premières lois de l'organisation.

---

sphœries, etc., mais qui s'associent sous· un *hymenium* commun, pour constituer un véritable stipe de champignon. Fries, *Introd. ad systema fungorum* dit: *nisus idem reproductionis in potestate lucis producit hymenium.* (Syst. mycol. p. xxviii). Theod. Fr. L. Nees ab Esenbeck. *Mycetoïdearum evolutio* (Acta acad. natur. Bonn et Breslau, tom. xvi, p. art. 1) assure que les radicules se réunissent pour composer le champignon. (Voir les Observ. subséquentes de Dutrochet et Turpin.)

Nous devons montrer que ces transformations ne sont qu'une même *naissance à plusieurs temps*, plus ou moins éloignés, mais suivant le même ordre ou la même analogie que ce qui s'opère en une seule fois chez les êtres vivans de diverses classes, depuis l'homme jusqu'à la plante.

L'embryon animal ou végétal, dans son œuf ou sa graine, est toujours environné d'une tunique externe plus ou moins solide, qui est le chorion. Chez les mammifères, les oiseaux et les autres vertébrés, il se trouve sous elle, d'autres membranes entourant plus ou moins le fœtus, telles que l'allantoïde, la tunique érythroïde (lesquelles manquent pourtant dans diverses classes.), mais surtout l'amnios, enveloppant immédiatement l'embryon. Or, chez les mammifères, les oiseaux et toutes les espèces sortant de l'œuf ou de l'utérus, sous la forme qu'elles garderont toujours, ces enveloppes sont dépouillées toutes à-la-fois ; l'animal parfait paraît à nu ; il ne peut plus éprouver de métamorphose générale. mais seulement des modifications d'équilibre organique.

Au contraire, les insectes ailés, divers crustacés branchiopodes, les reptiles batraciens naissent à deux ou trois reprises au moins, parce qu'en sortant de l'œuf, ils ne quittent que le chorion, ou leur premier tégument ; mais ce sont encore des fœtus plus ou moins emmaillottés sous d'autres tuniques, et principalement dans leur amnios ; il leur faut donc une ou deux naissances subséquentes jusqu'à leur dernier dépouillement ; alors ils sont entièrement nés et accouchés.

Veut-on des preuves de ces faits ?

On sait que les diptères, les mouches communes pondent des œufs desquels éclôt une larve sans pattes, qui devient momie immobile, ramassée en boule ; il sort de celle-ci une mouche. Voilà donc, 1° l'œuf ou l'animal dans son *chorion ;* 2° dans l'état de larve, l'animal vit sous sa seconde enveloppe, qu'on peut regarder comme l'*amnios ;* 3° cette enveloppe se ramasse et se durcit en forme de coque dure, sous laquelle la mouche éprouve sa dernière mue et devient insecte parfait. Or, chez les hippobosques, mouches à courtes ailes (qui courent comme des araignées sur les chevaux), la larve se dépouille de son chorion dans le sein de sa mère, qui est pupipare, ou qui pond déjà une nymphe : celle-ci n'a donc plus

à révéler que sa dernière transformation. Les mouches à viande, *musca carnaria, musc. Cæsar*, etc., sont vivipares, c'est-
à-dire, que tous les dépouillemens des enveloppes du nouvel
insecte, au lieu de se faire successivement en larves et nymphes
ou momies, comme dans les autres espèces, s'opèrent en une
seule fois dans le sein de la mère; il sort donc de petites
mouches, comme il sort de petits quadrupèdes du sein d'un
mammifère, ou des vipéreaux d'une vipère. En effet, il y a
des insectes ovipares dans les temps froids, tels que les pucerons en automne, et vivipares dans les temps chauds en été;
de sorte que tantôt les jeunes pucerons sont obligés de subir
leurs métamorphoses hors du sein maternel, et tantôt ils éclosent parfaitement développés, la nature leur épargnant alors
les accouchemens laborieux qu'ils subissent hors de l'ovaire
de leur mère.

Mais pourquoi la nature a-t-elle assujéti des insectes à ces
naissances successives ou partielles, hors du sein maternel,
plutôt que d'autres animaux? En voici, ce nous semble, la
raison évidente. Chez les mammifères, les fœtus, toujours en
petit nombre, adhérent, par leur chorion, à l'utérus de la
mère, en reçoivent du sang et des humeurs nourricières; d'où
il suit que le jeune animal est assez rapidement porté à son
degré de perfection. Chez les oiseaux et la plupart des reptiles terrestres, etc., les œufs contiennent un jaune abondant,
qui suffit à l'alimentation du jeune fœtus, soit qu'il éclose hors
du corps, tel que le poussin, soit qu'il se développe dans l'o-
viductus, comme chez les serpens venimeux, les squales mi-
landres et les requins, etc. Mais chez les reptiles aquatiques,
comme les grenouilles, les œufs étant très nombreux, et leur
petitesse ne permettant pas qu'il se trouve en chacun d'eux
une suffisante provision pour conduire l'embryon à l'état
d'animal parfait, la naissance est pour ainsi dire fractionnée
en deux portions; l'œuf ne conduit qu'à l'état de *têtard*, ne
dépouille que la première enveloppe du fœtus; aussi, le têtard est la grenouille sous son amnios, comme l'a fait voir
M. Dutrochet. Il faut donc qu'en cet état de larve, l'animal
prenne une nouvelle quantité de nourriture afin de parvenir à
son état de perfection. Pareillement les insectes, pondant une
multitude d'œufs, ceux-ci ne contiennent que très peu de
substance nourricière, et ainsi ne peuvent que donner des

larves, encore renfermées sous leurs tuniques ; c'est pourquoi elles se hâtent de manger avec une extrême voracité pour atteindre leur entière perfection.

Ce qui manifeste encore cette vérité, c'est que les insectes qui portent moins de petits à-la-fois, ou qui se nourrissent de matières très substantielles, animales surtout, de sucs très élaborés, sont le plus ordinairement vivipares, ou sujets à moins de transformations. Ainsi, les crustacés, les aptères suceurs, sortent presque tous parfaits de l'œuf ; ou même il en est d'autres, comme les scorpions, les cloportes, qui naissent vivans hors de leurs mères, de même que les reptiles et divers poissons carnassiers, qui sont si souvent de faux vivipares, en été surtout. Aussi il est rare que les herbivores, chez ces classes d'animaux, ne soient pas ovipares ; on rencontre parmi les plus herbivores des insectes, les métamorphoses les plus composées et les plus longues, comme chez les lépidoptères ; tandis que les hémiptères, qui sucent des sucs très élaborés, les névroptères, qui vivent de proie, etc., n'éprouvent que des métamorphoses partielles, ou conservent même toujours un genre de vie semblable sous tous leurs états.

Comment s'opèrent les vraies métamorphoses ou décortications successives, externes et internes.

Le germe de l'animal ou de la plante, dans l'œuf et la graine, préexiste endormi et resserré sous un espace étroit d'abord et presque imperceptible. A mesure qu'il se réveille après la fécondation, qu'il exerce de plus en plus ses fonctions, qu'il se développe enfin, il attire à lui la nourriture ; donc les tégumens, les langes qui l'emmaillottent perdant successivement leur activité, se fanent ; les plus étroits s'ouvrent, se détachent à proportion que les forces de la vie agissent plus complètement dans l'être intérieur.

De même, les premières feuilles, tégumens extérieurs, sont le chorion de l'œuf ; les secondes tuniques, composant la tige, représentent la larve ou chenille (encore sans sexe visible, et le têtard ou la grenouille dans son amnios) ; ensuite le calice coloré, ou la troisième tunique interne, est la nymphe ou chrysalide ; enfin les étamines, les ovaires ou pistils sortis du centre du végétal, représentent l'insecte parfait dépouillé à nu, et manifestant seulement alors ses organes sexuels. Nous avons montré, d'ailleurs, que la larve naissait pendant la feuillaison, et l'insecte parfait à l'époque de la floraison, ou que leurs époques se correspondaient pour l'ordinaire chez les phytophages.

Dans l'insecte, comme dans le végétal, les parties superficielles sont les premières rejetées, le chorion de l'œuf et ses autres tuniques, comme les feuilles séminales, les radicales, les caulinaires qui se fanent et se dépouillent d'abord; puis paraissent les brillans pétales comme se développent les ailes éclatantes du papillon, et enfin les organes sexuels de l'insecte comme ceux de la plante pour se propager et mourir aux dernières époques. Ainsi, tous les êtres grandissent par cette évolution successive, ou se déploient par couches jusqu'à la plus intérieure qui sert à la propagation, terme de toute créature animée. L'insecte parfait ne s'accroît plus, comme la plante en fleur ne grandit plus, et comme l'homme adulte a pris toute sa stature; le surcroît de la nutrition se détournant alors vers les organes générateurs pour former d'autres êtres.

Toute vraie *larve* (dite ver ou chenille) est molle, vorace, stérile, croît beaucoup, et éprouve diverses mues; son intérieur est presque tout composé, outre son canal intestinal ample, et son système musculaire ou locomoteur formé de plusieurs milliers de muscles, selon Lyonnet, de trachées très ramifiées partout, et de pelotons graisseux ou épiploons. C'est l'enfance de l'insecte.

La *chrysalide* ou *aurélie*, ou *nymphe*, ou *momie*, *pupa*, est plus solide que la larve, elle croît moins, ne mange pas chez les espèces à transformations complètes, et demeure immobile, stérile, cachée sous son enveloppe. C'est l'époque de son adolescence.

Chez les insectes à métamorphose complète, le passage de l'état de larve à celui d'animal parfait, est donc un temps d'immobilité, d'emmaillottement, de repos ou d'engourdissement pendant lequel l'insecte ne se nourrit pas, et se tient dans l'obscurité. L'on ne trouve d'exception à cette règle que parmi les cousins et quelques tipules dont les nymphes conservent de l'agilité et mangent; celles des phryganes deviennent mobiles aussi vers l'époque de la métamorphose.

Dans les espèces à métamorphoses partielles ou incomplètes , le passage de la larve ou plutôt demi-larve, qui possède déjà des pieds agiles, à l'état d'insecte parfait, se nomme *semi-nymphe*. Celle-ci marche et se nourrit comme l'insecte déclaré , par exemple, chez les grillons, les punaises ; il ne lui manque guère que des ailes dont elle porte déjà des rudimens (1). Il y a peu ou point d'engourdissement dans toutes ces transformations partielles, car il se fait moins d'efforts dans l'organisation.

Il n'existe de véritables métamorphoses parmi les animaux invertébrés , que chez les insectes à six pattes articulées et prenant des ailes (la puce, les fourmis neutres , des mutilles femelles, quoique sans ailes , se métamorphosent); les autres aptères, comme les arachnides; et les crustacés, distincts des insectes proprement dits, n'ont que des mues sans métamorphoses complètes. Des daphnies et autres entomostracés branchiopodes éprouvent cependant quelques additions de pattes postérieures ; et les myriapodes, tels que les scolopendres , les iules , etc., reçoivent aussi un plus grand nombre de pattes dans leurs mues.

Tous les insectes naissent sans ailes; ils ne peuvent plus croître sous leur dernière forme; mais les crustacés augmentent à chaque mue. Jamais les insectes ailés et à vraie métamorphose n'ont plus de *six pattes articulées* ; ils n'ont pas un cœur ou une circulation, ni des branchies, mais seulement des trachées ramifiées. Les insectes myriapodes ou à pieds très nombreux , ne naissent d'abord qu'avec six pattes. Dans tous ces animaux à métamorphoses , *la bouche est aussi gé-*

(1) En général, l'absence des ailes n'est point un caractère absolu chez les insectes à métamorphoses, puisque des espèces ne développent jamais ces organes, parmi divers genres qui les possèdent naturellement. Ainsi des punaises de beaucoup d'espèces, des grillons, ne déploient pas leurs ailes et restent à l'état de nymphe toute leur vie ; il en est de même de plusieurs pucerons, de bombyx femelles, d'hippobosques, etc. Les carabes, si grands coureurs, n'ont pas d'ailes sous leurs élytres, non plus que des ténébrions, des méloès; elles tombent à la plupart des fourmis et termites mâles ou femelles, après l'accouplement, comme les pétales se fanent après la fécondation de la fleur. On sait que les vers luisans femelles, et les *coccus* de ce sexe, n'en prennent point; car, en général, le sexe femelle développe moins les organes extérieurs que le mâle.

néralement composée de six pièces. Les larves des insectes à métamorphose complète, ou manquent d'yeux, ou n'en ont que de simples; elles ne montrent pas aussi pour la plupart d'antennes, ou n'en présentent du moins que de faibles rudimens. Les organes sexuels demeurent toujours renfermés à l'intérieur pendant l'état de larve et de nymphe. Ils ne paraissent également qu'après plusieurs mues dans les insectes sans métamorphoses.

Jamais les insectes à vraie métamorphose n'ont les organes de la génération doubles, comme les ont doubles les crustacés et les arachnides proprement dits, animaux ayant toujours plus de six pattes, et sujets seulement à des mues. Ceux-ci *s'accouplent plusieurs fois en leur vie; les insectes à métamorphose, une fois seulement, puis ils meurent.*

Les insectes à métamorphose parfaite, changeant d'organés de la bouche, et de genre de vie en se transformant, il fallait que leurs intestins éprouvassent également des modifications de forme comme à l'extérieur. Cette sorte de métamorphose interne s'étend aussi au têtard de la grenouille, qui est herbivore, tandis que l'animal complet devient insectivore.

Outre les métamorphoses extérieures, ces animaux en éprouvent donc de correspondantes à l'intérieur, ou plutôt celles de dehors sont consécutives de celles du dedans, puisque les viscères principaux déterminent toujours les modifications des organes de moindre importance. Ainsi, le *splanchnosquelette* se renouvelle tout entier comme le *dermatosquelette* à chaque mue de l'animal, comme s'exprime Carus.

Il y a trois principaux systèmes d'organes internes, susceptibles de transformations: le système nerveux, l'appareil nutritif, l'appareil respiratoire, dans les métamorphoses complètes.

1° Le *système nerveux* doit jouer surtout un grand rôle auquel on n'a pas donné assez d'attention. Nous avons fait remarquer, en effet, que la chenille ayant un autre instinct que le papillon, et les diverses larves, d'autres genres de vie que l'insecte parfait, il fallait bien que l'appareil excitateur de toutes ces opérations éprouvât des changemens. Nous avons fait la comparaison de l'insecte avec ces petits orgues portatifs, dont le cylindre a différens airs notés sur son pourtour, et qui exécutent chacun de ces airs selon qu'on avance ou qu'on recule le cylindre de ses divers crans. Pareillement, le système nerveux, ou la série de ganglions le long du cordon médullaire double des insectes, se déployant diversement chez la larve et l'animal parfait, doit exécuter des actions diffé- rentes en l'un et l'autre, mais appropriées à l'état des organes externes de ces insectes. Ainsi la larve du scarabée nasicorne (*oryctes*, Latr.), qui vit dans le tan, a ses ganglions nerveux tellement rapprochés qu'ils ne composent qu'une masse, en forme de fuseau, et les rameaux qui en sortent, se ren- dent, en divergeant, comme des rayons, aux divers or- ganes ; il existe, en outre, un autre nerf, analogue au ré- current de l'homme, lequel se distribue en rameaux, avec des ganglions à l'estomac. Chez ce scarabée déclaré, les gan- glions du cordon médullaire longitudinal s'écartent, au con- traire, en cinq ou six espaces. Dans le lucane cerf-volant, le cordon médullaire n'a plus que quatre ganglions assez gros ; sa larve en avait huit plus petits, outre un nerf récurrent aussi. Les chenilles, comme celles du cossus perce-bois, des bombyx et autres, ont douze ganglions ; leurs papillons en présentent moins, par le rapprochement de ces nœuds ; de là vient que le mode d'action du système excitateur de la vie doit être différent, et doit produire d'autres instincts ; il reste le même chez les insectes sans métamorphoses qui ne chan- gent pas d'instinct.

Dans le têtard des crapauds ou grenouilles, l'appareil ner- veux spinal abandonne la queue, et il est résorbé, car il re- monte dans l'étui osseux de l'épine rachidienne, au temps de la transformation, ce qui fait que la queue se flétrit et tombe, en même temps que s'allongent et se fortifient les cuisses et jambes natatoires de ces batraciens. Le même phénomène de résorption de l'extrémité du cordon rachidien caudal a lieu dans le fœtus humain vers les derniers mois de sa formation ; les osselets du sacrum disparaissent alors. Si cette résorption était incomplète, l'homme garderait une queue comme les singes (et on en connaît des exemples).

2° L'*appareil nutritif* montre également ses transforma- tions. Ce ne sont que de simples mues internes chez les crus- tacés et les autres aptères, dont tous les changemens externes se bornent à des mues aussi ; les unes et les autres s'opèrent simultanément, au printemps surtout *(Voy.* ci-après les MUES); car ces animaux conservant la même forme de bouche et d'intestins, ne changent nullement de genre de vie dans le cours de leur existence. Ainsi, quand l'écrevisse se dépouille de son test extérieur, l'épiderme superficiel qui revêt le dedans de ses intestins, et ce derme raboteux, épais de son estomac, qui lui sert à broyer ses alimens (ainsi que le gésier des oiseaux), se lève en écailles ; il est rejeté, comme lorsque l'on rend, pour ainsi dire, la râclure des boyaux dans la dysenterie. Les insectes à métamorphose partielle, les hémiptères, des névroptères et orthoptères ne changent point non plus de forme d'intestins, ni de bouche, ni de genre de vie. Il n'en est pas ainsi des insectes à métamorphose complète; car telle larve qui vivait soit de chair, soit d'herbe, peut, en se transformant, se nourrir de substances souvent tout autres. Plus le canal intestinal se raccourcit, plus l'animal devient carnivore, ou se nourrit d'alimens plus substantiels. Cette chenille vorace a d'énormes mâchoires, avec lesquelles sans cesse elle déchire le feuillage et mange jusqu'à trois fois son poids en vingt-quatre heures; aussi rend-elle continuellement des excrémens. Son canal intestinal est énormément dilaté et boursouflé comme le colon. La larve du hanneton, ou ce *ver—blanc* détesté des jardiniers, a un œsophage qui se renfle en vaste estomac entouré de trois rangées de cœcums. Les larves des guêpes ou d'abeilles ont un estomac si vaste qu'il remplit tout leur abdomen. Mais quand ces animaux prennent leur forme parfaite, toute cette panse se resserre ou s'étrangle diversement. Ainsi l'abeille n'a plus alors que deux poches à miel, la première est la plus étroite; chez le papillon, au lieu des mâchoires de la chenille, il sort de ces organes, selon M. Savigny, des pièces correspondantes, mais allongées et propres à former la trompe *(lingua)* spirale, destinée à pomper le nectar des fleurs. MM. Dutrochet et Marcel de Serres ont également observé les diverses modifications du canal intestinal dans les métamorphoses des autres insectes. Ces modifications sont telles que les larves des fourmilions, des abeilles et des guêpes, si ventrues, n'ont point d'anus, et ne rendent rien des alimens qu'elles prennent. Au contraire, les oëstres, les bombyx et cossus, les éphémères, à l'état parfait, n'ayant que de faibles rudimens de bouche, ne prennent aucune nourriture en cet état, non plus que les chrysalides.

En général, les espèces parmi lesquelles se resserrent et s'é-
tranglent les intestins (comme ceux en spirale du têtard, qui
se raccourcissent dans la grenouille), passent du régime végétal à l'animal, et l'inverse a lieu dans le cas contraire. Ainsi
le ver assassin (larve de l'*hydrophilus piceus)*, si carnassière,
à courts intestins comme le tigre et le loup, prend de plus
longs intestins et un appétit moins sanguinaire, en devenant
insecte parfait ; amélioration de caractère, fort rare chez les
insectes et les hommes. Enfin, quand les intestins restent
analogues, le genre de vie ne change pas ; tels sont les orthoptères herbivores, les sauterelles à trois ou quatre estomacs,
comme les ruminans.

3° L'*appareil respiratoire* éprouve aussi quelques modifications par les métamorphoses. Le nombre des stigmates ou des
ouvertures des trachées, ainsi que leur position, varie. Dans
les larves des coléoptères, et autres à complète métamorphose,
il y a pour l'ordinaire neuf stigmates de chaque côte du corps ;
il paraît en être de même chez les myrméléons, les guêpes,
les puces, etc. Les larves de plusieurs diptères ont seulement
quatre ou même deux stigmates ; néanmoins les tipules paraissent en avoir davantage. Mais les larves aquatiques des
insectes qui deviennent terrestres sont forcées de respirer
autrement qu'à l'état parfait. Aussi la nature a placé vers
l'anus de ces larves, une ouverture qui conduit à des sortes
de fausses branchies, ou simples, ou pinnées, en feuillets chez
les libellules, les éphémères (1). Il en est à-peu-près ainsi des
larves et nymphes des phryganes, des gyrins ; mais celles des
dytisques, des hydrocanthares et hydrophiles portent un
tube à l'anus pour venir respirer l'air à la surface des eaux ;

(1) L'identité des ailes d'insectes et des lames branchiales ont été con-
statées dans la figure de la larve de l'éphémère (Swammerdam, *Bibel. del
natur.* pl. xtv) et dans les larves des libellules et d'éphémères, chez lesquelles Carus dit avoir découvert une véritable circulation. Chez elles, le
sang blanc circule à travers les branchies (trachées) des ailes absolument
de même qu'à travers des branchies, tandis que dans l'insecte parfait,
l'aile paraît entièrement desséchée et n'offre plus aucune trace de circulation. Ainsi les germes des ailes se comportent alors comme de vraies
branchies dans leurs larves aquatiques.

il en est de même de celles des cousins. Quoique les chrysalides et nymphes ou momies soient plus ou moins emmaillottées et immobiles, elles ont besoin d'air et respirent par des ouvertures ménagées habilement, ainsi que s'en est assuré Lyonnet.

Le changement du mode de respiration des larves aquatiques en animaux aériens, entraîne aussi celui de la circulation chez les grenouilles et salamandres qui passent de la respiration branchiale à la pulmonaire. Aussi les artères branchiales sortant du cœur chez les têtards s'oblitèrent, à l'exception des deux rameaux inférieurs qui se rendent au poumon lorsque ces animaux se transforment; aussi les branchies meurent et se détachent comme des feuilles fanées, et les poumons se développent. En même temps que les branchies cessent de recevoir du sang artériel, la queue du têtard en reçoit moins aussi, et tous ces organes externes perdant de leur activité, sont en partie résorbés dans l'économie animale; mais le surcroît de nourriture qui en résulte sert au développement des jambes de devant et de derrière, en sorte qu'il se fait un nouveau transport ou une autre direction de la puissance nutritive et du sang artériel. Les jambes qui n'étaient qu'en rudimens et en bourgeons s'accroissent de tout ce que perdent la queue et les branchies du têtard. Il ne lui reste plus qu'à rejeter ensuite sa peau, que nous avons dit être son amnios; et le voilà grenouille parfaite.

Par conséquent, toutes ces transformations ne sont encore que de métastases de forces vitales, ou d'autres directions des fluides nourriciers et du sang. (1)

De même les organes sexuels qui n'existaient qu'en germes ou bourgeons infiniment petits dans la chenille et les autres larves, ainsi que les a remarqués Hérold, se développent successivement chez les chrysalides, par le transport de la matière graisseuse qui remplissait ces chenilles, sur ces organes sexuels, ovaires chez les femelles, canaux séminifères

---

(1) Dans les *coccus* ou gallinsectes, cochenilles, kermès, les femelles étant toujours sans ailes, suivent la loi des aptères, c'est-à-dire, qu'elles ne se transforment nullement; les mâles étant toujours ailés, subissent la transmutation partielle qui est naturelle à leur classe. C'est la seule anomalie connue d'un seul sexe sujet à métamorphose.

dans les mâles. Par là nous comprenons comment les chenilles, rongées intérieurement par des larves d'ichneumons,
ne peuvent pas se métamorphoser en papillon ; car ces larves
dévorent tous les lobules graisseux qui devaient servir à la
nutrition des organes sexuels et des autres parties du papillon futur ; aussi la chenille ou l'animal extérieur cessant
sa vie et ses fonctions pour entrer à l'état de chrysalide, il n'y
a plus de quoi fournir à l'existence de l'animal intérieur.

Toutes les larves ou demi-larves ont des organes de locomotion plus mous que les insectes parfaits, dont la cuirasse
est toujours d'une consistance de corne. Ainsi ces premières
s'accroissent seules, leurs tégumens se prêtent mieux à des
dilatations successives que ces derniers ; c'est pourquoi les
mesures de leurs grandeurs sont fixes en chaque espèce d'insecte, sauf quelques variétés de races ou de climats, par l'effet
des nourritures et de la chaleur.

Avant les transformations complètes intérieures et extérieures, il faut que les larves jeunent et se vident d'excrémens ; ce qui n'a pas lieu dans les métamorphoses partielles.

La durée de chaque état de l'insecte sous forme de larve, de
chrysalide ou de nymphe, et d'animal déclaré, est d'autant
moins longue qu'il y a plus de chaleur et d'abondance de
nourriture ; mais elle varie selon les espèces : en été, les œufs
de la mouche à viande donnent des vers en moins de deux
heures quelquefois, tandis qu'ils sont six mois à éclore dans
la phalène du groseiller. Les larves de cette mouche et les
chenilles du papillon du chardon se transforment en chrysalide et en momie au bout de huit jours, tandis que les vers
des hannetons vivent quatre à cinq ans sous terre avant de
changer de forme. Les chrysalides ou momies sont, les unes
dix jours avant de changer, les autres plusieurs semaines,
d'autres six à huit mois. Si les insectes ne sont pas transfor-
més et accouplés avant l'hiver, ils s'engourdissent pour achever leur destination ou leur propagation au printemps suivant.

Faisons ici une remarque qui ne sera pas inutile un jour à
la physiologie. On sait que le fœtus humain et celui des autres mammifères nage dans les eaux de l'amnios ; le fœtus de
l'oiseau est aussi dans un liquide, comme celui de tous les
autres ovipares. De même, les larves de grenouilles ou les

tètards sont plus aquatiques que ces animaux parfaits. Chez les insectes et les crustacés, les jeunes, soit en état de larves, soit en nymphes (hydrophiles, dytisques, libellules, cousins, phryganes, etc.), sont exclusivement aquatiques, tandis qu'à l'état parfait, la plupart deviennent uniquement aériens ou terrestres ; c'est que tous les animaux tirent plus ou moins leur origine de l'eau et de l'état liquide ; et, en général, la respiration par des branchies ou des trachées aquifères, précède la respiration aérienne ou pulmonaire.

Maintenant on s'accorde à distinguer les métamorphoses des insectes en *incomplètes* et en *complètes*, ou en *partielles et générales.*

1° Ceux à métamorphose *incomplète* ou *partielle* n'éprouvent jamais de mutation totale de leur forme ; ils conservent toute leur vie les mêmes organes de manducation, et ne changent point d'aliment ; ils ont des yeux à réseaux ou composés ; leur état intermédiaire de *nymphe,* ou plutôt *semi-nymphe,* jouit de l'activité ordinaire, excepté qu'ils ne sont capables d'engendrer qu'à l'état complet ou adulte.

Dans cette classe on distingue deux ordres : *les insectes qui ne prennent jamais d'ailes,* les crustacés décapodes, crabes et écrevisses qui muent chaque printemps. Mais les crustacés isopodes, les cloportes et armadilles paraissent obtenir dans ces mues de nouveaux segmens et des paires de pattes. Parmi les branchiopodes ou monocles, les mues donnent lieu à diverses modifications du test et à de nouvelles paires de pattes. Ainsi les cyclopes de Muller, à l'état de larve, ont été décrits sous le genre amymone, et à l'état parfait sous celui de nauplie. Dans la *daphnia pulex,* ou puce d'eau, les ovaires n'apparaissent qu'à la troisième mue. Plusieurs araignées et *acarus* ne naissent qu'avec six pattes, et en reçoivent encore deux sous leur dernière forme.

Les insectes à *demi-métamorphose, partielle, prenant des ailes,* sont les orthoptères, les hémiptères et quelques névroptères (libellules), qui n'éprouvent que ce genre de transformation.

Les *insectes à métamorphose complète ou générale* passent à l'état de chrysalide, ou de momie et poupée (*pupa*); ils naissent de l'œuf à l'état vermiforme ou de larve, soit sans yeux, aux coléoptères, soit avec des yeux simples (aux chenilles). Les pattes surabondantes aux six véritables ou articulées tombent. Chez les *papillons diurnes*, la chrysalide se suspend à une ceinture de soie ; chez les *nocturnes* (bombyx et phalènes), elles forment un cocon soyeux, ou s'entourent chez les sphynx de débris, ou se pratiquent des fourreaux chez les teignes.

La puce, quoique aptère, ainsi que la fourmi neutre, subissent la forme de nymphe incomplète (*mumia coarctata*). Ces nymphes sont tantôt cachées dans une motte de terre roulée en boule, comme celles du bousier, ou dans un cocon de matière gommeuse, treillissée à jour, comme celles des tenthrèdes, ou dans un cocon de soie, comme les ichneumons, ou rassemblées en des cases, des appartemens, chez les abeilles, les guêpes, les fourmis.

Il est quelques nymphes, appartenant à ce mode de transformation, qui se rapprochent à plusieurs égards de celui des insectes à demi-métamorphose. Toutefois leur nymphe reste inactive et sans nourriture, renfermée dans certains fourreaux qu'elle s'est pratiqués ; telles sont les phryganes. Lorsque les éphémères sont sorties de l'état de nymphe et paraissent comme des insectes complets, il leur faut cependant subir encore un dépouillement définitif, ou une mue que n'éprouve nul autre insecte parfait. Il semblerait donc que ce genre de névroptère serait le seul des insectes qui passerait par quatre états avant d'engendrer ; car les autres insectes métamorphosables n'ont que les trois périodes de larve, de nymphe ou chrysalide, et sans autre intermédiaire jusqu'à l'état parfait, *imago revelata*.

Après avoir conduit l'insecte du berceau de son enfance à son état adulte et à l'époque heureuse de ses mariages, il convient de passer à l'histoire générale des mues que les corps organisés subissent.

DE LA MUE *chez les animaux et les végétaux.*

La force vitale repousse sans relâche du dedans au dehors les organes internes, comme nous venons de le voir, à mesure qu'ils se renouvellent. Cette mue, *mutatio*, ou cette évolution des êtres vivans, est la source des changemens qu'éprouve leur surface extérieure dans les diverses périodes de leur existence. Ces déploiemens sont tellement importans à étudier, que leur ignorance a fait multiplier les espèces et souvent confondre les sexes, ou les a fait séparer mal-à-propos.

Ainsi le corps subit non-seulement une évolution générale, mais chacun de ses organes opère son évolution particulière, qui peut s'exécuter, même indépendamment des autres parties, et s'accroître à leurs dépens.

Si chaque organe obtient sa vie propre, il a sans doute aussi son âge et sa durée, outre ceux qu'il reçoit de l'ensemble du corps. En effet, certains appareils vieillissent et meurent avant la mort générale, comme les organes de la génération, par exemple. Ceux-ci ne se développent que long-temps après la naissance du corps, et meurent avant lui ; leur vitalité particulière a donc beaucoup moins de durée que la vitalité générale. Il en est de même de plusieurs autres parties dont la période vitale est fort courte, par rapport à celle de l'individu ; tels sont surtout plusieurs appendices extérieurs renouvelables, des cornes, des dents, des poils et plumes, écailles, etc.

Puisque chaque partie du corps animé est douée d'une vie propre, elle a ses époques de jeunesse, de perfection, de décroissement, et sa mort particulière. C'est ce que nous apercevons chaque jour dans les productions organisées ; car lorsqu'un organe est complètement mort dans un être doué de la vie, il s'en sépare et tombe, parce qu'une substance morte ne peut pas co-exister avec celle qui est vivante.

Or, la mue n'est autre chose que cette mort naturelle de quelque partie de chaque créature animée, par suite de développement d'autres parties plus intérieures, et cette sorte de fonction suit des règles assez constantes.

Parmi les végétaux vivaces, comme les arbres et arbustes, surtout dans nos climats, on voit, vers la fin de chaque année, tomber les feuilles, les fleurs et les fruits, parce que ces appendices ont éprouvé toutes les phases naturelles de leur vie ; il est donc nécessaire qu'ils soient abandonnés à la mort, que nous appelons maturité pour les fruits. La défoliation des arbres, et la chute des organes de leur reproduction, des fruits ou graines, sont leur *mue annuelle*, qui s'opère aussi chez les autres végétaux, et même chez les arbres toujours verts, mais d'une manière moins rapide et moins sensible, une feuille remplaçant successivement l'autre ; de sorte que ces arbres ne restent jamais dépouillés de verdure. Afin de bien concevoir la mue, en général, chez les végétaux et les animaux, il faut examiner la nature des organes susceptibles de l'éprouver, et les causes productrices de cette révolution vitale.

1° *De l'action des saisons sur la mue.* — Si l'on doutait que la vie des corps organisés, plantes et animaux, correspondît avec les mouvemens du globe terrestre, et réglât sur ceux-ci ses phases, on aurait une belle preuve de cette vérité dans l'observation de la mue des animaux et de la défloraison ou défoliation des végétaux.

Au printemps, toute la nature vivante et végétante s'épanouit et développe ses productions, la terre se pare de verdure, l'animal se revêt de ses habits de noces, puisque alors renaissent ses amours. La cause de cette grande expansion extérieure chez tous les êtres vient de ce que leurs fonctions comprimées long-temps par le froid de l'hiver, ont acquis une surabondance de sucs, de sève, de nourriture qui n'attendait que l'apparition de la chaleur extérieure pour s'épanouir. Aussi les germes poussent avec une vigueur extrême ; tout, dans notre organisation, se porte également au-dehors ; c'est alors qu'apparaissent les maladies éruptives à la peau, ou les exanthèmes, comme si l'on bourgeonnait en même temps que les arbres.

Voilà donc les germes des feuilles, des fleurs, des fruits, dans les végétaux, et les poils, plumes, écailles, cornes, épiderme, enveloppes quelconques des animaux, qui s'accroissent ou se déploient au printemps, pour briller successivement au moins durant le semestre du soleil sur notre hémisphère.

Mais à l'approche de l'équinoxe automnal, les corps vivans, plantes et animaux, s'étant livrés à leurs amours, et plus ou moins épuisés par ce grand déploiement de leurs forces vitales au-dehors durant l'été, leurs fonctions diminuent ou s'affaissent d'autant plus, extérieurement, que la chaleur décroît aussi par l'affaiblissement du soleil. Alors ces parties extérieures, ces productions printanières, cessent d'être alimentées par le corps ; elles sont d'ailleurs parvenues au terme de leur accroissement, et ne peuvent plus recevoir de nourriture ; elles se sèchent et se fanent, puis se détachent et tombent. Ainsi s'opère, plus tôt ou plus tard, la chute des fleurs, des feuilles, des fruits; le dépouillement de poils, de plumes, de cornes, d'épiderme, d'écailles, etc., lorsque les corps des animaux et des végétaux vivaces entrent dans la concentration automnale, pour se préparer à l'hiver.

On conçoit que sur l'hémisphère austral, notre hiver étant alors son été, et réciproquement, les époques de la mue seront placées à l'opposite des nôtres, chaque année.

Sous la zone torride, le soleil passant deux fois par an la ligne équinoxiale, pour remonter de l'un à l'autre tropique, il produit deux étés et deux hivers en quelque sorte. L'hivernage est la saison des pluies continuelles; il détermine ainsi deux fois par an la mue des animaux et des végétaux, et deux fois leurs amours; ce qui fait que les êtres y vivent plus rapidement que partout ailleurs; ils sont continuellement en production et en destruction; de nouvelles fleurs naissent à côté des fruits; la feuille nouvelle remplace la feuille ancienne et fanée; l'oiseau recommence sa couvée et chante de nouvelles jouissances à côté de sa nichée de six mois auparavant.

Aussi les oiseaux, par leur brillant plumage, au temps de leur accouplement, déclarent surtout les changemens de la mue. On sait que les femelles portent, en général, des couleurs pâles et ternes, qu'elles paraissent beaucoup moins subir la mue, parce qu'on distingue moins leur nouveau plumage de l'ancien. Mais les mâles éclatent de riches parures aux époques de leur pariade, car cet effet tient à la sécrétion du sperme, surtout sous des cieux ardens; tels sont les oiseaux dorés, les colibris, les cotingas, les souï-mangas, les tangaras, les moucherolles et fourmiliers, rolliers, oiseaux de paradis, veuves, grimpereaux, outre les perroquets, etc. Ces oiseaux, la plupart intertropicaux, faisant deux couvées par an, pour l'ordinaire, revêtent leurs habits nuptiaux lorsque le ciel devient pur et serein; alors ils recherchent leurs femelles qui pondent et couvent; puis, lorsque l'hivernage et les pluies arrivent, ces volatiles déposent ce beau plumage avec le chant ou la voix éclatante, en même temps que les desirs amoureux: tristes et comme honteux, ils s'enfoncent sous l'épaisseur de la feuillée, avec leur robe grise ou brune, comme pour s'esquiver, en ce temps de leur infortune, aux regards qui les admiraient pendant la saison de leurs plaisirs.

Dans les contrées les plus froides, il existe une autre sorte de mue pour divers oiseaux et des quadrupèdes en hiver. Cette robe de chasteté, ou d'indifférence sexuelle, qui coïncide avec le silence ou l'inertie des organes sexuels (autant que la robe brillante correspond avec la surabondance de sécrétion spermatique), devient spécialement propre à garantir du froid. Ainsi le lièvre des Alpes, *lepus variabilis*, et l'hermine ou roselet, comme plusieurs autres mammifères, et une foule d'oiseaux du Nord, de palmipèdes, d'échassiers qui portent des couleurs brunes ou diversement foncées en été, muent dans l'automne leurs poils ou plumes en des teintes blanches, pâles pour l'hiver. Nous avons vu, en traitant de *l'albinisme,* pag. 515, que cette blancheur tenait à ce que le réseau muqueux sous-cutané et l'humeur colorante qui l'abreuve, cessant d'agir chez ces animaux à cause du froid et de la constriction qu'il cause, ne pénètre pas dans les poils et les plumes pour leur comuniquer sa couleur. On obtient un effet tout semblable sur les moineaux que l'on plume et que l'on frotte d'esprit-de-vin. Les plumes renaissant alors restent blanches, parce que l'esprit-de-vin a empêché le développement de l'humeur colorante sous-cutanée, ainsi que le ferait un froid vif.

Ces animaux blancs reprennent donc au printemps, avec le desir de s'accoupler, des poils ou des plumes colorés. D'ordinaire ce ne sont pas les pennes des ailes et de la queue qui muent alors, mais seulement les petites plumes chez les oiseaux. Ceux à double mue, qui reçoivent de cette sorte, au printemps, un vêtement de noces et de beauté, sont, dans nos climats surtout, les combattans de mer, les vanneaux suisses, les chevaliers et barges, les grèbes, plongeons, pingouins, guillemots, divers pluviers et guignards, sanderlings, marouettes, cincles, maubèches, des phalaropes, des sternes, etc., suivant Vieillot, Baillot fils, et d'autres ornithologistes recommandables. Au contraire, dès août et septembre, ils reprennent le cilice de sagesse, ou le vêtement blanchâtre d'hiver, temps sans honneurs et sans amours, sous les rudes climats polaires principalement.

Par là nous pouvons prédire ce que feront les oiseaux voyageurs en d'autres climats. Nos hirondelles, par exemple, qui passent en Afrique, partent avec le triste vêtement de la mue, puisqu'elles ont pondu en Europe. Il est donc peu probable qu'elles n'arrivent, harassées de ce long voyage, fatiguées de la ponte, et après leur mue, que pour convoler à de nouvelles jouissances. Elles fuient le froid et cherchent des nourritures; c'est donc probablement pour se refaire, se fortifier, se retremper dans ces climats chauds, qu'elles s'y rendent; comme elles retournent, au contraire, en Europe pour s'y livrer à leurs amours. Belon, a vu, à la vérité, des milans pondre et couver en Egypte, mais ces oiseaux peuvent être naturels à cette contrée, et non des émigrans d'Europe. Les poissons muent comme les oiseaux.

On voit aussi que les mues se rattachent aux mouvemens sydéraux du globe terrestre.

2° De la nature des enveloppes externes et internes éprouvant des mues annuelles. — Les parties extérieures des animaux et des végétaux qui se renouvellent chaque année par la mue sont de deux sortes; ou elles ont une conformation organique et un développement qui leur est propre; ce sont des appendices végétans, comme la feuille, la plume, le poil, la corne branchue, la dent, etc.; ou elles n'ont qu'une structure simple, foliacée ou squameuse, comme tous les épidermes, tuniques, coques, membranes, etc. : telles sont toutes les enveloppes des corps organisés.

Mue des enveloppes externes. — L'écorce des arbres, par exemple, du bouleau, du platane, du chêne, du liège, est formé à l'extérieur de plusieurs lames d'un épiderme plus ou moins fongueux, superposées, inextensibles. Ainsi, à mesure que les couches du liber viennent se superposer à l'aubier et grossir le tronc de l'arbre, l'épiderme de l'écorce devenu trop étroit, est forcé de se fendiller, de se séparer, et d'autant plus qu'il se forme au-dessous de cet épiderme externe, une ou plusieurs couches inférieures. Aussi le liège, le chêne, les lames du bouleau se détachent chaque année et forment une véritable mue du tronc de ces arbres.

Il en est de même de tout épiderme solide chez les animaux. Les écrevisses, et autres crustacés, par exemple, se trouvant, au printemps surtout, époque d'accroissement rapide, trop à l'étroit dans leur cuirasse osseuse, et celle-ci étant tellement durcie par l'abondance du carbonate et phosphate de chaux déposés dans ses mailles, qu'elle n'en peut plus admettre, elle devient plus fragile, elle se fendille ; à mesure qu'elle se détache du corps, une tunique molle, au-dessous, acquiert plus de dureté, vient remplacer l'armure complète de l'animal en recevant dans son tissu les sels terreux que l'ancienne coque refusait, et qui étaient tenus en réserve aux côtés de l'estomac, sous le nom d'*yeux d'écrevisses*.

La plupart des larves d'insectes, les chenilles, telles que le ver-à-soie, éprouvent trois à quatre dépouillemens, ou même jusqu'à huit ou dix quelquefois, selon Lyonnet, avant leur transformation. C'est seulement un changement successif de chemise, accompagné d'abstinence et de malaise. Il en est de même des insectes aptères ; mais Goëdart croit que plusieurs larves de diptères et d'hyménoptères ne subissent aucune mue avant leur première transformation.

Les mues sont surtout nécessaires aux larves qui prennent beaucoup d'accroissement et de nourriture, parce que leur surpeau la plus extérieure se desséchant à l'air et ne se prêtant pas à l'extension graduelle de l'animal, elle se fend, se détache et est remplacée successivement par une chemise plus inférieure. Voilà aussi ce qui se passe chez les lézards, les serpens en tous les animaux vivant presque nus en lieu sec. Notre épiderme se détache de même en petites écailles ou lamelles, surtout en automne, quoique la nourriture égale en tout temps, nous dispose à une exhalation plus uniforme et plus continuelle que les animaux sauvages.

On comprend que les animaux aquatiques, ceux de texture molle surtout ; les vers, tels que les sangsues, les mollusques nus, les poissons peu écailleux, comme les gastrobranches, les grenouilles et salamandres, etc., au lieu de se débarrasser d'un épiderme solide, par la mue, ne rejetteront qu'une couche muqueuse ou gluante, parce que cet épiderme est abreuvé de liquide et transformé en cette mucosité.

On sait que les débris de l'épiderme rejeté par certains serpens restent adhérens à leur queue sous forme d'un anneau, d'une année à l'autre, de sorte que l'on peut compter autant de mues qu'il y a d'anneaux de cette sorte. Tel est ce qu'on nomme la *sonnette* des serpens crotales, ou caudisones, espèces si redoutables par leur venin ; leurs anneaux de parchemin desséché rendent un bruit qui décèle l'approche de ces dangereux reptiles, précaution singulière que semble avoir établie la nature pour avertir les autres animaux.

Un mode analogue d'excrétion produit la coquille des mollusques turbinés ou univalves et autres ; car le collet de ces animaux excrète, par des bourses mucipares, une mucosité chargée de carbonate calcaire coloré diversement ; cette humeur s'attache et se durcit sans cesse au bord de la coquille de l'animal, se moule sur sa taille et grandit ainsi à mesure que la spire s'allonge. Or, qui ne voit en cela une sorte de dépuration continuelle ou excrétion analogue à celle de la mue extérieure, mais dont le produit sert à recouvrir ou protéger l'animal ? de même la portion dure des polypiers est formée par le dépôt de la mue. C'est par une exsudation semblable que les chevilles osseuses placées sur l'os frontal du bœuf, du belier, des antilopes et autres ruminans à cornes creuses, forment chaque année un nouveau cornet en dessous des cornets produits les années précédentes ; de sorte que ceux des premières années sont les plus petits, et les derniers sont les plus larges. On peut ainsi compter les années chez les espèces où ces cornets forment des nœuds, des bourrelets, comme dans plusieurs antilopes et nos béliers et boucs. Voilà donc une excrétion annuelle analogue à une véritable mue. Les cornets des griffes du chat se produisent si bien de cette manière, que quelquefois les plus extérieurs s'en détachent. Cela se fait également pour le bec des oiseaux et leurs serres, et même pour les ergots implantés artificiellement sur la crête coupée d'un coq. On a dit que l'aigle renouvelait son bec, parce que la corne la plus extérieure peut tomber à mesure qu'une autre en dessous s'accroît. La peau nue ou la *cire* placée à la base du bec de divers oiseaux change aussi d'épiderme, et alors elle paraît avec de plus vives couleurs, de même que le serpent rajeuni, *nitidusque juventâ*, fut, chez les anciens, l'emblème de l'immortalité.

Mue des enveloppes internes. — On n'avait pas fait attention au dépouillement intérieur qui s'opère surtout visiblement chez les insectes et les crustacés, si ce n'est dans ces derniers temps. En effet, la chenille et d'autres larves ont d'énormes intestins, parce qu'elles prennent une immense quantité de nourriture ; mais lorsqu'elles se doivent transformer en insecte parfait, la tunique la plus superficielle de leurs in-

testins, analogue à la muqueuse de nos viscères, se détache
tout comme fait l'épiderme à l'extérieur; l'insecte la rejette par
haut ou par bas, et la tunique placée au-dessous, ou la fibreuse, se resserre, se fronce, se rétrécit diversement; elle compose un canal digestif bien autrement étroit et étranglé pour
l'insecte devenu parfait et pubère; quelquefois, au contraire,
l'intestin s'allonge ou se dilate si l'insecte devient herbivore.
Les crustacés, l'écrevisse, renouvellent même chaque année
la tunique interne de leur estomac tout comme leur coque.
Le têtard de la grenouille a un intestin long, en spirale, propre à digérer des matières végétales; mais à l'époque de la
transformation de cet animal, cet intestin se raccourcit et rétrécit, la muqueuse interne s'en détache de même que chez les
insectes. Nous pensons que l'enfant qui change de dents ou
qui les développe, éprouve de même, dans le canal intestinal, une mue particulière, et rejette par un dévoiement verdâtre, les débris muqueux de la tunique la plus intérieure,
pour devenir capable de digérer des matières plus solides
que le lait qui était son premier aliment.

3° *De la mue des appendices organisés, et de leur rem-
placement à l'extérieur des corps vivants.* — Un arbre doit
être considéré comme un corps formé d'une immensité de
germes qui se développent successivement. Ainsi, outre les
graines qu'il produit chaque année, il pousse une infinité de
feuilles qui toutes extraient de sa sève leur nourriture, se
déploient, parviennent à leur complète grandeur, puis après
avoir admis toute la nourriture que comportaient les aréoles
de leur tissu, se dessèchent; leurs canaux s'obstruent, leur
parenchyme se fane, jaunit ou brunit, et la feuille cesse
enfin de pomper la sève, elle périt de vieillesse. Les anastomoses des vaisseaux du pétiole avec la branche, viennent à
se rompre, par cette dessiccation et cette obstruction; alors
la feuille tombe; c'est ce qu'on observe généralement en
automne sur les arbres de nos climats, et ce qui s'opère successivement dans les arbres verts, de telle sorte que des
feuilles nouvelles reparaissent à mesure que les anciennes
se détachent.

Ce qui s'opère chez la feuille de l'arbre, a lieu pareillement
dans la plume de l'oiseau. A l'extrémité du tuyau, pénètre
un vaisseau sanguin, comme sous la dent; la pellicule sèche

et légère de l'intérieur de ce tuyau est d'abord un gros canal
charnu, recevant des vaisseaux remplis de lymphe et ramifiés
en très grand nombre chez les jeunes oiseaux. Ces fluides
lymphatico-sanguins servent à la nourriture de la plume. Ses
barbes ne sont, dans les premiers temps, qu'une sorte de
bouillie, et roulées en cornets sous de longs tubes membraneux. Cette sorte d'étui de la plume naissante, analogue aux
écailles du bourgeon enveloppant la feuille naissante de
l'arbre, tombe bientôt par lamelles. La plume, comme la
feuille, est développée, dans sa hampe ou tige, avec plus de dili-
gence que les autres parties, et la nourriture s'y porte d'abord
en surabondance, pour la nécessité de revêtir l'oiseau.

Ainsi la plume venant à recevoir par sa tige tout son complément de taille et de nourriture, finit, comme tout être vivant, par se dessécher ; ces canaux remplis n'admettant plus
d'alimens, elle devient une partie morte ; il faut qu'elle tombe ;
en même temps, la nourriture fournie par le corps de l'animal
se porte sur les germes des plumes encore en embryons, ni-
chés sous l'épiderme, et ainsi un nouveau plumage succède
à l'ancien.

La même théorie s'applique exactement aux poils des quadrupèdes, aux écailles des poissons ; car le poil est une sorte
de plante qui a son bulbe ou sa racine. Les écailles ont aussi
un mode d'accroissement, par des lames superposées ; et le
poil, le cheveu est composé de tuniques invaginées, comme
les tubes des lunettes à longue vue.

A l'égard des cornes rameuses, caduques chaque année,
ou du bois de cerfs, daims, etc., l'explication de leur renouvellement et de leur chute n'est pas plus difficile que celle
des autres mues ; en effet, tant que les protubérances osseuses
frontales du cerf poussent des fluides nutritifs tenant en dissolution du phosphate calcaire, dans des productions molles
et gélatineuses encore, celles-ci s'accroissent en cornes de
figure diverse ; mais lorsque ces cornes sont remplies de ce
phosphate calcaire et refusent d'en admettre davantage, celui-ci s'amasse en bourrelet à la racine des cornes, et parvient
bientôt à obstruer les canaux nourriciers. Celles-ci meurent
alors, et l'intus-susception ne s'opérant plus, elles se détachent comme la feuille ou la plume morte.

La mutation des dents de lait, chez l'enfant et les quadrupèdes, ne sera pas plus difficile à concevoir puisque dans la gouttière des gencives, existent d'avance les germes des dents renfermés entre de petites capsules qui reçoivent leur nourriture de vaisseaux sanguins des artères maxillaires, et leur vie, des nerfs dentaires. Quand ces premières dents ont acquis leur entier développement, et cessent d'admettre de la nourriture, celle-ci se porte sur d'autres germes de dents situées en dessous. En se développant, ces secondes dents, plus fortes, expulsent les premières.

Par ces exemples, on voit que la mue des dents, des cornes, des poils, plumes, écailles, etc., n'est qu'un même phénomène de l'organisation, et que ces productions ressemblent à des feuilles, à des corps parasites implantés naturellement sur un plus grand corps, animal ou végétal. Cela est tellement vrai que l'on a vu des cheveux, des ongles, pousser et s'accroître encore après la mort de l'individu qui les portait, tant que le cadavre n'est pas décomposé, et leur fournit une lymphe nutritive.

De plus, ces productions, plumes, poils, dents, etc., qui se succèdent, n'ont pas toutes la même forme, les mêmes couleurs, etc. Les feuilles radicales ou caulinaires, par exemple, sont souvent fort différentes de celles des rameaux et des pédoncules floraux du même végétal. Les plumes d'hiver sont plus duveteuses et plus touffues que celles d'été ou du temps des mariages des oiseaux. Les secondes dents sont bien autrement enracinées que les premières; un vieux cerf dix cors porte en effet une armure plus redoutable qu'un faon qui pousse ses premiers bois. Il y a donc des germes différens pour les diverses époques de la vie, chez les animaux et les végétaux; tous ces faits nous montrent la riche variété et l'économie admirable de la nature qui agit sans cesse par développement ou par évolution.

FIN DE L'APPENDICE.

TABLE DES MATIÈRES

CONTENUES DANS CE VOLUME.

LIVRE III.

Développemens des formes organiques et de leurs fonctions.

FIN.